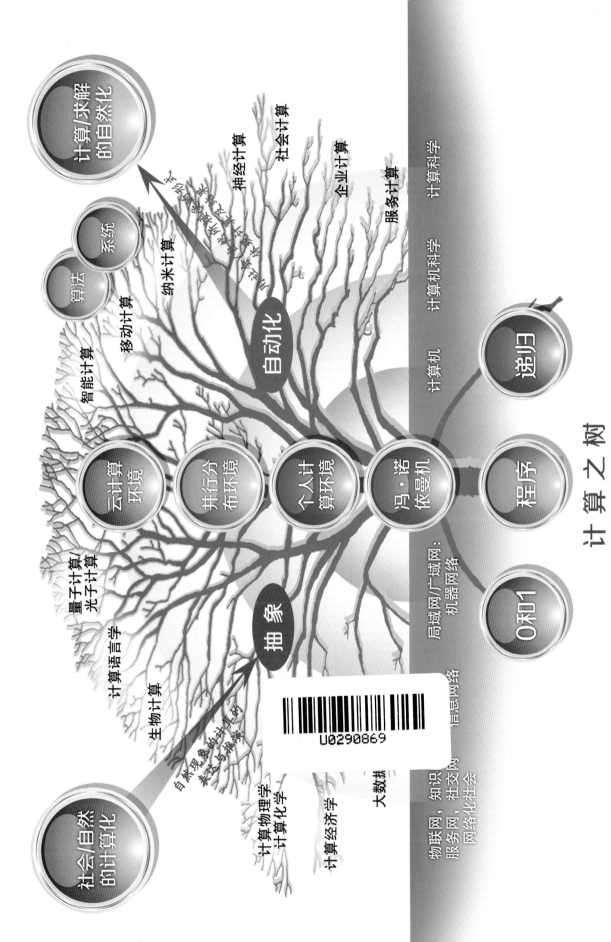

计 算 之 树

序

美国总统信息技术咨询委员会 PITAC（President's Information Technology Advisory Committee）在给美国总统提交的报告《计算科学：确保美国竞争力》（Computational Science: Ensuring America's Competitiveness）中，明确说明：21 世纪科学上最重要的、经济上最有前途的前沿研究都有可能通过熟练地掌握先进的计算技术和运用计算科学而得到解决，计算科学具有促进其他学科发展的重要作用。美国著名计算机杂志 Communications of The ACM 前主编 Peter Denning 教授，在 Communications of The ACM 上发表了 "计算是一门自然科学"（Computing is a Natural Science），文中强调计算就是研究行和人同信息处理。原 Carnegie Mellon 大学计算机科学系主任、时任美国国家科学基金计算机与信息科学与工程学部负责人周以真（Jeannette M. Wing）教授曾明确地提出了 "计算思维"（Computational Thinking），并推动一项计划，力图使所有人都能向计算机科学家一样进行思考，使计算思维像读、写、算一样，成为每个人的一种基本能力。

我国计算机基础教育已开展多年，取得了很好的效果，但也出现了一些问题，主要是 "狭义工具论" 的问题。"狭义工具论" 使得计算机基础教学就变成教学生怎么将计算机作为工具使用，应该说这种认识对计算机的教育非常有害，这样会使学生对计算学科的认识淡化，无助于计算技术中最重要的核心思想与方法的掌握。至于教程，我们大学计算机基础的教程，名称很多，诸如入门、文化等等，都被认为是计算机基础课的教材，内容基本上是有关计算机知识的浓缩版。好像网络也讲一点，人工智能、数据库也讲一点等，都很简略。这就会使学生进入大学后，对第一门计算机课程兴趣不大，逃课率较高。为了改变这种现象，计算机基础教学指导委员会推动了一件很重要的事就是使计算思维融入计算机基础课程的教学，明确了以计算思维为核心的计算机基础课程教学改革。

对计算思维教育的探索，应该说哈尔滨工业大学在前些年做了很好的探索工作，取得了一些成绩，他们并没有停留在 "计算思维" 的名词上面，而是潜心对计算学科内容进行了以经典计算思维为目标的提取和系统化的论述工作，尤其是提出了富有一定深度的计算之树，较好地概括了大学计算机的计算思维空间。以此为指导，编写了《大学计算机-计算思维导论》一书，该书对大学计算机课程的内容进行了面向计算思维的再造，有一些较为明显的特点：克服了传统教材中单纯以知识性的编写方法以及单纯以概念讲概念和以概念讲原理的编写方法；强调 "知识/术语" 随着 "思维" 的讲解而介绍，"思维" 随着 "知识" 的贯通而形成，能力随着思维的理解而提高；强调从问题分析着手，强化如何进行抽象，如何将现实问题抽象为一个数学问题或者一个形式化问题，提高问题表述及问题求解的严谨性；强调通过图形化的规模较小的问题求解示例来展现复杂的思维，使读者一目了然；追求从社会/自然等人们身边的问题来解讲解到计算科学家是如何进行问题求解，尤其是强调 "问题" 及问题的讨论，通过逐步地提出问题，引导学生从一个较浅的理解层次逐步过渡到较深入的理解层次，通过不同视角和迅阶的讨论，逐步引导学生怎么理解和如何确定前行的方向，进而能够建立起较为科学的研究习惯。

该书形成了大学计算机的一个有特色的教学内容体系，是大学计算机面向计算思维通识教育的一本很好的教材。

陈国良
2013.4.18.

序

社会信息化进程以人们无法预测的速度突飞猛进，社会和个人对计算的理解和计算机的应用水平贡献了巨大的 "正能量"。高校计算机基础课程的教学内容已不能仅仅限于软件工具的使用，而应有相对稳定的、体现计算机学科思想和方法的核心内容，综合考虑技能培养与思维训练的教学目标，构建新的课程内容，成为计算机基础课程教学改革的紧迫任务。

在这背景下，"增强计算思维能力培养" 成为大家的共识。2010 年 11 月，陈国良院士在第六届大学计算机课程报告论坛上所作的报告，第一次正式提出了将 "计算思维能力培养" 作为计算机基础课程教学改革切入点的倡议；2010 年 7 月，由西安交通大学主办的 985 首批九所高校参与的 "九校联盟（C9）计算机基础课程研讨会" 发表了《九校联盟（C9）计算机基础教学发展战略联合声明》，宣示 9 校达成的 4 点共识；令人高兴的是仅时隔 2 年，在 2012 年 7 月教指委与西安交大共同举办的 "第一届计算思维与大学计算机课程教学改革研讨会" 上，已经有了许多深入的研究成果；同年高教司专门对 "大学计算机课程改革" 立项，22 个项目引导这一改革工作。2013 年 7 月 "第二届计算思维与大学计算机课程教学改革研讨会" 即将召开，这一切表明了 "增强计算思维能力培养" 已引起各方面广泛的重视，被寄予厚望。

把计算思维能力培养作为计算机基础教学的一项教学要求，不论是将其视为教学核心任务，或摆在教学要求 "之一" 的位置，都是一件前无古人的开创性工作：目前培养计算思维尚缺少经验，再说思维似乎不可捉摸，思维的培养比技能、能力培养 "玄乎" 得多。欲把这项改革 "落地"，必须从理论、系统、操作和实践各个层面，对教学各个环节进行认真细致研究和实践，所幸这一命题已引起了多有识之士的浓厚兴趣，贡献了智慧，踏踏实实地做了许多工作，有了令人鼓舞的成果。我们这一代致力于计算机教学的教师将有可能破解这个难题，而且本人还斗胆没想："增强计算思维能力培养" 也许会成为计算机基础教学改革的第二个里程碑。

在这项改革中，许多老师令人尊敬，战德臣教授就是其中一位。他很早就致力于计算机基础教学的改革研究和实践工作，2009 年出版了体现计算思维能力培养的教材《大学计算机》。我现在看到的这本教材《大学计算机-计算思维导论》更加令人振奋：第一，该书对如何构建计算思维培养的教学体系提了新思路，对如何表达计算思维的基本内容、描述计算思维相关的知识内容及其之间的关系，给出一种解释。结构、表达、素材是新的，很有创意；第二，直面以往批性教材编写中的弊端，如单纯知识性介绍、以概念讲概念、追求深入性就增加理论与数学深度等，这些对计算机通识教材是致命的，作者都就着一一破解。当我拜读书稿时，确是爱不释手，颇有耳目一新之感；本书的其他作者，如我认识的刘朋品老师等，都非常优秀、敬业，战老师组织这样团队参与创作，用心良苦，真乃读者之率。

冼二智
2013. 6.28

教育部大学计算机课程改革项目成果
教育部高等学校大学计算机课程教学指导委员会推荐教材
工业和信息化部所属高校联盟推荐教材
普通高等教育"十二五"规划教材

大学计算机
——计算思维导论

AN INTRODUCTION TO
COMPUTATIONAL THINKING

战德臣　聂兰顺　等著
陈国良　（院士）　主审

电子工业出版社
Publishing House of Electronics Industry
北京 · BEIJING

内容简介

本书是教育部大学计算机课程改革项目成果，是大学计算科学、计算思维通识教育类课程的最新教材。全书以计算学科体现出的解决社会/自然问题的基本思维模式——计算思维为主线，组织相关的内容，以问题引导、深入浅出、案例分析、多视角讨论、图示化手段等，引导学生对计算思维从一个较浅的理解层次逐步过渡到较深入的理解层次。

全书共分6章。第1章引论，从发展史角度探讨了计算、计算科学与计算机科学；第2章计算系统的基本思维，以一种递进的思维化的方式介绍了计算系统；第3章问题求解框架，介绍了社会问题、自然问题求解的算法手段和系统手段；第4章算法与复杂性，以问题为中心介绍了典型算法的基本思维与研究方法；第5章数据抽象、设计与挖掘，介绍了以数据为中心的思维方式与基本研究方法；第6章计算机网络、信息网络和网络化社会，介绍了网络化环境下的思维方式与基本研究方法。

本书内容丰富，图文并茂，讲解清晰，层层递进，可读性强，既从计算学科入门性知识讲起，又达到一定的深度，适合作为大学计算机、计算机导论、计算思维导论、计算科学导论等课程的教材。

图书在版编目（CIP）数据

大学计算机：计算思维导论/战德臣等著. —北京：电子工业出版社，2013.7

ISBN 978-7-121-20722-8

Ⅰ.① 大…　Ⅱ.① 战…　Ⅲ.① 电子计算机－高等学校－教材　Ⅳ.① TP3

中国版本图书馆CIP数据核字（2013）第131729号

策划编辑：章海涛

责任编辑：章海涛　　　　特约编辑：曹剑锋

印　　刷：三河市君旺印务有限公司

装　　订：三河市君旺印务有限公司

出版发行：电子工业出版社

　　　　　北京市海淀区万寿路173信箱　　邮编　100036

开　　本：787×1092　1/16　印张：20.5　字数：500千字　插页：2

版　　次：2013年7月第1版

印　　次：2024年8月第27次印刷

定　　价：45.00元

教育部高等学校计算机基础课程教学指导委员会主任委员
陈国良院士为本书作序
序

美国总统信息技术咨询委员会PITAC（President's Information Technology Advisory Committee）在给美国总统提交的报告《计算科学：确保美国竞争力》(Computational Science: Ensuring America's Competitiveness) 中，明确说明：21世纪科学上最重要的、经济上最有前途的前沿研究都有可能通过熟练地掌握先进的计算技术和运用计算科学而得到解决，计算科学具有促进其他学科发展的重要作用。美国著名计算机期刊*Communications of The ACM*前主编Peter Denning教授在该刊上发表了"Computing is a Natural Science"（计算是一门自然科学）一文，文中强调计算就是研究自然和人工信息处理。美国Carnegie Mellon大学计算机科学系原系主任、时任美国国家科学基金会计算机与信息科学与工程学部负责人周以真（Jeannette M. Wing）教授曾明确地提出了"计算思维"(Computational Thinking)，并推动一项计划，力图使所有人都能像计算机科学家一样进行思考，使计算思维像读、写、算一样，成为每个人的一种基本能力。

我国计算机基础教育已开展多年，取得了很好的效果，但也出现了一些问题，主要是"狭义工具论"的问题。"狭义工具论"使得计算机基础教学变成教学生怎么将计算机作为工具使用。应该说这种认识对计算机的教育非常有害，这样会使学生对计算学科的认识淡化，无助于计算技术中最重要的核心思想与方法的掌握。至于教程，我们大学计算机基础的教程，名称很多，诸如入门、文化等等，都被认为是计算机基础课的教材，内容基本上是有关计算机知识的浓缩版。好像网络也讲一点，人工智能、数据库也讲一点等，都很简略。这就会使学生进入大学后，对第一门计算机课程兴趣不大，逃课率较高。为了改变这种现象，教育部计算机基础教学指导委员会推动了一件很重要的工作就是使计算思维融入计算机基础课程的教学，明确了以计算思维为核心的计算机基础课程教学改革的方向。

对计算思维教育的探索，应该说哈尔滨工业大学在前些年做了很好的探索工作，取得了一些成绩，他们并没有停留在"计算思维"的名词上面，而是潜心对计算学科内容进行了以经典计算思维为目标的提取和系统化的论述工作，尤其是提出了富有一定深度的计算之树，较好地概括了大学计算机的计算思维教育空间。以此为指导，编写了《大学计算机——计算思维导论》一书，该书对大学计算机课程的内容进行了面向计算思维的再造，有一些较为明显的特点：克服了传统教材中单纯知识性的编写方法以及单纯以概念讲概念和以概念讲原理的编写方法；强调"知识/术语"随着"思维"的讲解而介绍，"思维"随着"知识"的贯通而形成，能力随着思维的理解而提高；强调从问题分析着手，强化如何进行抽象，如何将现实问题抽象为一个数学问题或者一个形式化问题，提高问题表述及问题求解的严谨性；强调通过图示化的规模较小的问题求解示例来展现复杂的思维，使读者一目了然；追求从社会/自然等人们身边的问题求解讲解到计算科学家是如何进行问题求解的；尤其强调"问题"及问题的讨论，通过逐步地提出问题，引导学生从一个较浅的理解层次逐步过渡到较深入的理解层次，通过不同视角和递阶的讨论，逐步引导学生怎么理解和如何确定前行的方向，进而能够建立起较为科学的研究习惯。

该书形成了大学计算机的一个有特色的教学内容体系，是大学计算机面向计算思维通识教育的一本很好的教材。

陈国良

2013.4.18.

2006—2010年教育部高等学校计算机基础课程教学指导委员会主任委员

中国科学院院士

首届国家级教学名师

中国科学技术大学、深圳大学教授

教育部高等学校计算机基础课程教学指导委员会副主任委员
冯博琴教授为本书作序
序

  社会信息化进程以人们无法预测的速度突飞猛进，社会和个人对计算的理解和计算机的应用水平贡献了巨大的"正能量"。高校计算机基础课程的教学内容已不能仅仅限于软件工具的使用，而应有相对稳定的、体现计算机学科思想和方法的核心内容；综合考虑技能培养与思维训练的教学目标，构建新的课程内容，成为计算机基础课程教学改革的紧迫任务。

  在这一背景下，"增强计算思维能力培养"成为大家的共识。2010年11月，陈国良院士在第六届大学计算机课程报告论坛上所作的报告中第一次正式提出了将"计算思维能力培养"作为计算机基础课程教学改革切入点的倡议。2010年7月，由西安交通大学主办的"985"首批九所高校参与的"九校联盟（C9）计算机基础课程研讨会"发表了《九校联盟（C9）计算机基础教学发展战略联合声明》，宣示九校达成的四点共识。令人高兴的是，仅时隔2年，2012年7月，教指委在与西安交通大学共同举办的"第一届计算思维与大学计算机课程教学改革研讨会"上已经有了许多深入的研究成果。同年，教育部高等教育司专门对"大学计算机课程改革"立项22个项目，引导这一改革工作。2013年7月，"第二届计算思维与大学计算机课程教学改革研讨会"和其他学术研讨会都将召开。这些都表明"增强计算思维能力培养"已引起各方面的广泛重视并被寄予厚望。

  把计算思维能力培养作为计算机基础教学的一项教学要求，不论是将其视为教学核心任务，还是摆在教学要求"之一"的位置，都是一件前无古人的开创性工作。目前，培养计算思维尚缺少经验，再说思维似乎不可捉摸，思维的培养比技能、能力培养"玄乎"得多。欲把这项改革"落地"，必须从理论、系统、操作和实践等层面，对教学各环节进行认真、细致的研究和实践。所幸这一命题已引起了许多有识之士的浓厚兴趣，贡献了智慧，踏踏实实地做了许多工作，有了令人鼓舞的成果。我们这一代致力于计算机教学的教师将有可能破解这个难题，而且笔者还斗胆设想："增强计算思维能力培养"也许会成为计算机基础教学改革的第三个里程碑。

在这项改革中，许多老师令人尊敬，哈尔滨工业大学的战德臣教授就是其中一位。他很早就致力于计算机基础教学的改革研究和实践探索，2009年出版了体现计算思维能力培养的计算机基础教材《大学计算机》。我现在看到的这本新教材《大学计算机——计算思维导论》更加令人振奋：第一，该书对如何构建计算思维培养的教学体系提出了新思路，对如何表达计算思维的基本内容、描述计算思维相关的知识内容及其之间的关系，给出了一种解释，其结构、表达、素材是全新的，很有创意；第二，直面以往教材编写中的弊端，如单纯知识性介绍、以概念讲原理、追求深入性就增加理论与数学深度等，这些对于计算机通识教育教材是致命的，作者都试着一一破解。当我拜读书稿时，确是爱不释手，颇有耳目一新之感。本书的其他作者，如我认识的北京航空航天大学的艾明晶老师等，都非常优秀、敬业，战老师组织这样优秀的团队参与创作，用心良苦，真乃读者之幸。

冯博琴

2013. 6. 28

2006—2010年教育部高等学校计算机基础课程教学指导委员会副主任委员

首届国家级教学名师

西安交通大学教授

前　言

计算及相关技术的发展已经改变了人们的工作和生活方式，计算机已经融入人们工作生活的方方面面，计算思维已经成为人们必须具备的基础性思维方式，国家已明确了在大学所有本科生中普及计算机文化与计算思维教育的方针和原则。近年来，越来越多的共识凝聚在大学计算机的通识思维教育暨计算思维教育方面，并认为计算思维是与理论思维、实验思维互为补充的所有大学生应掌握的基本思维。

但怎样培养计算思维？大家进行了多轮次迭代的探索，应该说现在已经开始收敛。工业和信息化部直属七所院校的教师在多年的教学与实践活动中，已经形成了一套成功的计算思维培养方法，在教育部大学计算机课程改革项目之"理工类高校计算思维与计算机课程研究及教材建设"项目的支持下，进一步交流和总结成果，达成共识，共同出版并使用一套大学计算机系列教材，以深入贯彻计算思维通识教育的思想。

本书主要由以下6章内容构成：

第1章引论，主要介绍计算、计算科学，以及计算机历史、计算机应用和计算机发展趋势。

第2章计算系统的基本思维，通过0和1、冯·诺依曼计算机、现代计算机和不同抽象层次计算机的介绍，试图使读者能够递进地理解计算系统。

第3章问题求解框架，通过算法类问题和系统类问题的求解过程的介绍，试图使读者能够理解社会问题、自然问题求解的两种手段。

第4章算法与复杂性，通过几个精选的典型算法类问题的讨论与探索，试图使读者能够建立起算法的思维方式与基本研究方法。

第5章数据抽象、设计与挖掘，通过对数据相关技术的讨论与探索，试图使读者能够建立起以数据的获取、管理、分析与挖掘利用的思维方式，进而深入理解计算学科的基本研究方法——抽象、理论与设计。

第6章计算机网络、信息网络和网络化社会，通过对技术网络、信息网络及形形色色的网络的讨论与探索，试图使读者建立起网络化的思维方式，并理解网络化环境的基本研究方法。

全书内容的选择是工业和信息化部直属七所院校经过多次交流与讨论后取得的共识。进一步，大家对教材的创作特点也进行了深入的交流和讨论，取得了如下共识：

（1）要克服传统教材中单纯知识性介绍的编写方法，这些知识介绍引入了大量计算机学科的概念、术语，却又未能深入阐释其出现的背景和动机，使初学者掉入概念与术语的海洋中，虽面面俱到却不深入，进而影响了对思维的领会。本书贯彻如下创作思想：“知识、术语”随着“思维”的讲解而介绍，“思维”随着“知识”的贯通而形成，“能力”随着“思维”的理解而提高。

（2）要克服传统教材中为追求深入性而不断增加理论与数学深度的编写方法。本书贯彻如下创作思想：从问题分析着手，强化如何进行抽象，如何将现实问题抽象为一个数学问题或者一个形式化问题，提高问题表述及问题求解的严谨性，这种抽象过程的训练对学生是重要的，这种抽象的多视角训练对学生也是重要的。“高度决定视野、角度改变观念、尺度把握人生”，目的是使读者体会要有一定的高度，要能从不同视角来审视问题及研究方法，要能够将其抽象到数学和形式化的角度 (尺度)。

（3）要克服传统教材中单纯以概念讲概念和以概念讲原理的编写方法。本书贯彻如下创作思想：尽量通过图示化方法来展现复杂的思维，使读者一目了然，尽量通过规模较小的问题求解示例 (可通过图示化方法完整体现求解的思想) 来展示复杂的问题求解，尽量从社会、自然等人们身边的问题求解讲解到计算科学家是如何进行问题求解的。

（4）要克服传统教材中仅仅介绍而没有讨论，进而缺乏深度的编写方法。本书贯彻如下内容创作思想：要有一定的深度，这种深度不是追求理论与数学，而是追求“问题”及问题的讨论。通过逐步地提出问题，引导学生从一个较浅的理解层次逐步过渡到较深入的理解层次，通过不同视角和递阶的讨论，逐步引导学生怎么理解和如何确定前行的方向，进而能够建立起较为科学的研究习惯。

本书适合于各类专业的大学本科学生，建议在大学一年级开设。考虑到教学进度和学生接受程度，总学时安排72学时为宜，其中讲授36学时 (含软件演示)，上机实验36学时。也可依据课程安排和学生入学的计算机水平，对教学内容做适当增减。

本书的编写团队由隶属于工业和信息化部的七所高校从事大学计算机通识教育的一线教师组成，由战德臣教授、聂兰顺副教授、艾明晶副教授、邓磊副教授、王立松副教授、孙大烈副教授执笔。其中，战德臣教授 (哈尔滨工业大学) 为主创作人，孙大烈副教授 (哈尔滨工业大学) 负责第1章，聂兰顺副教授 (哈尔滨工业大学) 负责第3章，邓磊副教授 (西北工业大学) 负责第4章，艾明晶副教授 (北京航空航天大学) 负责第6章，王立松副教授 (南京航空航天大学) 负责第5章，高飞教授 (北京理工大学)、高伟副教授 (哈尔滨工程大学)、张功萱教授 (南京理工大学)、宋斌副教授 (南京理工大学) 参与了教材案例的创作与设计。

编写团队特别邀请陈国良院士作为本书的主审。陈国良院士对本书内容进行了细致的阅读和审核,并站在大学计算思维教育、计算科学教育等更高的高度对本书内容给出了建议,高飞教授和张功萱教授协助陈国良院士对本书书稿做了细致的审稿工作。同时,焦福菊、刘艳芳、张秀伟、吴良杰、俞研、朱敏等参与了本书的编写与审核工作。

西安交通大学冯博琴教授也为本书撰写了意味深长、情真意切的序言。编写团队向冯博琴教授致以诚挚的感谢!

哈尔滨工业大学、北京航空航天大学、北京理工大学、西北工业大学、南京航空航天大学、南京理工大学、哈尔滨工程大学等分别组织一线教师对本书书稿进行了讨论,并提出了很好的修改建议。在此对他们表示衷心的感谢!

本书得到教育部高等学校大学计算机课程教学指导委员会的大力支持,尤其得到了陈国良院士的指导和帮助,在此对他们表示衷心的感谢。同时,本书得到了工业和信息化部人事教育司领导的重视和支持,在此对他们表示衷心的感谢。

感谢工业和信息化部直属七所大学的教务处、计算机及相关学院和电子工业出版社对本书出版给予的大力支持。在此对本书出版做出贡献的所有人员一并表示衷心的感谢。

"大学计算机——计算思维导论"是一门发展中的课程,教材中的内容难免有不完善之处,敬请广大读者谅解,并诚挚地欢迎读者提出宝贵建议。

哈尔滨工业大学　北京航空航天大学　北京理工大学　西北工业大学
南京航空航天大学　南京理工大学　哈尔滨工程大学　电子工业出版社
大学计算机系列教材编写组
2013年6月

(视频)

目　录

计算思维与一种表述计算思维的框架——计算之树

（视频）

0.1 计算思维

计算思维，顾名思义，是指计算机、软件及计算相关学科中的科学家和工程技术人员的思维模式。2006年，美国CMU大学周以真教授显性地提出了"计算思维（Computational Thinking）"的概念，将其提升到一个新的高度，即"计算思维是运用计算科学的基础概念进行问题求解、系统设计以及人类行为理解等涵盖计算机科学之广度的一系列思维活动"，"其本质是抽象和自动化，即在不同层面进行抽象，以及将这些抽象机器化"。其目的是希望所有人都能像计算机科学家一样思考，将计算技术与各学科理论、技术与艺术进行融合实现新的创新。

也有很多学者，如陈国良院士、李廉教授等，将计算思维看作是除理论思维、实验思维外的第三大思维。理论思维是以推理和演绎为特征的"逻辑思维"，用假设/预言-推理和证明等理论手段研究社会/自然现象及规律，实验思维是以观察和总结为特征的"实证思维"，用实验—观察—归纳等实验手段研究社会/自然现象及规律，计算思维则是以设计和构造为特征的"构造思维"，是以计算手段研究社会/自然现象及规律。随着社会/自然探索内容的深度化和广度化，传统的理论手段和实验手段已经受到很大限制，实验产生的大量数据是很难通过观察获得的，此时不可避免地需要利用计算手段来实现理论与实验的协同创新。

那么，如何概括计算学科中所体现的重要的计算思维呢？本文提出了计算之树（见图0.1），试图给出一种多维度观察计算思维的框架。

（视频）

0.2 计算之树：计算思维的一种多维度观察框架

计算（机）学科存在着哪些"核心的"计算思维，哪些计算思维对学生会产生影响和借鉴呢？对这些问题的探讨将有助于计算机及软件相关学科的人才培养、课程规划及其教学内容的选取和确定，有助于学生深入理解所学习的课程及其意义。

自20世纪40年代出现电子计算机以来，计算技术与计算系统的发展好比一棵枝繁叶茂的大树，不断地成长与发展，为此本文将计算技术与计算系统的发展绘制成一棵树，我们称其为"计算之树"（见图0.1）。

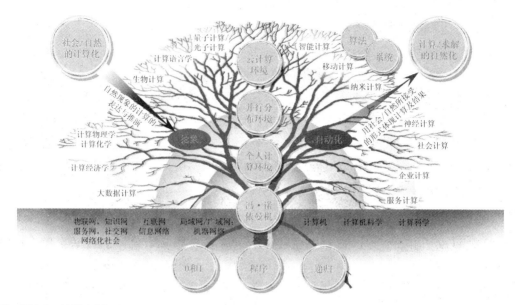

图0.1　计算之树

0.2.1　"计算之树"的树根——计算技术与计算系统的奠基性思维

计算之树的树根体现的是计算技术与计算系统的最基础、最核心的或者说奠基性的技术或思想，这些思想对于今天乃至未来研究各种计算手段仍有着重要的影响。仔细分析这些思想，本文认为"0和1"、"程序"、"递归"三大思维最重要。

①**"0和1"的思维。**计算机本质上是以0和1为基础来实现的，现实世界的各种信息(数值性和非数值性)都可被转换成0和1，进行各种处理和变换，然后将0和1转换成满足人们视、听、触等各种感觉的信息。0和1可将各种运算转换成逻辑运算来实现，逻辑运算又可由晶体管等元器件实现，进而组成逻辑门电路再构造复杂的电路，由硬件实现计算机的复杂功能，这种由软件到硬件的纽带是0和1。"0和1"的思维体现了语义符号化、符号计算化、计算0（和）1化、0（和）1自动化、分层构造化、构造集成化的思维，是最重要的一种计算思维。

②**"程序"的思维。**一个复杂系统是怎样实现的？系统可被认为是由基本动作(基本动作是容易实现的)以及基本动作的各种组合所构成(多变的、复杂的动作可由基本动作的各种组合来实现)。因此实现一个系统仅需实现这些基本动作以及实现一个控制基本动作组合与执行次序的机构。对基本动作的控制就是指令，指令的各种组合及其次序就是程序。系统可以按照"程序"控制"基本动作"的执行，以实现复杂的功能。计算机或者计算系统就是能够执行各种程序的机器或系统，指令和程序的思维也是最重要的一种计算思维。

③**"递归"的思维。**递归是计算技术的典型特征。递归是可以**用有限的步骤描述实现近于无限功能的方法；**它借鉴的是数学上的递推法，在有限步骤内，根据特定法则或公

式，对一个或多个前面的元素进行运算得到后续元素，以确定一系列元素的方法。从前往后的计算方法，即依次计算第1个元素值（或者过程）、第2个元素值……直到计算出第 n 个元素值的方法被称为迭代方法。在有些情况下，从前往后计算并不能直接推出第 n 个元素（见第4章），这时要采取从后往前的倒推的计算，即通过调用—返回的计算模式，第 n 个元素的计算调用第 $n-1$ 个元素的计算，第 $n-1$ 个元素的计算调用第 $n-2$ 个元素的计算，直到调用第1个元素的计算才能得到值，然后返回计算第2个元素值、第3个元素值……最后得到第 n 个元素的值，这种构造方法被称为递归方法。可以认为，递归包含了迭代，而迭代包含不了递归。递归被广泛地用于构造语言、构造过程、构造算法、构造程序中，用于具有自相似性的近于无限事物（对象）的描述，用于自身调用自身、高阶调用低阶的算法与程序的构造中，是实现问题求解的一种重要的计算思维。

0.2.2 "计算之树"的树干——通用计算环境的进化思维

计算之树的树干体现的是通用计算环境暨计算系统的发展和进化。深入理解通用计算系统所体现出的计算思维对于理解和应用计算手段进行各学科对象的研究，尤其是专业化计算手段的研究有重要的意义。这种发展，本文认为可从以下4方面来看。

① **冯·诺依曼机。** 冯·诺依曼计算机体现了存储程序与程序自动执行的基本思维。程序和数据事先存储于存储器中，由控制器从存储器中一条接一条地读取指令、分析指令并依据指令按时钟节拍产生各种电信号予以执行。它体现的是程序如何被存储、如何被CPU（控制器和运算器）执行的基本思维，理解冯·诺依曼计算机如何执行程序对于利用算法和程序手段解决社会/自然问题有重要的意义。

② **个人计算环境。** 个人计算环境本质上仍旧是冯·诺依曼计算机，但其扩展了存储资源，由内存（RAM/ROM）、外存（硬盘/光盘/软盘）等构成了存储体系，随着存储体系的建立，程序被存储在永久存储器（外存）中，运行时被装入内存再被CPU执行。引入了操作系统，以管理计算资源，体现的是在存储体系环境下程序如何在操作系统协助下被硬件执行的基本思维。

③ **并行与分布计算环境。** 并行分布计算环境通常是由多CPU（多核处理器）、多磁盘阵列等构成的具有较强并行分布处理能力的复杂的服务器环境，这种环境通常应用于局域网络/广域网络的计算系统的构建，体现了在复杂环境下（多核、多存储器），程序如何在操作系统协助下被硬件并行、分布执行的基本思维。

④ **云计算环境。** 云计算环境通常由高性能计算结点（多CPU）和大容量磁盘存储结点构成，为充分利用计算结点和存储结点，其能够按使用者需求动态配置形成所谓的"虚拟机"、"虚拟磁盘"，每个虚拟机的每个虚拟磁盘则像一台计算机一个磁盘一样来执行程序或存储数据。云计算体现的是按需索取、按需提供、按需使用的一种计算资源虚拟化服务化的基本思维。

0.2.3 "计算之树"的双色枝权——交替促进与共同进化的问题求解思维

利用计算手段进行面向社会/自然的问题求解思维,主要包含交替促进与共同进化的两方面:算法和系统。

①**"算法"**。算法被誉为计算系统之灵魂,算法是一个有穷规则之集合,用规则规定了解决某一特定类型问题的运算序列,或者规定了任务执行或问题求解的一系列步骤。问题求解的关键是设计算法,设计可实现的算法,设计可在有限时间和空间内执行的算法,设计尽可能快速的算法。

②**"系统"**。尽管系统的灵魂是算法,但仅有算法是不够的。系统是计算与社会/自然环境融合的统一体,对社会/自然问题提供了泛在的、透明的、优化的综合解决方案。系统是由相互联系、相互作用的若干元素构成且具有特定结构和功能的统一整体。设计和开发计算系统(如硬件系统、软件系统、网络系统、信息系统、应用系统等)是一项综合的复杂的工作。如何对系统的复杂性进行控制,化复杂为简单?如何使系统相关人员理解一致,采用各种模型(**更多的是非数学模型,用数学化的思维建立起来的非数学的模型**)来刻画和理解一个系统?如何优化系统的结构(尤其是整体优化),保证可靠性、安全性、实时性等系统的各种特性?这些都需要"系统"或系统科学思维。

算法和系统就好比是:系统是龙,而算法是睛,画龙要点睛。

0.2.4 "计算之树"的树枝——计算与社会/自然环境的融合思维

计算之树的树枝体现的是计算学科的各个分支研究方向,如智能计算、普适计算、个人计算、社会计算、企业计算、服务计算等,也体现了计算学科与其它学科相互融合产生的新的研究方向,如计算物理学、计算化学、计算生物学、计算语言学、计算经济学等。

①**"社会/自然的计算化"**:由树叶到树干,体现了社会/自然的计算化,即社会/自然现象的面向计算的表达和推演,着重强调利用计算手段来推演/发现社会/自然规律。换句话说,将社会/自然现象进行抽象,表达成可以计算的对象,构造对这种对象进行计算的算法和系统,来实现社会/自然的计算,进而通过这种计算发现社会/自然的演化规律。

②**"计算/求解的自然化"**:由树干到树叶,体现了计算/求解的自然化,着重强调用社会/自然所接受的形式或者说与社会/自然相一致的形式来展现计算及求解的过程与结果。例如,将求解的结果以听觉视觉化的形式展现(多媒体),将求解的结果以触觉的形式展现(虚拟现实),将求解的结果以现实世界可感知的形式展现(自动控制)等。

社会/自然的计算化和计算/求解的自然化本质上体现了**不同抽象层面的计算系统**的基本思维,其根本是"抽象"和"自动化",这种抽象和自动化可在多个层面予以体现,简单而言,可划分为如下三个层面。

• 机器层面——协议(抽象)和编码器/解码器/转换器等(自动化),解决机器与机器之间的交互问题。

- 人-机层面——语言（抽象）和编译器/执行器（自动化），解决人与机器之间的交互问题。
- 业务层面——模型（抽象）和执行引擎/执行系统（自动化），解决业务系统与计算系统之间的交互问题。

计算与社会/自然环境的融合促进了网络化社会的形成，由计算机构成的机器网络——局域网、广域网，到由网页/文档构成的信息网络——具有无限广义资源的互联网络，再到物联网、知识与数据网、服务网、社会网，促进了物物互连、物人互连、人人互连为特征的**网络化环境**和**网络化社会**，极大地改变了人们的思维，促进了网络化思维的形成和发展，不断地改变着人们的生活与工作习惯。

同样，从学科的角度，计算与社会/自然环境的融合促进了早期仅仅关注狭义的"计算机"和计算机科学，发展为更广泛的面向社会/自然问题的计算技术的计算科学，体现了计算科学是由计算机学科与其他学科相互融合所形成的具有更广泛研究对象的学科。

- 计算机：着重在计算机器（含系统软件等）的设计、建造、开发和应用研究。
- 计算机科学：着重在计算机、可计算问题和可计算系统的研究，着重在计算手段的发现、发展与实现。
- 计算科学：着重在面向社会各个领域面向各个学科融合的计算手段的研究及其应用，着重在基于数据、基于内容的社会/自然规律的发现与实现。

0.3 计算思维对各学科人才未来的影响

前面的计算之树给出了计算思维的一个框架，或者说给出了计算思维的一个知识空间。接下来我们要观察计算思维对各学科人才的未来有什么影响。

计算思维对计算机学科、软件工程学科的影响是不言而喻的，应该说，计算思维是学科的灵魂、学科的重要思想。下面我们主要看计算思维对其他学科人才的影响，先从一个成功案例谈起。

0.3.1 John Pople因计算机应用于化学领域而获得诺贝尔化学奖

有很多非计算机专业人才借助于计算思维取得成功的案例。本文仅举一个案例——1998年诺贝尔化学奖的获得者John Pople。他获得诺贝尔奖是因为

作为把计算机应用于化学研究的主要科学家，其建立了可用于化学各个分支的一整套量子化学方法，把量子化学发展成一种工具，并已为一般化学家所使用，以便在计算机里模拟分子赋予它们异种特性的方法，研究分子间如何相互发生作用并如何随环境而改变，从而使化学迈向用实验和理论共同研究探索分子体系各种性质的新时代。

这个工具就是Gaussian量子化学综合软件包，它可实现如下研究：分子能量和结构，

键和反应能量，分子轨道，多重矩，原子电荷和电势，振动频率，红外和拉曼光谱，核磁性质，极化率和超极化率，热力学性质，反应路径计算等。它已成为研究许多化学领域课题的重要工具，如取代基的影响，化学反应机理，势能曲面和激发能、周期体系的能量预测，结构和分子轨道等。

从John Pople开发的Gaussian软件包我们可以看出，计算思维对其有很大的影响。例如：

- 符号化计算化可视化思维的影响：如何将分子及其特性表达为计算机可以处理、可以显示的符号，将分子及其对象转化为"计算对象"。
- 算法思维的影响：如何计算分子轨道，如何计算密度，如何计算库仑能，如何计算分子的各种特性，这就需要算法，如初始轨道猜测算法、密度拟合近似算法、库仑能算法等。
- 系统思维的影响：如何形成完整的工具与系统，如何通过语言/模型来让研究者表达分子及其特性，表达其所要进行的研究内容，通过编译器/执行引擎，即调用计算机程序来按语言/模型表达的内容进行分析与计算等。
- 聚集数据成"库"的思维：将信息聚集成"库"，基于"库"所聚集的大量信息进行分析与研究，可发现规律和性质。
- 物理世界与信息世界的转换思维：这是信息处理的一般思维，即协议与编码器/解码器的思维，以采集、转换、存储、显示数据，实现物理世界与信息世界的转换。
- ……

可以看出，"0和1"、"程序"、"递归"、"算法"、"系统"以及通用计算环境等都对其产生了影响，可以说，任何一个计算手段的研究都离不开一些"核心"的计算思维。

0.3.2 各学科专业人才未来对计算能力的需求

John Pople的成功体现了计算思维对各学科专业人才的一种影响，这种影响是深远的。又如，携程网、维基百科、淘宝网、脸谱网的成功是计算机的影响还是计算思维的影响呢？进一步分析我们可看出，各学科专业学生未来将可能利用计算机或计算技术从事如下两类工作。

（1）应用计算手段进行各学科研究和创新

不可否认，研究和应用本学科的理论与技术或者艺术等，是各学科专业学生未来的主要工作内容。面对科学、技术或艺术研究的新形势，传统的手段如实验—观察手段、理论—推证手段等将会受到很大的限制，如实验产生的大量数据及结果是很难通过观察手段获得的，此时不可避免地需要利用计算手段来辅助创新，利用计算手段来实现理论与实验的协同创新。

各学科均可应用计算手段进行学科问题的研究和创新。例如，艺术类学科可通过一些计算模型产生大量数据，通过计算、模拟和仿真等获取创新灵感，产生新的艺术品或艺术形态；再如，生物学科利用各种仪器获取大量实验数据，通过计算、模拟和比较分析等，研究细胞、组织、器官等的生理、病理与药理机制，产生疾病治疗的新手段新药物等。

著名的计算机科学家、1972年图灵奖得主Edsger Dijkstra说：

> 我们所使用的工具影响着我们的思维方式和思维习惯，从而也将深刻地影响着我们的思维能力。

利用计算手段进行相关内容的研究将成为未来各学科人才进行创新的主要手段之一。

（2）支持各学科研究创新的新型计算手段

虽然应用已有的计算手段进行学科研究创新很重要，然而如何将通用计算手段与各学科具体研究对象结合起来形成面向不同学科对象的新型计算手段却更重要。换句话说，利用一条生产线生产汽车很重要，但制造能够生产汽车的新生产线更体现了创新。因此，研究支持各学科研究创新的新型计算手段，如诺贝尔化学奖获得者波普所做的工作，也将是各学科专业学生未来的工作内容之一。

例如，从事音乐创作的人能否将其创作的经验凝练于一个计算手段（软件或硬件）中，使广大群众也能够方便地基于该计算手段进行音乐创作，一个音乐家能否将其对音乐的理解凝练于一个计算手段中，使广大群众可以通过该计算手段训练自己的音乐才能。3D/4D电影中体现出的虚拟人—现实人的互动技术、场景建模、构建及与现实的融合技术等都需要艺术与计算技术的结合。

创新需要复合。这种面向不同学科创新的新型计算手段的研究尤其需要复合型人才，即一方面理解学科专业的研究对象与思维模式，另一方面理解计算思维。

0.3.3 计算思维可有效帮助各学科专业人才跨越鸿沟

当前，各学科专业学生可能更关注计算机及其通用计算手段应用知识与应用技能的学习，如能否教我使用Office，能否教我使用Matlab，能否教我使用SQL Server，能否教我使用Photoshop，能否教我使用各种各样的软件，等等。这种计算机和具体软件应用方面的学习固然重要，但是如果没有计算思维，那么你只是学会了操作这个软件，如果你领会了计算思维，这些软件可能无师自通——毕竟软件工作者的目标是让每个人都会使用他的软件而不是必须受过大学教育。即使你学会了这些软件，未来的变化也可能是很大的，我们学过的软件很可能已经被淘汰，很可能出现许多更新的软件。

大学教育的目标是通过教育对学生未来的发展有所贡献。如图0.2所示，仅关注当前具体系统具体操作层面是难以满足各学科专业学生未来计算能力的需求的，难以跨越由通用计算手段学习到未来的专业计算手段应用与研究之间的鸿沟。如果培养的是计算思维，计算思维与其他学科的思维相互融合，便可促进各学科学生创造性思维的形成，可以说，计算学科的普适思维是各学科学生创造性思维培养的重要组成部分。

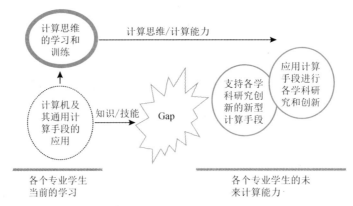

:: 图0.2　各学科专业学生未来对计算能力的需求

　　为什么说计算思维可有效帮助各学科专业人才跨越鸿沟呢？

　　首先，思维的特性决定了它能给人以启迪，给人创造想象的空间。思维可使人具有联想性、具有推展性；思维既可概念化，又可具象性，具有普适性；知识和技能具有时间性的局限，而思维则可跨越时间性，随着时间的推移，知识和技能可能被遗忘，思维却可能潜移默化地被融入到未来的创新活动中。

　　具体而言，思维是由一系列知识所构成的完整的解决问题的思路。思维的每个环节可能需要知识的铺垫，基于一定的知识可理解每个环节，通过"贯通"各环节进而理解"解决问题"的整个思维。这种贯通性的思维是"可实现的思维而非实现的细节"，尽管其可抽象化概念化，但能留在人们记忆中的可能是其可视化形象化的表现。

　　计算学科中体现了很多这样的思维，如前所述，这些典型的计算思维对各学科学生的创造性思维培养是非常有用的，尤其是对其创新能力的培养是有用的，例如：

- "0和1"和"程序"有助于学生形成研究和应用自动化手段求解问题的思维模式。
- "并行分布计算"和"云计算"有助于学生形成现实空间与虚拟空间、并行分布虚拟解决社会自然问题的新型思维模式。
- "算法"和"系统"有助于学生形成化复杂为简单、层次化结构化对象化求解问题的思维模式。
- "数据化"和"网络化"有助于学生形成数据聚集与分析、网络化获取数据与网络化服务的新型思维模式。借鉴通用计算系统的思维，研制支持生物技术研究的计算平台，研制支持材料技术研究的计算平台等。

　　大学计算机就是要挖掘这样的思维，传授这样的思维，让同学不仅有"思维"，更要能够看见并确立这种"思维"是能够实现的。

　　"知识"随着"思维"的讲解而介绍，"思维"随着"知识"的贯通而形成，"能力"随着"思维"的理解而提高。希望读者能通过计算思维的学习，对自己的未来有所帮助！

第1章
引　论

1.1 什么是计算

简单计算，如我们从幼儿就开始学习和训练的算术运算，如"3 + 2 = 5"、"3×2 = 6"等，是指"数据"在"运算符"的操作下，按"规则"进行的数据变换。我们不断学习和训练的是各种运算符的"规则"及其组合应用，目的是通过计算得到正确的结果。

广义地讲，一个函数，如

$$f(x)=\int x^{-1}\mathrm{d}x=\int \frac{1}{x}\,\mathrm{d}x=\ln|x|+c$$

把x变成了$f(x)$，就可认为是一次计算。在高中及大学阶段，我们不断学习各种计算"规则"并应用这些规则来求解各种问题，得到正确的计算结果，如对数与指数、微分与积分等。

"规则"可以学习与掌握，应用"规则"进行计算则可能超出了人的计算能力，即人知道规则却没有办法得到计算结果。如何解决呢？一种办法是研究复杂计算的各种简化的等效计算方法（数学）使人可以计算；另一种办法是设计一些简单的规则，让机械来重复地执行完成计算，即考虑能否用机械来代替人按照"规则"自动计算。例如，能否机械地判断方程

$$a_1x_1^{b_1}+a_2x_2^{b_2}+\cdots+a_nx_n^{b_n}=c$$

是否有整数解，即机械地证明一个命题是否有解？是否正确？

类似的上述问题促进了计算机科学和计算科学的诞生和发展，促进了人们思考：

①**什么能够被有效地自动计算？** 现实世界需要计算的问题很多，哪些问题是可以自动计算的，哪些问题是可以在有限时间、有限空间内自动计算的？这就出现了计算及计算复杂性问题。以现实世界的各种思维模式为启发，寻找求解复杂问题的有效规则，就出现了算法及算法设计与分析问题。例如，观察人的思维模式而提出的遗传算法，观察蚂蚁行动的规律而提出的蚁群算法等。

②**如何低成本、高效地实现自动计算？** 如何构建一个高效的计算系统，即计算机器的构建问题和软件系统的构建问题。

③**如何方便有效地利用计算系统进行计算？** 利用已有计算系统，面向各行各业的计算问题求解。

什么能且如何被有效地自动计算的问题就是计算学科的科学家不断在研究和解决的问题。

1.2 计算机科学与计算科学

一般而言，"计算机科学"是研究计算机和可计算系统的理论方面的学科[1]，包括软件、硬件等计算系统的设计和建造，发现并提出新的问题求解策略、新的问题求解算法，在硬件、软件、互联网方面发现并设计使用计算机的新方式和新方法等。简单而言，计算机科学围绕着"构造各种计算机器"和"应用各种计算机器"进行研究。

当前，计算手段已发展为与理论手段和实验手段并存的科学研究的第三种手段[2]。理论手段是指以数学学科为代表，以推理和演绎为特征的手段，科学家通过构建分析模型和理论推导进行规律预测和发现。实验手段是指以物理学科为代表，以实验、观察和

总结为特征的手段，科学家通过直接的观察获取数据，对数据进行分析进行规律的发现。计算手段则是以计算机学科为代表，以设计和构造为特征的手段，科学家通过建立仿真的分析模型和有效的算法，利用计算工具来进行规律预测和发现。

技术进步已经使得现实世界的各种事物都可感知、可度量，进而形成数量庞大的数据或数据群，使得基于庞大数据形成仿真系统成为可能，因此依靠计算手段发现和预测规律成为不同学科的科学家进行研究的重要手段。例如，生物学家利用计算手段研究生命体的特性，化学家利用计算手段研究化学反应的机理，建筑学家利用计算手段来研究建筑结构的抗震性，经济学家社会学家利用计算手段研究社会群体网络的各种特性等。由此，计算手段与各学科结合形成了所谓的计算科学，如计算物理学、计算化学、计算生物学、计算经济学等。

著名的计算机科学家、1972年图灵奖得主Edsger Dijkstra[3]说：

我们所使用的工具影响着我们的思维方式和思维习惯，从而也深刻影响着我们的思维能力。

各学科人员在利用计算手段进行创新研究的同时，也在不断地研究新型的计算手段。这种结合不同专业的新型计算手段的研究需要专业知识与计算思维的结合。1998年，John Pople便因成功地研究出量子化学综合软件包Gaussian[4]而获得诺贝尔奖，Gaussian已成为研究化学领域许多课题的重要的计算手段。另一个典型的计算手段是求解应力或疲劳等结构力学、多物理场耦合的有限元分析手段。以电影《阿凡达》为代表的影视创作平台也在不断利用先进的计算手段(如捕捉虚拟合成抠像手段)创造意想不到的视觉效果。

周以真(Jeannette M.Wing)教授指出，计算思维(Computational Thinking)是运用计算机科学的基础概念去求解问题、设计系统和理解人类行为的一系列思维活动的统称[5]；它是如同所有人都具备读、写、算能力一样，都必须具备的思维能力；计算思维建立在计算过程的能力和限制之上，由机器执行。因此，理解"计算机"的思维(即理解计算系统是如何工作的? 计算系统的功能是如何越来越强大的)，以及利用计算机的思维(即理解现实世界的各种事物如何利用计算系统来进行控制和处理，理解计算系统的一些核心概念，培养一些计算思维模式)，对于所有学科的人员建立复合型的知识结构，进行各种新型计算手段研究以及基于新型计算手段的学科创新都有重要的意义。技术与知识是创新的支撑，但思维是创新的源头。

1.3 来自计算机发展史的启示

对历史的回顾，不只是要记住历史事件及历史人物，而是要观察**技术的发展路线**，观察其带给我们的**思想性的启示**，这对于创新及创新性思维培养是非常有用的!

1.3.1 来自计算工具发展的启示

一般而言，计算与自动计算要解决以下4个问题：①数据的**表示**；②数据的**存储**及自动存储；③ 计算规则的**表示**；④计算规则的执行及**自动执行**。

图1.1揭示了计算工具的发展与演变过程。

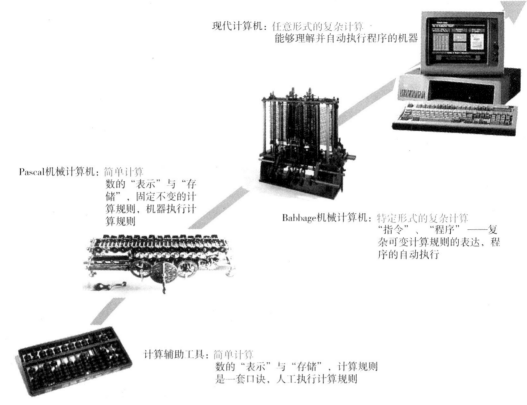

现代计算机：任意形式的复杂计算，
能够理解并自动执行程序的机器

Pascal机械计算机：简单计算
数的"表示"与"存储"，固定不变的计算规则，机器执行计算规则

Babbage机械计算机：特定形式的复杂计算
"指令"、"程序"——复杂可变计算规则的表达、程序的自动执行

计算辅助工具：简单计算
数的"表示"与"存储"，计算规则是一套口诀，人工执行计算规则

:: 图1.1 计算工具的发展与演变过程

　　先看算盘。算盘上的珠子可以**表示**和**存储**数，计算规则是一套口诀，按照口诀拨动珠子可以进行四则运算。然而所有的操作都要靠人的大脑和手完成，因此算盘被认为是一种计算辅助工具，不能被归入自动计算工具范畴。若要进行自动计算，需要由机器来自动执行规则、自动存储和获取数据。

　　1642年，法国科学家帕斯卡（Blaise Pascal，1623—1662）发明了著名的帕斯卡机械计算机，首次确立了计算机器的概念。该机器用齿轮来**表示**和**存储**十进制各数位上的数字，通过齿轮比来解决进位问题。低位的齿轮每转动10圈，高位上的齿轮只转动1圈。机器可**自动执行**一些**计算规则**，"数"在计算过程中自动存储。德国数学家莱布尼茨（Gottfried Wilhelm Leibniz, 1646—1716）随后对此进行了改进，设计了"步进轮"，实现了计算规则的自动、连续、重复的执行。帕斯卡机的意义是：告诉人们"用纯机械装置可代替人的思维和记忆"，开辟了自动计算的道路。

　　1822年，30岁的巴贝奇（C. Babbage）受前人杰卡德（J.Jacquard）编织机的启迪，花费10年的时间，设计并制作出了差分机。这台差分机能够按照设计者的旨意，自动处理不同函数的计算过程。1834年，巴贝奇设计出具有堆栈、运算器、控制器的分析机，英国著名诗人拜伦的独生女阿达·奥古斯塔（Ada Augusta）为分析机编制了人类历史上第一批程序，即一套可预先变化的有限有序的**计算规则**。巴贝奇用了50年时间不断研究如何制造差分机，但限于当时科技发展水平，其第二个差分机和分析机均未能制造出来。在巴贝奇去世70多年之后，Mark Ⅰ在IBM的实验室制作成功，巴贝奇的夙愿才得以实现。巴贝奇用一生进行科学探索和研究，这种精神永远地流传了下来。

正是由于前人对机械计算机的不断探索和研究，不断追求计算的机械化、自动化、智能化：如何能够自动存取数据？如何能够让机器识别可变化的计算规则并按照规则执行？如何能够让机器像人一样地思考？这些问题促进了机械技术与电子技术的结合，最终导致了现代计算机的出现。在借鉴了前人的机械化、自动化思想后，现代计算机设计了能够理解和执行任意复杂程序的机器，可以进行任意形式的计算，如数学计算、逻辑推理、图形图像变换、数理统计、人工智能与问题求解等，计算机的能力在不断提高。

1.3.2 来自元器件发展的启示

自动计算要解决数据的自动存、自动取以及随规则自动变化的问题，如何找到能够满足这种特性的元器件便成为电子时代研究者不断追求的目标。图1.2揭示了元器件的发展与演变过程。

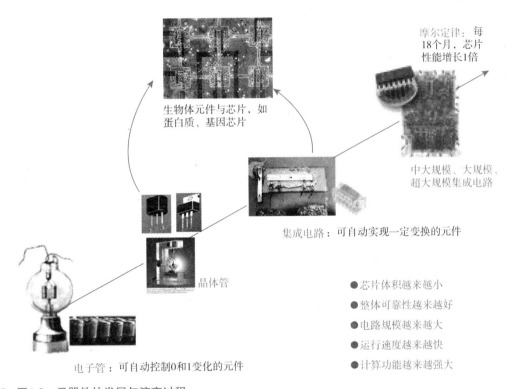

生物体元件与芯片，如蛋白质、基因芯片

摩尔定律：每18个月，芯片性能增长1倍

中大规模、大规模、超大规模集成电路

集成电路：可自动实现一定变换的元件

晶体管

● 芯片体积越来越小
● 整体可靠性越来越好
● 电路规模越来越大
● 运行速度越来越快
● 计算功能越来越强大

电子管：可自动控制0和1变化的元件

图1.2 元器件的发展与演变过程

1883年，爱迪生在为电灯泡寻找最佳灯丝材料的时候发现了一个奇怪的现象：在真空电灯泡内部碳丝附近安装一截铜丝，结果在碳丝和铜板之间产生了微弱的电流。1895年，英国的电器工程师弗莱明（J. Fleming）博士对这个"爱迪生效应"进行了深入的研究，最终发明了人类第一只电子管（真空二极管）：一种使电子单向流动的元器件。1907

年，美国人德福雷斯发明了真空三极管，他的这一发明为他赢得"无线电之父"的称号。其实，德福雷斯所做的就是在二极管的灯丝和板极之间加了一块栅板，使电子流动可以受到控制，从而使电子管进入到普及和应用阶段。电子管是可存储和控制二进制数的电子元器件。在随后几十年中，人们开始用电子管制作自动计算的机器。标志性的成果是1946年宾夕法尼亚大学的ENIAC[6]，是世界上公认的第一台电子计算机。ENIAC的成功奠定了"二进制"、"电子技术"作为计算机核心技术的地位。然而电子管有很多缺陷，如体积庞大、可靠性低、功耗大等，对于如何克服这些问题的思考促使了人们寻找性能比电子管更优秀的替代品。

1947年，贝尔实验室的肖克莱和巴丁、布拉顿发明了点接触晶体管；两年后，肖克莱进一步发明了可以批量生产的结型晶体管（1956年，他们三人因为发明晶体管共同获得了诺贝尔奖）；1954年，德州仪器公司的迪尔发明了制造硅晶体管的方法。1955年之后，制造晶体管的成本以每年30%的速度下降，到50年代末，这种廉价的器件已经风靡世界，以晶体管为主要器件的计算机也迈入了新的时代。尽管晶体管代替电子管有很多优点，但是需要使用电线将各元件逐个连接起来，对于电路设计人员来说，能够用电线连接起来的单个电子元件的数量不能超过一定的限度。而当时一台计算机可能就需要25000个晶体管、10万只二极管、成千上万个电阻和电容，其错综复杂的结构使其可靠性大为降低。如何解决呢？

1958年，费尔柴尔德半导体公司的诺伊斯和德州仪器公司的基尔比提出了集成电路的构想：在一层保护性的氧化硅薄片下面，用同一种材料(硅)制造晶体管、二极管、电阻、电容，再采用氧化硅绝缘层的平面渗透技术，以及将细小的金属线直接蚀刻在这些薄片表面上的方法，把这些元件互相连接起来，这样几千个元件就可以紧密地排列在一小块薄片上。将成千上万个元件封装成集成电路，自动实现一些复杂的变换。集成电路成为了功能更强大的元件，人们可以通过连接不同的集成电路，制造自动计算的机器，人类由此进入了微电子时代。

随后，人们不断研究集成电路的制造工艺，光刻技术、微刻技术到现在的纳刻技术，使得集成电路的规模越来越大，形成了超大规模集成电路。自那时起，集成电路的发展就像Intel创始人戈登·摩尔（Gordon Moore）提出的被称为摩尔定律[7]一样：

当价格不变时，集成电路上可容纳的晶体管数目约每隔18个月会增加1倍，其性能也将提升1倍。

截至2012年，一个超大规模集成电路芯片的晶体管数量可达14亿只以上。

电子计算机的计算能力应该说已经很强大了，但为什么仍无法达到或者超越人类大脑的计算能力呢？人类的计算模式又是怎样的呢？这些问题促使科学家不断进行新形式的元器件的研究，如生物体芯片，科学家发现蛋白质具有0/1控制的特性，它能否被用于制作芯片呢？这种生物芯片在解决一些复杂的计算时是否会有与人一样的计算模式呢？目前生物芯片已经取得了很多的成果，这里不予赘述。

1.3.3 来自计算机硬件发展的启示

所谓计算机硬件，是指制造完成后基本不能改变的部件，包括核心的微处理器（又被称为中央处理单元CPU，Central Processing Unit）、存储设备、输入设备和输出设备。负责解释和执行程序的部件被称为微处理器，负责存储数据的部件被称为存储设备，负责将外界信息送入计算机系统的部件被称为输入设备，负责将计算机系统内部数据使外界感知的部件被称为输出设备。

计算机硬件的发展与演变过程如图1.3所示。

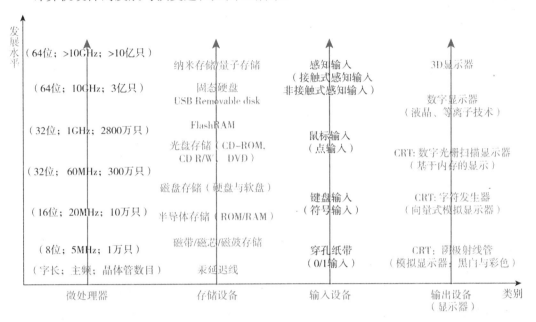

:: **图1.3 计算机硬件的发展与演变过程**

先看输入设备的发展。如何使外界信息被机器感知呢？ 1725年，法国纺织机械师布乔（B. Bouchon）发明了"穿孔纸带"的构想。1805年，法国机械师杰卡德（J. Jacquard）据其完成了"自动提花编织机"的设计制作。纸带上穿孔为1，无孔为0，有一穿孔机制作纸带，制作好的纸带被机器阅读并识别，实现了以0、1编码的信息的输入。如何将英文字母直接输入到机器中呢？ 1868年，美国克里斯托夫·肖尔斯（C. Sholes）发明了沿用至今的QWERTY键盘，将英文字母符号按位置排列，当按下不同字母按键时，机器识别出其位置，据位置信息进而识别出输入的是哪一个字母，从而实现了符号输入。如何实现对由一系列点构成的图形的控制？ 1968年，美国恩格巴特（Douglas Englebart）发明了鼠标，实现了点输入，促进了图形化计算机的发展。目前，各种输入手段不断创新，输入设备层出不穷。例如，为实现纸质文档/图像的输入，出现了扫描仪；为实现人对屏幕上图形的直接控制，出现了基于电阻/电容的触摸感应式输入设备，可以感应手指的接触或压力实现信息的输入；为了更方便地输入信息，出现了语音输入设备，自动识别人的语音；出现了随人眼、手变动的感知输入设备，如微软公司推出的Kinect体感设备等，各种各样的感知设备，包括接触式感知，也包括非接触式感知，目前的物联网（Internet of Things）技术的目的是使计算机感知现实世界的万事万物。

再看输出设备的发展。如何使机器处理的结果被外界感知呢？最基本的是通过屏幕显示计算的结果。1908年，英国的Campbell Swinton叙述了电子扫描方法并预示用阴极射线管制造电视。1960年，DEC公司的PDP-1计算机使用了CRT（阴极射线管，Cathode Ray Tube）显示器，它利用显像管内的电子枪发出电子光束，打在一个内层玻璃涂满了无数三原色的荧光粉层上，荧光粉层的布满的三原色点的数目被称为像素，电子枪周期性地发出电子束，循环激发像素点，会使得荧光粉发光，就显示出了不同颜色的点。如何控制电子束的扫描，以使其按希望的点的颜色进行显示？如何提高屏幕显示的清晰度和色彩准确度？如何使屏幕在计算机的控制下显示希望的图形或符号？这些问题促进了人们对显示设备的深入研究。1963年，Ivan Sutherland研发出了笔迹或向量式的模拟显示器，即第一台使用计算机产生画面的显示器。20世纪60年代末期，Tektronix公司基于示波器原理研究了字符发生器，这是一种光栅扫描显示器，它有小量的内存，大概可以容纳一个字符，它扫描映像管的表面时做开关动作。1972年，Ramtek开发出了采用帧缓冲技术的数字光栅扫描显示器——一种基于内存的显示器技术。目前，显示设备的研究向数字高清显示器、三维显示器、触控显示器等方向发展。概括来讲，显示技术的发展趋势为：分辨率越来越高，颜色越来越逼真，显示速度越来越快（屏幕刷新速度和图形处理速度），体积越来越薄，视觉效果越来越清晰，可视角度越来越接近平角等。其他类型的输出设备，如打印机等，也以类似的思维不断地发展着，在此不再赘述。

接着看存储设备的发展。1950年，基于汞在室温时是液体同时又是导体特性，并结合机械与电子技术，人们开发了汞延迟线，实现了0和1的存储。1953年，利用磁性材料及其磁化翻转特性而实现永久性的存储，发明了磁芯、磁带、磁鼓，进一步，IBM公司于1956年首次实现"温彻斯特（Winchester）"硬盘技术。1973年，IBM公司研制成功第一片软磁盘。1983年，IBM公司推出了IBM PC的改进型号IBM PC/XT，并为其内置了硬盘。2002年2月26日，希捷公司推出了全球首款Serial ATA接口硬盘。1985年，Philips和Sony公司合作推出CD-ROM光盘驱动器。1994年，Philips和Sony公司发布了**高密度CD碟片**（High-Density CD），即现在的DVD-9（DS-SL）和DVD-18（DS-SL）格式碟片的始祖。1995年，欧、美、日10家制造公司达成协议，**DVD光盘**将包括视频和音频、只读和可写等全面解决方案。目前一些新型的存储介质，如Flash RAM、MultiMedia Card（MMC）、USB removable disk（U-Disk）、固态硬盘、纳米存储（用磁性纳米棒研制量子存储系统）层出不穷。概括来讲，存储设备的发展趋势为：体积越来越小，容量越来越大，访问速度越来越快，可靠性越来越高，功耗越来越低，持久性越来越好等。

自1974年Intel公司推出第一款8位微处理器芯片8080及随后推出的16位微处理器8086以来，微处理器便依摩尔定律在发展着。微处理器是计算机内部执行指令和进行运算的核心部件。通常有几个指标来衡量微处理器：

① 字长。字是CPU内部进行数据处理、信息传输等的基本单位，每个字所包含的二进制位数称为字长。字长也即CPU一次操作所能处理数据的位数。微处理器字长从4位，发展为8位、16位、32位和64位。

② 主频。主频是指CPU每秒钟所能完成操作的次数，也叫时钟频率。微处理器的主频由几MHz发展为几十MHz、几百MHz、几GHz、几十GHz。

③ 功能/规模。早期的微处理器仅仅以定点数运算为基础，当进行浮点数运算时速度较慢，为此开发了单独的协处理器进行浮点数运算，一台计算机上安装两个处理器；随后的发展便将微处理器和协处理器集成为一个芯片，形成新的微处理器；为提高图形的处理速度，又开发了图形处理单元GPU，随后又将图形处理单元与微处理器集成，形成新的多核处理器，再进一步集成了多媒体处理器、3D多媒体处理器，形成了现在的多核处理器，目前Intel公司已开发出了八核、十核及更多核心的处理器，规模越来越大。

④ 晶体管数量。正是由于微处理器不断集成更多的处理单元，使其内部集成的晶体管由早期的几万只发展为几十万只、几百万只、几千万只、几亿只，目前达到14亿只以上。当然，这一切离不开集成电路的微刻、纳刻制造工艺的发展。

1.3.4　来自计算机软件发展的启示

尽管计算机硬件功能很强，但真正控制计算机运行的还是软件，计算机技术的发展也是伴随着软件技术的发展而发展的。软件可看成是程序系统或者程序集合，是计算机系统中与硬件相互依存的另一部分。程序是可按事先设计好的功能和性能要求进行执行的指令序列。硬件一旦设计好，其功能就确定了，而其功能的扩展和延伸是通过软件来实现的。当程序系统稳定后，人们可将固定不变的程序再做成硬件，扩大了硬件功能，进而在新的硬件基础上再设计功能更强大的软件，如此相互促进，计算机功能越来越强大。图1.4示意了计算机软件的发展与演变过程。

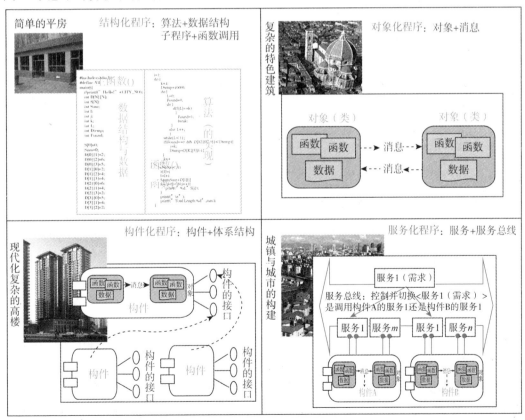

::　图1.4　计算机软件的发展与演变过程

怎样编写程序和软件呢？最初人们是以硬件所能直接执行的"指令"编写程序，即用机器语言编写程序。机器语言是指硬件能够直接识别和执行的语言，包括由0/1编码的指令及其指令的书写规则。20世纪50年代初期出现了汇编语言，用若干个英文字母构成的助记符号来表示指令，人们可以用更容易记忆的字母符号来编写程序，由于不同机器有不同的指令，所以汇编语言是面向机器的语言。如何使计算机语言不依赖于具体的机器呢？如何使计算机语言能像自然语言一样进行表达呢？1951年，IBM开始研发高级语言，意在创建一种独立于机器、能在不同的计算机上兼容执行的语言，1956年10月，IBM推出了Fortran I语言，标志着高级语言的诞生。Fortran语言的名称来自formula和translator两个词，意思是**公式转换器**，它类似自然语言，使用数学公式和英文来表达让机器自动执行的计算规则，但因为是在跟机器交流，所以在语法上要遵循严格的规定，毕竟机器是不能像人那样识别模糊表达的。为使人更容易理解和编写更复杂的程序，出现了众多的计算机语言，如BASIC（Beginner's All purpose Symbolic Instruction Code）语言，意为"初学者通用符号指令代码"。1960年1月，图灵奖获得者Alan J. Perlis发表了"演算法语言ALGOL60报告"，推出了程序设计语言ALGOL60，随后不断演化形成了现在广为使用的C语言等。

20世纪80年代及其以前都是使用高级语言如C语言、Fortran语言，来开发程序。用高级语言开发的程序被称为结构化程序，结构化程序是由一个个函数构成的，而函数又被称为子程序，是由一个个常量和变量等定义的数据结构及由一行行各种表达式和语句所表达的算法构成的，算法是完成问题求解的一系列步骤。简单而言，结构化程序就是用"函数"来表达数据结构和算法，通过"函数调用"来实现不同程序之间的交互。结构化程序设计就好比建平房，但也可用建造平房的技术来建造复杂的建筑，如典型的操作系统软件UNIX，就是用C语言编写的。

20世纪80年代后期，程序开发方式发生了变化。如何构造复杂的程序呢？人们提出了用"对象"和"类"来构造程序。对象的概念模拟的是现实世界中的各种各样的对象，每个对象具有相对独立的特性（数据和功能），可以独立的运行，如何模拟这种可相互独立运行的对象呢？此时人们将一个对象相关的若干数据和函数封装起来，形成可执行体，被称为对象，对象的类型被称作"类"，由类产生的一个运行体就是一个"对象"，对象和对象之间通过消息（数据）进行交互，由此实现了人们期待已久的软件体的自动生成，出现了面向对象的程序设计语言，如C++（1983年）、Java（1995年）、Visual系列语言（1990年）等。面向对象的程序设计语言极大地提高了人们程序设计的能力，也使人们从"编"程序向"构造"程序转变，使得构造特色的复杂的程序成为可能。面向对象程序设计好比建高楼，可以更方便地构造具有特色的相当复杂的建筑。典型的Windows图形界面操作系统及基于图形界面的可视化系统都是面向对象程序设计的结果示例。

如何快速地批量化地构造复杂的程序呢？人们在20世纪90年代后，提出了将若干系统中都经常使用的对象做成"构件"，通过重复使用一些构件来构造程序进而提高软件开发效率的思想。所谓构件，是将若干对象的相对复杂的特性封装起来，而只将其与外部的交互性的特性（被称为接口）暴露给开发者。进而，开发者只需考虑如何利用接口来利用构件，不需考虑构件内部的复杂特性。这样，构件就可以被很多系统所使用。然而，构件与构件如何连接？连接构件的连接件如何制作？如何连接构件使形成的系统具有更好的性能？这些问题就是软件系统的架构问题。因此说，此阶段是以"构件"及"软件结构"为单位进行复杂程序的构造，目前典型的软件架构为J2EE、.NET和CORBA。软件架构的研究也促进了中间件技术的发展，如BEA公司的WebLogic、IBM公司的WebSphere和开源软件的Tomcat等。在Java EE架构和中间件的支持下，人们又提出了很多具有不同特色的开发框架（Framework），如Spring框架、Ruby on Rails框架等，极大地提高了批量化构造程序的效率。构件化系统开发就好比堆积木一样可以批量地、快速地构造更为复杂的建筑。

进入21世纪后，随着互联网技术的深入发展，**如何支持一个信息系统可以与外部的任何其他系统进行互连互通**成为软件开发的重要问题。构件之间可以通过构件的接口实现相互调用，但调用的前提是构件双方能够知道对方的接口，已知对方的接口，便可在己方程序中写入调用语句来实现调用。然而在互联网环境下，如何能知道对方的接口，如何能够不改变已编写的程序实现和新增系统的交互呢？人们提出用"服务"与"服务总线"的概念来构造系统。服务是将构件的接口重新按公共标准接口进行封装，可以随时接入到服务总线上。任何一个系统都可通过服务总线发现该服务，也可在服务总线的支持下调用该服务，通过服务总线可实现任何两个信息系统之间的互连互通。目前出现的面向服务的体系结构（Service-Oriented Architecture, SOA）技术、云计算（Cloud Computing）技术等就是体现这些思想的典型技术。服务化程序设计就好像是建设一座城市，不仅要建立一栋栋建筑，更要考虑建筑之间水、电、气等的互连互通。

1.3.5 一些重要思想/重要事件及其带来的影响

1674年，莱布尼茨提出了"二进制"数的概念。1847年，英国数学家布尔（G.Boole）发表著作《逻辑的数学分析》。1854年，布尔发表《思维规律的研究——逻辑与概率的数学理论基础》，创立了一门全新的学科——布尔代数，为百年后出现的数字计算机的开关电路设计提供了重要的数学方法和理论基础。1938年，香农[8]发表了著名的论文《继电器和开关电路的符号分析》，首次用布尔代数进行开关电路分析，并证明布尔代数的逻辑运算，可以通过继电器电路来实现，明确地给出了实现加、减、乘、除等运算的电子电路的设计方法。这篇论文成为开关电路理论的开端。

1937年，阿兰·图灵（Alan Turing）[9]想出了一个"通用机器（universal machine）"的概念，可以执行任何算法，形成了一个"可计算（computability）"的基本概念。图灵的概念比其他同类型的发明为好，因为他用了符号处理（symbol processing）的概念。1950年10月，图灵发表自己的论文《机器能思考吗》，从而为人工智能奠定了基础，图灵也获得了"人工智能之父"的美誉。

1940年，控制论之父维纳提出了计算机五原则：① 不是模拟式，而是数字式；② 由电子元件构成，尽量减少机械部件；③ 采用二进制，而不是十进制；④ 内部存放计算表，计算控制规则；⑤ 在计算机内部存储数据。1952年，由计算机之父，冯·诺依曼（Von Neumann）设计的IAS电子计算机问世，IAS计算机共采用2300只电子管，使用汞延迟线做存储器，运算速度却比拥有18000只电子管的ENIAC提高了10倍，为什么会提高速度呢？冯·诺依曼[10]设想：将运算和存储分离，运算由运算部件来实现，存储由存储部件来实现，需要运算的数据和程序事先存储在存储部件中，运算部件可通过读写存储部件进行快速的计算，冯·诺依曼的设想在这台计算机上得到了圆满的体现，实现了计算机结构上的创新，被称为"冯·诺依曼计算机"。

1953年，IBM正式对外发布自己的第一台电子计算机IBM701。随后，IBM又相继发布了中型计算机IBM650等，在市场中确立了领导者的地位。1964年，IBM360计算机问世，标志着第三代计算机的全面登场，这也是IBM历史上最成功的机型。1981年，IBM宣布IBM PC的诞生，掀开了改变世界历史的一页。1982年，康柏公司推出了便携式微机Portable，开拓了兼容机市场。1983年，苹果公司推出了丽萨（Lisa）计算机，是世界上第一台商品化的图形用户界面的个人计算机，同时第一次配备了鼠标。1984年，苹果公司推出了划时代的Macintosh计算机，不仅首次采用了图形界面的操作系统，并且第一次使个人计算机具有了多媒体处理能力。

1948年，香农在《Bell System Technical Journal》上发表了他影响深远的论文《通讯的数学原理》和《噪声下的通信》，阐明了通信的基本问题，给出了通信系统的模型，提出了信息量的数学表达式，并解决了信道容量、信源统计特性、信源编码、信道编码等一系列基本技术问题，成为信息论的奠基性著作。1962年，蓝德公司的保罗·巴兰发表了一篇具有里程碑意义的学术报告《论分布式通信》，在文中他首次提出了"分布式自适应信息块交换"，这就是现在称为"分组交换"的通信技术。1969年，美国国防部高级研究计划局（Advanced Research Project Agency，ARPA），发起研究横跨美国的实验性广域计算机网，研究的成果是出现了著名的ARPANET，其加州大学洛杉矶分校（UCLA）节点与斯坦福研究院（SRI）节点实现了第一次分组交换技术的远程通信，标志着互联网的正式诞生。1973年，施乐PARC研究中心组建了世界上第一个计算机局域网络——ALTO ALOHA网络，后改名为"以太网"。1980年，Novell公司推出NetWare网络操作系统。DEC、Intel和Xerox公司共同发布了以太网技术规范，这就是现在著名的以太网蓝皮书。1982年，3Com公司推出了世界上第一款网卡——EtherLink网络接口卡，这也是世界上第一款应用于IBM PC上的ISA接口网络适配器。

1960年，麻省理工学院教授约瑟夫·立克里德（J. Licklider）发表了著名的计算机研究论文《人机共生关系》，提出了分时操作系统的构想，并第一次实现了计算机网络的设想。1969年，贝尔实验室在一部PDP-7上开发了UNIX操作系统，解决了**人们为进行计算需要与硬件交互的难题，所有与硬件设备相关的工作都由操作系统负责管理和调度**。1981年，Microsoft公司配合IBM PC推出MS-DOS 1.0版；1990年，推出Windows 3.0操作系统，提供了对多媒体、网络等众多最先进技术的支持，并在年底创下销售100万套的纪录，从而被称为软件技术的一场革命。1991年，来自芬兰的大学生Linus.Torvalds开发了一种基于UNIX的操作系统Linux，并且将源代码全部公开于互联网上，从而引发了席卷全世界的**源代码开放运动**。2001年开始，出现了众多的嵌入式操作系统，如智能手机操作系统Symbian、Windows Mobile的Smart Phone、Pocket PC、Palm、Linux和Blackberry。2007年11月5日，Google推出基于Linux平台的开源手机操作系统Android。

1988年，由23岁研究生罗伯特·莫里斯（R.T.Morris）编制的"蠕虫"病毒在互联网上大规模发作，这也是互联网第一次遭受病毒的侵袭，从此计算机病毒逐渐传播开来，计算机病毒的影响也受到广泛的重视。1999年，陈盈豪编写的CIH病毒在全球范围内爆发，近100万台计算机遭到不同程度的破坏，直接经济损失达数十亿美元。这也促进了网络安全、信息安全、网络攻防技术的研究和发展。

1991年，出现第一个World Wide Web标准。1992年，Internet协会（ISOC）成立。1993年，美国总统克林顿在加州报告中正式提出了组建国家信息基础设施(NII)的构想，这就是后来的信息高速公路计划。1993年，我国接入Internet的第一根专线，中科院高能物理研究所租用ATT公司的国际卫星接入美国斯坦福线性加速器中心的64kbps专线正式开通。1998年，美国铱星公司成立，该公司通过由66颗卫星组成的铱星系统，首次实现了能从地球的任何地点进行连接的服务。同日，美国数十家电视台在23个大城市正式播出数字电视节目，这也标志着数字电视时代的到来。1995年7月，贝佐斯成立了亚马逊网上书店（Amazon），这个以世界上流域最广、流量最大的河流命名的"书店"正在引起越来越多的注意。21世纪，IBM大力发展面向服务的体系结构（SOA）技术和云计算技术（Cloud Computing），并在此基础上提出了智慧地球（Smart Planet）；欧盟提出了发展以物联网（Internet of Things）、数据与知识网络（Internet of Data and Knowledge）、3D网络（Internet of 3D）、服务联网（Internet of Service）和人与组织网络（Internet of and for People）为代表的未来互联网（Future Internet）技术。

1.4　计算机应用

计算机最初的应用就是数值计算，后来随着计算机技术的发展，计算机的计算能力日益强大，计算范围日益广泛，计算内容日益丰富，计算机的应用领域也日益宽广。归纳起来，计算机的应用主要体现在如下几方面。

1. 科学计算

科学计算也称为数值计算，指用于完成科学研究和工程技术中提出的数学问题的计算。现代科学技术的发展使得各种领域中的计算模型日趋复杂，如大型水坝的设计、卫星轨道的计算、卫星气象预报、地震探测等，通常需要求解几十阶微分方程组、几百个联立线性方程组、大型矩阵等，如果利用人工来进行这些计算，通常需要几年甚至几百年，还不一定能满足及时性、精确性要求。世界上第一台计算机的研制就是为科学计算而设计的，计算机高速、高精度的运算是人工计算所望尘莫及的，利用计算机可以解决人工无法解决的复杂计算问题。

2. 数据/信息处理

数据/信息处理也称为非数值计算，指对大量的数据进行搜集、归纳、分类、整理、存储、检索、统计、分析、列表、绘图等。人类在很长一段时间内，只能用自身的感官去收集信息，借助于纸张，用大脑存储和加工信息，用语言交流信息。在机关办公室、企业、商业、情报业、服务业等方面存在着大量的信息需要处理，如各种人事档案资料、企业的各种定额资料、每天的业务与财务情况、生产情况等。

随着计算机技术的发展，当今社会已从工业社会进入信息社会，信息已经成为赢得竞争的一种资源，计算机已广泛应用于政府机关、企业、商业、服务业等行业中，进行数据/信息处理。利用计算机进行数据/信息处理不仅能使人们从繁重的事务性工作中解脱出来，去做更多创造性的工作，而且能够满足信息利用与分析的高频度、及时性、复杂性要求，从而使得人们能够通过已获取信息去产生更多更有价值的信息。

3. 过程控制

过程控制是指利用计算机对生产过程、制造过程或运行过程进行监测与控制，即通过实时监测目标物体的当前状态，及时调整被控对象，使被控对象能够正确地完成目标物体的生产、制造或运行。

过程控制广泛应用于各种工业生产环境中，其一，能够替代人在危险、有害于人的环境中进行作业。其二，能在保证同样质量前提下进行连续作业，不受疲劳、情感等因素的影响。其三，能够完成人所不能完成的有高精度、高速度、时间性、空间性等要求的操作。计算机过程控制已在冶金、石油、化工、纺织、水电、机械、航天等行业得到广泛的应用。

4. 多媒体应用

多媒体一般包括文本(Text)、图形(Graphics)、图像(Image)、音频(Audio)、视频(Video)、动画(Animation)等信息媒体。多媒体技术是指人和计算机交互地进行上述多种媒介信息的捕捉、传输、转换、编辑、存储、管理，并由计算机综合处理为表格、文字、图形、动画、音响、影像等视听信息有机结合的表现形式。多媒体技术拓宽了计算机应用领域，使计算机广泛应用于商业、服务业、教育、广告宣传、文化娱乐、家庭等方面。同时，多媒体技术与人工智能技术的有机结合还促进了更吸引人的虚拟现实(Virtual Reality)、虚拟制造(Virtual Manufacturing)技术的发展，使人们可以在计算机产生的环境中感受真实的场景；在还没有真实制造零件及产品的时候，通过计算机仿真与模拟产生最终产品，使人们感受产品各方面的功能与性能。

5. 人工智能

人工智能(AI)是用计算机模拟人类的某些智能活动与行为，如感知、思维、推理、学习、理解、问题求解等，是处于计算机应用研究最前沿的学科。人工智能研究期望赋予计算机以更多的人的智能，例如，能否把各种类型专家(如医疗诊断专家、农业专家等)多年积累的知识与经验赋予计算机，使其能够像专家一样永久为人们服务；能否让计算机自动识别通过卫星采集到的图像，以判定是否是攻击目标；能否让计算机自动进行中/外文翻译；等等。

人工智能研究包括模式识别、符号数学、推理技术、人机博弈、问题求解、机器学习、自动程序设计、知识工程、专家系统、自然景物识别、事件仿真、自然语言理解等。目前，人工智能已具体应用于机器人、医疗诊断、故障诊断、计算机辅助教育、案件侦破、经营管理等方面。

6. 网络通信

计算机技术和数字通信技术发展并相融合产生了计算机网络。通过计算机网络,多个独立的计算机系统联系在一起,不同地域、不同国家、不同行业、不同组织的人们联系在一起,缩短了人们之间的距离,改变了人们的工作方式。通过网络,许多雇员坐在家里,通过计算机,便可进行工作,从而使传统的工厂家庭化、分散化。通过网络,人们在家里便可以预订机票、车票,可以选购商品,从而改变了传统服务业、商业单一的经营方式。通过网络,人们可以与远在千里之外的亲人、朋友实时地传递信息,进而有可能将逐步取代传统方式的邮局。计算机网络的发展和应用正逐步改变着各行各业人们的工作与生活方式。

7. 计算机辅助X系统

随着计算机技术的发展,计算机已广泛应用于各行各业,辅助人们进行各种各样的工作,形成了一系列综合应用,典型的有计算机辅助设计(CAD)、计算机辅助制造(CAM)、计算机辅助工程(CAE)、计算机辅助质量保证(CAQ)、计算机辅助经营管理(CAPM)、计算机辅助教育(CBE)等,人们将它们统称为CAx技术。

1.5 计算机发展趋势

1.5.1 高性能计算:无所不能的计算

(视频)

发展高速度、大容量、功能强大的超级计算机,对于进行科学研究、保卫国家安全、提高经济竞争力具有非常重要的意义。诸如气象预报、航天工程、石油勘测、人类遗传基因检测、机械仿真等现代科学技术,以及开发先进的武器、军事作战的谋划和执行、图像处理及密码破译等,都离不开高性能计算机。研制超级计算机的技术水平体现了一个国家的综合国力,因此超级计算机的研制是各国在高技术领域竞争的热点。

高性能计算需要实现更快的计算速度、更大负载能力和更高的可靠性。实现高性能计算的途径包括两方面,一方面是提高单一处理器的计算性能,另一方面是把这些处理器集成,由多个CPU构成一个计算机系统,这就需要研究多CPU协同分布式计算、并行计算、计算机体系结构等技术。图1.5为高性能计算发展示意。

2010年11月,超级计算机500强[1]第一名为中国天河一号A。14336颗Intel Xeon X5670 2.93GHz六核心处理器,2048颗我国自主研发的飞腾FT-1000八核心处理器,7168块NVIDIA Tesla M2050高性能计算卡,总计186368个核心,224TB内存。实测运算速度可以达到每秒2570万亿次(这意味着,它计算一天相当于一台家用计算机计算800年)。

2011年6月,超级计算机500强第一名为日本的K Computer,运行速度为每秒8.16千万亿次浮点计算(Petaflops),它由68544个SPARC64 VIII fx处理器组成,每个处理器均内置8个内核,总内核数量为548352个。投资超过12.5亿美元。

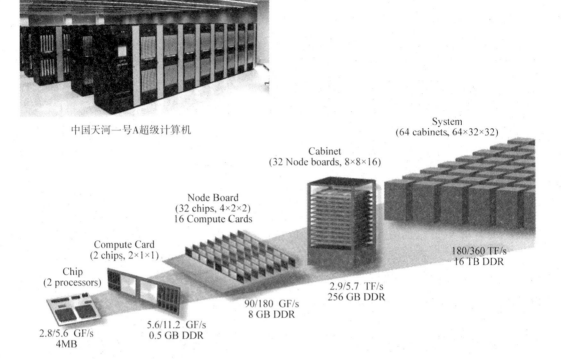

图1.5 高性能计算发展示意

1.5.2 普适计算：无所不在的计算

普适计算（Pervasive Computing）[12]是IBM公司在1999年发明的，意指在任何时间、任何地点都可以计算，也称为无处不在的计算（Ubiquitous Computing），即计算机无时不在、无处不在，以至于就像没有计算机一样。

普适计算的实现需要研究和解决的问题包括：① 随时随地的计算联网问题，需要研究移动互联网技术和3G/4G网络；② 各种设备、设施本身的计算控制问题，需要研究嵌入式技术，即将各种设备均嵌入计算芯片，使其本身具有计算能力或使其能够被计算设备感知和控制能力；③ 普适计算模型问题，当众多的设施设备可以随时随地联网后，需要研究如何进行控制：统一控制、分布控制、自治控制、远程控制等，需要有新的普适计算模型以真正发挥普适计算的作用。

随着技术的发展，普适计算正在逐渐成为现实。在我们的周围已经可以看到普适计算的影子，如自动洗衣机可以按照设定的模式自动完成洗衣工作，智能电饭煲可以在我们早晨醒来的时候做好饭，在大街上拿着手机上网，捧着笔记本在机场大厅查收邮件，在家里网上预订酒店、机票等。尽管还没有达到十足的普适计算，但已经体现了普适计算的雏形。图1.6为普适计算发展示意。

未来，通过将普适计算设备嵌入到人们生活的各种环境中，将计算从桌面上解脱出来，让用户能以各种灵活的方式享受计算能力和系统资源。那时候在我们的周围到处都是计算机，这些计算机将依据不同的计算要求而呈现不同的模样、不同的名称，以至于我们忘记了它们其实就是计算机。

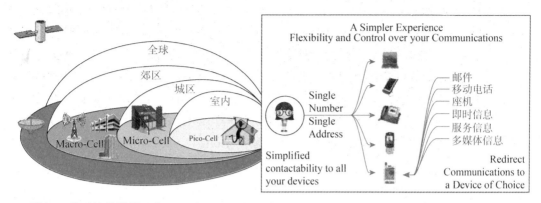

:: 图1.6 普适计算发展示意

例如，数字家庭通过家庭网关将宽带网络接入家庭，在家庭内部，手持设备、PC或者家用电器通过有线或者无线的方式连接到网络，从而提供了一个无缝、交互和普适计算的环境。人们能在任何地点、任何时候访问社区服务网络，比如在社区里预定一场比赛的门票，电子家庭解决方案通过高级的设备与电器诊断、自动定时、集中和远程控制等功能，令生活更方便舒适。通过远程监控器监控家庭的情况，使生活更安全。

1.5.3 服务计算与云计算：万事皆服务的计算

服务属于商业范畴，计算属于技术范畴，服务计算是商业与技术的融合，通俗地讲，就是把计算当成一种服务提供给用户。传统的计算模式通常需要购置必要的计算设备和软件，这种计算往往不会持续太长的时间，或者偶尔为之。不计算的时候，这些设备和软件就处于闲置状态。算一下世界上该有多少这样的设备和软件？如果能够把所有这些设备和软件集中起来，供需要的用户使用，那只需要支付少许的租金就可以了，一方面用户节省了成本，另一方面设备和软件的利用率达到了最大化。这就是服务计算的理念。

将计算资源，如计算节点、存储节点等以服务的方式，即以可扩展可组合的方式提供给客户，客户可按需定制、按需使用计算资源，类似于这种计算能力被称作云计算[13]。按照计算资源的划分，可将硬件部分，如计算节点、存储节点等按服务提供，即基础设施作为服务（Infrastructure as a Service，IaaS），也可将操作系统、中间件等按服务提供，即平台作为服务（Platform as a Service，PaaS），也可将应用软件等按服务提供，即软件作为服务（Software as a Service，SaaS）。按服务提供，即让用户不追求所有，但追求所用，按使用时间和使用量支付费用。

进一步，将计算资源推广到现实世界的各种各样的资源，如车辆资源、仓储资源等，能否以服务的方式提供呢？现实世界的资源外包服务已经普遍化了，即不求所有但求所用。将现实世界的这种资源外包服务，以互联网的形式进行资源的聚集、资源的租赁、资源的使用监控等是资源外包服务的新模式，被称为"云服务"。设想，一家婚庆公司，有客户需要数十辆高级婚车服务而其自身又没有这么多高级轿车时怎么办？如果能够将整个城市、甚至若干城市的高级轿车拥有者通过互联网联结起来，而婚庆公司可通过互联网与高级轿车拥有者实现沟通，是否可以解决这个问题呢？

　　另一个服务计算的例子。航空器中最关键的是航空发动机，而航空发动机的状态监控与维护对于飞行安全是至关重要的。那么，航空公司在购买航空器时能否不购买发动机，而只购买发动机的安全飞行小时数呢？若是这样，发动机制造公司也会改变产品售后服务方式，比如其可全程监控天空飞行的每一架飞行器、监测其是否存在隐患，如果发现隐患，可提前运送一台正常发动机到飞行器降落地，并及时更换之保证不耽搁飞行器的正常飞行，而替换下来的发动机因及时维护可使其保持常新状态，这样是否实现了多赢呢？图1.7是服务计算与云服务的一个示例——Rolls-Royce公司的TotalCare。

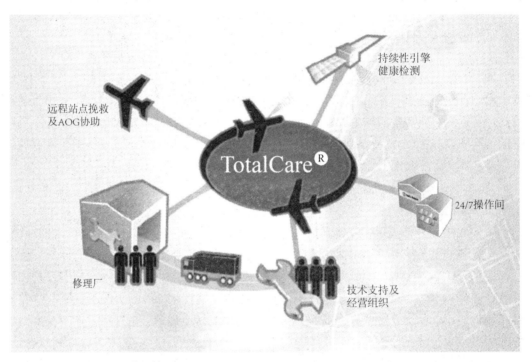

:: 　图1.7 · Rolls-Royce公司的TotalCare

　　服务计算的核心技术包括Web服务、面向服务的体系结构（Service Oriented Architecture，SOA）与企业服务总线（Enterprise Service Bus，ESB）、云计算（Cloud Computing）、工作流（Work Flow）和虚拟化（Virtualization）、分布式计算与并行计算、群体服务网络计算与社会服务网络计算等。

1.5.4　智能计算

　　使计算机具有类似人的智能，一直是计算机科学家不断追求的目标。所谓类似人的智能，是使计算机能像人一样思考和判断，让计算机去做过去只有人才能做的智能的工作。几个典型的智能计算的成果是：1997年，IBM的"深蓝"计算机以3.5：2.5的比分战胜了国际象棋特级大师卡斯帕罗夫。2003年，"小深"替换上场，以3：3的比分"握手言和"。2011年，IBM的"沃森"[14]计算机在美国的一次智力竞猜电视节目中，成功击败该节目历史上两位最成功的人类选手，能够理解人类主持人以英语提出的如"哪位酒店大亨的肘子戳坏了他自己的毕加索的画，之前这幅画值139亿美元，之后只值8500万美元"等抽象的问题。

大家都用过搜索引擎（如"百度"或"谷歌"）来进行搜索，输入我们想要的特征关键词后，它的检索结果是否是我们想要的呢？从你第一天使用开始，到今天为止，你是否发现它的检索结果越来越符合我们的期望呢？这是否有智能计算的影子呢？

还有一类问题，如典型的资源配置决策优化问题，计算机在求解此类问题时可能需要较长的时间，甚至是做不出来。例如，"现在有n个作业任务，有m种资源，如何配置资源，才能使n个作业任务完成的同时资源利用率最高呢？"当规模很小时，计算机的求解结果可能不如人；当规模很大时，计算机虽能求解但可能消耗更多的时间？有没有更好的办法呢？目前的一些仿生智能算法：一种从自然界得到启发，模仿其结构和工作原理所设计的问题求解算法，如遗传算法、粒子群算法、蚁群算法等便是解决此类问题的一种尝试。

另一方面，智能性研究也在研究人的脑结构并将其应用于问题求解机器的设计中。例如，IBM研究认知型计算机可以利用神经系统科学所掌握的简单基础的大脑运行生物过程，超级计算机使科技与大脑错综复杂的状态相匹配，可以利用纳米技术创建模拟的神经键，大脑可以说是一个神经键网络。

再有一类智能计算的例子就是模式识别。指纹识别技术已经得到广泛应用，在机器翻译方面也取得了一些进展，计算机辅助翻译极大提高了翻译效率，在输入方面，手写输入技术已经在手机上得到应用，语音输入也在不断完善中。这一切都在向智能人机交互方面发展，即让计算机能够听懂我们的话，看懂我们的表情，能够像人一样具有自我学习与提高的能力，能够吸收不同的知识并能灵活运用知识，能够进行如人一样的思维和推理。

1.5.5 生物计算

生物计算是指利用计算机技术研究生命体的特性和利用生命体的特性研究计算机的结构、算法与芯片等技术的统称。生物计算包含两方面：一方面，晶体管的密度已经接近当前所用技术的极限，要继续提高计算机的性能，就要寻找新的计算机结构和新的元器件，生物计算机成为一种选择；另一方面，随着分子生物学的突飞猛进，它已经成为数据量最大的一门学问，借助计算机进行分子生物信息研究，可以通过数量分析的途径获取突破性的成果。

20世纪70年代，人们发现脱氧核糖核酸（DNA）处在不同的状态下，可产生有信息和无信息的变化，这个发现引发了人们对生物元件的研究和开发。科学家发现，蛋白质有开关特性，用蛋白质分子作元件可以制成集成电路，称为生物芯片（如图1.8所示）。生物体元件和生物芯片研究的本质是不断发现可重复的稳定的新型元器件及其线路，以制作新型计算机；此外，还要研究不同于目前计算机基于二进制的算法实现技术，即研究将自然界的智能计算模式融入到新型计算模式中，使计算机具有更高的性能。

生物计算更重要的方面是利用计算机进行基因组研究，运用大规模高效的理论和数值计算，归纳、整理基因组的信息和特征，模拟生命体内的信息流过程，进而揭示代谢、

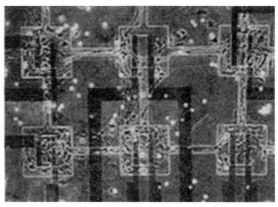

▓▓ 图1.8　蛋白质结构（左）和生物芯片（右）

发育、分化、进化的规律，探究人类健康和疾病的根源，并进一步转化为医学领域的进步，从而为人类的健康服务。目前，这方面的研究包括以下内容：基因组序列分析、基因组注释、生物多样性的度量、蛋白质结构预测、蛋白质表达分析、比较基因组学、基因表达分析、生物系统模拟、在药物研发方面的应用等。

1.5.6　未来互联网与智慧地球

尽管"电"的发明（1831年，爱迪生）是很伟大的，但直到1882年出现的第一个电站和电网才改变了人们的生活，使所有的家庭和工厂都用上了电。我们说，"电子计算机"的发明（1946年，ENIAC）也是很伟大的，也是在1983年TCP/IP成为计算机网络的工业标准后，尤其是20世纪90年代出现的Internet，才使得所有人都在享用计算机及其网络所带来的工作和生活上的快乐与方便，如电子邮件、社交网络、在线游戏、网上购物等，计算机及因特网已经改变了人们的工作和生活习惯。

未来，计算机学科向何处去？欧盟在其科学研究框架中提出了"未来互联网（Future Internet）[15]"技术（如图1.9所示），IBM提出了"智慧地球（Smart Planet）[16]"技术（如图1.10所示），为我们指明了方向。

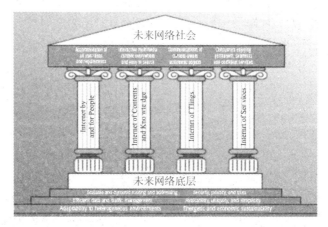

▓▓ 图1.9　未来互联网

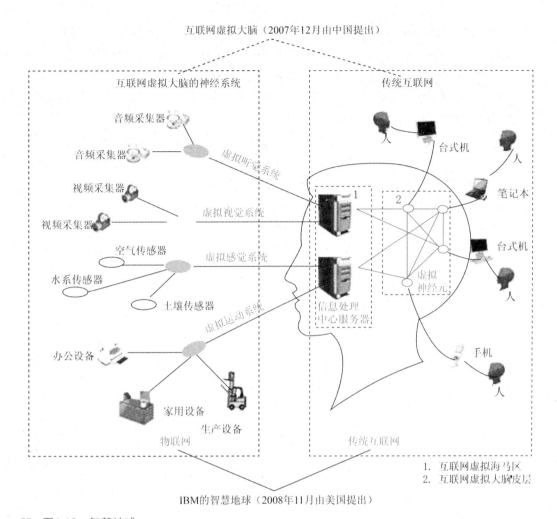

互联网虚拟大脑（2007年12月由中国提出）

互联网虚拟大脑的神经系统　　　　　传统互联网

音频采集器

音频采集器　　　　　　虚拟听觉系统

视频采集器

视频采集器　　　　虚拟视觉系统　　　　人　　台式机

空气传感器　　　　　虚拟感觉系统　　　　　　　　　　笔记本

水系传感器

土壤传感器　　　　　　　　　　　　　　　　　　　　　　台式机

虚拟运动系统　　　信息处理中心服务器　　　　虚拟神经元　　　人

办公设备

家用设备　　　　　　　　　　　　　　　　　　　　手机

生产设备

物联网　　　　　　　　　　传统互联网　　　　　　人

1. 互联网虚拟海马区
2. 互联网虚拟大脑皮层

IBM的智慧地球（2008年11月由美国提出）

▓▓ 图1.10　智慧地球

　　欧盟科学家认为，互联网将具有更多的用户（more users）、更多的内容（more contents）、更复杂的结构（more complexity）和更多的互动参与特性（more participation），互联网将会实现用户产生内容（user generated content）、无处不在的访问方式（From the desktop to anywhere access）以及物理世界与数字世界更好的集成（Integration of physical into digital world）、基于互联网的社会网络交互性（Social networking interactivity），提出未来互联网将是由物联网（Internet of Things）、内容与知识网（Internet of Contents and Knowledge）、服务互联网（Internet of Service）和社会网络（Internet by and for people）等构成。

　　所谓物联网[17]，就是"物物相联的互联网"，是指通过射频识别（RFID）、红外感应器、全球定位系统、激光扫描器等信息传感设备，按约定的协议，把任何物品与互联网连接起来，进行信息交换和通信，以实现智能化识别、定位、跟踪、监控和管理的一种网络，是一种实现"人物互连、物物互连、人人互连"的高效能、智能化网络。内容与知识网络是由各种模型、知识和数据构成的互联网络，这些模型、数据和知识可能由用户产生，也可能由物联网产生并经智能化处理，模型、数据和知识是实现智能的重要基础；

而服务互联网是指将全球各地不同提供者提供的服务互联连起来为所有用户使用，是一种EaaS（Everything as a Service，万物皆服务）的网络，各种资源均是通过服务方式由提供者提供给用户所使用的；社会网络是指由参与互联网的用户、提供者及其相关关系等形成的网络，包括虚拟世界用户网络和现实世界用户网络以及相互之间的作用网络。

IBM科学家提出智慧地球，从一个总体产业或社会生态系统出发，针对某产业或社会领域的长远目标，调动其相关生态系统中的各个角色以创新的方法做出更大更有效的贡献，充分发挥先进信息技术的潜力，以促进整个生态系统的互动，以此推动整个产业和整个公共服务领域的变革，形成新的世界运行模型。其强调更透彻的感知（Instrumented），利用任何可以随时随地感知、测量、捕获和传递信息的设备、系统或流程；强调更全面的互连互通（Interconnected），先进的系统可按新的方式系统工作；强调更深入的智能化（Intelligence），利用先进技术获取更智能的洞察并付诸实践，进而创造新的价值。智慧地球在3I（Instrumented，Interconnected，Intelligence）的支持下，以一种更智慧的方法和技术来改变政府、公司和人们交互运行的方式，提高交互的明确性、效率、灵活性和响应速度，改变着社会生活各方面的运行模式。智慧地球的主要含义是把新一代IT技术充分运用在各行各业之中。即把感应器嵌入和装备到电网、铁路、桥梁、隧道、公路、建筑、供水系统、大坝、油气管道等各种物体中，并且被普遍连接，形成所谓"物联网"；通过超级计算机和云计算将物联网整合起来，实现人类社会与物理系统的整合；在此基础上，人类可以以更精细和动态的方式管理生产和生活，提供更多种的服务，从而达到智慧的状态。

通过前述介绍可以看出，计算机学科已经对社会和人们的思维模式产生了巨大的影响，无论是哪一学科的人员都应理解一些计算思维，都应能运用计算思维于各学科的创新活动中。而计算思维也是各学科创新所离不开的一种思维模式，也必将对各学科人才产生重要的影响。

思考题

1. 什么是计算和计算机？什么是计算机科学和计算科学？什么是计算机学科？有什么差异？

2. 你理解了"计算"的含义吗？计算学科中的计算与小学、中学乃至大学所学的计算有什么差异，你能理解吗？若要"自动计算"需要解决什么问题，计算机科学家是怎样一步步研究自动计算问题的？

3. 结合教材给出的思路性介绍，查阅资料，介绍你所理解的一种思维性"启示"，学习计算思维对我们日常生活和工作学习有什么影响？

4. 选择一些具体的案例，分析计算技术的发展所带来的思维性的变化有哪些？

5. 结合各学科，查阅"智慧地球"或"未来互联网"的相关资料，如智慧电网、智慧供水、智慧家庭、智慧建筑等，叙述各学科各行业融入3I技术的一种思路或思维。

参考文献

[1]ACM. Computer Science Curriculum 2008.

[2]陈国良. 计算思维：大学计算教育的振兴科学工程研究的创新. 2011（第八届）CCF中国计算机大会，深圳.

[3]Edsger Dijkstra. http://en.wikipedia.org/wiki/Edsger_Dijkstra

[4]Gaussian软件. http://en.wikipedia.org/wiki/Gaussian_(software)

[5]Jeannette M. Wing. Computation thinking. Communications of the ACM, , 2006：49(3).

[6]ENIAC计算机. http://en.wikipedia.org/wiki/ENIAC

[7]摩尔定律. http://en.wikipedia.org/wiki/Moore's_law

[8]香农. http://en.wikipedia.org/wiki/Claude_Shannon

[9]图灵. http://en.wikipedia.org/wiki/Turing

[10]冯·诺依曼. http://en.wikipedia.org/wiki/Von_Neumann

[11]Top 500超级计算机. http://www.top500.org/

[12]普适计算. http://en.wikipedia.org/wiki/Pervasive_Computing

[13]云计算. http://en.wikipedia.org/wiki/Cloud_computing

[14]Watson计算机. http://news.163.com/special/watson/

[15]未来互联网. http://www.future-internet.eu/

[16]智慧地球. http://www.ibm.com/smarterplanet/cn/zh/

[17]物联网. http://baike.baidu.com/view/1136308.htm

（习题）

第 2 章
计算系统的基本思维

本章要点

1. 0和1的思维，即语义符号化、符号计算化、计算0(和)1化、0(和)1自动化、分层构造化和构造集成化的思维

2. 冯·诺依曼计算机，即关于指令、程序及其硬件执行的计算思维

3. 现代计算机，即关于操作系统对硬件功能扩展的计算思维

4. 不同抽象层面的计算机，即关于语言/编译器、协议/编码解码器、虚拟机器（软件）的计算思维

2.1 理解0和1的思维

（视频）

2.1.1 语义符号化的典型案例：0/1与《易经》

现实世界的任何事物，若要由计算系统进行计算，首先需要将其语义符号化。所谓**语义符号化**，是指将现实世界的语义用符号表达，进而进行基于符号的计算的一种思维。将语义表达为不同的符号，便可采用不同的工具（或数学方法）进行计算；将符号赋予不同语义，则能计算不同的现实世界问题。

《易经》可以说是语义符号化的典型案例。易经是中国最古老的哲学思想，通过阴（用两短线或用六来标记）和阳（用一长线或用九来标记）来使用0和1，如图2.1(a)所示，起始即把0和1赋予了语义。当把语义符号化后，便可考虑符号的位置和组合关系：三画阴阳的一个组合形成了所谓的一卦，如图2.1(b)所示，可表示1种语义，总计可形成8个组合，表示8种语义，即八卦；六画阴阳的一个组合也可形成一卦，如图2.1(c)所示，可表示1种语义，总计可形成64种组合，表示64种语义，即六十四卦。图2.1(d)给出了六十四卦的各种组合及其语义示意。通过考虑组合、位置及其演变关系，便可反映一些规律性的内容。

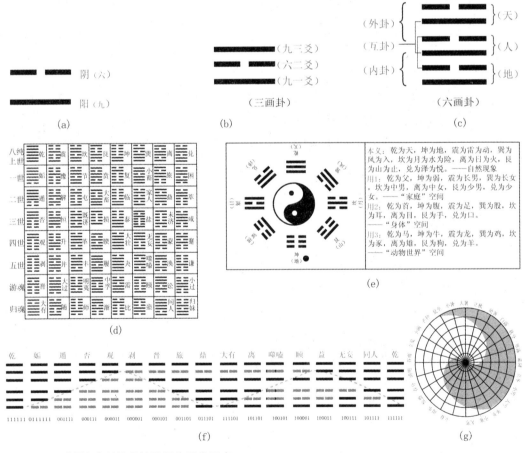

图2.1 《易经》所体现的符号化思维示意

语义符号化过程是一个理解与抽象的过程，通过对现实世界**现象**的深入理解，抽象出普适的**概念**（或者称为**本体**），进而可将概念符号化，进行各种计算；再将符号赋予不同语义，便可处理不同问题。

例如，易经八卦实际上反映的是自然空间中重复出现的八种现象：天、地、山、泽、日（火）、月（水）、风、雷；对这八种现象进行抽象，形成了抽象空间中的本体概念："乾"代表天，"坤"代表地，"震"代表雷，"坎"代表月（水），"离"代表日（火），"巽"代表风，"艮"代表山，"兑"代表泽。用本体概念的好处是：**概念虽然是从某一空间中某些现象抽象出来的，却可以在变换时空的环境下表征其他现象**。如乾、坤是从天、地等自然空间中的现象抽象出来的，但其在身体空间中可表征首、腹，在家庭空间中又可表征父、母等。即一个概念有其本义（即本体所表征的语义，抽象空间的一般语义），也可有若干用义，可将其应用在不同空间中的具体语义，如图2.1(e)所示。

现象被表达成了符号，也就能够进行演算或计算，如六十四卦中的演算顺序如何、在演化过程中反映了什么规律等，都可通过符号展现出来。例如，图2.1(f)给出了一种演算顺序示意，由乾卦的六个阳开始，从底部向上逐渐有一个变阴、两个变阴，再到五个变阴，然后从上向下一个变阳、两个变阳……可看出这种变化轨迹像一正弦曲线，它反映了人从出生到死亡的一种规律，其本质是一种0和1的变化规律，即由0和1的不同组合之间的变换规律。图2.1(g)给出了另一种演算规律，将阴赋予凉或冷的语义，将阳赋予温或热的语义，则是一年二十四节气的定量的描述，并反映了二十四节气的演变规律。

不同的阴阳组合反映了不同的现象及其变化。三画卦或六画卦中的每个阴或阳被称为一爻。易经六十四卦为每一卦及其变化、每一爻及其变化赋予了丰富的语义，试图通过一卦中阴、阳的位置演变（称为爻变）和六十四卦各卦的演变来体现变化中的规律，蕴含了丰富的语义关系。

因此，从计算学科角度讲，《易经》其实是一种人工编码系统，是由符号集合及符号变换规则集合构成的系统，它组成了阴/阳、八卦、六十四卦和三百八十四爻（64×6）等不同水平的系统层次，是目前所知的上古文明中层次最强、结构最严密的符号语义系统。

2.1.2 思维方式与逻辑运算：0/1与逻辑

生活中处处体现着逻辑。所谓**逻辑**，是指事物因果之间所遵循的规律，是现实中普适的思维方式。逻辑的基本表现形式是**命题**和**推理**。命题由语句表述，命题即语句的涵义，即由一语句表达的内容为"真"或为"假"的一个判断。例如：

命题1："罗素不是一位小说家"。

命题2："罗素是哲学家"。

命题3："如果他有此门钥匙，那么他就可以打开房门"。

命题4："罗素不是一位小说家"并且"罗素是哲学家"。

推理即依据由简单命题的判断推导得出复杂命题的判断结论的过程。

命题与推理也可以符号化。例如，如果命题"罗素不是一位小说家"用符号X表示，"罗素是哲学家"用符号Y表示，X和Y为两个基本命题，则命题4是一个复杂的命题，用Z

表示。则"Z = X AND Y"。其中，AND为一种逻辑"与"运算。**因此，复杂命题的推理可被认为是关于命题的一组逻辑运算的过程。**

基本的逻辑运算包括"或"运算、"与"运算、"非"运算、"异或"运算等。

"与"运算（AND）：当X和Y都为真时，X AND Y也为真；其他情况，X AND Y均为假。

"或"运算（OR）：当X和Y都为假时，X OR Y也为假；其他情况，X OR Y均为真。

"非"运算（NOT）：当X为真时，NOT X为假；当X为假时，NOT X为真。

利用基本逻辑运算"或"、"与"、"非"等可以组合出复合逻辑运算，如与非、或非、与或非、异或、同或等。例如，对"异或"运算（XOR），当X和Y都为真或都为假时，X XOR Y为假，否则X XOR Y为真，则X XOR Y = ((NOT X) AND Y) OR (X AND (NOT Y))。

现实中的命题判断与推理（真值/假值）以及数学中的逻辑均可以用0和1来表达和处理。如0表示假，1表示真，则前述的各种逻辑运算可转变为0和1之间的逻辑运算，如图2.2所示。既然0和1能表示逻辑运算，则逻辑推理也就能被计算机处理。

```
        0                    0                    1                    1           注：
AND     0            AND     1            AND     0            AND     1           1
        0                    0                    0                    1           表
                                                                                  示
        0                    0                    1                    1           真
OR      0            OR      1            OR      0            OR      1           ，
        0                    1                    1                    1           0
                                                                                  表
NOT     0                                 NOT     1                                示
        1                                         0                                假

        0                    0                    1                    1
XOR     0            XOR     1            XOR     0            XOR     1
        0                    1                    1                    0
```

图2.2　0和1表达的逻辑运算示意

古希腊哲学家Aristotle（亚里士多德，公元前384－322）提出了关于逻辑的一些基本规律，如矛盾律、排中律、统一律和充足理由律等，其最著名的创造是"三段论法"和"演绎法"，即最基本的形式逻辑。德国数学家Leibnitz（莱布尼茨，1646－1716）把形式逻辑符号化，从而能对人的思维进行运算和推理，引出了数理逻辑。英国数学家Boole（布尔，1815－1864）提出了布尔代数，一种基于二进制逻辑的代数系统，现在通常所说的布尔量、布尔值、布尔运算、布尔操作等，均是为了纪念他所做的伟大贡献。

目前，关于逻辑的研究有很多，如时序逻辑（Temporal Logics）、模态逻辑（Modal Logics）、归纳逻辑（Inductive Logics）、模糊逻辑（Fuzzy Logics）、粗糙逻辑（Rough Logics）、非单调逻辑等。这些内容，读者可查阅相关资料学习之[1]。

（视频）

2.1.3　二进制与算术运算：0/1与数值信息

（1）数值表示

有大小关系的数值通常采用进位制来表达，即用数码和带有权值的数位来表示。*r*

进制共有0、1、…、$r-1$共r个数码；数码在一个数值中的位置被称为数位；r进制数位的权值为r的幂次方，表示逢r进1，借1当r，如图2.3所示。

$$N=\left(d_{n-1}d_{n-2}\cdots d_2 d_1 d_0.d_{-1}d_{-2}\cdots d_{-m}\right)_r$$

$$=d_{n-1}r^{n-1}+d_{n-2}r^{n-2}+\cdots+d_2r^2+d_1r^1+d_0r^0+d_{-1}r^{-1}+d_{-2}r^{-2}+\cdots d_{-m}r^{-m}=\sum_{i=-m}^{n-1}d_i r^i$$

$(1011110001.01011)_2$
$=1\times2^9+0\times2^8+1\times2^7+1\times2^6+1\times2^5+1\times2^4+0\times2^3+0\times2^2$
$\quad+0\times2^1+1\times2^0+0\times2^{-1}+1\times2^{-2}+0\times2^{-3}+1\times2^{-4}+1\times2^{-5}$
$=(7\ 5\ 3\ .\ 3\ 7)_{10}$

$(7\ 5\ 3\ .\ 3\ 7)_8 = 7\ 5\ 3\ .\ 3\ 7\ O$
$=7\times8^2+5\times8^1+3\times8^0+3\times8^{-1}+7\times8^{-2}=(491.484375)_{10}$

$(7\ 5\ 3\ .\ 3\ 7)_{16} = 7\ 5\ 3\ .\ 3\ 7\ H$
$=7\times16^2+5\times16^1+3\times16^0+3\times16^{-1}+7\times16^{-2}=(1875.2148)_{10}$

245的十进制表示记为：
245
245的二进制表示记为：
11110101
245的八进制表示记为：
365
245的十六进制表示记为：
F5

图2.3　r进制数及其示例

典型的r进制数就是二进制数：有0和1两个数码，逢2进1，借1当2，第i数位的权值为2^i。之所以青睐二进制是因为：① 二进制算术运算规则简单；② 二进制算术运算可以与逻辑运算实现统一，或者说，可以用逻辑运算实现算术运算；③ 能表示两种状态的元器件容易找到，如继电器开关、灯泡、二极管/三极管等。因此，计算机硬件存储和处理的是二进制数。但因为二进制的不方便之处，计算机系统也多采用八进制、十六进制和十进制等表示数值性信息。其中，十六进制的数码为0 ~ 9和A ~ F，A ~ F表示一位十六进制的10 ~ 15。因此，一个数值用不同进位制表示则会表达成不同的数码串，而一个相同的数码串因其使用的进位制不同而表示不同大小的数值，见图2.3。

（2）符号表示

二进制数的符号也可以用0和1表示，并可参与计算，如图2.4所示。

真实数值（带符号的n位二进制数）	十进制数	机器数（$n+1$位二进制数，其中第$n+1$位表示符号，0表示正号，1表示负号）		
		原码	反码	补码
+11...11	+(2^n-1)	0 11...11	0 11...11	0 11...11
+10...00	+2^{n-1}	0 10...00	0 10...00	0 10...00
+00...00	+0	0 00...00	0 00...00	0 00...00
-00...00	-0	1 00...00	1 11...11	0 00...00
-10...00	-2^{n-1}	1 10...00	1 01...11	1 10...00
-11...11	-(2^n-1)	1 11...11	1 00...00	1 00...01
-100...00	-2^n			1 00...00
说明		正数的原码、反码同补码形式是一样的，最高位为0表示正数		
		负数的最高位为1，表示负数。其余同真实数值的二进制数	负数的最高位为1，表示负数。其余在真实数值的二进制数基础上逐位取反	负数的最高位为1，表示负数。其余在反码基础上最低位加1后形成。它的负数不包括0，但包括-2^n
		机器数由于受到表示数值的位数的限制，只能表示一定范围内的数，超出此范围则为"溢出"		

图2.4　带符号的机器数的表示示意

机器数可用原码、反码和补码来表示，不同表示方法有不同的计算规则。正数的原码、反码和补码的形式是一样的，最高位为0表示正数；负数的最高位始终为1，表示负数，原码表示中的其余位同真实数值的二进制数，反码表示中的其余位在真实数值的二进制数基础上逐位取反（逻辑非运算），补码表示中的其余位是在反码基础上最低位加1。因此，一个 $n+1$ 位二进制数（含1位符号位）的原码表示范围为 $-(2^n-1) \sim +(2^n-1)$，共计 $2^{n+1}-1$ 个数值，因+0和-0虽符号位不同但均表示0。但补码表示的数值比原码多1个，因为0只有一种表示即 $000\cdots00$，而 $100\cdots00$ 表示 -2^n。

（3）数值运算

二进制算术运算规则很简单，如图2.5(a)、(b)所示。

加减法运算可按位计算并考虑进位和借位，按位计算就可以用逻辑运算来实现；乘除法运算可转为多次加减法运算来实现；机器可以采用移位、逻辑运算等进行加减乘除运算。例如，一个二进制数左移1位相当于乘以2，右移1位相当于除以2（在不考虑溢出的情况下），如000011（十进制的3）左移1位为000110（十进制的6），110100（十进制的52）右移2位为001101（十进制的13）。再如，一个数乘以5，即相当于将该数重复相加5次。图2.5(c)、(d)给出了用补码表示两个数的加法运算示例，符号正确参与了运算。图2.5(e)给出了用补码表示两个数的加法运算示例，符号正确参与了运算，但表征运算结果溢出。用反码和补码表示负数，可将减法转变为加法来运算，这样只要实现了二进制加法的自动化，便可实现二进制的任何运算的自动化。

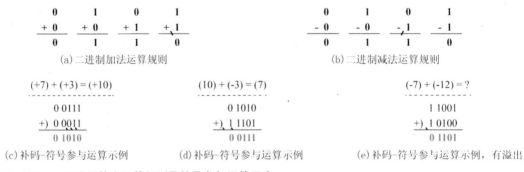

(a)二进制加法运算规则　　　　　　　　　　　(b)二进制减法运算规则

(c)补码-符号参与运算示例　(d)补码-符号参与运算示例　(e)补码-符号参与运算示例，有溢出

图2.5　二进制算术运算规则及符号参与运算示意

（4）小数点表示

在计算机中，带有小数点的实数可按两种方式来处理。

一种是小数点位置固定，或者在符号位的后面，或者在整个数值的尾部，称为定点数。前者说明机器数全为小数，后者说明机器数全为整数。小数点以默认方式处理并未出现在二进制数值中。

另一种是小数点浮动，借鉴科学计数法，被称为浮点数。浮点数由三部分构成：浮点数的符号位，浮点数的尾数位，浮点数的指数位。浮点数的指数采用平移的方式将 $(-n, n)$ 区间的数转换为 $(0, 2n)$ 区间上的数来表示，避免了指数的符号占位问题。浮点数依据表达数值的位数多少区分为单精度数和双精度数，如图2.6所示。

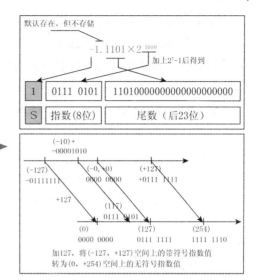

S ____ （全为小数）

定点数，小数点位置固定（默认在符号位S的后面）

S ____ （全为整数）

定点数，小数点位置固定（默认在尾部）

S | 指数（8位） | 尾数（后23位）

浮点数，32位表示单精度数（相当于科学计数法1.$x×2^y$）
S为符号位，x为23位尾数，y为8位指数

S | 指数（11位） | 尾数（后52位）

浮点数，64位表示双精度数（相当于科学计数法1.$x×2^y$）
S为符号位，x为52位尾数，y为11位指数

图2.6　机器数的小数点处理示意

2.1.4　编码与符号运算：0/1与非数值信息

（1）编码的概念

非数值信息可采用编码来表示。所谓编码，就是以若干位数码或符号的不同组合来表示非数值性信息的方法，是人为地将若干位数码或符号的每种组合指定一种唯一的含义。例如，0—男，1—女；又如，000——专业，001—二专业，010—三专业，011—四专业，100—五专业，101—六专业，110—七专业，111—其他。

编码具有三个主要特征，即唯一性、公共性和规律性。唯一性是指每种组合都有确定的唯一的含义。公共性是指所有相关者都认同、遵守和使用这种编码。规律性是指编码应有一定的规律和一定的编码规则，便于计算机和人能识别它和使用它。例如，以哈工大学生的学号编码为例，由10位数字构成，第1位表示学生类别（本科生、硕士生、博士生、留学生），第2、3位表示入学年份，第4、5位表示院系，第6位表示专业，第7、8位表示班级，第9、10位表示序号。按照这个规则，可以给每个新入学的学生一个编码，即学号。知道了这个规则，可以从学号中了解学生的相关信息。

但是同一个学号在不同的学校代表不同的含义，因为编码规则不同；即使编码规则相同，对应的学生也不同，而同样一所学校在不同时期的编码规则也可能不同，这就是编码的时空性。在编码中经常可以看到这种现象，如某市区的电话号码由7位升为8位，某市区车牌号的后5位中出现了大写的英文字母，这就是编码的信息容量。以哈尔滨市区的车牌号为例，后5位出现大写英文字母之前，车牌号编码为黑A后面5个0 ~ 9的数字，这样的编码所能表达的车牌号为黑A00000 ~黑A99999，共10万个。当车的数量超过10万的时候，这个编码就不够用了。解决渠道有两种：一是增加数字位数，二是提升每位的进制。若采用十六进制，为黑A00000 ~黑AFFFFF，可以形成$16^5=1048576$个车牌号。若在后5位使用大写的英文字母和数字，则在理论上可以表达$36^5=60466176$个车牌号，这个数显然绰绰有余。

（2）用0、1组合编码字母与符号——ASCII码

英文有26个大写字母、26个小写字母再加10个数字和一些标点符号，因此只要0/1编码的信息容量能超过这些需要表示的符号数量即可。为了满足公共性，需有统一的编码标准，率先出现的ASCII码便是这样的标准，它为计算机的世界范围的普及做出了重要贡献。ASCII（American Standard Code for Information Interchange，美国信息交换标准码）是用7位二进制数表示一个常用符号的一种编码。ASCII总共编码有128个通用标准符号，包括26个英文大写字母、26个英文小写字母、数字0～9、32个通用控制字符和34个专用字符，如标点符号等。表2-1给出了标准的ASCII码表。例如，字母B的ASCII码为100 0010，符号$的ASCII码为010 0100。

表2-1　标准ASCII表

$b_3b_2b_1b_0$ \ $b_6b_5b_4$	000	001	010	011	100	101	110	111
0000	NUL	DLE	SP	0	@	P	`	p
0001	SOH	DC1	!	1	A	Q	a	q
0010	STX	DC2	"	2	B	R	b	r
0011	ETX	DC3	#	3	C	S	c	s
0100	EOT	DC4	$	4	D	T	d	t
0101	ENQ	NAK	%	5	E	U	e	u
0110	ACK	SYN	&	6	F	V	f	v
0111	BEL	ETB	.	7	G	W	g	w
1000	BS	CAN	(	8	H	X	h	x
1001	HT	EM	)	9	I	Y	i	y
1010	LF	SUB	*	:	J	Z	j	z
1011	VT	ESC	+	;	K	[	k	{
1100	FF	FS	,	<	L	]	l	¦
1101	CR	GS	-	=	M	\	m	}
1110	SO	RS	.	>	N	^	n	~
1111	SI	US	/	?	O	-	o	DEL

为了满足机器处理的方便性，如将ASCII码转为十六进制等，编码位数宜采用2的幂次方位数来表示。因此通常采用8位来编码一个字母符号，其中最高位为0。例如，B的ASCII码为$b_7b_6b_5b_4b_3b_2b_1b_0$=0100 0010，转换为十六进制为42H，$的ASCII码为24H等。常用英文大写字母A～Z的ASCII码为41H～5AH，小写字母a～z的ASCII码为61H~7AH。后缀H表示十六进制数。8位二进制位被称为1字节（Byte）。

再如信息"We are students"，如果按ASCII码存储成文件（.txt型文本文件），则为一组0/1串"01010111 01100101 00100000 01100001 01110010 01100101 00100000 01110011 01110100 01110101 01100100 01100101 01101110 01110100 01110011"，而要打开该文件并读出其内容，只要按照规则"对0、1串按8位分隔一个字符，并查找ASCII表将其映射成相应符号"进行解析即可。

（3）用字母符号组合编码汉字、用0和1编码汉字的字形

如何编码汉字呢？首先汉字有近50000个，这种信息容量则要求2字节即16位二进制位编码才能满足。1981年，我国公布了《通讯用汉字字符集（基本集）及其交换标准》GB2312—1980方案，又称国标码，是由2字节表示一个汉字的编码，其中每字节的最高位为0。例如，"大"的国标码为3473H（00110100 01110011）。为了与ASCII码有所区别，汉字编码在机器内的表示是在GB2312—1980基础上略加改变，形成了汉字的机内码（简称内码）。汉字机内码在对应国标码基础上将每字节的最高位设为1，如"大"的机内码为10110100 11110011（B4F3H），如图2.7所示。因此，汉字内码是用最高位均为1的2字节表示一个汉字，是计算机内部处理、存储汉字信息所使用的统一编码。

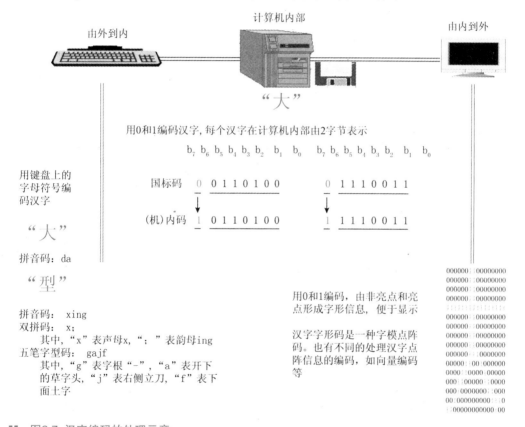

■■　图2.7　汉字编码的处理示意

为容纳所有国家的文字，国际组织提出了Unicode标准。Unicode是可以容纳世界上所有文字和符号的字符编码方案，用数字0 ～ 0x10FFFF来映射所有的字符（最多可以容纳1114112个字符的编码信息容量）。具体实现时，再将前述唯一确定的码位按照不同的编码方案映射为相应的编码，有UTF-8、UTF-16、UTF-32等编码方案。详细内容可查询相关资料[2]。

然而，如何将汉字输入到计算机中呢？人们发明了各种汉字输入码，又称为外码，是以键盘上可识别符号的不同组合来编码汉字，以便进行汉字输入的一种编码。常用的输入码有国标区位码、拼音码、字形码、音形码等。国标区位码是用汉字在国标码中的位置

信息编码汉字的一种方法。它将国标汉字分为94区，每区分94位，区号和位号分别用2个4位二进制表示的十进制数来编码。例如，"大"在第20区第83位，其国标区位码为2083，编码为0010 0000 1000 0011。拼音码是以汉字的拼音为基础编码汉字的一种方法。字形码是以汉字的笔画与结构为基础编码汉字的一种方法。音形码是以汉字的拼音与字形为基础编码汉字的一种方法。见图2.7示例，各种输入码的一个共同目的就是实现快速记忆、快速输入、减少重码。目前，手写识别技术已相当发达，可以通过手写汉字实现输入。

解决了输入，还要解决输出，即如何将汉字显示在屏幕上或在打印机上打印出来呢？人们发现，用0、1不同组合可表征汉字字形信息，如0为无字形点，1为有字形点，这样就形成了字模点阵码。16×16点阵汉字为32字节码，24×24点阵汉字为72字节码，ASCII码字符的点阵为8×8，占8字节。图2.7中示意了"大"的字模点阵。除字模点阵码外，汉字还有矢量编码，从而可实现无失真任意缩放。

图2.7表示了汉字"大"的处理过程。首先，通过拼音码（输入码）在键盘上输入"大"的拼音"da"，然后计算机将其转换为"大"的汉字内码"10110100 11110011"保存在计算机中，再依据此内码转换为字模点阵码显示在显示器上。

2.1.5　0和1与电子元器件

（视频）

基本的逻辑运算可以由开关及其电路连接来实现。例如，在图2.8中，电路接通为1，电路断开为0，其中A、B可视为输入，L可视为输出，L与A、B的关系为逻辑运算关系。

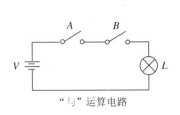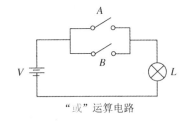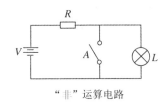

"与"运算电路　　　　　"或"运算电路　　　　　"非"运算电路

图2.8　用开关电路实现的基本逻辑运算示意

①"与"运算可用开关A和B串联控制灯L来实现。显然，仅当两个开关均闭合时，灯才能亮，否则灯灭。灯L与开关A、B之间的关系是"与"运算关系。

②"或"运算可用开关A和B并联控制灯L来实现。显然，当开关A、B中有一个闭合或者两个均闭合时，灯L即亮，灯L与开关A、B之间的关系是"或"运算关系。

③"非"运算可用开关与灯并联来实现。显然，仅当开关断开时，灯亮；一旦开关闭合，则灯灭。因此，灯L与开关A、B之间的关系是"非"运算关系。

基本的逻辑运算也可以由电子元器件及其电路连接来实现。例如，在图2.9中，高电平为1，低电平为0。二极管是一种可表示0和1的元器件，二极管的导通与断开即可表示1和0。三极管是在二极管基础上增加了一个栅极b，当b极施加一个高电平时，c极和e极连通；当b极施加一个低电平时，c极和e极断开。这样就可由b极控制三极管的c极为低电平（0）或高电平（1）。三极管的另一种作用为信号放大作用。

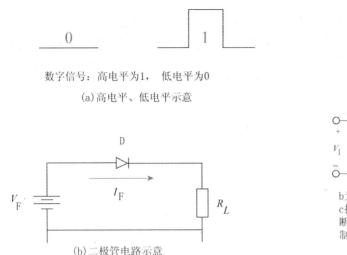

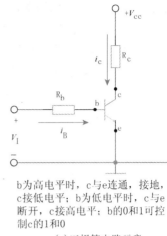

b为高电平时，c与e连通，接地，c接低电平；b为低电平时，c与e断开，c接高电平；b的0和1可控制c的1和0

(a)高电平、低电平示意

(b)二极管电路示意

(c)三极管电路示意

::　图2.9　数字电平与二极管、三极管电路示意

图2.10为用二极管三极管实现的基本集成电路示意。这些电路被封装成集成电路（芯片），即门电路。用二极管实现的"与"门电路"当A、B端均为高电平（1）时，F端为高电平（1），否则F端为低电平（0）"。用二极管实现的"或"门电路"当A、B端均为低电平（0）时，F端为低电平（0）；否则F端为高电平（1）"。用三极管实现的"非"门电路"当A端为低电平（0）时，F端为高电平（1）；当A端为高电平（1）时，F端为低电平（0）"。

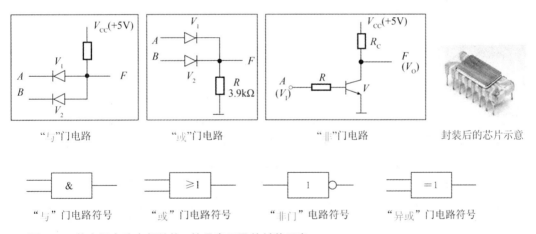

"与"门电路　　　　"或"门电路　　　　"非"门电路　　　　封装后的芯片示意

"与"门电路符号　　"或"门电路符号　　"非门"电路符号　　"异或"门电路符号

::　图2.10　基本门电路内部结构、符号表示及其封装示意

有了与门、或门和非门等门电路后，便可利用这些门电路构造更复杂的电路，如与或非门电路是将两个与运算、一个或运算和一个非运算组合起来形成的一种门电路。此后，与门、或门、非门、异或门、与或非门等成为构造计算机或者数字电路的基本元器件。为描述门电路的构造关系，需要用符号来表示这些门电路，图2.10也给出了各种门电路的表示符号。

进一步，我们看如何利用门电路来构造加法器等复杂的电路。图2.11(a)为"与或非门"电路符号，左侧是两个与门，中间是一个或门，再经一个非门输出。这样可以集成为一个集成电路。图2.11(b)为加法器的电路实现，用两个异或门、一个与或非门和一个非门来构造一个一位的加法器。A_i、B_i分别为第i位加数和被加数，C_i为第i-1位运算产生的进位，S_i为第i位运算的和，C_{i+1}为产生的进位，"=1"表示异或运算。图2.11(c)表示，如果构造多位加法器，则只需将多个一位加法器以所示的方式进行连接即可，则将低位加法器产生的进位连接到高位加法器的进位输入端。

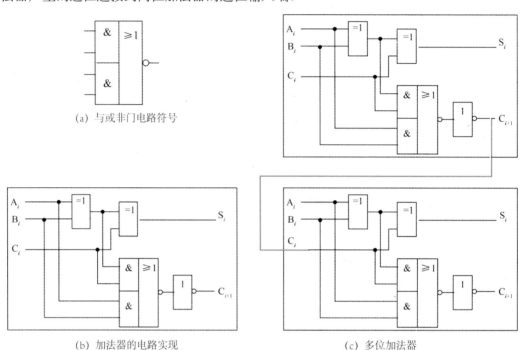

(a) 与或非门电路符号

(b) 加法器的电路实现

(c) 多位加法器

:: 图2.11 用基本门电路构造加法器的示意

我们可通过如下方法来判断"模拟所有可能的输入，得到输出，判断输出是否是期望的输出"。如图2.12所示，在A_i、B_i、C_i端输入一种可能情况1、0、1，然后依据门电路的特性，一步一步得到输出。可以看出，输出符合期望的运算逻辑，电路即是正确的。

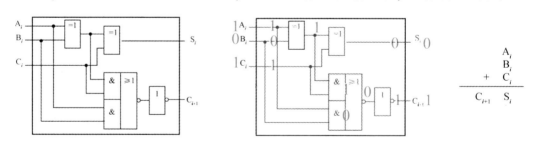

:: 图2.12 加法器电路的正确性判断示意

由于二进制数之间的算术运算无论是加、减、乘、除，都可转化为若干步的加法运算来进行。因此，实现了加法器就能实现所有的二进制算术计算，加法器是构成算术运算的基本单元。

我们再看一个利用门电路构造复杂电路的例子。该示例是输入两位的0/1编码，输出的是4条线，每条线对应一个编码，这种电路称为译码器，经常用于地址编码的翻译电路中。图2.13给出的是2-4译码器，如输入10，则对应Y_{10}线有效。图2.13(a)给出了电路连接并进行了封装的示意。图2.13(b)给出了模拟所有组合的输入后判断是否正确的示意，其中的A_1A_0输入为01，如果电路正确，则Y_{01}有效，一步步验证可知，Y_{01}为高电平，有效。如果所有可能的输入模拟得到的结果都是正确的，则电路正确。

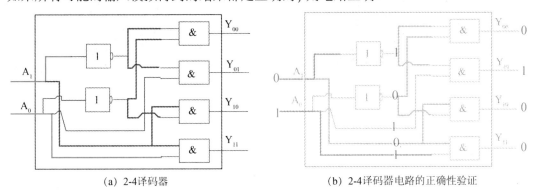

(a) 2-4译码器　　　　　　　　　(b) 2-4译码器电路的正确性验证

:: 图2.13　典型的2-4译码器电路及其正确性判断示意

　　当判断电路设计正确后，便可将其封装成新的集成电路，此新集成电路可用来构造功能更强大的复杂电路。如此，"用正确的、低复杂度的芯片电路组合形成高复杂度的芯片，逐渐组合、功能越来越强"。图2.14给出了复杂一些的4-10译码器的电路实现，将用$A_3A_2A_1A_0$表示的4位二进制数翻译成1位十进制数，$Y_0 \sim Y_9$分别对应十进制数的$0 \sim 9$。A_3、A_2、A_1、A_0的输入为0或1。如果$Y_0 \sim Y_9$的输出为0，则有效（图中示意的是低电平有效，记为Y_i），但是同时只能一个有效。4-10译码器又可作为基本芯片，用于更复杂电路的构造当中。

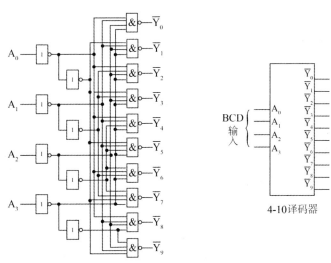

:: 图2.14　4-10译码器及其电路

　　更复杂的微处理器芯片便是这样逐渐构造出来的，从Intel 4004在12mm²的芯片上集成了2250个晶体管开始，到Pentium 4处理器采用0.18微米技术内建了4200万颗晶体管的电路，再到英特尔的45nm Core 2至尊/至强四核处理器上装载了8.2亿颗晶体管，微处理器的发展带动了计算技术的普及和发展。图2.15为Intel微处理器芯片及电路实现示意图。

▋▋ 图2.15 Intel微处理器芯片与电路

2.1.6 0和1思维小结

本节主要介绍了语义符号化、符号计算化、计算0（和）1化、0（和）1自动化、分层构造化和构造集成化的思维。如图2.16所示，数值信息和非数值信息均可用0和1表示，均能够被计算（信息表示）。物理世界/语义信息可通过抽象化符号化，再通过进位制和编码转成0和1表示，便可采用基于二进制的算术运算和逻辑运算进行数字计算，便可以用硬件与软件实现，即：任何事物只要能表示成信息，就能够被表示成0和1，能够被计算，能够被计算机所处理（符号化数字化）。硬件系统是"用正确的、低复杂度的芯片电路组合成高复杂度的芯片，逐渐组合，功能越来越强"（层次化构造化）。这种思维是计算及其自动化的基本思维之一。

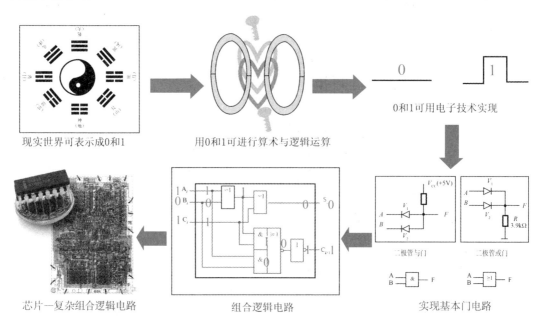

▋▋ 图2.16 0和1的贯通性思维示意

读者可在此基础上进一步学习离散数学（含集合论与图论、数理逻辑和近世代数）、形式语言、计算机语言、数字逻辑、计算机组成原理等课程，以加强知识的学习，加深对相关内容的理解和应用能力。

2.2 图灵机与冯·诺依曼计算机

（视频）

2.2.1 图灵机：关于通用机器及指令、程序及其自动执行

什么是通用计算机器？通用计算机器如何工作呢？ 20世纪30年代，图灵（Alan Turing，1912—1954）提出了图灵机模型[3]，直观且形象地说明了通用计算机器的工作机理，建立了指令、程序及通用机器执行程序的理论模型，奠定了计算理论的基础，这是图灵一生中最大的贡献。正是因为有了图灵机理论模型，才发明人类有史以来最伟大的科学工具——计算机。因此，图灵被称为计算机之父。为了纪念这位伟大的科学家，计算机界最高荣誉奖被定名为ACM图灵奖[4]。

（1）图灵机的基本思想

图灵认为，所谓计算，就是计算者（人或机器）对一条两端可无限延长的纸带上的一串0或1，执行指令，一步一步地改变纸带上的0或1，经过有限步骤，最后得到一个满足预先规定的符号串的变换过程，如图2.17所示。数据被制成一串0和1的纸带送入机器中，作为输入，如00010000100011…。机器可对输入纸带执行的基本动作包括：翻转0为1，或翻转1为0，前移一位，停止。机器对基本动作的执行是由指令来控制的，机器是按照指令的控制选择执行哪个动作，指令也可以用0和1来表示：01表示翻转0为1（当输入为1时不变），10表示翻转1为0（当输入0时不变），11表示前移一位，00表示停止。输入如何变为输出的控制可以用指令编写一个程序来完成，如01,11,10,11,01,11,01,11,00…（为便于阅读，中间增加了逗号）。机器能够读取程序，按程序中的指令顺序读取指令，读一条指令执行一条指令。由此实现自动计算。因此可以说，图灵机就是一个最简单的计算机模型，**图灵机将控制处理的规则用0和1表达，将待处理的信息及处理结果也用0和1表达，处理即是对0和1的变换**（可以用机械/电子系统实现）。

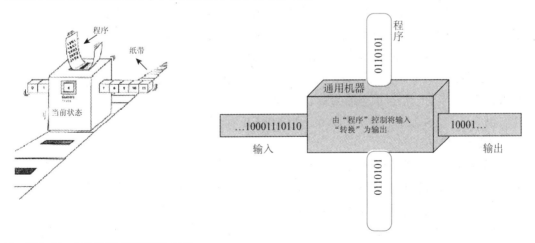

:: 图2.17 图灵机装置和原理示意

（2）基本的图灵机模型

图2.18为基本的图灵机模型。简单理解，图灵机是一种思想模型，它由一个控制器（有限状态转换器）、一条可无限延伸的带子和一个在带子上左右移动的读写头构成。它

$$M = (Q, \sum, \Gamma, \delta, q_0, B, F)$$

其中：

Q：状态的有穷集合

$\sum$：输入字母表

B：空白符号

q_0：开始状态

Γ：带符号表

F：终止状态集合

δ：状态转移函数　①：$\delta(q, X) = (p, Y, R)$ 表示M在状态q下读入符号X，将状态改为p，并在这个X所在的带方格中印刷符号Y，然后将读头向右移动一格。

②：$\delta(q, X) = (p, Y, L)$ 表示M在状态q下读入符号X，将状态改为p，并在这个X所在的带方格中印刷符号Y，然后将读头向左移动一格。

图2.18　图灵机模型

有一个输入字符集合$\sum$，说明图灵机能够识别和处理的字符包括哪些；有一个内部状态集合Q，描述机器可能出现的不同状态。它有一个行动集合δ，又被称为状态转移函数，实际上就是程序，是五元组$<q, X, Y, R, p>$（或$<q, X, Y, L, p>$，或$<q, X, Y, N, p>$）形式的指令集，定义了机器在一个特定状态q下从方格中读入一个特定字符X时所采取的动作为在该方格中写入符号Y，然后向右移一格R（或向左移一格L或不移动N），同时将机器状态设为p，供下一条指令使用。这种指令也可以表示成$\&(q, X) = (p, Y, R)$（或$\&(q, X) = (p, Y, L)$，或$\&(q, X) = (p, Y, N)$）。

下面举一个图灵机的例子。图2.19给出了图灵机的4个状态、五元组描述的程序及其对应的状态转换图。该示例的功能为"将一串1的后面再加一位1"。图2.20给出了该图灵机执行的过程及结果。执行过程简述如下：在S_1状态，遇到输入0，则仍写入0，向右移动一格，状态仍为S_1；在S_1状态，遇到输入1，则仍写入1，向右移动一格，状态改为S_2；在S_2状态，遇到输入1，则仍写入1，向右移动一格，状态仍为S_2；在S_2状态，遇到输入0，则写入1，向左移动一格，状态改为S_3；在S_3状态，遇到输入1，则仍写入1，向左移动一格，状态仍为S_3；在S_3状态，遇到输入0，则仍写入0，向左移动一格，状态改为S_4。S_4为终止状态，即程序结束。

图灵机的这个模型很神奇。如果扩大输入字符集合、内部状态集合和行动集合，其所自动执行的功能便可以非常复杂，以至我们有可能失去对图灵机行为的预测能力。但是不管怎样复杂，仍然在图灵机模型的描述范围之内，这就是其伟大之处，用一个简单的模型表征了多变的、复杂的自动计算世界。这也是众多科学家追求计算形式化的动力之一！也可以将多个图灵机进行组合，从最简单的图灵机去构造复杂的图灵机。那么，最简单的图灵机就是用0和1及其三种逻辑运算与、或、非构造的图灵机。从"最简单的逻辑运算操作最简单的二进制信息"出发，我们可以构造任意的图灵机！这点不难理解：任何图灵机都可以把输入、输出信息进行0/1编码，任何一个变换也可以最终分解为对

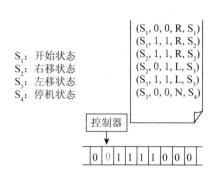

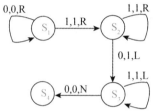

图2.19 图灵机示例

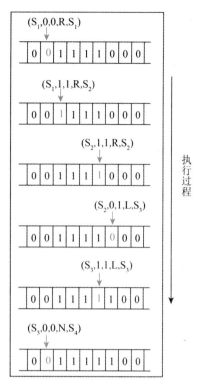

图2.20 图灵机的执行过程及结果

0/1编码的变换，而对0/1编码的所有计算都可分解成前面说的三种运算。这也就是为什么计算相关的研究人员要研究数字逻辑电路，要研究算法与程序的最根本原因了。

图灵机模型被认为是计算机的基本理论模型——计算机是使用相应的程序来完成任何设定好的任务。图灵机是一种离散的、有穷的、构造性的问题求解思路，一个问题的求解可以通过构造其图灵机 (即算法和程序) 来解决。图灵认为：

凡是能用算法方法解决的问题，也一定能用图灵机解决；凡是图灵机解决不了的问题，任何算法也解决不了。

这就是著名的图灵可计算性问题。这里只是思想性的介绍，更深入内容需要在"形式语言与自动机"、"计算理论"等课程中学习。

2.2.2 冯·诺依曼计算机

（视频）

（1）冯·诺依曼计算机的基本思想

前述的图灵机给出的是理论模型，冯·诺依曼则实际做出了计算机，其设计计算机的思想对现代计算机的发展产生了重要影响，以至人们称其为"计算机之父"，现在的普通计算机被称为"冯·诺伊曼计算机"等。

"冯·诺伊曼计算机"的基本思想是存储程序的思想，即"将指令和数据以同等地位事先存于存储器中，可按地址寻访，机器可从存储器中读取指令和数据，实现连续和自动的执行"。它将存储和执行分别进行实现，解决了计算速度 (快) 与输入、输出速度 (慢) 的匹配问题。

（2）冯·诺依曼计算机的基本构成。

为实现存储程序的思想，冯·诺依曼将计算机分解为五大部件：存储器（Memory）、运算器（Arithmetic Logic Unit，ALU）、控制器（Control Unit）、输入设备（Input）和输出设备（Output）。五个部件各司其职，并有效连接，以实现整体功能。

图2.21给出了冯·诺依曼计算机的基本结构。运算器负责执行逻辑运算和算术运算；控制器负责读取指令、分析指令并执行指令，以调度运算器进行计算；存储器负责存储数据和指令；输入设备负责将程序和指令输入到计算机中；输出设备将计算机处理结果显示或打印出来。图2.21给出了两种结构。图2.21(a)为早期的以运算器为中心的结构，输入、输出数据或程序要通过运算器，进行运算也要通过运算器，二者要争夺运算器资源，即输入、输出时不能计算，计算时不能输入、输出。目前的计算机基本采用了图2.21(b)所示的以存储器为中心的结构，输入、输出数据或程序不通过运算器，运算器只负责进行运算，存储器可支持运算器和输入、输出的并行工作，即存储器的一部分在进行输入、输出时，其另一部分可为运算器提供存取服务。

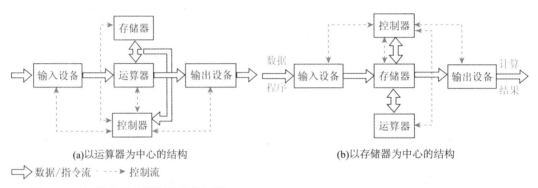

(a)以运算器为中心的结构   (b)以存储器为中心的结构

⇨ 数据/指令流 ---▶ 控制流

▓▓ 图2.21 冯·诺依曼计算机的结构框图

控制器是可依据事先编制好的程序，控制、指挥协调各部件进行相应工作的部件，运算器是实现算术和逻辑运算的部件。中央处理器（Central Processing Unit，CPU）就是将运算器和控制器集成在一片集成电路芯片中所形成的集成部件，也被称为微处理器。但现在微处理器通常集成了多个CPU，成为多核心处理器。

2.2.3 存储器：可按地址自动存取内容的部件

存储器是可按地址自动存取信息的部件。图2.22为存储器的概念结构图。

一般，存储器由若干个**存储单元**构成，每个存储单元由若干个**存储位**构成，一个存储位可存储0或1，这些相同位数的存储位构成的**存储字**即为存储单元的内容。所有存储单元构成了一个存储矩阵。每个存储单元由一条地址线控制其读或写，如图2.22所示的W_i，当其有效时，其对应存储单元的内容可以读出或写入，否则该单元不能够读出或写入。每个存储单元有一个**地址编码**，由地址编码线$A_{n-1}\cdots A_0$等进行0/1编码，通过**地址译码器**，可将每个地址编码$A_{n-1}\cdots A_0$译出其对应的地址线W_i，控制存储单元内容的读写。n位的地址编码可控制2^n个存储单元的读写，也可以说存储器的存储容量为2^n，由地址编码线的位数n确定。**输出缓冲器**控制着是向存储单元写入还是从存储单元读出，每个存储单元都和输

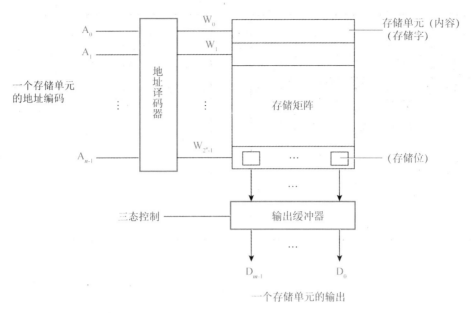

■■ 图2.22 存储器的概念结构图

出缓冲器相连接, 其连线D_j被称为**数据线**, 但具体读写时连接的是哪个存储单元则由地址线W_i确定。因此, 只要给出一个地址, 存储器就能让一个存储单元读出或写入。

如果把存储器比喻成一栋宿舍楼, 则一个存储单元为一个房间, 存储位即为房间中的床位, 该床位可以住人也可以不住人, 存储字的位数或者说存储字长即是房间的床位数。要求所有房间的床位数必须相同。而地址编码表示了房间号, 存储单元的个数即为宿舍楼的房间数 ; 房间数越多, 则需要的地址线越多, n也就越大 ; 每个存储单元的地址线W_i就好比是该房间的钥匙, W_i有效时, 就好比该房间门有钥匙可以开启, 人可出入, 否则门是关闭的。地址译码器负责将编码表示的地址翻译成控制每个房间的钥匙。输出缓冲器好比是整个宿舍楼的大门, D_j就好比是走廊, 要连通每个房间, 只是该大门在一个时刻只允许一个房间的人出入。如果对宿舍楼是如何管理理解得透彻, 便能理解存储器。

图2.23为一个存储矩阵的示意图, 有4个存储单元, 每个存储单元有4个存储位, 总计16个存储位, 4个存储单元由4条地址线分别控制。如果某存储单元的地址线W_i为高电平(有效), 如某存储位数据线D_j与它有二极管相连, 则输出数据线上也为高电平, 表示该存储位存储的是1 ; 如某存储位数据线D_j与它没有二极管相连, 虽然D_j可能与其他地址线有二极管相连, 但因其他地址线都为低电平(无效), 所以D_j上也为低电平, 表示该存储位存储的是0。因此, 图2.23(a)中的4个存储单元分别存储着1001、0111、1110和0101。存储器有两条地址编码线A_1A_0, 可产生4个存储单元的地址 : W_0 (00), W_1 (01), W_2 (10), W_3 (11)。当输入任何一个地址编码时, 如输入11, 通过地址译码器, 可产生地址线W_3 (11)为高电平(有效), 而其他3条地址线均为低电平(无效), 此时输出缓冲器及与其连接的数据线的情况为 : D_3, 与W_3没有二极管相连, 而有二极管与其连接的地址线均为0, 所以其为0 ; D_2, 与W_3有二极管相连, 所以其为1 ; D_1, 与D_3相似, 其为0 ; D_0, 与D_2相似, 其为1。所以输出的是0101, 正好是W_3存储单元的内容。图2.23(b)给出了存储器读写过程的模拟示意。

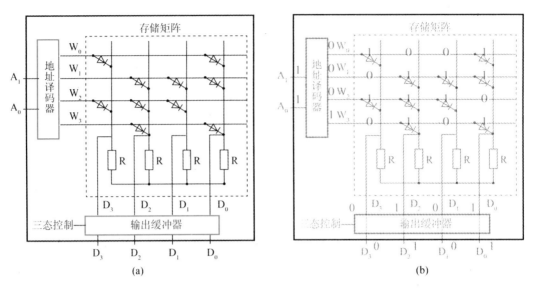

图2.23　存储矩阵示意图

　　前述存储器的实现，如果不考虑存储位的具体实现方式，本质上就是一个数字信号相互传递的逻辑变换关系，如图2.24所示。各种线之间绘制了黑点的表示有连接，无黑点的表示无连接。首先做的是地址编码与地址的变换，将地址编码线上的信号传递到地址线上，确定了地址编码线与地址线交叉点的信号。然后，按照"同一地址线上各连接点之间是'与'关系"确定地址线上的最终信号传递到下半部分。通过有无连接点，将地址编码线与地址线交叉点信号传递给地址线与数据线交叉点上，再按照"同一数据线上各连接点之间是'或'关系"确定数据线的最终信号。换句话说，存储器的控制逻辑是可以通过0和1及其逻辑变换来实现的。看完此图，**你能用A_1、A_0的逻辑表达式表示出$W_0 \sim W_3$吗？进一步，你能用W_0、W_1、W_2、W_3的逻辑表达式表示出D_3、D_2、D_1、D_0吗？** 例如，$W_2 = A_1 \text{ AND (NOT } A_0)$，$D_2 = W_1 \text{ OR } W_2 \text{ OR } W_3$。

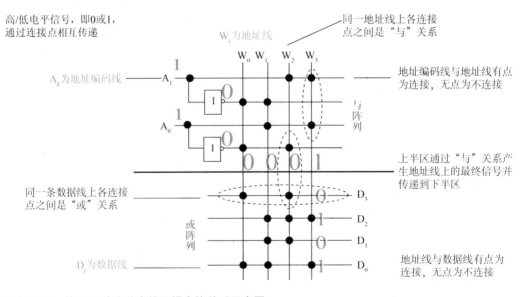

图2.24　存储矩阵中蕴含的逻辑变换关系示意图

　　存储器便是按如上思想实现的。当然，存储位的具体实现方式是不同的。不管怎样实现，存储位都可存储0或1，也都可读出或写入。每个存储单元都有一地址编码（简称地址）和存储内容（存储字），就像房间都有房间号都可以住不同的人一样。**按地址访问存储单元的内容便是存储器的基本特性，存储单元的地址按二进制编码，存储单元的内容也按二进制存储。** 地址编码线的位数决定了存储容量，即存储空间。例如，10位的地址编码，其存储空间为2^{10}，即有1024个存储单元；若要达到1GB的存储空间，则其地址线需要30条，$2^{30}=1GB$。不同的内容可存储在不同地址范围的空间内，就像不同学院的学生可住在不同楼层的房间一样。当存储容量不够时，可通过多个存储器芯片，扩展地址编码线的位数，搭建容量更大的存储器，如图2.25所示。详细内容不在此阐述了。

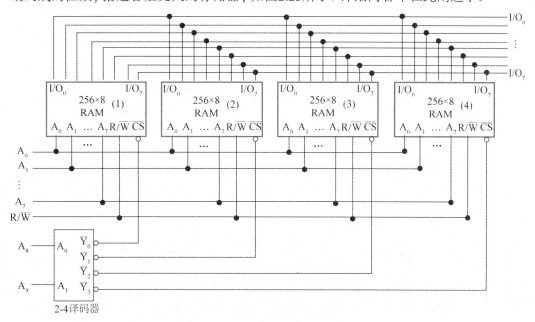

(a)利用4个256×8存储器芯片扩展出1024×8存储器

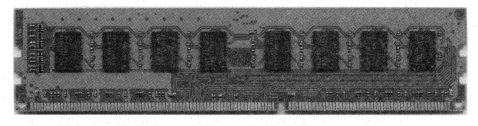

(b)半导体存储器芯片

┅┅ 图2.25　利用存储器芯片扩展更大容量的存储器示意图

2.2.4　机器指令与机器级程序与算法

　　解决了存储手段问题，接下来就要解决求解问题的算法和程序如何编写及如何由计算系统理解和执行的问题。若要由计算系统自动求解，就要用计算系统所具有的设施及其可理解和执行的规则来编写算法和程序。例如，如何计算多项式$8×3^2 + 2×3 + 6$？图

2.26(a)给出了计算该多项式的两个算法，可以看出，这两个算法均是利用了冯·诺依曼的运算器、存储器等基本部件，以及对这些部件的基本操作规则来编写的。不同的计算系统有不同的基础设施，也有对这些基础设施不同的操作规则。需要注意的是，机器层级算法的优化是非常重要的：要尽量减少操作步骤，一些硬件实现的算法是不断地被调用和执行的，可能要执行成千上万遍，因此哪怕节省一步都是计算性能的重要改进。由图2.26(a)可见，右侧计算方法比左侧计算方法省了3个步骤，应该选择右侧的算法。

计算 $8\times3^2+2\times3+6$ = $((8\times3)+2)\times3+6$

计算方法1
Step1:取出数3至运算器中
Step2:乘以数3在运算器中
Step3:乘以数8在运算器中
Step4:存结果8×3^2在存储器中
Step5:取出数2至运算器中
Step6:乘以数3在运算器中
Step7:加上8×3^2在运算器中
Step8:加上数6在运算器中

计算方法2
Step1:取出数3至运算器中
Step2:乘以数8运算器中
Step3:加上数2在运算器中
Step4:乘以数3在运算器中
Step5:加上数6在运算器中

(a)

(b)

000001 0000001000 //指令：取出8号存储单元的数(即3)至运算器中
000100 0000001001 //指令：乘以9号存储单元的数(即8)，得8×3在运算器中
000011 0000001010 //指令：加上10号存储单元的数(即2)，得$8\times3+2$在运算器中
000100 0000001000 //指令：乘以8号存储单元的数(即3)，得$(8\times3+2)\times3$在运算器中
000011 0000001011 //指令：加上11号存储单元的数(即6)，得$(8\times3+2)\times3+6$至运算器中
000010 0000001100 //指令：将上述运算器中结果存到12号单元
000101 0000001100 //指令：打印
000110   //指令：停机

(c)

(d)

图2.26 机器级问题求解算法、机器指令及机器级程序示意图

算法需要用CPU（即控制器和运算器）可以执行的指令来编写。机器指令是CPU可以直接分析并执行的指令，一般由0和1的编码表示。通常情况下，一条指令被分为两部分：操作码和地址码，如图2.26(b)所示。操作码告诉CPU所要进行的操作类别，如取数、存数、做乘法、打印、停机等，地址码告诉CPU所要操作的数据在哪里，典型的数据可以存储在运算器中，也可以存在存储器中。例如，"000001 0000001000"是一条机器指令，其中前6位000001表示该指令是从存储器中取数的指令，后10位则给出了将要读取的数据在存储器中的地址。该指令表示，将000000000 00001000号（即8号）存储单元中的值取至运算器中。图2.26(b)右侧给出的是指令在机器中的操作含义。机器指令有不同的操作数读取机制：如操作数可以直接出现在指令的地址码部分；也可以在指令的地址码部分给出操作数的地址，访问该地址便可获取到操作数，即直接地址；也可以在指令的地址码部分给出"存放某操作数的存储单元地址"的地址，即访问地址码给出地址的存储单元得到的不是具体的操作数，而是存放实际操作数的存储单元的地址，必须将其作为地址再访问存储器才能获得到真正的操作数，即间接地址。关于详细内容，读者可通过深入学习汇编语言课程获得。

用机器指令编写的程序即机器语言程序，是可以被CPU直接解释和执行的。图

2.26(c)给出的是机器级程序的示意，右侧给出的是对应左侧机器指令的解释。例如，多项式的数字3、8、2、6等都存储在存储器中，分别存放在8～11号存储单元中。存储单元的地址也是用0和1编码的。存储单元的地址可出现在机器指令中，如第一条指令的地址码"0000001000"便是存储单元的地址。如果将8～11号存储单元的内容换成任何一个数x、a、b和c，则该程序仍将能正确地执行计算并得到结果，即可以正确计算任一个ax^2+bx+c。

图2.26(d)给出的是"程序和数据以同等地位存储在存储器中"的示意。其中，0～7号存储单元存储的是程序，8～12号存储单元存储的是数据。存储在存储器中的程序和数据便可被CPU按地址访问、读取和处理。

2.2.5　机器级程序的存储与执行

（视频）

机器如何理解和执行程序呢。这需要理解控制器和时钟控制的工作原理。图2.27给出的是典型机器的概念结构示意图，其中包括运算器、控制器和存储器及其相互之间的连接关系。运算器中有一个算术逻辑运算部件和若干临时存储数据的"寄存器"，算术逻辑运算部件的两个输入端和输出端均与这些寄存器相连接，表示两个操作数和结果都可以由这些寄存器来存储。控制器中也有一些寄存器：用于存放当前正在执行指令的"指令寄存器"IR；用于存放下一条指令地址的"程序计数器"PC；一个信号发生器，可以产生控制各部件的电平信号；一个时钟与节拍发生器。

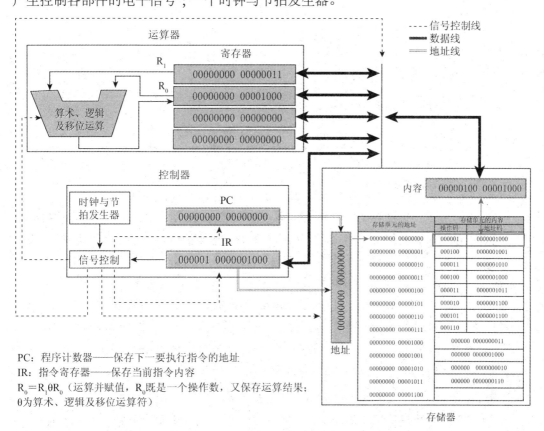

图2.27　典型机器的概念结构

所谓指令的执行，即由信号发生器产生各种电平信号，发送给各部件，各部件依据控制要求再产生相应的电平信号，这种信号的产生、传递和变换过程即指令的执行过程。各种信号在传递过程中需要接受时钟和节拍的控制，以保证有条不紊地进行。机器中的时钟发生器产生基本的时钟周期，而其快慢决定了机器运行速度的快慢。通常所说的CPU主频即是指该时钟发生的频率，是机器信号区分的最小单位。通常，把一条标准指令执行的时间单位称为一个机器周期，一个机器周期可能包含若干个时钟周期，即节拍，不同节拍发出不同的信号完成不同的任务，如图2.28所示，一个机器周期包含4个节拍，第1个节拍发送指令地址给存储器，第2个节拍取出存储器中指令给控制器，第3个节拍控制器解析指令码，第4个节拍控制器依据指令码控制相关动作执行即产生各种信号。

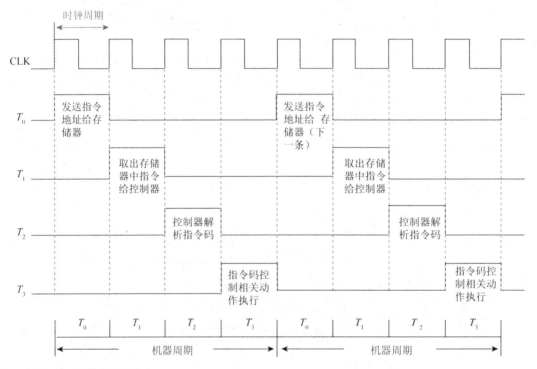

▓ 图2.28 时钟控制示意

图2.29给出了一条指令的完整执行过程。如图2.29(a)所示，在第1个节拍内，将PC中的地址00000000 00000000发往存储器，并由信号发生器发出一信号通知存储器工作。在第2个节拍内，存储器进行译码，找到相应的00000000 00000000号存储单元，通过输出缓冲器输出其内容00000100 00001000，同时信号发生器发出一信号控制IR接收其内容。如图2.29(b)所示，在第3个节拍内，指令码000001（取操作数指令）控制产生信号，首先使PC内容加1，以使其指向下一指令的存储地址，同时将指令中的地址码0000001000发往存储器。在第4个节拍内，存储器进行译码找到相应的00000000 00001000号存储单元，通过输出缓冲器输出其内容00000000 00000011，同时指令码控制发出信号使寄存器R_0接收其内容。至此，完成一条指令的执行。

当该条指令执行完成后，由于PC中已存放的是下一条指令的地址，再按该地址取出指令，分析和执行指令，机器不断重复执行这样一个过程，直至遇到停机指令为止，完成

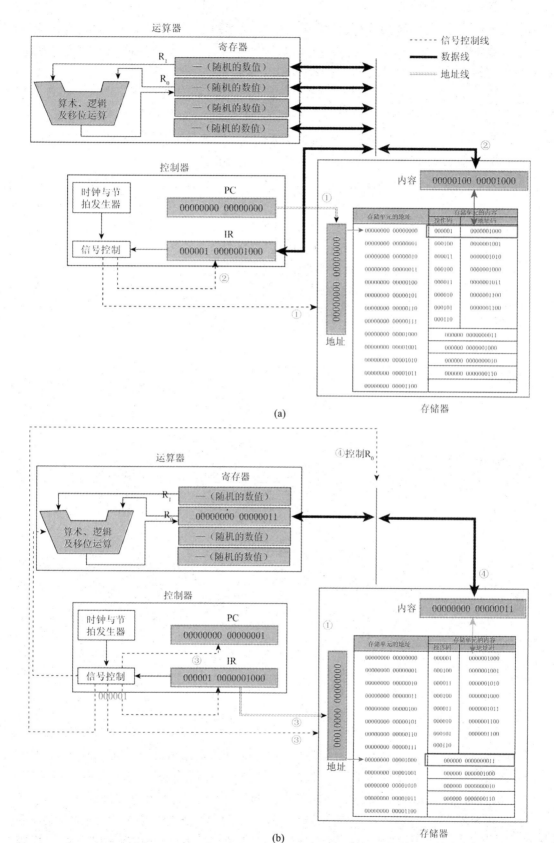

:: 图2.29 一条指令的执行过程示意（圆圈中数字为节拍次序）

程序的执行。大家可以模拟执行后续的指令。机器指令的执行过程变化多样，这里只是基本思维的介绍，关于此部分内容的详细探讨可学习"计算机组成原理"[5]和"计算机系统结构"等课程。

2.2.6 关于冯·诺依曼计算机的贯通性思维小结

本节主要介绍了冯·诺依曼计算机的贯通性思维，即关于机器级算法、机器级程序和机器级指令及其存储和执行的相关联思维，如图2.30所示。

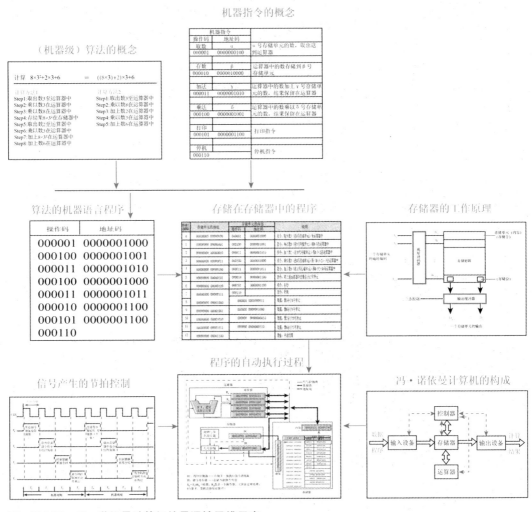

图2.30 冯·诺依曼计算机的贯通性思维示意

冯·诺依曼计算机有五大部件：运算器、控制器、存储器、输入设备和输出设备。存储器可解决程序和数据的存储与自动读写问题，由存储单元构成，存储单元可按地址访问其内容，存储单元的地址和内容均是以0/1编码的。机器级算法需要考虑机器内部的结构和功能来设计，机器指令是机器能够直接解释和执行的指令，由0/1编码表示。机器级程序是用机器指令和机器能识别的规则来编写的算法，程序和数据以同等地位存储在存储器中，机器指令的执行即在时钟与节拍控制下的信号产生、变换与传递的过程，机器级程序的执行即不断从存储器中取出指令、分析指令和执行指令的过程。

冯·诺依曼计算机的这种思维对于深入理解算法与程序、理解程序的硬件执行过程非常重要。当前计算机已经不仅是桌面计算机和笔记本电脑了，"计算机"已无处不在，如各种移动设备、各种家电设备等都包含了计算机在内。即使是机械设备，目前也在追求自动化、智能化，很多高端机械设备的关键技术都是以嵌入式计算机为基础的电子控制部分。因此，理解这种思维对于今后各种控制系统的设计和实现都是有重要意义的。若想深入学习，读者可进一步学习数字逻辑、计算机组成原理、计算机系统结构、接口技术、嵌入式计算技术等课程，以加强知识的学习，加深对相关内容的理解和应用能力。

2.3 现代计算机

2.3.1 现代计算机的构成

现代计算机是一个复杂系统。现代计算机系统由硬件、软件、数据和网络构成（如图2.31所示）。硬件是指构成计算机系统的物理实体，是看得见摸得着的实物。软件是控制硬件按指定要求进行工作的由有序命令构成的程序的集合，虽然看不见摸不着，却是系统的灵魂。网络既是将个人与世界互连互通的基础手段，又是有着无尽资源的开放资源库。数据是软件和硬件处理的对象，是人们工作、生活、娱乐所产生、所处理和所消费的对象，通过数据的聚集可积累经验，通过聚集数据的分析和挖掘可发现知识、创造价值。在信息社会中，人们关注的核心应该是数据本身，以及数据的产生、处理、管理、聚集和分析、挖掘、使用，而这又离不开各种各样的计算机器。

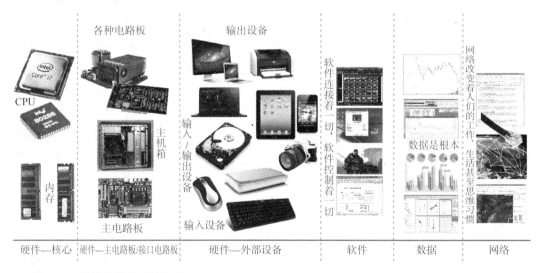

:: 图2.31 现代计算机系统示意

（1）硬件的构成

硬件由主机和外部设备两大部分构成。**主机**的核心是CPU和存储器。CPU、存储器等被插入到主电路板上，再通过内部的传输线路和扩展插槽（被称为总线），与控制各种设备的接口电路板相连接，各种外部设备则通过不同的信号线与接口电路板相连接。这样所有外部设备均直接或间接地与CPU相连接，接受CPU的控制。**外部设备**包括输入设备、输出设备和输入/输出设备。输入设备（Input Devices）是将外界信息（或称数据）输入到计算机中的设备。输入信息的形式不同，使用的输入设备也不同。常见的输入设备有键盘、鼠标器、扫描仪、数字化仪、光笔、语音输入器、模数转换器、触摸屏、照相机、摄像机等。输出设备（Output Devices）是将计算机处理的结果以人们容易识别的形式输出出来的设备。输出信息的形式不同，使用的输出设备也不同。常见的输出设备有显示器、打印机、绘图机、语音输出装置、数模转换器等。2.2节讲的按地址访问的存储器，由于容量、速度和电特性的限制，被称为**主存储器**或**内存储器**（简称主存或内存），通常用于临时存储；永久存储需要使用输入/输出设备，被称为**外部存储器**或者辅助存储器或二级存储器（简称外存）。外部存储器又可以分为磁鼓、磁带、磁盘、光盘等。

（2）软件的构成

各种软件研制的目的都是为了扩大计算机的功能，方便人们使用或解决某一方面的实际问题。根据软件在计算机系统中的作用，软件可以分为系统软件和应用软件两大类。**系统软件**是用于对计算机进行管理、控制、维护，或者编辑、制作、加工用户程序的一类软件，如操作系统、计算机语言处理系统、数据库管理系统、中间件软件系统、管理和维护计算机系统的各种工具软件等。**应用软件**则是用于解决各种实际问题，进行业务工作或者生活及娱乐相关的软件，如企业资源计划（ERP）管理软件、计算机辅助X软件、数值计算类软件、各类游戏软件、各种网络互动软件等。虽然硬件连接着各种设备，但没有软件，则不能有效工作，也就是说，软件连接着一切，软件控制着一切。

现代计算机是若干体系协同工作的典型代表。现代计算机可接入和控制的设备五花八门、越来越多，处理能力越来越强。如此复杂的系统，如何让其协同起来工作呢？是不是感到头晕呢？其实不必头晕，如果理解其**化解复杂问题为简单实现机制**的基本思维，就可以实现这样复杂的系统。因此，我们还从最基本的能力来理解现代计算机：从**存储**能力来看，现代计算机由单一内存扩展为内存管理与磁盘管理相结合的存储体系；从**输入/输出**能力来看，现代计算机由简单的键盘、显示器扩展为设备管理体系；从**指令与计算**能力来看，现代计算机由控制器和运算器扩展为程序管理体系、作业管理体系和CPU管理体系。因此，我们可以把现代计算机看成是由若干个相互独立又相互依存的体系等实现的协同系统。这种协同系统在解决协同自动化方面体现了一些普适化的计算思维，如不同性能资源组合优化的思维、化整为零的思维、分工-合作与协同求解的思维、分时调度与并行调度的思维等。这些思维可为各学科人员未来构造各类创新的协同计算系统或自动化系统提供有益的借鉴。

2.3.2 存储体系：不同性能资源的组合优化思维

数据自动存储能力是现代计算机的重要能力。随着微处理器（CPU）的计算速度越来越快，计算机产生的、需要存储的数据量越来越大，人们对数据的重视程度逐渐增加，因此对存储器的要求是存储容量要足够大（即越大越好）、存取速度要足够快（即能够匹配CPU的运算速度）、存储时间要足够长（即越长越好），而且价格要足够低（即越低越好)。但满足上述要求的存储器始终都是理想化的，因为保证高速度和大容量的存储器，由于其工艺难度、制造精度及复杂性等决定了其价格不能很低，因此现实中出现了各种性能的存储器，典型的有：

① 寄存器。CPU内部有若干寄存器，每个寄存器可以存储一个字 (少则1字节、多则8字节)。它与CPU采用相同工艺制造，速度可以与CPU完全匹配，但其存储容量特别少，只能用于指令级数据的临时存储。

② RAM (Random Access Memory，随机存取存储器)：即2.2节中介绍的可按地址访问的存储器，访问每个存储单元时间都是相同的，又称为主存或内存。如图2.32(a)所示，RAM通常采用半导体材料制作，具有电易失性，只能临时保存信息。目前典型的有SRAM (静态存储器)、DRAM (动态存储器) 和SDRAM (同步动态存储器)，它们之间的不同点是采用不同的存储技术，存储速度和价格也有差别。RAM基本上能与CPU速度匹配。

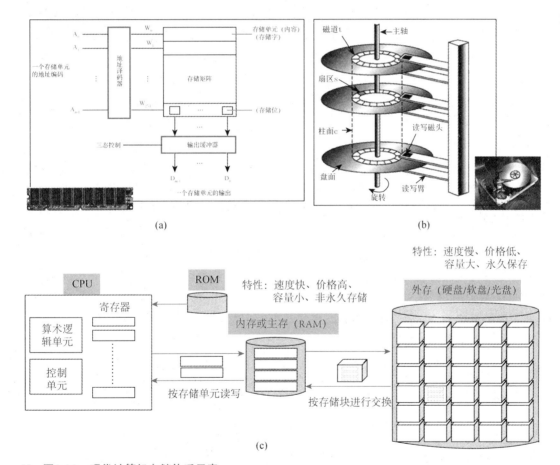

■■ 图2.32 现代计算机存储体系示意

③ ROM (只读存储器)：由半导体材料制作，但具有永久性存储特点，即其信息事先写在存储器中，只能读出不能写入 (见2.2节中的图2.23)，与RAM一同管理，可按地址访问。由于其容量也非常小，通常用于存放启动计算机所需的少量程序和参数

信息。随着技术进步，也出现了可编程只读存储器（PROM）、可光擦除可编程存储器（EPROM）、可电擦除可编程存储器（EEPROM）和闪存（Flash Memory）等。它们不同于RAM的是，虽可重新写入，但其写入速度要慢得多。EPROM、闪存等是目前很多嵌入式系统中存储关键程序和数据的核心部件。

④ 硬盘。硬盘是一种采用磁性材料制作的大容量存储器，可永久保存信息。但因需要磁性翻转，所以需要专门的机械机构来读写它，见图2.32(b)。简单来讲，硬盘由若干个盘片和一个读写臂组成，读写臂上有若干个读写磁头。一个盘片被划分成若干个同心圆，每个同心圆称为磁道，不同盘片的相同磁道构成一个柱面，每个磁道又被划分成若干个扇状区域，称为扇区。信息就被存储在一个个扇区上，一个扇区可存储512字节信息。当读写信息时，读写臂会沿盘片径向移动，以使读写磁头定位在所要读写的磁道上（**寻道**），然后盘片会绕主轴高速旋转（**旋转**），当找到所要读写的第一个扇区时，便可读写扇区的信息（**传输**）。因此，硬盘的读写时间包括了寻道时间、旋转时间和传输时间，由于读写需启动机械装置，读写速度较慢，当找到读写位置时应尽量连续读取更多的扇区，最少一个扇区。为了提高访问速度和可靠性，有不同的数据组织方法，如RAID（Redundant Array of Independent Disk，冗余磁盘阵列）技术等，读者可通过相关资料进一步学习之。除硬盘外，还有软盘和光盘，将读写装置和盘片分离，形成了可移动更换的磁盘等，在此不再赘述。

⑤ 存储体系。"内存容量小（MB/GB级），硬盘容量大（GB/TB级）；内存存取速度快（访问一个存储单元的时间在纳秒级），硬盘存取速度慢（读取磁盘一次的时间在毫秒/微秒级）；内存可临时保存信息，硬盘可永久保存信息"。能否将性能不同的存储器整合成一个整体，使用户感到容量像外存的容量，速度像内存的速度，内存、外存的成本又能满足用户的期望，而且内存、外存的使用由系统自动管理而无需用户操心呢？这就促进了现代计算机存储体系的形成。如图2.32(c)所示，可将内存、外存构成一个存储体系，外存不与CPU直接交换信息，内存与CPU直接交换信息，内存作为外存的一个临时"缓冲区"来使用。外存速度慢，可以块为单位进行读写（一块为一个扇区或其倍数），一次将更多的信息读写到内存，再被CPU处理。内存速度快，可与CPU按存储单元/存储字交换信息，这样"**以批量换速度、以空间换时间**"来实现外存、内存与CPU之间速度的匹配，则可使用户感觉到速度很快同时容量又很大。

这种不同性能资源的组合优化，尤其需要解决相互之间工作效率的匹配与协同问题，匹配得好，可有效提高系统的工作效率。系统的工作效率是匹配与协同后各资源所呈现的最低工作效率。例如，缓冲技术（当高效率资源和低效率资源工作不匹配时，通过设置缓冲池，以匹配不同效率资源的处理速度）、并行技术（将多个低效率资源组织起来同步并行的读取对象，以满足高效率资源处理的效率）等都是有效解决不同性能资源匹配与协同的技术。类似的流水线技术、并行技术不仅在计算系统中应用，而且如现代工厂的生产系统也大多采用类似的生产线来组织生产以提高生产效率，如图2.33所示。

存储体系需要解决内存的自动分配与回收问题，需要解决磁盘信息的自动组织问题，需要解决内存、外存传输信息的协同问题等，这就需要现代计算机的核心——操作系统。

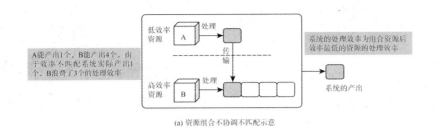

(a) 资源组合不协调不匹配示意

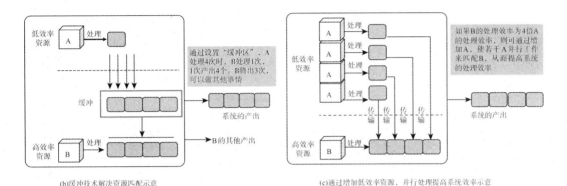

(b)缓冲技术解决资源匹配示意　　　　　　　(c)通过增加低效率资源，并行处理提高系统效率示意

图2.33　不同性能资源组合后不同协同方式执行效率

2.3.3　为什么要有操作系统——硬件功能扩展的基本思维

现代计算机最根本的还是要执行程序来处理数据。我们可以使用高级语言编写程序，通过编译将其转换成机器语言程序，2.2节讲述了如果将机器语言程序事先存于内存中，CPU如何执行的过程。当有了存储体系后，如何执行程序呢？

图2.34为程序执行所要解决的问题示意。为了永久保存，高级语言程序和机器语言程序均需保存在外存中，而外存中的程序和信息在被执行时需要装入内存，内存中可能有多个程序，因此：如何将程序存储在外存上，如何将程序装载到内存中，装载到哪里，如何调度CPU来执行一个程序，某一时刻CPU应该执行哪个程序？这些问题就是由存储体系带来的新问题，这些问题的解决是复杂的又是与人无关的，需要由计算系统自动解决。由于硬件的功能在实现时就已经固定化了，这些问题的解决就需要操作系统[6]这一核心软件来实现，因此操作系统被认为是扩展硬件功能的一种软件系统。

操作系统是控制和管理计算机系统各种资源(硬件资源、软件资源和信息资源)、合理组织计算机系统工作流程，提供用户与计算机之间接口，以解释用户对机器的各种操作需求并完成这些操作的一组程序集合，是最基本、最重要的系统软件。

操作系统在现代计算机系统中的作用可以从三方面来理解。

① 操作系统是用户与计算机硬件之间的接口。现代计算机可以连接各种各样的硬件设备(见图2.31)，而直接操纵硬件设备既烦琐、细致，又复杂多变，且容易出错，这给用户带来了困难。如何让用户免于琐碎的硬件控制细节，而方便地专注于用机器所要解决的任务呢？操作系统将对机器的操作和控制细节用一组程序封装起来，类似于将复杂电路封装成芯片一样，提供了便于用户使用的如桌面、按钮、命令等任务相关的操作，使用

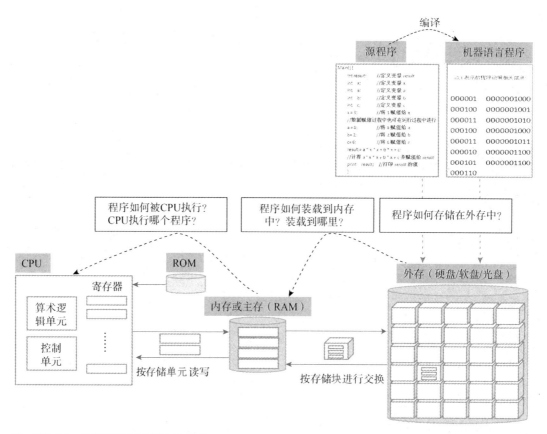

:: 图2.34 执行程序所要解决的问题

户使用起来更方便。因此，操作系统是对计算机硬件的第一次扩充，用户通过操作系统来使用现代计算机。换句话说，操作系统紧靠着计算机硬件并在其基础上提供了许多新的设施和能力，从而使得用户能够方便、可靠、安全、高效地操纵计算机硬件和运行自己的各种程序。

②操作系统为用户提供了虚拟机（Virtual Machine）。计算机硬件功能是有限的，但现代计算机却能完成多种多样、复杂多变的任务，这都是由于有了软件。硬件实现不了的功能可以通过软件来实现。为了方便人们开发更复杂的程序，操作系统提供了人们更容易理解的、任务相关的、控制硬件的命令，被称为应用程序接口（Application Program Interface）。它将对硬件控制的具体细节封装起来，通过在计算机的裸机上加上一层又一层的软件来组成整个计算机系统，扩展计算机的基本功能，为用户提供了一台功能显著增强、使用更方便的机器，被称为虚拟计算机。

③操作系统是计算机系统的资源管理者。操作系统的重要任务之一就是有序地、优化地管理计算机中各种硬件资源、软件资源和信息资源，跟踪资源的使用情况，监视资源的状态，满足用户对资源的需求，协调各程序对资源的使用冲突，最大限度地实现各类资源的共享，提高资源利用效率等。简单而言，操作系统的功能包括磁盘与文件管理(外存管理)、内存管理、任务与作业管理、程序与进程管理、设备管理等。

2.3.4 化整为零的基本思维——磁盘与文件管理

磁盘与文件管理是存储体系的重要组成部分，是操作系统对硬件功能的重要扩展之一，如图2.35所示。

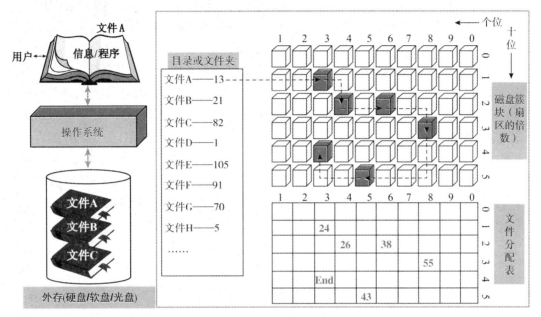

:: 图2.35 操作系统对文件与磁盘管理的基本思想

① 文件和信息。信息被操作系统组织成文件，文件是若干信息的集合。就好像一本书一样，书中的文字、表格和插图便是信息，而这些信息由书承载着被作为一个整体来管理。要么一起移动，要么一起消失，这就是文件。文件是操作系统管理信息的基本单位。用户不必关心文件在磁盘上是如何存取的，只需关注文件名及文件内容即可，如何将文件存储在磁盘上及如何将磁盘上存储的信息还原成文件，这些工作是由操作系统在用户给出文件名后自动实现的。

② 磁盘信息的组织。磁盘被划分成盘面、磁道和扇区，扇区是磁盘一次读写的基本单位。为了提高访问速度和管理能力，操作系统将磁盘组织成一个个簇块（即若干个连续的扇区，通常为2的幂次方个，可一次性连续读写），以簇块为单位和内存交换信息。文件中的信息按簇块大小被分割，然后写入磁盘的一个个簇块上。由于文件大小的不断变化及写入磁盘的先后次序不同，文件写入磁盘时，操作系统不能保证其写在连续的簇块上，见图2.35。那么，如何将分散的簇块再重新还原为文件呢？这就需要文件分配表。

③ 文件分配表。文件分配表（File Allocation Table，FAT）是磁盘上记录文件存储的簇块之间衔接关系的信息区域，即磁盘上若干个特殊的扇区，其存储的信息如图2.35的表格所示。磁盘上有多少个簇块，文件分配表就有多少项，表项的编号与磁盘簇块编号有一一对应的关系。**FAT表项的内容指出了该簇块的下一簇块的编号。**例如，13号簇块的下一簇块是哪一个呢？我们需要查找文件分配表对应其编号的表项内容，13号表项内容为24，则说明13号簇块后面是24号簇块。而由24号表项内容26可知，24号簇块后面是26号簇块。以此类推，一直到表项为**End**的簇块为止。这样构成文件的各簇块就由文件分

配表形成一个簇链，前一个簇块指向后一个簇块，一直到结束为止。那么，如何找到文件的第一个簇块呢？这就需要目录（或者称文件夹）。

④ 目录或文件夹。目录是磁盘上记录文件名字、文件大小、文件更新时间等文件属性的一个信息区域，该区域相当于一个文件清单。对应每个文件名，目录中都会记录它在磁盘上存储的第一个磁盘簇块的编号。由此找到第一个簇块，再由文件分配表找到文件的所有簇块，按先后顺序合并在一起，便可还原回原来的文件。

⑤ 磁盘的重要信息区域。每个磁盘在使用之前都需要格式化，即划分磁盘上的各区域，建立文件分配表和根目录，因此可以说，磁盘被划分成保留扇区区域、文件分配表区域、根目录区域和数据区域。磁盘的第一个扇区被称为引导扇区，其间记录着保留扇区的大小、逻辑分区信息和其他系统信息。保留扇区中还可能记录操作系统软件的存储位置等。根目录区域是一特殊的目录，不能被删除、不能被更名，是存储文件名清单的第一个区域。其他目录和文件夹可由用户创建、删除和更改名字，它们和文件一样存储，能被操作系统识别。数据区域是存放除根目录外其他目录和所有文件的区域。

在图2.36中，左侧为Window操作系统显示出的文件夹与文件名，以"记事本"打开的一个文件的内容（记事本只能打开ASCII码存储的文本文件），以专用软件显示出的其中一个扇区的存储内容（以十六进制显示的0/1信息）。右侧为以专用软件显示的磁盘的文件分配表信息等。

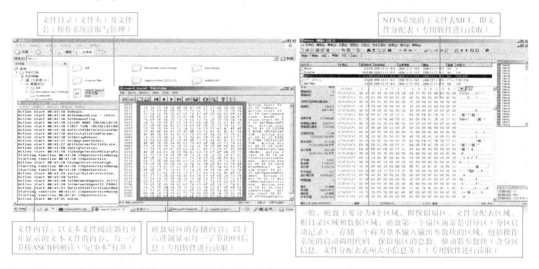

图2.36 典型操作系统的重要区域信息显示示意

磁盘与文件管理体现的是一种化整为零的基本思维。假设有一个房间，有两台设备和十箱苹果，两台设备的总体积小于等于十箱苹果的总体积，均小于房间的容积。经常会遇到这样的情况：这个房间能装得下这十箱苹果，却装不下这两台设备。为什么呢？因为设备占用连续空间大，而一箱箱苹果占用连续空间小。占用连续空间小，就可充分利用存储空间，反之可能造成一定程度的浪费，如图2.37所示。化整为零需要解决几个问题：一是确定零存块（簇块）的大小，二是要解决将一个整体物体分解为零存物体过程中的编号及次序问题，三是能够自动完成化整为零和还零为整的操作，以使用户不必考虑这一过程。应该说，现代计算机在这方面解决的是非常好的。

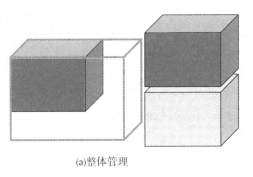

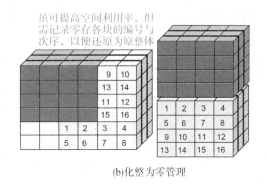

虽可提高空间利用率，但需记录零存各块的编号与次序，以便还原为原整体

(a)整体管理　　　　　　　　　　(b)化整为零管理

图2.37　"化整为零"管理的基本思维示意

当我们理解了磁盘与文件管理的基本思维后，便可理解计算机病毒会攻击的区域。磁盘目录、文件分配表是磁盘上的重要数据保存地。如果磁盘目录被破坏，则将有许多磁盘簇块因为其所在链的第一簇块编号被破坏，而将永远被占用，从而可能出现磁盘上一个文件没有，但磁盘没有存储空间的现象。如果文件分配表被破坏，则整个文件的簇链就被破坏了，文件便不能被正确读取。如果破坏了文件的某一簇块，则可能造成局部内容的损坏；如果破坏了系统引导区、逻辑分区信息等可能造成整个磁盘信息的破坏。如果病毒进入到内存中，则很有可能破坏正在运行的操作系统、正在读写的文件等。所以，我们要防备病毒的侵袭。由于磁盘目录、文件分配表的重要性，因此它也是许多所谓"病毒"程序的攻击目标，如图2.38所示。

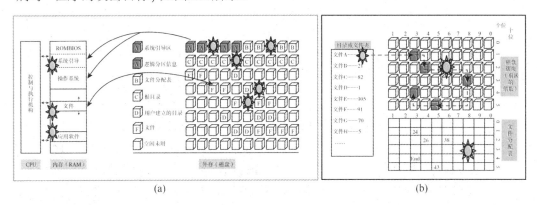

(a)　　　　　　　　　　　　　　(b)

图2.38　计算机病毒攻击的存储区域示意

2.3.5　任务-作业与内存管理：分工合作与协同求解复杂系统问题的基本思维

当现代计算机由单一存储器发展为存储体系后，其复杂性越来越大，如何编写**"控制类似于存储体系协调一致完成一个个程序执行"**的程序呢？即如何完成图2.34所示各项工作的控制程序呢？该问题看起来很复杂，涉及很多过程，相互之间有很多衔接，似乎难以下手解决。我们先不要想得很复杂，若要解决该问题，可分三步来思考：

① 分工。如图2.34所示，系统中有内存、外存和CPU，先独立考虑每个部件在存储体系环境下有哪些变化：由"单一部件的执行"扩展为"管理单一部件的执行"，要理解清

楚管理什么。

② 合作。在前述基础上再考虑合作。合作的思考需以任务为驱动，如在这里我们的任务就是"让计算机或者说CPU执行存储在外存上的程序"，为完成该任务，各部件之间需要合作。

③ 协同。当基本的合作关系考虑好后，下一步就是协同。协同包含有"合作"和"同步"的含义，也包含自动化及最优化的含义，即如何优化地自动化地实现合作。

图2.39是操作系统解决前述问题的示意。

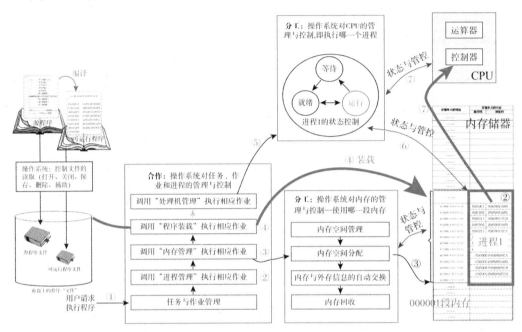

图2.39 任务-作业管理与内存管理示意

我们知道，只有被装入内存（RAM）的程序和数据，才有可能被CPU执行和处理，为叙述方便，我们区分两个概念：程序（Program）和进程（Process）。

以文件形式存储于磁盘上的程序文件被称为"程序"。磁盘上的程序文件可能包含源程序文件及可运行程序文件，可运行程序文件在操作系统的管理下被装载入内存，形成"进程"。进程中除可执行程序外，还应包含一部分描述信息，用于操作系统对程序和进程的调度与管理。简单理解，进程即内存中的可执行程序。磁盘上的不同程序文件可依次被装载到内存中，形成多个进程，但每个进程占用不同的内存段，相互独立运行，可以互不干扰。磁盘上的同一个程序文件也可被装载多次，形成多个进程，互不干扰地被执行。后文叙述过程中如果无需明确区分，则统一以"程序"来指代程序和进程，大家注意语境即可。

（1）分工

① 内存管理。内存管理即管理内存资源。在存储体系环境下，可能要让CPU执行多个程序，多个程序执行之间不能互相干扰，内存空间有限，而需要装入内存被CPU处理和执行的程序量和数据量可能很大，不能一次性装入，这就需要管理。因此，内存管理的目标是有效地管理、分配、利用和回收内存，以提高内存的利用率，进而保证多个程序的

协调执行和CPU的使用效率。内存管理要解决的基本问题或者说其基本功能是：管理内存的存储空间（已分配还是空闲）；根据用户程序的要求为其分配内存空间；内存与外存信息的自动交换（当内存空间不够时，如何通过腾挪手段腾出空间，即把一部分被占用的内存重新分配给需求者，这就需要考虑被腾挪的内存中原有数据和相应外存数据的一致性更新问题）；内存空间的回收，即在某个用户程序工作结束时，需要及时回收它所占的内存空间，以便再装入其他程序。

② 外存管理。外存管理即管理外存资源，即2.3.4节讨论过的磁盘和文件管理，负责按照文件名和文件分配表（簇块链），读取磁盘并将找到的簇块链接起来装载到内存中，或将内存中的数据写回到磁盘上。

③ 处理机管理。处理机管理即管理CPU资源，即当有多个进程要执行时，如何调度CPU执行哪一个进程。我们将在2.3.6节讨论处理机管理。

内存管理、外存管理和处理机管理分别管理着内存资源、外存资源和CPU资源，分工是明确的，其管理的内容也容易确定。但其任何一个都不能单独完成"让计算机或者说CPU执行存储在外存上的程序"这样的任务，它们必须合作。

（2）合作：任务与作业的执行和控制

为了将合作表述清楚，本书进一步区分概念"任务"和"作业"。所谓任务，是从使用者来看的一项完整的大粒度的"工作"。所谓作业，是计算机为完成任务所要进行的一项项可区分的小粒度的"工作"。作业是对任务工作的分解与细化。例如，"让计算机或者说CPU执行存储在外存上的程序"就是一个任务。若要完成它，需要分解成若干项细致的工作，如"将程序文件装载到内存中"是一项工作，"进程管理"也是一项工作，"内存管理与分配"也是一项工作，"处理机调度"也是一项工作，这一项项工作被称为作业。注意：后文叙述过程中如果无需明确区分，则统一以"作业"来表述任务或作业。在有些操作系统教材中，"作业"有时被特指为大粒度的工作，"作业管理"特指大粒度工作的管理与调度。注意区分，其基本思想是一致的。

从"工作"的角度，我们又可将其区分为"操作系统本身的管理工作"和"程序本身的工作"，前者由操作系统的"进程"来执行，后者由程序本身产生的"进程"来执行。因此，**从用户来看，一项任务是由程序本身产生的"进程"来完成的；但从系统来看，一项任务是在操作系统"进程"的管理下，由程序本身产生的"进程"来完成的。**虽然有些拗口，却是思维理解的重要组成部分。无论是操作系统"进程"工作，还是程序本身的"进程"工作，都可被称为作业。

当用户请求执行一个程序后，操作如下：

① "任务与作业管理"将识别任务，并产生一个作业序列，通过有序的调度执行一个个作业，这些作业包括后续步骤。

② 调用"进程管理"产生一个进程，为CPU执行进程做准备，确定其在磁盘上的存储位置和所需要的内存空间。

③ 调用"内存管理"为进程申请内存空间。"内存管理"将依据当前内存使用情况进行内存空间的分配，将所分配的存储空间的地址返回给调用者。

④ 调用"外存管理"（即磁盘与文件管理）读写磁盘，找到程序文件所在的簇块，将

簇块写入到相应地址的内存中，这一工作被称为"程序装载"。

⑤ 当进程准备完毕后，便可调用"处理机管理"，以进入CPU执行进程的控制阶段。

⑥ "处理机管理"依据CPU和当前存在进程的运行状态，调度CPU执行该进程。

⑦ 如果该进程可被执行，"处理机管理"则将当前进程的程序地址赋予CPU中控制器的程序计数器，进程后续的执行过程如2.2节所述。如果该进程被挂起或等待，则处理机管理将要保存当前进程的执行状态。

磁盘与文件管理、内存管理、进程管理和任务/作业管理的具体细节问题不在本书讨论范畴之内，感兴趣的读者可通过"操作系统"、"数据库系统实现"等课程及教材深入研讨之。

2.3.6 分时-并行控制思维：任务-作业管理与处理机管理

存储体系、进程管理体系及任务-作业体系的建立为计算机执行更复杂、更多样化的程序提供了可能，CPU读取速度的不断提高也为其能并行地执行多个任务、同时为多个用户服务提供了可能。这一切都要依赖操作系统对CPU所实现的有效管理，它扩展了硬件的功能，如图2.40所示。

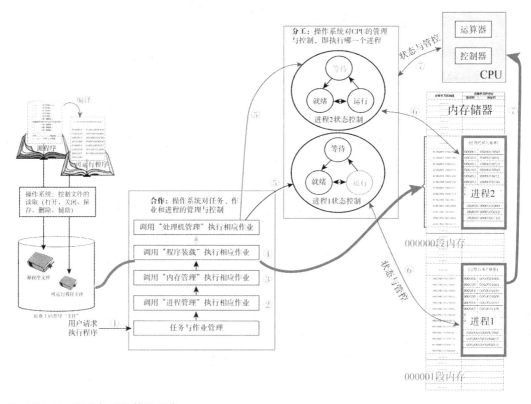

:: 图2.40 程序与进程管理示意

前面说过，在同一时刻，内存中会有多个进程存在，而CPU只有一个，如何由一个CPU执行多个进程呢？CPU要执行哪个进程呢？

（1）处理机（CPU）管理

CPU是计算机系统中最重要、最宝贵的硬件资源，所有程序（此时即指进程）都需要CPU来执行，因此CPU也是计算机中争夺最激烈的资源。操作系统对CPU的管理原则是：有多个进程占用CPU时，则让其中一个进程先占用CPU；若一个进程运行结束或因等待某个事件而暂时不能运行时，操作系统则把CPU的使用权转交给另一个进程；在出现了一个比当前占用CPU的进程更重要、更迫切的进程时，操作系统可强行剥夺正在使用CPU的进程对CPU的使用权，将该进程挂起，把CPU让给有紧迫任务的进程，等该进程执行结束，再去运行已挂起的进程，从而解决了多个进程同时工作的优先级控制问题。

所谓进程获得了CPU控制权，即CPU中的PC（程序计数器，其指向下一条要被执行的指令）被设置成该进程所在的内存地址，CPU依次读取指令并执行指令。如果该进程被CPU挂起，则需要将进程当前执行的状态（如当前进程执行被中断的位置，即将要执行的指令地址）保存起来，以便重新执行该进程时能够按此状态恢复执行。

（2）分时调度策略

操作系统可支持多用户同时使用计算机，即一个CPU可执行多个进程。怎样让所有进程（及进程相关的用户）都感觉到其独占CPU呢？人们发明了分时调度策略，即把CPU的被占时间划分成若干段时间，每段间隔特别小，CPU按照时间段轮流执行每个进程，从而使得每个进程都感觉其在独占CPU，如图2.41所示。这就是典型的分时调度思维，有效地解决了单一资源的共享使用问题。

（3）多处理机调度策略

分时调度策略解决了多任务共享使用单一资源的问题，如果任务很大，计算量很大，能否用多CPU来协同解决呢？答案是可以的。可以将一个大计算量的任务划分成若干个可由单一CPU解决的小任务，分配给相应的CPU来执行，当这些小任务被相应的CPU执行完后，再将其结果进行合并处

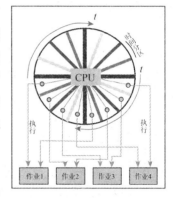

操作系统管理着一时间轮盘，按照时间轮盘的时间分区，轮流让CPU执行若干个程序。由于时间分区足够小，所以每个作业的用户都认为自己独占着CPU

▦ 图2.41 单CPU分时调度

理，形成最终的结果，返回给用户，如图2.42所示。这就是典型的多处理机调度策略，采用分布式或并行方式来求解大型计算任务相关的问题。例如，典型的"线程"是描述类似小任务的一个程序，多线程技术可控制多个计算机（或嵌入式自主设备）协同的进行问题求解。

CPU的调度策略，尤其是并行调度策略、分布式调度策略，一直是计算机学科研究的热点，网格计算、云计算、分布式计算等都与这种策略有关。多操作系统并行调度是指一个作业被一台机器的操作系统拆分成若干个可分布与并行执行的小作业，通过局域网或互联网传送到不同的机器，由不同机器的操作系统控制其CPU执行。如此，网络上的多台计算机可并行完成一个作业，如图2.43所示。关于调度策略的具体实现算法大家可查阅相关资料。关于处理机管理的细节性内容，大家可从"操作系统"、"分布式计算系统"、"云计算"、"网格计算"等课程和教材中了解。

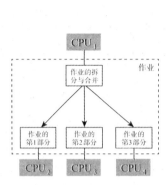

操作系统将一个作业分解成若干个可并行执行的小作业，由不同的CPU执行，其中一个CPU负责作业的拆分与合并工作，如CPU1。如此，多CPU并行完成一个作业

一个作业被一台计算机的操作系统拆分成若干个可分布与并行执行的小作业，通过局域网或互联网传送到不同的机器，由不同机器的操作系统控制其CPU执行。如此，网络上的多台计算机可并行完成一个作业

图2.42　多CPU并行调度　　　　　**图2.43　多操作系统并行调度**

2.3.7　现代计算机的工作过程

计算机从开机到关机，操作系统都一直在运行，以支持用户的各种操作，用户是通过操作系统来利用各种计算机资源。可以说，没有操作系统，人们基本无法利用计算机。然而还有一个问题是：当机器之前是关机状态，开机后第一个程序源自哪里呢？操作系统又是怎样被装载进内存中的呢？这就需要用到BIOS和磁盘了。

① BIOS。BIOS（Basic Input-Output System，基本输入/输出系统）通常存于计算机的只读存储器中，又称为ROM-BIOS，其中由机器制造者事先存入了一些程序及重要的相关参数，与内存一样管理，但其程序和数据又不因关机而丢失，所以它是机器接通电源开始执行的第一个程序。通常，BIOS包括一些硬件检测程序及基本硬件输入/输出相关的一些程序，还包括控制CPU读写磁盘来获取引导扇区及装载操作系统的程序。

② 磁盘。操作系统通常存放于磁盘上，也被分成两部分。一部分以特殊方式存于磁盘上，由ROM-BIOS程序和磁盘引导扇区中相关信息，通过直接读写磁盘扇区的方式将其载入内存。另一部分以文件形式存于磁盘上，需要在前一部分程序控制下才能被使用。操作系统核心部分通常包括处理机调度程序、内存分配与回收管理程序、作业管理程序、磁盘文件读写控制程序及一些必要的设备驱动程序等。

③ 操作系统的启动和关闭。不分种类和大小，操作系统都以启动开始而以关闭结束。启动过程为：加载系统程序→初始化系统环境→加载设备驱动程序→加载服务程序等，简单地说就是，使操作系统进行资源管理的核心程序装入内存并投入运行，以便随时为用户服务。关闭过程为：保存用户设置→关闭服务程序→并通知其他联机用户→保存系统运行状态，并正确关闭相关外部设备等。操作系统的启动和关闭都十分重要，只有正确的启动，操作系统才能处于良好的运行状态，只有正确的关闭，系统信息和用户信息才不会丢失。各种操作系统的启动过程各不相同，所以在运行一个具体的系统时一定要详细查阅有关说明书，并认真按说明书要求启动和关闭系统。

④ 设备管理。操作系统对设备的管理是指对CPU和内存以外的其他硬件资源的管理。若把文件内容存放在磁盘上或进行显示、打印等工作，应启动相应的设备才能完成。

同样，要读出磁盘上的文件内容或从键盘上输入信息也要启动相应的设备。这些工作是烦琐且复杂的，操作系统承担了这些任务，大大减轻了用户的负担，使用户感到这一切都非常方便和简单。

⑤ 常驻内存程序与服务管理。操作系统会有很多程序常驻内存，用于随时接收各种用户和程序的操作信息，完成各种各样的系统管理工作，图2.44给出了典型的进程管理界面。服务通常是可为应用程序或者进程所调用、能够完成某一方面工作的系统程序，如能够提供网络连接、错误检测、安全性和其他基本操作的系统程序，可以常驻内存 (即启用)，也可以从内存中退出 (即关闭)。用户可以开启和关闭一些服务，但有些服务若关闭，则会造成系统运行不正常。

⑥ 命令解释器和程序管理器。命令解释器或桌面及程序管理器是用户和操作系统的直接界面，是操作系统的重要组成部分，负责接收、识别并执行用户输入的命令或用户选择的程序。当用户没有输入命令或没有选择程序时，系统始终处于命令解释器或程序管理器的监测之下。图2.44给出了应用程序安装和卸载的界面以及Windows资源管理器的界面。

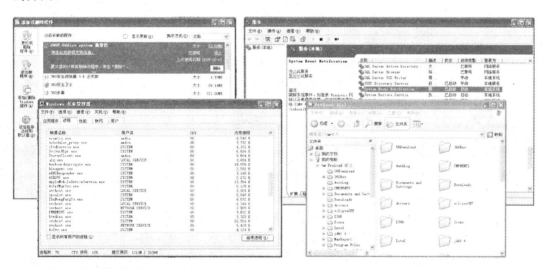

:: **图2.44　典型的进程管理界面**

2.3.8　现代计算机的发展

现代计算机的发展轨迹可简单地用图2.45示意。首先，现代计算机的基础就是冯·诺依曼计算机，采用存储程序原理，建立了利用内存存储程序和数据，然后由CPU逐条从内存中读取指令执行指令，实现程序的连续执行。简单地说，它解决了在内存中程序被如何执行的问题。

在此基础上发展出了个人计算环境，实现了内存、外存相结合的存储体系，借助操作系统实现了存储体系的透明化管理，内存、外存的使用不需用户关心其细节，具体的程序被永久地存储在外存上，由操作系统负责将其装入内存并调度CPU执行程序。可以说，它解决了在存储体系这种相对复杂的环境下，程序如何被存储、如何被装入内存、如何被CPU执行的问题。从本质上讲，它仍旧是冯·诺依曼计算机。

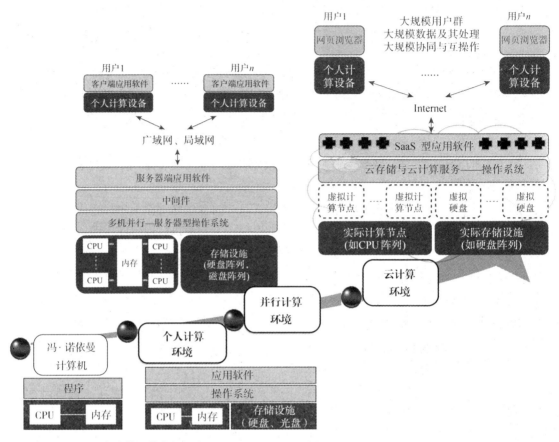

图2.45　现代计算机的发展示意

　　计算机硬件技术的进一步发展，促进了多核心处理器的出现，即一个微处理器中集成了多个CPU，同时存储介质由单一的软盘、硬盘发展为磁盘阵列，极大地扩充了计算和存储能力。怎样发挥这种能力呢，如何充分地利用多个CPU、多个存储介质协同解决问题呢，这就需要操作系统能够支持并行、分布式程序的执行，把一个程序及一个任务并行、分布地安排到多个CPU上执行。由此出现了并行分布计算环境。这种并行分布计算环境促进了中间件技术，如数据库管理系统、应用服务器系统等的发展，也有力地支持了局域网络和广域网络的发展。通常，作为局域网络、广域网络的服务器支持多用户多应用程序并行分布地对问题进行求解。

　　随着计算能力和存储能力更大规模的发展，就出现了如何充分发挥计算能力和存储能力的问题。为充分发挥这种能力，一种被称为云和虚拟化的技术开始出现并应用，把提供硬设施的计算机和存储设备称为实际计算节点和实际存储节点。这种节点通常是多核心计算机或多磁盘阵列存储设备，即前述的并行计算环境。同时，它通过软件技术，在一个实际节点上可建立若干个传统意义上的计算机，被称为虚拟主机或虚拟计算节点，这些虚拟主机可独立运行，用户使用虚拟主机就像使用个人计算环境或并行计算环境一样，而虚拟化技术可以将运行在虚拟主机上的程序映射到实际节点上运行。再通过互联网，可将这种虚拟主机提供给大规模用户租用与使用，可使任何一个普通人员在不用花费昂贵的购买费用的情况下获得大规模数据处理的能力，获得大规模协同与互操作的能力，并且可随客户的需求而弹性变化其配置，这就是云计算的基本思想。云计算思想使软件技术发生了变化，出现了新型的软件模式SaaS（Software as a Service，软件即服务），也改变了软件开发与使用的模式，改变了人们的思维和生活。

2.3.9　关于现代计算机的贯通性思维小结

　　2.2节介绍的是基本计算机（控制器、运算器和存储器）协同执行一个程序的过程，2.3节介绍的是现代计算机围绕多性能资源组合环境，协同执行一个程序的过程。它以2.2节内容为基础，通过操作系统对硬件功能的扩展，形成了内存管理体系、外存管理体系、任务与作业管理体系、CPU管理体系、设备管理体系，实现了协同解决程序执行问题的多体系分工与合作，如图2.46所示。简单地讲，所有信息被组织成了文件，文件被存储于磁盘等外存中，外存中的程序需要被装载进内存才能被CPU解释和执行。内存中的程序被称为进程。内存中可以有多个进程，每个进程可被CPU执行。这些进程是由操作系统统一管理的，不需用户关心。操作系统以优化的方式管理着各种硬件资源，实现了对硬件功能的有效扩展，使得计算机不再只是硬件，而是由硬件和操作系统所构成的一个系统。

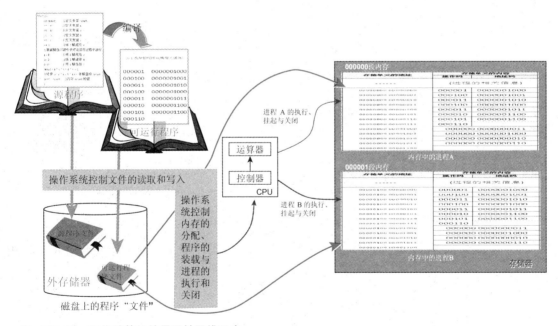

::　图2.46　现代计算机的贯通性思维示意

2.4　不同抽象层级的计算机（软件）

　　2.3节说过，通过在机器的裸机（即硬件）上面加上一层又一层的软件，即控制机器处理不同问题的程序，可有效地扩展机器的功能，使计算机器越来越方便人们使用，使计算机器处理问题的能力越来越强大，也使人们能够以更方便的方法来解决更复杂的问题。那么，它是怎样扩展了计算机器的功能呢？又是怎样做到既方便人们使用又能处理复杂问题呢？

要回答这些问题，就需要理解计算机语言与编译器，理解协议与编码器/解码器，理解分离与分层抽象等基本的计算思维。

2.4.1 人-机交互层面的计算机——计算机语言与编译器

1. 汇编语言与编译器（汇编程序）

程序表达的是让计算机求解问题的步骤和方法。怎样表达，计算机才能理解呢？

① 机器语言。2.2节说过，计算机能够理解二进制和编码，人们基于二进制和编码及其计算逻辑设计了CPU，CPU能够识别和执行一组用二进制和编码表达的指令集合，被称为指令系统。这种用二进制和编码方式提供的指令系统所编写程序的语言被称为机器语言。所有程序都需转换成机器语言程序，计算机才能执行，参见图2.47右半部的机器语言程序示例。

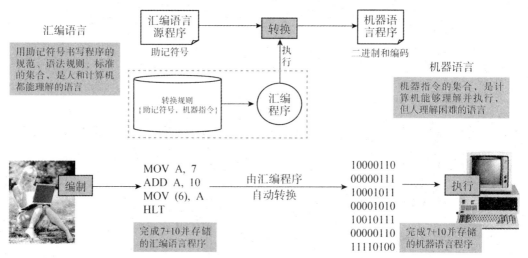

:: 图2.47 机器语言、汇编语言及汇编过程示意

用机器语言编写程序存在什么问题呢？不易于记忆、不便于书写、容易出差错等，一句话，不便于人们使用。怎么解决呢？可以采用如图2.47所示的解决办法：将二进制和编码方式的指令"对应成"便于记忆和书写的符号，让人们用符号编写程序，再"翻译"成机器语言程序。这就出现了汇编语言。

② 汇编语言与编译器。人们设计了一套用助记符书写程序的规范/标准，被称为汇编语言。用汇编语言书写编出的程序被称为汇编语言源程序，如图2.47左半部所示。同时开发了一个翻译程序，被称为汇编程序，实现将"符号程序"自动转换成"机器语言程序"的功能。汇编程序就是一个编译器，相对来讲比较简单，即"助记符"和"指令"是一一对应的，这种对应关系被表达为一些转换规则，汇编程序仅需将源程序一行行读取出来，与转换规则做简单的匹配，便可将一行行源程序翻译成其对应的机器语言程序。

用汇编语言编程序显然比用机器语言编程序方便得多。很多新型硬件的设计者在设计了新的指令系统后，都要提供一套类似的汇编语言，同时提供一个"汇编程序"，让人们用该语言书写程序，又能用"汇编程序"将其转换成机器语言程序，被新型硬件所识别和执行。因此，汇编语言被称为面向机器的语言。由于汇编语言与机器指令系统密切相关，如果充分理解硬件资源的特色，便可编制出高效率的程序，因此汇编语言是很有用的一种语言，至今都在使用。只是不同机器可能有不同的指令系统，便可能有不同的汇编语言，需要我们认真学习。但学习汇编语言更重要的是理解机器硬件及其内部的特色结构和功能。

2. 高级语言与编译器

虽然用汇编语言编程序比用机器语言编程序方便，但仍有许多不方便之处，比如，一条指令一条指令地书写程序就不方便，编写一个如图2.47所示的简单的"加法程序"，就要写若干行指令，还要理解硬件的结构和操作的细节。科学计算、工程设计及数据处理等领域常常要进行大量复杂的运算，算法相对比较复杂，而且往往涉及如三角函数、开方、对数、指数等运算，对于这样的运算处理，用汇编语言编写程序就相当困难了。怎样解决呢？能不能像写数学公式"result = 7 + 10;"一样编写程序，而不需考虑硬件的细节和指令系统呢？这就需要高级语言。

人们设计了一套用类似于自然语言方式，以语句和函数为单位书写程序的规范/标准，被称为高级语言。用高级语言书写编出的程序被称为高级语言源程序。

所谓语句，是程序中一条具有相对独立性的功能表达单位，如"result=7+10;"。程序就是由一行行语句构成的。所谓函数，是将若干可重复使用的语句或算法组织成一个相对独立的程序，可被任何程序以其名称来调用执行。如将求正弦函数的值编制成一个独立的程序命名为"sin(x)"，其他程序可通过名称直接使用该程序，如"y=sin(7);"。高级语言源程序也需要翻译成机器语言程序才能被执行，完成这种翻译工作的程序被称为编译器或者编译程序。

不同于汇编语言到机器语言的一一对应性，高级语言具有如下特性：① 机器无关性，即人们在用高级语言编程序时不需知晓和理解硬件内部的结构；② 一条高级语言语句的功能往往相当于十几条甚至几十条汇编语言的指令，程序编写相对简单，但"翻译"工作相当复杂。如何实现这种编译器呢？

图2.48给出了翻译器的一种实现途径，即将高级语言源程序首先翻译成汇编语言源程序，再由汇编程序将其翻译成机器语言程序。由于后者已可由前述方法实现，则只要实现前者便是功能的扩展，便是很大的飞跃。

我们看前面"Result =7+10;"语句的翻译过程，首先需要区分出该语句的基本要素，即基本词汇，如"Result"、"="、"7"、"+"、"10"、"；"6个词汇，并判断每个词汇的性质，如"="、"+"、"；"是高级语言的运算符或语句结束符，"Result"是一个标识符变量V，"7"和"10"是常量C，并给出相应的编号，如Result为"V, 1"、7为"C, 1"、10为"C, 2"。此过程被称为词法分析或词法解析。

接下来看这组词汇组成的语句符合哪个模式，如图2.49(a)、(b)所示。如何判断一个语句是否符合一个模式呢，即书写是否正确呢？可以依据2.2节介绍的方法，构造一个图

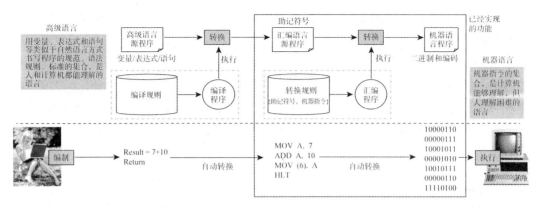

⠿ 图2.48 高级语言及编译器实现途径示意

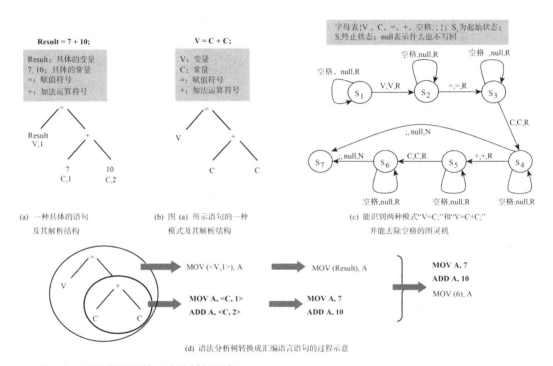

⠿ 图2.49 语句解析及其正确性判断示意

灵机即算法 (见图2.49(c)),由其可判断一条语句是否书写得正确。若通过了该图灵机的检验,则说明该语句书写符合高级语言已有的模式,是正确的,可以给出一颗语法树 (见图2.49(a)、(b))。此过程称为语法分析或语法解析。

　　然后进行语义处理,语法树示意性地给出了语句的计算过程,先从叶子节点开始执行,执行"+"节点,再执行"="节点,通过匹配高级语言的运算符,可知"+"节点为加法运算,"="节点为赋值运算。这些是一些基本的运算节点。将每个基本运算节点映射为其相应的汇编语言代码 (对每个基本运算节点都有一个运算模式,事先写好其对应的汇编语言代码,并存储起来,使用时由编译器自动调用),如"+"运算节点及其两个操作数节点可映射为"MOV A, <C, 1>"、"ADD A, <C, 2>"两条汇编语句,其结果在A中。

"="运算节点则可映射为"MOV (<V,1>), A"语句。再将对应编号的常量和变量代入到前述语句中，其中变量由机器自动产生一个存储单元，代入其地址，如图2.49(d)所示。最后，经过优化，可产生汇编语言程序。

高级语言源程序的翻译是相当复杂的过程，这里只给出一个最简单的例子，可以看出，若要设计一个编译器，需要形式语言方面的知识，需要形式语言解析方面的知识，需要代码生成与优化方面的知识。这些内容可通过"形式语言与自动机"、"编译原理"、"计算理论"等课程获得。

将汇编程序和编译程序组合在一起，并将其内部的转接过程进行自动化衔接（即封装），便可形成高级语言的编译器，如图2.50所示，可知高级语言的编译器是在前述汇编程序基础上扩展了丰富功能后形成的，可以实现高级语言源程序到机器语言程序的转换。

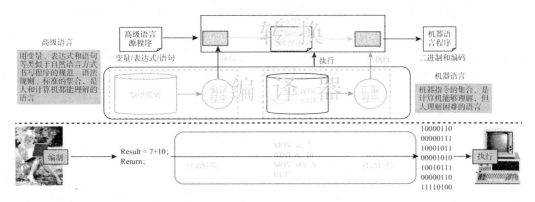

::: 图2.50　在图2.48基础上形成的编译器

3. 计算机语言与编译器——不同层级语言与编译器/虚拟机器

用高级语言编程序确实很方便，但还是要一条语句一条语句地书写程序，编程效率不高，难以大规模开发复杂的程序。就像建高楼一样，如果都是一块砖一块砖地堆砌，则一年能建设几栋楼呢，现在通常采用所谓的框架结构，使用基本的建筑构件通过组装完成楼房的建设。软件能否借鉴这一思想呢？

图2.51给出了一种构件化开发方法的示意。将从前一条条语句编写所完成的功能聚合成一条具有较大功能的命令，可被称为"语言积木块"，如图2.51(a)的语言积木块"按钮"、"文本框""标签"。它们的背后是一组能够实现该积木块功能的复杂的程序，将功能分成两部分：**应用程序员必须关心部分**，如文本框的长度和文本框输入的内容等；**应用程序员不需关心部分**，如文本框在界面上的显示、运行、接收一个个字母符号的输入及其过程控制细节。可将应用程序员不需关心部分提前予以程序实现，形成"语言积木块"，由应用程序员基于此语言积木块开发更复杂的程序。这是以可视化操作方式进行编程的语言，又称为可视化构造编程语言。

当有了这些"语言积木块"后，开发程序便是利用这些"语言积木块"组合、构造复杂应用程序的过程，如图2.51(b)所示，应用程序员可像搭积木一样拖拽这些语言积木块构造复杂的应用程序。此阶段要做的事情是编写"应用程序员必须关心部分"的功能，如界面的布局、读取文本框的内容并做处理等相对较宏观一些的功能。

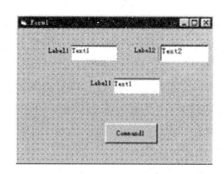

(a) 可视化构造语言的积木块   (b)用积木块构造的程序

■■ 图2.51 可视化构造语言示例

以下层语言为基础，再定义一套能力更强及编写更方便的"新语言"，提供一个已经用下层语言编写并可执行的程序，即"编译器"或编译程序，这样人们就可用新语言来编写源程序，再经过编译器翻译成下层语言所能识别的源程序。一层层翻译，直到最终翻译成机器语言程序，计算机便可执行了。图2.52可以说是计算机语言的功能扩展路线图。

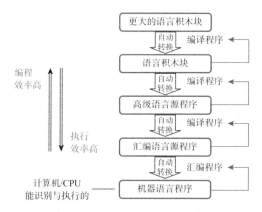

■■ 图2.52 计算机语言的功能扩展路线图

基于这样的思维模式，现在的程序开发方式已经发生了很大的变化。计算机语言的设计和实现不再是专业研究人员的事情，所有程序员都可以设计"新语言"，如基于XML（可扩展标记语言）来对应用程序之间的相互操作进行封装而提出的WSDL（Web Service Description Language）等。我们也可以提出自己的基于XML的语言，来描述某一方面的程序设计要素，只要能开发一个编译器将其转换成任何一个高级语言，则用该语言书写的源程序就可被执行。目前的新语言研究方向是更贴近自然语言的计算机语言、图形化表达语言、积木式程序构造语言和面向各专业领域的专业化内容表达与计算语言等。

不同程序设计语言的性能是不同的[7]。所谓语言的性能，是指语言的表达能力、编程效率、程序执行效率、可移植性等。

语言表达能力可以与自然语言相比较，一般地，程序设计语言都难以完全表达出自然语言所要表达的内容，这主要可从三方面来看：一是构成程序的基本要素大小，二是程序表达方式的灵活性，三是抽象层次。目前的程序设计语言都是在某一方面、某些领域特别擅长，而在某些方面略有不足。

编程效率是指语言为程序设计人员提供的编程环境的好坏，有些语言需要一条一条语句地编写程序，有些语言则可如堆积木一样构造程序等。

程序执行效率是指程序执行过程中所需要的时间、存储空间等，同样的程序用不同语言编写，可能执行效率不同，编写人员不同，其执行效率也可能不同。

可移植性是指在某一计算机系统上编写的程序，能否移植到其他不同系统上去运行的能力。机器语言和汇编语言由于直接使用机器硬件资源（与计算机硬件关系更密切，因此常被称为低级语言），程序设计过程中可充分考虑具体机器的结构，因此其程序执行效率高，但在编程效率、可移植性方面都较差。高级语言与具体的计算机硬件无关，确切地说是与中央处理器（CPU）无关。因此，用高级语言编写出来的程序可以在各种CPU上运行。

前述"计算机语言"和"编译器"的思想同样可被应用于机器硬件和芯片的设计中，我们可把信号看成基本的实现单位，用不同信号的组合可组成不同的命令，被称为"微命令"。用这些微命令编写实现某些机器指令的程序被称为"微程序"。通过微命令、微程序形成的微程序设计语言对于设计芯片和设计硬件逻辑非常重要。

图2.53～图2.58给出了不同层级的（虚拟）计算机示意。我们可以依据个人的职业规划确定对计算机知识的学习与掌握程度。图2.53示意的是如果仅需要应用计算机，则可把计算机看成是应用程序的集合，只需掌握相关的应用程序的操作和使用即可。图2.54示意的是如果需要进行应用程序的设计与开发工作，则可把计算机看成是用高级语言实现的计算机（虚拟机），只需掌握高级语言相关的程序设计知识即可。图2.55示意的是如果还需要嵌入式系统的程序设计与开发工作，则可把计算机看成是两层虚拟机器的组合，需要掌握每层虚拟机器的实现机理。图2.56示意的是如果做与计算机各类资源（硬件与软件）管理有关的程序设计与开发工作，则要把计算机看成是三层虚拟机器的组合，需要掌握上三层的虚拟机器。图2.57示意的是如果要做与CPU、硬件芯片利用等相关的设计与开发工作，则把计算机看成是实际机器及其三层虚拟机器的组合，需要掌握实际机器的构造原理与设计开发方法。图2.58示意的是如果做与CPU设计、硬件芯片设计等相关的设计与开发工作，则需要掌握微程序设计语言及其硬件逻辑相关的设计开发方法。

图2.53　不同层级的（虚拟）计算机示意（一）　　图2.54　不同层级的（虚拟）计算机示意（二）

应用程序的操作与使用

用高级语言的语句和函数等编写程序，让机器执行

虚拟机器M4：用编译程序翻译成汇编语言程序

可用助记符形式的机器指令编写程序，让机器执行

计算机
硬件系统程序员
用汇编语言编写程序、让机器执行
（理解硬件的结构和指令系统，
理解操作系统提供的扩展功能指令）
控制硬件的算法与程序的构造能力

∷ 图2.55 不同层级的（虚拟）计算机示意（三）

应用程序的操作与使用

用高级语言的语句和函数等编写程序，让机器执行

虚拟机器M4：用编译程序翻译成汇编语言程序

可用助记符形式的机器指令编写程序，让机器执行

虚拟机器M3：用汇编程序翻译成机器语言程序

用操作系统级指令（API）编写程序让机器执行

计算机器
系统级程序员
用机器语言和操作系统命令编写程序，
让机器执行
可扩展操作系统的各方面功能
（理解硬件的结构和指令系统，
理解操作系统对硬件/软件的管理细节）

∷ 图2.56 不同层级的（虚拟）计算机示意（四）

应用程序的操作与使用

用高级语言的语句和函数等编写程序，让机器执行

虚拟机器M4：用编译程序翻译成汇编语言程序

可用助记符形式的机器指令编写程序

虚拟机器M3：用汇编程序翻译成机器语言程序

用操作系统级指令(API)编写程序，让机器执行

虚拟机器M2：用机器语言解释操作系统

用机器指令编写程序，让机器执行

硬件内部
硬件系统设计员和操作系统程序员
用机器语言或用控制信号编写程序，直接控制硬件
各层次的硬件/软件设计与控制
（理解：硬件的结构和指令系统；理解信号控制逻辑）

∷ 图2.57 不同层级的（虚拟）计算机示意（五）

应用程序的操作与使用

用高级语言的语句和函数等编写程序，让机器执行

虚拟机器M4：用编译程序翻译成汇编语言程序

可用助记符形式的机器指令编写程序，让机器执行

虚拟机器M3：用汇编程序翻译成机器语言程序

用操作系统级指令(API)编写程序，

虚拟机器M2：用机器语言解释操作系统

用机器指令编写程序，让机器执行

实际机器M1：用微指令解释机器指令

用微指令编写微程序，实现机器指令

微程序机器M0：由硬件直接执行微指令

∷ 图2.58 不同层级的（虚拟）计算机示意（六）

不管怎样，"计算机语言"是一套专用于人与计算机交互、进而计算机能够自动识别与执行的规约/语法的集合，"源程序"是用计算机语言编写的程序，"编译器"是将源程序翻译成机器语言程序的程序，是促进计算机功能不断扩展的重要推动力。

2.4.2　机-机交互层级的计算机：协议与编码器/解码器/转换器/处理器

如果任何信息（数值型、非数值型、多媒体）都可被表示成0/1串，那么依照图灵机思想，也就都能被计算，被计算机处理。沿着这个思路，看一看任何信息能不能用0和1表示，前几节已经说明数值型信息、符号信息、中文汉字等都可以用0/1串表示，下面探讨多媒体信息[8]的0/1串表示方法。多媒体是指图像、音频、视频、文本等多种媒介信息及其相互关联的一种统称。

（1）图像的表示方法

图2.59显示的是一幅图像，如果将该图像按图示均匀划分成若干个小格，每一小格被称为一个像素，每个像素呈现不同颜色（彩色）或层次（黑白图像）。如果是一个黑白图像，则每个像素点只需1位即可表示0和1；如果是一个灰度图像，则每个像素点需要8位来表示256（即2^8）个黑白层次；如果是一幅彩色图像，则每个像素点可采取3个8位来分别表示一个像素的三原色：红、绿、蓝，即目前所说的24位真彩色图像。因此，一幅图像的尺寸可用像素点来衡量，即"水平像素点数×垂直像素点数"来衡量。如果格子足够小，则一个像素即为图像上的一个点，格子越小，图像会越清晰。通常，把单位尺寸内的像素点数目称为分辨率。分辨率越高，则图像越清晰。

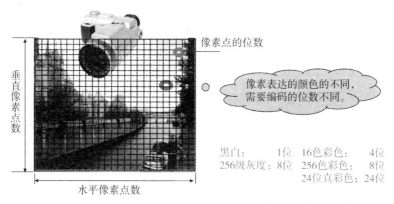

图2.59　图像表示示意

由上可见，图像可视为这些像素的集合，对每个像素进行编码，然后按行组织起一行中所有像素的编码，再按顺序将所有行的编码连起来，就构成了整幅图像的编码。一幅图像需占用的存储空间为"水平像素点数×垂直像素点数×像素点的位数"，如一幅常见尺寸的图像3072×2048×24=150994944 Bit（位）=18874368 Byte（字节），即18MB，是很大的。因此，图像存储需要考虑压缩的问题。

所谓图像压缩，其实就是一种图像编码的方法。图像编码既要考虑每个像素的编码，又要考虑如何组织行列像素点进行存储的方式（编码）。图像压缩即通过分析图像行列像素点间的相关性来实现压缩，压缩掉冗余的像素点实现存储空间占用的降低。例如，原始数据为00000000 00000010 00011000 00000000，压缩后的数据为1110 0100 0000 1011，压缩的原则是用4位编码表示两个1之间0的个数。显然，压缩后的数据不能直接用，所以使用前要先进行解压缩，恢复原来的形式。目前已有很多种图像编码方法，如BMP（BitMap）、JPEG（Joint Photographic Expert Group，联合图像专家组）、GIF（Graphic

Interchange Format，图像互换格式）、PNG（Portable Network Graphics，便携式网络图形）等。具体的图像编码不在本书讨论，读者可查阅相关资料来学习。

（2）声音或音频的表示方法

图2.60显示的是一声音所产生的信号。声音就是声波，声波是连续的，通常被称为模拟信号。模拟信号需经采样、量化和编码后形成数字音频，进行数字处理。

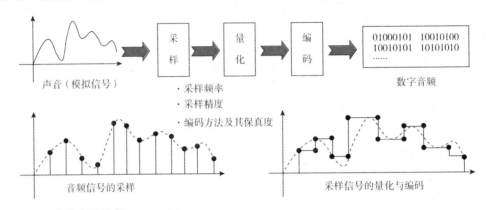

:: 图2.60 声音表示示意

所谓采样，是指按一定的采样频率对连续音频信号做时间上的离散化，即对连续信号隔一定周期获取一个信号点的过程。量化是将所采集的信号点的数值区分成不同位数的离散数值的过程。编码是将采集到的离散时间点的信号的离散数值按一定规则编码存储的过程。采样时间间隔越小，或者采样频率越高，采样精度（即采样值的编码位数）越高，则采样的质量就越高，数字化表示就越接近连续的声波。例如，音乐CD中的采样频率为每秒44100次，这样的声音已经很逼真了。声音文件也如图像文件一样需要压缩存储，即声音编码或音频编码。声音文件的编码格式有WAV、AU、AIFF、VQF和MP3，目前流行的是MP3格式。

（3）视频的表示方法

视频本质上是时间序列的动态图像（如25帧/秒），也是连续的模拟信号，需要经过采样、量化和编码形成数字视频，保存和处理。同时，视频还可能是由视频、音频及文字经同步后形成的。因此，视频处理相当于按照时间序列处理图像、声音和文字及其同步问题。典型的视频编码有ITU-T发布的H.261、H.263标准，ISO发布的MPEG系列标准，在互联网上被广泛应用的还有Real-Networks公司的RealVideo、Microsoft公司的WMV、Apple公司的QuickTime等格式。

（4）协议与编码器和解码器

前面说过，图像、音频和视频都需要压缩编码存储，压缩后的数据不能直接用，所以使用前要先进行解压缩，恢复原来的形式。我们把编码的规则称为"协议"，按什么协议压缩存储，则需要按相应协议解压缩还原，前者称为编码过程，后者称为解码过程。由于编码协议较复杂，所以编码过程和解码过程可以通过软件实现或者硬件实现。实现编码过程的软件或硬件被称为编码器，实现解码过程的软件或硬件被称为解码器。

【例2-1】 键盘与显示处理——协议与编码器/解码器的示例。

我们看一个简单的例子，即如何通过键盘将符号输入进去以及如何将符号存储和在显示器上输出，如图2.61所示。键盘由一组按键组成，可以认为这些按键是按照一定的位置排列的，当在键盘上按下某键时，则会产生位置信号，根据位置来识别所按的字母。依据ASCII编码标准（协议），找出按键对应的ASCII码存储，完成此功能的程序则称为编码器。读取存储的ASCII码，找出该ASCII码对应的字母或符号，查找相应的字形信息，将其显示到显示器上，完成此功能的程序则称为解码器。

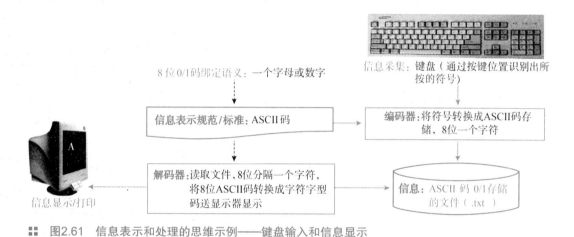

图2.61 信息表示和处理的思维示例——键盘输入和信息显示

【例2-2】 协议与编码器和解码器——信息表示与处理的基本思维。

现在的世界被认为是一个信息-物理协同的世界（Cyber Physical System）[9]。物理世界通过物联网（Internet of Things）技术可以实现物物互联、物人互联、人人互联，究其本质是，物理世界是通过数字化的信息世界实现相互之间的连接，即"物理实体"首先转换成"数字化信息"，然后借助各种信息网络进行连接、处理，再将"数字化信息"反馈给或者控制"物理实体"。

如图2.62所示，若要将现实世界的各种物理对象（及其状态）转换成数字化信息，首先需要研究各种物理对象的**符号化问题**，即物理对象的哪些方面信息需要数字化，如物理对象的标识（ID）信息、位置信息（Location），亦或如人的血压计量信息、设备的内部温度信息等自身状态信息，需要将物理对象的相关语义信息与各类符号绑定，需要研究相关的符号化计算问题。

若要实现自动化，则需要研究物理对象间信息处理的"协议/标准"。所谓协议/标准，是指为正确地自动处理信息而建立的一套规则、标准或约定。例如，"8位0/1码绑定一个符号"，形成的ASCII码编码标准即是一典型的协议。

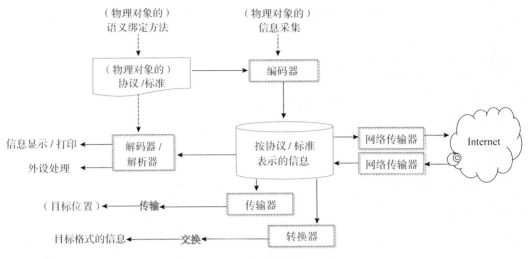

:: 图2.62　信息表示和处理的一般思维——任意对象的编码和解码

　　有了协议/标准，就需要考虑物理对象的信息采集问题，即如何获取物理对象的信息。我们可以利用各种传感仪器（Sensor）来感知物理世界，如照相机、数字心电仪、温度传感器、压力传感器等。一般而言，这种传感器应有两方面的功能：一是感知获取对象及状态信息，二是编码器，即将感知到的状态信息按照协议/标准转换成数字信息存储起来。

　　当存储成数字信息后，我们便可依据相应的协议/标准对其做各种处理，前面已经说明，任何信息被表示成0/1串，依照图灵机思想，就都能被计算，被计算机处理。我们可以设计软件或硬件，对所存储的信息进行转换，即转换器；也可以设计软件或硬件，对所存储的信息进行传输，即传输器；当然，还可以设计软件或硬件，将所存储的信息以人容易理解和阅读的方式显示或打印，即解码器。无论编码器、转换器、传输器还是解码器，其本质都是算法，是处理信息的一种算法，我们笼统地称其为编解码器，它们也是依据协议/标准来设计和实现的。

　　物理对象及状态经感知，由编码器产生数字信息进行存储，再到经由解码器产生可视化的信息进行输出的过程中，我们可以增加更多的编码器/解码器，对所存储的信息进行转换、传输和处理，或者将其传输到互联网中进行处理再传输回来，从而使得信息-物理世界结合得越来越密切。

　　无论信息如何表示与处理，都要涉及由符号化到协议/标准，再到开发各类的编码器/解码器的过程，因此协议与编码器/解码器是信息处理领域研究的基本内容。协议和编码器/解码器可以不断提升计算的能力，不断提升信息-物理世界的协同水平。

2.4.3　分层抽象进行复杂问题化简的示例：操作系统对设备的分层控制

　　计算技术与社会/自然的融合是多方面的，既包括社会/自然的计算化——将复杂的社会/自然现象表达成可计算的形式，又包括用社会/自然所接受的形式来展现计算及其结果。在这种融合的过程中，涉及计算机器对物理世界的控制与反馈，也涉及物理世界融合了计算技术所展现出的智能化特性，这种融合是复杂的。如何控制问题的复杂性，如何将复杂的问题化简为简单的问题进行求解，在前面介绍的抽象与自动化（语言—**抽象**，编译器—**自动化**；协议—**抽象**，编解码器—**自动化**）基础上，还需要分层的思维，将一个复杂问题划分出若干抽象层次，每个抽象层次相对比较简单，易于求解，通过上下层次的映射实现复杂问题的求解。分层抽象的思维广泛存在于计算科学中，本节以操作系统对设备的分层控制为例，试图展现利用分层思想来求解复杂问题的方式和方法。

1. 设备控制问题

如图2.63右图所示，主板上有CPU和内存等，通过总线相互连接，可以执行程序。一般而言，外部设备可以通过信号线与接口电路板相连接，同时将接口电路板插入主板的总线插槽，实现与CPU相连接，接受CPU的控制，即接受程序的控制。接口电路板即图中的I/O控制器。

硬件连接好了，真正要使用设备还要通过程序。图2.63左上部给出的是用高级语言书写的一个简单程序，即在屏幕上显示"Hello，World"的程序，里面调用了函数Printf("Hello, World!" \n)，该函数即为操作系统提供的一个API（Application Program Interface，应用程序接口）函数。那么，操作系统如何实现类似于Printf的API函数呢？为什么其能在不同类别的设备上输出呢？它又怎样让用户不考虑设备的具体操作细节呢？

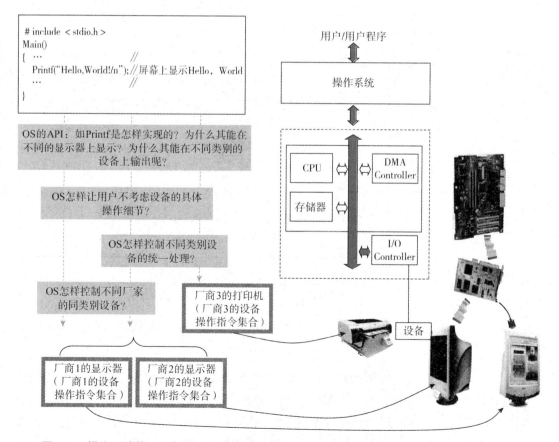

图2.63 操作系统管理设备需要解决的问题示意

怎样使同一个API函数控制不同类别的设备或者控制不同厂家的相同类别设备呢？这些是比较复杂的问题。但我们可粗略地看一下操作系统是如何通过分离-分层进行复杂问题化简，进而解决该问题的。

2. 操作系统对设备的分层控制

图2.64给出了操作系统管理设备——分层与分离控制的示意图。

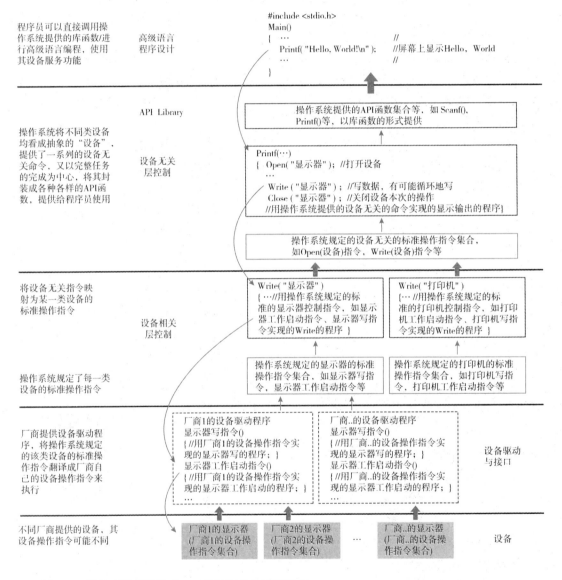

图2.64　操作系统管理设备——分层与分离控制示意

（1）设备与设备驱动程序

在图2.65中，底层被称为设备层，不同厂商提供的设备的内部控制逻辑是不同的，因此可能有不同的设备操作指令来控制设备的光机电动作。例如：

厂商1的显示器，则有厂商1的设备操作指令集合；

厂商2的显示器，则有厂商2的设备操作指令集合；

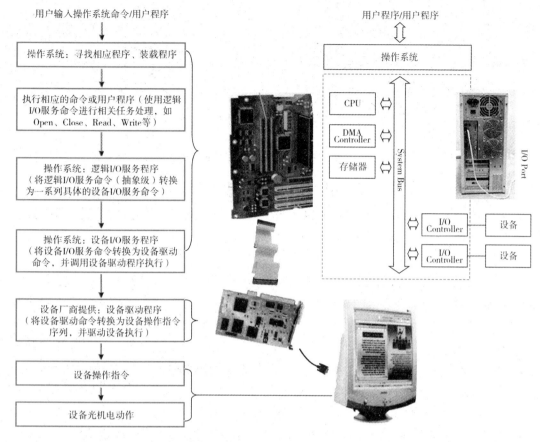

:: 图2.65　操作系统的设备管理——分层示意

厂商*n*的显示器, 则有厂商*n*的设备操作指令集合。

为了实现计算机器能够连接不同厂商的同类设备, 操作系统为每类设备规定了标准的操作指令集合, 如"操作系统规定的显示器的标准操作指令集合, 如显示器写指令、显示器工作启动指令等"。"操作系统规定的设备标准操作指令"与"具体厂商设备的操作指令"之间需要转换, 即将操作系统规定的设备标准操作指令转换成具体厂商设备的操作指令, 这一工作是由设备厂商提供的"设备驱动程序"来完成的。

例如, 厂商1的设备驱动程序包括如下内容 (具体程序编写略, 这里只介绍思维):

```
显示器写指令 ()
{
    …                        // 用厂商 1 的设备操作指令实现的显示器写的程序
}
显示器工作启动指令 ()
{
    …                        // 用厂商 1 的设备操作指令实现的显示器工作启动的程序
}
```

厂商2的设备驱动程序也包括如下内容:

```
显示器写指令()
{
    ...                          // 用厂商 2 的设备操作指令实现的显示器写的程序
}
显示器工作启动指令()
{
    ...                          // 用厂商 2 的设备操作指令实现的显示器工作启动的程序
}
```

不同设备厂商提供的设备驱动程序被操作系统调用，将操作系统规定的设备标准操作指令转换成其设备能识别和执行的设备操作指令，或者说，操作系统实现了程序和设备的独立性。对于显示器的标准操作，不同厂商可以有不同的实现方式。

（2）设备相关层控制

例如，操作系统为显示器规定了标准操作指令集合，如显示器写指令、显示器工作启动指令，也为打印机规定了标准操作指令集合，如打印机写指令、打印机工作启动指令等。不同类别的设备，其控制指令集合是不同的。怎样将不同类别设备的控制细节屏蔽掉呢？一般来看，计算机器就是处理信息的，因此操作系统将不同类别的设备均看成是"抽象设备"。对该抽象设备，无外乎"打开设备"、"读数据"、"写数据"和"关闭设备"等操作。设备相关层控制就是将"抽象设备"的操作命令转换成实际设备的操作命令。例如，操作系统规定的抽象设备操作指令集合，如Open（设备）指令、Write（设备）指令等。

下面给出了不同类别设备实现的Write函数的程序示意。

```
Write()
{
    ...                          // 用操作系统规定的标准的显示器控制指令，如显示器工作启动
                                 // 指令、显示器写指令实现 Write 的程序
}
Write()
{
    ...                          // 用操作系统规定的标准的打印机控制指令，如打印机工作启动
                                 // 指令、打印机写指令实现 Write 的程序
}
```

（3）设备无关层控制

为进一步屏蔽设备的控制细节而使用户仅关注其数据处理相关的内容，操作系统以"任务"的完整完成为中心，将其封装成各种各样的API函数，提供给程序员使用。例如，Printf函数实现的是将某内容显示在输出设备上，Scanf函数实现的是将键盘输入内容接收到程序中。这些函数是用操作系统的抽象设备的操作指令来实现的。

```
Printf(…)                      // 此处仅给出实现思维，而未给出实现细节
{
    Open();                    // 打开设备
    Write();                   // 写数据，有可能循环的读写
    Close();                   // 关闭设备
    …                          // 用操作系统提供的逻辑I/O命令及完成该任务的算法实现的显示
                               // 输出的程序
}
Scanf(…)                       // 此处仅给出实现思维，而未给出实现细节
{
    Open();                    // 打开设备
    Read();                    // 读数据，有可能循环地读取键盘的输入
    Close();                   // 关闭设备
    …                          // 用操作系统提供的逻辑IO命令实现的接收键盘输入的程序
}
```

操作系统提供的API函数，如Scanf()、Printf()等，以库函数的形式提供，是操作系统事先用抽象设备的标准操作指令编制好的程序。

（4）高级语言程序设计层

当有了API函数后，程序员在编写高级语言程序时便可以直接调用API函数，使用其设备服务功能，如下所示。

```
#include <stdio.h>
Main()
{
    …
    Scanf(…);                  // 接收从键盘上的一次输入
    …
    Printf("Hello, World! \n");  // 在屏幕上显示 Hello World
    …
}
```

高级语言程序调用API函数（如Printf函数），API函数调用"抽象设备"的标准操作指令（如Write指令），"抽象设备"的标准操作指令再调用不同厂商的设备驱动程序，设备驱动程序再调用设备操作指令，设备操作指令控制设备的光机电动作，实现设备向程序的输入或输出。

不同层次仅完成其本身的工作，同时实现由其可以实现的上层的指令。通过分层控制实现，操作系统可以使计算机器连接不同类别的设备、连接不同厂商制造的同类设备，使人们可以通过程序来控制不同的设备，但同时屏蔽掉了设备控制细节，所以操作系统被认为是一层虚拟机器。

（5）操作系统虚拟机小结

操作系统通过设备无关管理层（被称为逻辑I/O层）、设备相关管理层（被称为设备I/O层）和设备驱动程序来实现对各式各样设备的统一管理。设备无关管理层面向应用程序，处理外部设备就像处理文件一样，以打开、关闭、读写数据等通用的方式描述对设备的操作；设备相关管理层则面向设备驱动程序，将前述的设备无关命令翻译成设备驱动程序所能识别的命令，并调用设备驱动程序完成对设备的控制操作。设备驱动程序层负责将操作系统对设备的操作指令转换成具体设备的操作指令。设备操作指令层实现驱动设备的光机电动作，见图2.65。

自顶向下来看，当用户期望执行某一应用程序时（该程序是由高级语言书写后编译成的机器语言程序），操作系统将寻找相应程序并装载该程序进入内存，执行相应的程序代码。该程序中使用了逻辑I/O服务命令进行相关任务处理，如Open、Close、Read、Write等。操作系统逻辑I/O服务命令是用一系列具体的设备I/O服务命令所实现的程序，操作系统设备I/O服务命令是由厂商无关的设备驱动命令来实现的程序，设备驱动命令由各设备厂商提供的设备驱动程序翻译成具体设备的操作指令并驱动设备执行光机电动作。

【例2-3】 分离 - 分层的其他例子。

分离与分层是计算系统的基本思维模式，是化解复杂系统的一种普适思维，广泛用于各方面。例如，计算机网络中的七层协议就是典型的分层求解思想，如图2.66所示，其介绍可参见第6章的6.2节。

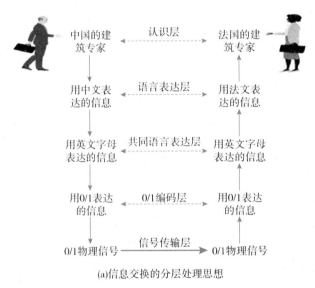

(a)信息交换的分层处理思想

图2.66　分离-分层处理复杂问题的示意

将一个复杂问题划分为不同层面，如从宏观到微观的若干层，从概念到实现的若干层等，每一层相对来讲比较简单，易于实现。然后清晰定义每一层的协议/标准并编制相应的处理程序，实现相邻层间的相互转换，由高层向低层的转换或者由低层向高层转换。在底层实现同层信息交换。这种思想对于求解复杂问题是非常有效的。

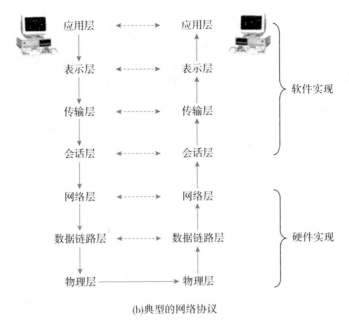

(b)典型的网络协议

■■ 图2.66　分离-分层处理复杂问题的示意（续）

2.4.4　关于不同抽象层级计算机的思维小结

前面介绍了三个抽象层面的计算机器：

一是语言与编译器。通过不断扩充语言，不断发展新的语言，并提供编译器，可以不断扩展计算机器的表达能力和处理能力。

二是协议与编码器/解码器，体现了信息表示与处理的一般性思维。

三是操作系统级虚拟机器，通过分层与分离，可以将复杂的问题化简为简单问题进行求解，可以将细节信息屏蔽掉，进而提供给用户更方便地使用计算机器的能力。

"以下层语言为基础重新定义一套能力更强及编写更方便的新语言，再提供一个已经用下层语言编写并可执行的程序"，"任何信息都可被表示成0/1串，提出绑定信息的协议/标准，进而依据该协议/标准研发相应的编码器/解码器"，"复杂系统可分解成设备层、设备相关层、设备无关层和应用相关层，可以分层进行系统求解"，是计算学科未来研究的重要思维模式。

思考题

1．举例说明什么是本体概念，怎样在不同空间中应用本体概念。

2．怎样理解"所有计算都可转换为逻辑运算来实现"？你能说明类似于乘法运算"6*5"如何用逻辑运算来实现吗？

3．编码涉及分类，编码的好坏与分类标准有密切关系。假如现在要给20000个学生每人一个编码，能根据所在学校的学生特点给出一个编码规则吗？注：需要说清楚用多少位进行编码以及编码每一位的取值及其含义。

4．近年来，CPU技术的发展不再单单以追求处理速度/主频为目标，而将控制CPU

的功耗放到一个非常重要的位置。为什么？很多因素导致了这个变化，试着尽可能多地找出来。如何综合平衡CPU的性能和功耗？这是当今计算机技术的前沿问题，请试着用本章所学知识和思维，结合查阅资料，思考并分析该问题。

5．存储器的管理可类比学生宿舍的管理。假如有N个宿舍楼，每个宿舍楼有M个房间，每个房间可住K个人，再假设有J个学院的学生需要住宿，每个学院的学生数为S，你能给出几种方案管理该宿舍楼呢？如何管理才能提高宿舍的利用效率呢？提示：是否可一栋楼给一个学院，或者各学院学生混合住宿，或者将这些宿舍划分为一个个相等大小的区间；如果按此区间进行分配，此区间的大小多少为好呢？

6．地址编码线的位数决定了存储容量，即存储空间。例如，10位的地址编码存储空间为2^{10}，即1024个存储单元；当存储容量不够时，可通过多个存储器芯片、扩展地址编码线的位数，搭建容量更大的存储器。假设有8个存储器芯片，每个存储器芯片都有10位地址线，以及一条控制该存储器是否工作的控制线，存储空间为2^{10}，现在要用这8个存储器芯片扩建成$8×2^{10}$存储空间的存储器。你能否利用基本的逻辑运算通过对芯片的控制来实现这种扩展呢？提示：扩展后存储器的地址编码线为13条，其中的10条可以与每个芯片连接，剩余的3条线可通过控制每个存储器是否工作来实现扩展。

7．参考教材的例子，可以计算给定任意a、b、c、x值的ax^2+bx+c函数值。假设$a=4$，$b=6$，$c=3$，请修改相应的程序和数据，并模拟执行该程序，你能知道机器在执行完第4条指令后各存储单元（如12号单元）的值是什么吗？运算器中的值是什么呢？PC寄存器中的值又是什么呢？

8．所有的计算机/计算设备都遵循冯·诺依曼结构吗？答案是"否"。除了冯·诺依曼结构，还有哪些典型的计算机体系结构？这些体系结构应用在哪些领域和哪些产品？相比于冯·诺依曼结构，它们在其特定领域中有哪些功能、性能、能耗等方面的优势？为什么？

9．本章学习了机器指令、指令集的概念。指令集有CISC和RISC之分。请查阅资料，搞清楚二者之间的区别。你使用的计算机是CISC指令集还是RISC指令集？你的手机呢？

10．目前，主流操作系统主要有UNIX、Windows、Linux、Mac OS等，以本章所学知识为基础，对比分析上述操作系统，思考其设计原则和所反映的思维。

11．面对存储体系，现代计算机是如何借助于操作系统解决程序的执行呢？你能叙述此过程吗？如果面对多核环境，应该如何解决呢？你能给出一种解决方案吗？什么是云？它相比前面的环境有什么变化吗？

12．本章学习了一些典型的计算思维，如不同性能资源组合优化思维、化整为零的存储思维、分工-合作与协同的思维。你能结合现实生活中的案例描述这些思维的应用吗？

13．你怎么理解"不同抽象层次的（虚拟）计算机"？你过去接触、使用过哪些层次？将来你希望掌握、控制哪些层次？为达到这个目标，你需要学习哪些知识？

14．在图形图像、多媒体领域有非常多的格式，相信你在听音乐、看电影的过程中一定对此有所体会，隐藏在格式背后的往往是标准。标准是一种什么"东西"？它与技术、产业有什么关系？我们国家为什么高度重视制定标准并使之成为国际标准？

15. 选择一类你感兴趣的信息，利用所学到的有关"协议与编码器/解码器/转换器/处理器"的思维，为该类信息设计协议，并探讨该信息的采集、编码、存储、解码、分析、利用过程和可能的技术实现方案。例如，你是否对上课时同学们的座位信息感兴趣？学生是否有偏好的位置（经常坐在教室的某一个区域）？哪些同学们经常坐在一起？座位信息是否有助于我们了解某个同学（的某些方面）？

16. 利用本章所学的知识和思维，对比你的手机和你使用的台式计算机/笔记本电脑，思考其差别。请尽可能将所有能比较的项目均做一比较，如体系结构、操作系统、应用软件、信息处理能力等，以获得对本章知识和思维的深入理解。

参考文献

[1]哈斯. 面向计算机科学的数理逻辑:系统的建模与推理（原书第2版）. 机械工业出版社, 2007.

[2]Unicode编码. http://en.wikipedia.org/wiki/Unicode

[3]图灵机. http://en.wikipedia.org/wiki/Turing_machine

[4]图灵奖. http://en.wikipedia.org/wiki/Turing_award.

[5]唐朔飞. 计算机组成原理（第2版）. 高等教育出版社, 2008.

[6]Tanenbaum. A. S. 现代操作系统（原书第3版）. 机械工业出版社, 2009.

[7]Robert W. Sebesta. 程序设计语言原理（原书第8版）. 机械工业出版社, 2008.

[8]林福宗. 多媒体技术基础（第3版）. 清华大学出版社, 2009.

[9]Cyber-Physical System. http://en.wikipedia.org/wiki/Cyber-physical_system.

（习题）

第 3 章
问题求解框架

本章要点：

1．算法类问题求解框架：算法类问题、算法与算法的实现（程序设计），数学建模与问题求解的基本思维，程序的基本构成要素，算法与程序的基本描述方法

2．系统类问题求解框架：系统类问题、模型与模型的实现（程序设计+构件、过程与架构），结构化建模与面向对象建模的基本思维，现代程序设计语言的基本组成要素

计算学科是研究利用计算机求解各种问题的相关技术与理论的学科。问题求解的核心是算法[1]和系统。算法类问题强调的是数学建模及算法设计和分析。系统类问题则更多地使用非数学化的模型，强调复杂问题的化简及功能、过程与对象的识别、构造与交互。

算法和系统都要表达为机器可以理解的程序，前面章节介绍过，通过"语言"和"编译器"技术，人们编写程序越来越方便，出现了结构化程序设计语言[2]、面向对象程序设计语言[3]等。各种计算机语言虽千差万别，但从更高层的抽象来看，如果不考虑具体语言的语法差异(为使机器能够理解，需要按照一定的规则和格式来书写程序)，则目前的计算机语言在编写和构造程序方面的基本思想是一致的，主要可区分为传统的程序构造和面向对象的程序构造。算法类问题求解通常使用传统的程序构造方法便可完成，系统类问题求解则多使用面向对象的程序构造方法才能实现。

本章前两节介绍传统程序构造方法及算法类问题求解框架，后两节介绍现代程序构造方法及系统类问题求解框架。

3.1 传统程序的基本构成要素

为更好地理解后续的算法类问题求解框架，我们首先介绍传统程序及其构成要素，**在此将忽略具体语言的语法或者书写规则**，而仅介绍其构造思想，读者可参阅具体语言的使用说明，便可将其应用于具体语言的程序设计中。

简单而言，传统程序的基本构成要素有：常量与变量、运算符与表达式、语句和函数等。

3.1.1 常量、变量、表达式

程序是用来处理数据的，因此数据是程序的重要组成部分。程序中通常有两种数据：常量(constant)和变量(variable)。

所谓常量，是指在程序运行过程中其值始终不发生变化的量，通常是固定的数值或字符串。例如，45、30、-200、"Hello!"、"Good"等都是常量。常量可以在程序中直接使用，如"x=30*40;"是一条程序语句(表示将30×40的结果赋值给x)，30和40都是常量，可以直接在程序中使用以表示数值30和40。

所谓变量，是指在程序运行过程中其值可以发生变化的量。在符号化程序设计语言中，变量可以用指定的名字来代表，换句话说，变量由两部分组成：变量的"标识符"(又叫"名字")和变量的"内容"(又叫"值")。变量的内容在程序运行过程中是可以变化的。例如，一个变量的名字为Exam，其内容可以为50，也可以为70。变量就像一个房间一样，变量名相当于房间的房间号，内容相当于居住于房间的不同的人员等。

在程序中，变量最常见的有3种：数值型、字符型和逻辑型。数值型通常包括整型和实型(一般按二进制进行存储)。字符型表示该变量的值是由字母、数字、符号甚至汉字等构成的字符串(一般按ASCII码和汉字内码进行存储)。逻辑型也叫布尔型，表示该变量的值只有两种："真"和"假"，本书直接将其表示为True和False。

变量可以在使用过程中被重新赋值。赋值是用一个赋值符号"="来连接一个变量名和一个值，变量名写在赋值符号的左侧，欲赋给变量的值写在赋值符号的右侧，其表示将值赋给变量。例如，"Exam = 50;"表示将50赋值给变量Exam。当重新给变量赋值如"Exam = 70;"时，新赋的值将替换掉原来的值。也可把各种表达式的值（机器会自动计算表达式的结果）赋给变量。

程序对数据的处理是通过一系列运算来实现的，运算通常是由运算符来表达的。常见的有3类运算符：算术运算符、关系运算符和逻辑运算符。算术运算符是最常见的，即加、减、乘、除等，所采用的符号就是常用的＋、－、*、/。例如，"300*PI"、"Area / 20"、"(200+100)*50/30"等都是应用算术运算符的例子。算术运算的结果是一个整型或实型的数值。乘幂一般用"^"表示，如2^3表示为"2^3"。

关系运算符用于比较两个值之间的大小关系，有以下几种：>，>=，<，<=，==和<>（不等于）。关系运算的结果是一个逻辑值，即True和False。如果大小关系成立，结果为True，否则为False。注意，比较的两个值应属于同种数据类型，如3>=2成立，其结果为True；6<>6不成立，其结果为False；"PA">"PB"不成立，其结果为False。

逻辑运算符用于对逻辑值进行逻辑操作，即与运算、或运算、非运算和异或运算等。不同语言表达逻辑运算符的方法也不同，如有的使用"and"表示与运算、"or"表示或运算；有的使用"&&"表示与运算、"||"表示或运算。注意，在逻辑运算表达式中，参与运算的量必须是逻辑型的，运算结果也是逻辑型的。

各种运算符把不同类型的常量和变量按照语法要求连接在一起就构成了表达式。根据表达式中的运算符类型不同，表达式分为算术表达式、关系表达式、逻辑表达式等。这些表达式还可以用括号复合起来形成更复杂的表达式。表达式的运算结果可以赋给变量，或者作为控制语句的判断条件。需要注意的是，单个变量或常量也可以看做是一个特殊的表达式。

下面给出若干表达式的示例，注意"//"后面的内容是对该语句或表达式的解释。

```
X = 100;                          // 表示将 100 送到 X 中保存
X = 2^3;                          // 表示将 2 的 3 次幂送到 X 中保存
X = X + 100;                      // 表示将 X 的值加上 100 后的结果再送回 X 中保存
M = X > Y+ 50;                    // 将 X 和 Y+ 50 的比较结果赋给变量 M。如果已知
                                  // X=10，Y= -30，则表达式结果为 False，即 M = False；
                                  // 如果已知 X=100，Y=10，则表达式结果将为 True，
                                  // 即 M = True。M 的值将依赖于变量 X 和 Y 的值来确定
N = (A-B) <= (A+ B);              // 将 A-B 和 A+ B 的比较结果赋给变量 N。如果已知 A=10，
                                  // B= -20，则表达式结果将为 False，即 N = False；如果已知
                                  // A=90，B=20，则表达式的结果将为 True，即 N = True。N 的
                                  // 值将依赖于变量 A 和 B 的值来确定
M = (X>Y) And (X<Y);              // 不管 X、Y 取何值，X>Y 和 X<Y 中都至多有一个为 True，因此整
                                  // 个表达式结果将始终为 False，即 M =False
N = (X>=Y) Or (X <Y);             // 不管 X、Y 取何值，X>=Y 和 X<Y 中都至少有一个为 True，因此
                                  // 整个表达式结果将始终为 True，即 N = True
K = ((A>B) Or (B>C)) And (A<B) OR (B<C));  // 假设 A=25，B=19，C=25，则 K = True；
                                  // 假设 A=25，B=19，C=16，则 K=False。K 的值依赖于 A、
                                  // B、C 的值来确定
```

3.1.2 语句与程序控制

一个程序的主体是由语句 (statement) 组成的。语句决定了如何对数据进行运算，也决定了程序的走向，即根据运算结果确定程序下一步将要执行的语句。

程序语句基本可以分为3类：赋值语句、控制语句、输入/输出语句。赋值语句通常是用赋值符号"="连接变量与表达式的语句，如前所述。控制语句是程序设计的核心，它决定了程序执行的路径，决定了程序的结构，如分支结构、循环结构等。输入/输出语句主要用于程序获取外界的数据或者将程序结果输出到外界，如第2章介绍的Printf()、Scanf()等。此外，为了便于理解源程序，高级语言中一般提供一种不可执行的注释语句，它的作用是对一段程序的含义进行注释，以便使程序易于理解，如前面和后面用"//"引出的内容便是一种注释语句。注意：不同语言，引出注释的符号是不同的。

最简单的程序结构就是顺序结构，即依次书写的一系列语句，程序按书写的顺序一条语句一条语句地执行。如下示例，读者可通过模拟程序的执行来理解一个程序的功能。

【例 3-1】 用顺序结构实现求 5+4+3+2+1 的和的程序。该程序执行后的最终结果保存在变量 G9 中。

```
G5 = 1;
G6 = 2;
G7 = 3;
G8 = 4;
G9 = 5;              // 以上语句是依次给变量赋值
G9 = G9 + G8;        // 该语句实现了 5+4 的和赋值给 G9
G9 = G9 + G7;        // 到该语句执行完，G9=5+4+3
G9 = G9 + G6;        // 到该语句执行完，G9=5+4+3+2
G9 = G9 + G5;        // 到该语句执行完，G9=5+4+3+2+1
```

如果希望程序在执行过程中改变执行顺序，比如根据某一条件表达式的计算结果选择不同的程序语句，这时要用到分支结构。

常见的分支控制语句为If-then-else语句。典型的有以下几种形式：

① If 条件 Then 语句;

② If 条件 Then

    { 语句序列 }

    End If

③ If 条件 Then

    { (条件为真时运行的)语句序列1 }

    Else

    { (条件为假时运行的)语句序列2 }

    End If

　　其中，① 主要用于条件为真时仅执行一条语句的情况，如果条件不为真，则将顺序执行该语句的下一条语句；② 用于仅包含条件为真时的语句序列，如果条件不为真，则将顺序执行该语句End If后的语句；③ 既包含条件为真时的语句序列，也包括条件为假时的语句序列。

【例 3-2】 分支语句的简单例子。

```
If  D1>D2  Then  D1=D1-5;
D1=D1+ 10;
```

　　如果已知D1为10，D2为5，则以上程序的条件是满足的，因此将先执行D1=D1-5，结果为D1=5；再执行D1=D1+10，最终结果是D1为15。如果已知D1为8，D2为10，则以上程序的条件是不满足的，因此将执行D1=D1+10，最终结果是D1为18。因此，可以看出，程序随条件表达式"D1>D2"的结果改变程序执行的路线。

　　上面语句也可以写成下面的形式，更清晰。

```
If  D1>D2  Then
{ D1=D1-5; }
End If
D1=D1+ 10;
```

【例 3-3】 如果开始时 X=100，Y=50，Z=80，分析下面一段程序的执行过程，并说出每一步的结果，及最终 X、Y、Z 的值是多少。

```
X = Z + Y;              //X 开始时是 100，但此语句为 X 重新赋值，则 X=130
If  Y > Z  Then
{ X = X-Y; }
Else
{ X = X-Z; }
End If                  // 由于 Y>Z 条件不满足，执行 X=X-Z 语句，此时 X=130-80=50
X = X + Y;              // 将 X+Y 的结果送回 X 保存，此时 X=50+50=100
If X > Z  Then X=Y;     // 由于 X>Z（即 100>80）条件满足，执行 X=Y，此时 X=50
X = X-Z;                // 将 X-Z 结果赋值给 X。此时 X=50-80=-30
If X>Y  Then
{ X=X-Y; }
End If                  // 由于 X>Y 条件不满足，不执行 X=X-Y。程序结束
```

　　前述程序最终结果为X=-30，Y=50，Z=80。可以看出，不管程序如何变化，只要一步一步模拟执行并分析，便可得到正确结果。读者可通过赋予X、Y、Z不同的初始值来模拟程序的运行结果。

前面求和的程序示例是采用顺序结构来书写的，但如果求和的数比较多（如几千个数累加）怎么办，一条条书写是否太烦琐呢？如果求和的数的个数是变化的怎么办，如从1到500累加，也可以从1到600累加？此时需要用到另外一种结构，即循环结构。循环结构是用于实现同一段程序多次执行的一种控制结构。典型的循环控制语句如下例所示。

【例3-4】 用循环结构实现求 5+4+3+2+1 的和的程序。

```
Sum=0;                    // 让 Sum 表示和，首先初始化为 0
For i =1 to 5 Step 1      //i 为计数器，从 1 到 5 计数，i 每次加 1
{ Sum = Sum + i; }        // 循环地将 i 值与 Sum 值相加，结果再保存在 Sum 中
Next i                    //For…Next 是一条完整的循环控制语句
```

前述程序为一个循环结构的程序。它一般包括4部分：初始化部分、循环体、修改部分和控制部分等。初始化部分为循环作准备，如语句"Sum=0;"用于设置计算结果的初值。如果缺失本条语句，则计算结果将不正确。循环体是核心，是将要重复执行的程序段，如上面程序段中的语句"Sum = Sum + i;"将被重复执行。修改部分在执行一次循环体后修改循环次数或修改循环控制条件，如上述循环，每当执行一次，i的值将加1。控制部分用于判断循环是否结束，如判断循环次数是否减为0，或者达到某个预定值，也可能判断某个循环控制条件是否被满足。上述循环语句的具体含义如下所述：

```
For 计数器变量=起始值 to 结束值 [Step 增量]
{ 语句序列 }
Next [计数器变量]
```

如果要计算1+2+…+10000的和，用前面所示的顺序结构来实现就会太繁杂，用循环结构可很容易地写出如下程序（仅需改变上例控制循环的计数器结束值即可）。

```
Sum=0;
For i =1 to 10000 Step 1    //i 为计数器，从 1 到 10000 计数循环，每次加 1
{ Sum = Sum + i; }
Next i
```

该程序从执行Sum=Sum+1开始，一直执行到Sum=Sum+10000为止，1到10000的变化是由i来反映的。

如果要计算1+3+…+9999的和，可在上述程序基础上将增量值设为2，程序如下：

```
Sum=0;
For i =1 to 10000 Step 2    //i 为计数器，从 1 开始隔一个计一次，一直到 9999
{ Sum = Sum + i; }
Next i
```

如果要求1+2+…+10000的和，又得减去1000+1001+…+1999的和，则可编写如下程序：

```
Sum=0;
For i =1 to 10000 Step 1
{  If (i<1000 or i>1999)  Then
  { Sum = Sum + i;  }
    End if
}
Next i
```

也可如下编写程序：

```
Sum=0;
For i =1 to 10000 Step 1
{ Sum = Sum + i; }
Next  i
Sum1=0
For i =1000 to 1999 Step 1
{ Sum1 = Sum1 + i;  }
Next i
Sum = Sum – Sum1;
```

For…Next语句是循环次数已知的一种循环结构。如果循环次数未知怎么办？通常情况下，我们可以利用Do…While语句来完成，表达的意思为"重复执行循环体中的语句序列，直到条件不满足时为止，结束循环"，其基本表达形式如下：

```
Do {
    语句序列;
} While (条件)
```

【例 3-5】 用 Do…While 循环编程，求从 X=1，Y=2 开始，循环计算 X+Y 的和，X 和 Y 每次增 1，直到 X+Y 的值大于 10000 时为止。此时循环次数是未知的，可编程如下：

```
X=1;
Y=2;
Sum=0;
Do {
  Sum = X+ Y;
  X=X+ 1;
  Y=Y+ 1;
} While (Sum<=10000)
```

未知循环次数的循环也可以用While语句来完成，表达的意思为"当条件满足时，重复执行循环体中的语句序列"，其基本表达形式如下。

```
While (条件) {
    语句序列;
}
```

【例3-6】 用 While 循环编程，求从 X=1，Y=2 开始，循环计算 X+Y 的和，X 和 Y 每次增 1，直到 X+Y 值大于 10000 时为止。此时循环次数是未知的，我们可编程如下：

```
X=1;
Y=2;
Sum=0;
While (Sum<=10000) {
    Sum = X+ Y;
    X=X+ 1;
    Y=Y+ 1;
}
```

3.1.3 函数与函数调用

函数（function）是由多条语句组成的能够实现特定功能的程序段，是对程序进行模块化的一种组织方式。函数一般包括函数名、参数、返回值和函数体等4部分。其中，函数名和函数体是必不可少的，参数和返回值可根据需要进行定义。对于有参数的函数，**在对其进行定义时所使用的参数称为形式参数；在对其调用时，调用者必须给出该函数所需的实际参数。对于有返回值的函数，在函数执行完后将向调用者返回一个执行结果。**

通常我们将经常使用的程序段落组织成一个个函数。下面是一个函数的示例。

```
int Sum(int m, int n)      // Sum 为函数名，int 是一个整数类型定义符，m 和 n 为形式参数，
                           // 其实际值将由调用者按此格式传递给该函数。
{
    Sum = m + n;           // 函数体，可由多条语句组成程序段落。
    return Sum;
}
```

最终的程序通常是由一个或多个函数构成的，其中有一个特殊的函数，它是整个程序执行的入口，称为主函数。例如：

```
Main()                     // 程序的主函数
{
    Printf(" 请输入被加数 ");
    Scanf("%d", &x);
```

```
Printf(" 请输入加数 ");
Scanf("%d", &y);
z = Sum(x,y);                    // 调用 Sum 函数, 传递进两个实际参数, 即 x, y 的值, 函数
                                 // 执行完的结果赋值给 z 保存
Printf(" 求和结果为 %d", z);
}
```

主函数Main()通过调用Sum()函数的计算功能获得x和y的和。函数及其应用示例如图3.1所示。

:: 图3.1　函数及其应用示例

函数还可被分为两类：系统函数（或称为标准函数）和用户自定义函数。系统函数即函数库中的标准函数，是程序设计语言或操作系统提供给用户的一系列已经编制好的程序。用户自定义函数则是用户自己编写的一段程序。

例如，上面的Printf()和Scanf()便是两个系统函数，前者用于将字符串按指定格式输出到屏幕上，后者用于接收键盘的输入，并按指定格式将其存储于相应变量中，具体使用用方法可查阅相关的手册。

高级语言一般都会提供一套标准的系统函数供用户调用和使用。标准的系统函数一般包括以下类型，具体使用时可查阅相关的函数调用细节：

- 数学运算类函数，如三角函数、指数与对数函数、开方函数等，如$Sin(\alpha)$、$Log(x)$等。
- 数据转换类函数，如字母大小写变换、数值型数字和字符型数字相互转换等。
- 字符串操作类函数，如取子串、计算字符串长度等，如Len("abcd")。
- 输入输出类函数，如输入输出数值、字符、字符串等，如Printf()、 Scanf()等。
- 文件操作类函数，如文件的打开、读取、写入、关闭等。
- 其他类函数，如取系统日期、绘制图形等。

3.1.4　常量/变量、数据存储与数据结构

1. 符号化常量和变量的区别

在符号化程序设计语言中，常量也可以用指定的名字来代表，这种常量称为符号化常量。例如，下面程序定义了两个常量：

```
define  PI  3.1415926
define  STR1 "Hello! "
```

或者

```
Const  PI = 3.1415926
Const  STR1 ="Hello! "
```

一条语句定义了一个实型常量PI，其值为3.1415926；另一条语句定义了一个字符型常量STR1，其值为"Hello!"。上面给出了两种语言书写的常量定义语句，虽然书写格式不同，但不难理解其语法：define和Const是高级语言可识别的定义常量的关键词汇，而PI和STR1是所定义的常量符号，"Hello"和"3.1415926"是常量值。

符号化常量可以替代常量在程序中使用，如x=30*PI。符号化常量只是为方便程序设计和修改而用，若要修改常量值，可只在符号常量定义语句中更改即可，而不必去程序中寻找所有使用该常量之处进行更改。在符号化源程序编译成目标程序的过程中便用其值替代了该常量符号，在目标程序里，始终出现的是常量值。

变量在符号化源程序编译成目标程序的过程中，用若干个存储单元来表示，变量名被编译成了存储单元的地址，在目标程序里出现的是存储单元的地址，变量值存储在相应地址的存储单元中，如图3.2所示。虽然变量名为存储单元的地址，但我们在编程序时不必考虑具体存储单元的地址，变量名与存储单元地址的映射可由编译器和操作系统在编译过程和执行过程中自动实现。

2. 变量及其类型与存储单元

不同数据类型的变量占用的存储单元数量是不同的，见图3.2。例如，高级语言定义变量的语句"int x=23;"定义x为整型变量，同时将数值23赋值给它，可以看出，其占用的存储单元为2字节，存储的数据为23的二进制形式00000000 00010111。再如，"string z='ABCD';"定义z为字符串型变量，并将ABCD这4个字符赋值给它。可以看出，其占用了4字节，存储的数据为ABCD的ASCII码形式01000001 01000010 01000011 01000100。

不同类型的变量占用存储单元的个数和存储方式都是不同的。变量在使用前一般需要事先声明（或者说定义），用户应该根据数据处理的需要，规定变量的数据类型。例如：

```
int Sum;              // 声明 Sum 是一个整型变量
string str1;          // 声明 str1 是一个字符型变量
```

前面介绍的是基本数据类型的常量与变量。而在问题求解过程中，算法需要有效地组织、记忆、改变和操作相对复杂的数据或数据的集合。这些复杂的数据通常采用复杂的存储结构——数据结构[4]进行存储。数据结构及其操作将数据有机组织起来，使其支持算法做其希望做的事情。

变量名	变量值
	—
x	00000000 00010111
y	01000001 01000010
	00000000 00000000
z	01000001 01000010
	01000011 01000100
	00000000

int x=23;

string y='AB'

string z='ABCD'

存储地址	存储内容
	—
00000000 00000001	00000000 00010111
00000000 00000010	01000001 01000010
00000000 00000011	00000000 00000000
00000000 00000100	01000001 01000010
00000000 00000101	01000011 01000100
00000000 00000110	00000000
00000000 00000111	

(a) 变量示意　　　　　　　　　　　　　　　　(b) 变量对应的存储单元示意

用名字表示的存储地址（即变量名）	存储地址	存储内容（即变量值）
mark	00000000 00000000 00000000 00000001 00000000 00000010 00000000 00000011	可通过赋值发生变化
sum	00000000 00000100 00000000 00000101	可通过赋值发生变化
distance	00000000 00000110 00000000 00000111	可通过赋值发生变化

(c) 不同类型变量占用存储单元示意

图3.2　变量及其数据存储示意

从通俗的角度看，数据结构是数据/变量的集合，并在数据/变量之间赋予了关系及其操作。严格来看，数据结构是一类定性的数学模型，它由数据的逻辑结构、数据的存储结构（或称物理结构）及其运算三部分组成。数据的逻辑结构描述数据之间的关系，数据的存储结构是指在反映数据逻辑关系的原则下，数据在存储器中的存储方式。数据存储结构的基本组织方式有顺序存储结构和链式存储结构。顺序存储结构借助元素在存储器中的相对位置来表示数据元素的逻辑关系，链式存储结构则借助指针来表示数据元素之间的逻辑关系，通常在数据元素上增加一个或多个指针类型的属性来实现这种表示方式。数据结构的基本运算包括：①建立数据结构；②清除数据结构；③插入数据元素；④删除数据元素；⑤更新数据元素；⑥查找数据元素；⑦按序重新排列数据元素；⑧判定某个数据结构是否为空，或是否已达到最大允许的容量；⑨统计数据元素的个数等。

典型的数据结构包括向量/列表、数组、树和图等。这里介绍向量/列表和数组。

向量（Vector）/列表（List）是n个数据元素的有序序列，即X[1]、X[2]、X[3]、…、X[n]。向量使得算法可以遍历其中的所有变量而不需要显式为每个变量单独命名，如能够"指向"列表中的元素，指向"前一个"元素或"后一个"元素，等等。向量也称为一维数组（One-dimensional Array）。

如果将变量比作宾馆房间，那么向量可看成是楼层，301、302、…、333是个体"变量"，可以被单独操作，但是与变量的简单集合不同，整个楼层有一个名字（如"三楼"），这一楼层的房间可以用其"索引"或"下标"来指代，如楼层的第15个房间是315，第X房间是3X，这就意味着我们使用一个索引（Index）就可以遍历整个向量，改变索引X的值就可以指代向量中不同元素的内容。实际使用过程中，一般将向量的名字与其索引分开，用V[6]来指代向量V的第6个元素，类似的V[X]指代向量V中索引为X的那个元素，也可以用V[X+1]来指代紧随V[X]之后的那个元素（注意V[X+1]与V[X]+1是不同的，前者是指向量V的第X+1个元素，而后者是指向量V的第X个元素的值加1）。插入、删除和存取数据元素是向量的基本操作。图3.3(a)给出了向量及其索引指示的每个存储单元及其地址，一般而言，向量名指向向量的起始存储单元的地址，而向量每个元素的地址可通过向量名地址以及元素的索引通过计算得到。向量名和索引的分离可使一组数据通过统一的名字及索引的计算来遍历。向量具有广泛的用途，如用于电话本、字典、人员名单、库存、选课表等。

用变量名和元素位置共同 表示存储地址（即向量）		存储地址	存储内容（即变量值）
mark	[0]	00000000　00000000 00000000　00000001	82的4字节二进制数可通过赋值发生改变
	[1]	00000000　00000010 00000000　00000011	95的4字节二进制数可通过赋值发生改变
	[2]	00000000　00000100 00000000　00000101	100的4字节二进制数可通过赋值发生改变
	[3]	00000000　00000110 00000000　00000111	60的4字节二进制数可通过赋值发生改变
	[4]	00000000　00001000 00000000　00001001	80的4字节二进制数可通过赋值发生改变

(a) 向量型变量对应存储单元（存储结构）示意

(b) 向量或一维数组的逻辑结构示意　　　　(c) 表或二维数组的逻辑结构示意

⁝ 图3.3　几种典型的数据结构（逻辑结构和存储结构）示意

从某个角度来说，向量作为一种数据结构，与控制结构中的循环结构紧密相关，遍历某一向量一般由一个循环迭代实现。向量是一种描述长数据列表的数据结构。例如：

```
n = 20;
Sum=0;
For i =1 to n Step 1                    //i 为计数器, 从 1 到 n 计数循环, i 每次加 1
{   Sum = Sum + Mark[i];   }            // 向量 Mark[] 中存储了 20 个学生的成绩
Next i
Avg = Sum/n;                           //Avg 是 20 个学生的平均成绩
```

某些情况下, 将数据以表 (Table) 的形式组织更方便, 表是二维的, 其对应的数据结构称为矩阵 (Matrix) 或二维数组 (Two-dimensional Array), 简称为数组。二维数组也具有广泛的用途, 如乘法口诀是一个10×10的数组, 每个点上的数据是行、列索引的乘积, 成绩单也是一个二维数组, 数据是某个学生某门课程的成绩, 地球上的经纬度网格也是一个二维数组。

指代/访问二维数组中的元素需要两个索引, 分别是行 (Row) 和列 (Column), 第5行第3列的元素记为A[5, 3] (在具体程序设计语言中被写为A[5][3], 下同)。如果A是个乘法表, 则A[5, 3]的值是15。类似于向量, 可以有A[X, Y]、A[X+4, Y-5]等元素的表示方法。

如果说变量类似于房间, 向量类似于楼层, 则矩阵/数组就像整个宾馆, 其行是不同的楼层, 其列代表不同的位置。如果说向量作为一种数据结构与循环这一控制结构相对应, 那么表对应于嵌套循环。遍历整个成绩表可以利用嵌套循环, 外层循环遍历所有学生, 内层循环遍历某一学生的所有课程, 或者相反。如图3.3(c)所示, 假设M[4, 4]存储的是4个学生4门课的成绩, 行代表学生的学号, 列代表课程的编号, 则统计所有学生所有课程的平均成绩的程序如下所示:

```
Sum=0;
For i =1 to 4 Step 1                    //i 为计数器, 从 1 到 4 计数循环, i 每次加 1
{    For j =1 to 4 Step 1               //j 为计数器, 从 1 到 4 计数循环, j 每次加 1
    { Sum = Sum + M[i,j]; }
    Next j                             // 内层循环一个学生的 4 门课程的成绩被累加
}
Next i                                 // 外层循环 4 个学生的 4 门课程的成绩被累加
Avg = Sum/16;                          //Avg 是 4 个学生 4 门课的平均成绩.
```

算法也可以使用更复杂、具有更高维度的数组, 如一个三维数组其结构类似于一个立方体, 需要三个索引来确定其中的一个元素。

3.1.5　程序构造及其表达方法

如果忽略函数的定义与调用细节, 我们可以看到: 传统程序的构造即是识别并编写一个个函数的过程, 以及将一个个函数装配形成主函数的过程, 如图3.4所示。一个函数可以被另一个函数调用, 也可以调用若干其他函数, 以完成相应的功能。每个函数都是由常量与变量、表达式、程序语句、其他函数等构成的程序段落, 又被称为子程序。

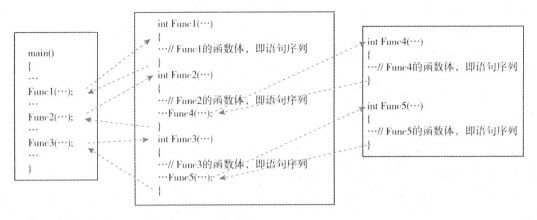

::: 图3.4 传统程序框架，函数与函数调用示意

计算科学的主要目标是进行问题求解，而其关键是寻找并表达求解问题的一系列步骤，即算法。如果表达算法的这些步骤能细化到前述的程序语句，则为一个程序。前面看到，程序是按照某种计算机语言所规定的语法和规则书写的语句序列，如果忽略程序书写的语法规则，而专注于算法，则我们可用相对高层的抽象结构和方法来表达算法和程序。

算法的基本控制结构有以下几种。

① 顺序结构：其形式是"**执行A，然后执行B**"，以这种控制结构组合在一起的语句或语句段落A和B是按次序逐步执行的。

② 分支结构：其形式是"**如果条件Q成立，那么执行A，否则执行B**"，或者是"**如果条件Q成立，那么执行A**"，其中Q是某些逻辑条件。

③ 循环结构：循环结构用于控制语句或语句段落的多次执行，也称为迭代（Iteration），有如下两种基本形式。

- 有界循环：其形式为"**执行语句或语句段落A共N次**"，其中N是一个整数。
- 条件循环：某些时候称为无界循环，其形式为"**重复执行语句或语句段落A直到条件Q成立**"或"**当条件Q成立时，反复执行语句或语句段落A**"，其中Q是条件。

一个算法可能需要多种控制结构的组合，顺序、分支、循环等结构可以互相嵌套。例如，可以将循环结构嵌套，形成嵌套循环，其典型形式是"**执行A语句段落N次**"，其中A本身可能是"**重复执行B语句段落直到条件C成立**"，在这个过程中，外循环会执行N次，且外循环的每次执行，内循环会重复执行直到条件C成立，这里外循环是有界的，而内循环是条件性的。当然，其他各种组合都是可以的。

算法和程序都是对求解过程的精确描述，这种描述除了可用前面介绍的计算机语言来表达外，还可用其他方法来描述，如程序流程图、自然语言的步骤描述法、伪代码等。

程序流程图（Flowchart）是描述算法和程序的常用工具，采用美国国家标准化协会（American National Standard Institute，ANSI）规定的一组图形符号来表示算法。流程图可以很方便地表示顺序、分支和循环结构，任何程序与算法的逻辑结构都可以用顺序、分支和循环结构来表示，即可以用流程图来表示。另外，用流程图表示的算法不依赖于任何具体的计算机和计算机程序设计语言，从而有利于不同环境的程序设计。流程图用文字、连接线和几何图形描述程序执行的逻辑顺序。文字是程序各组成部分的功能说明，连接线用箭头指示执行的方向，几何图形表示程序操作的类型，其含义和示例如图3.5所示。

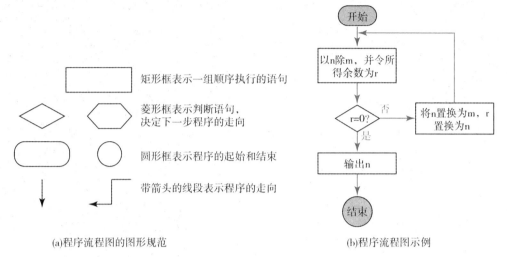

(a)程序流程图的图形规范　　　　　　　　(b)程序流程图示例

:: 图3.5　流程图要素的表示及其含义和示例

图3.6给出了典型算法/程序结构的流程图。

步骤描述法即用人们日常使用的自然语言和数学语言描述算法的步骤。例如，sum=1+2+3+4+…+n的求和问题的算法描述。

> Start of the algorithm（算法开始）
> 1）输入 n 的值；
> 2）设 i 的值为 1；sum 的值为 0；
> 3）如果 i<=n，则执行第 4）步，否则转到第 7）步执行；
> 4）计算 sum + i，并将结果赋给 sum；
> 5）计算 i+1，并将结果赋给 i；
> 6）返回到第 3）步继续执行；
> 7）输出 sum 的结果。
> End of the algorithm（算法结束）

注意：自然语言表示的算法容易出现二义性、不确定性等问题。

3.2　算法类问题求解框架

3.2.1　算法的基本概念

计算机器求解问题的关键之一在于算法，算法被誉为计算学科和计算机器的灵魂，算法提供了利用计算工具求解问题的技术。

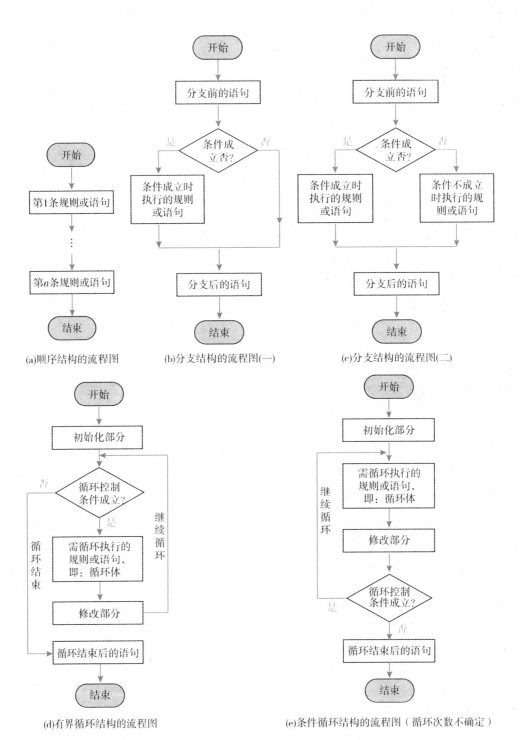

(a)顺序结构的流程图   (b)分支结构的流程图(一)   (c)分支结构的流程图(二)

(d)有界循环结构的流程图   (e)条件循环结构的流程图（循环次数不确定）

图3.6　几种典型的程序与算法的逻辑结构的流程图表示

1. 算法的历史

Algorithm（算法）一词在1957年之前的《Webster's New World Dictionary》中还没有出现。现代数学史学者发现了这一名词的真实来源：公元825年，阿拉伯数学家AlKhowarizmi写了著名的《Persian Textbook》，书中概括了进行四则算术运算的法则，Algorithm一词就来源于这位数学家的名字。后来，词典中引入Algorithm并将其定义为**"解某种问题的任何专门的方法"**。而据考古学家发现，古巴比伦人在求解代数方程时就已经采用了"算法"的思想。

2. 算法的定义及特征

有关算法的定义有很多，其内涵基本是一致的，下面给出典型的定义。所谓算法，就是一个有穷规则的集合，其中之规则规定了解决某一特定类型问题的一个运算序列。通俗地说，算法规定了任务执行/问题求解的一系列步骤。

算法的一个著名例子是欧几里得算法，这一算法与"丢番图方程可解性问题"有关。我们从这个例子入手来认识一下问题和算法。

古希腊数学家丢番图（Diophantus）对代数学的发展有极其重要的贡献，并被后人称为"代数学之父"。他在《Arithmetica》一书中提出了有关两个或多个变量整数系数方程的有理数解问题。对于具有整数系数的不定方程，如果只考虑其整数解，这类方程就叫做丢番图方程。希尔伯特著名的23个数学问题中的第10个问题就是关于"丢番图方程的可解性问题"，即："能否写出一个可以判定任意丢番图方程是否有解的算法？"

对于只有一个未知数的线性丢番图方程而言，求解很简单，如$ax=b$，只要a能整除b，就可判定其有整数解，该整数解即b/a。对于有两个未知数的线性丢番图方程，判定其是否有解的方法也很简单，如$ax+by=c$，先求出a和b的最大公约数d，若d能整除c，则该方程有解（整数解）。

例如，方程$13x+26y=52$有无整数解？由于13和26的最大公约数是13，13又可整除52，故该方程有整数解，如$x=2$、$y=1$即方程的解。再如，方程$2x+4y=15$有无整数解？由于2和4的最大公约数是2，2不能整除15，故可知该方程无整数解。

可以看出，对于两个未知数的线性丢番图方程来说，求解的关键就是求最大公约数。公元前300年左右，欧几里得在其著作《几何原本》（Elements）第7卷中阐述了关于求解两个数最大公约数，即能同时整除m和n的最大正整数的过程，这就是著名的欧几里得算法，如图3.7所示。

剖析欧几里得算法可见，算法具有下列重要特性。

① **有穷性**：一个算法在执行有穷步之后必须结束。如在欧几里得算法中，由于m和n均为正整数，在Step 1之后，r必小于n，若$r \neq 0$，下一次进行Step 1时，n的值已经减小，而正整数的递降序列最后必然要终止，因此无论给定m和n的原始值有多大，Step 1的执行都是有穷次。

② **确定性**：算法的每个步骤必须要确切地定义，即算法中所有有待执行的动作必须严格而清晰地进行规定，不能有歧义性。如在欧几里得算法中，Step 1中明确规定"以n除

寻找两个正整数的最大公约数的欧几里得算法
输入：正整数m和正整数n
输出：m和n的最大公约数
算法：
Step 1. m除以n，记余数为r；
Step 2. 如果r不是0，将n的值赋给m，r的值赋给n，返回
Step 1；否则最大公约数是n，输出n，算法结束

		m	n	r	最大公约数
具体问题		32	24		?
计算过程	1	32	24	8	
	2	24	8	0	8
具体问题		31	11		?
计算过程	1	31	11	9	
	2	11	9	2	
	3	9	2	1	
	4	2	1	0	1

(a)欧几里得算法　　　　　　　(b)模拟计算过程

图3.7　欧几里得算法及其模拟计算过程示意

m"，而不能有类似"可能以n除m，也可能以m除n"这类有多种可能做法但不确定的规定。

③ **输入**：算法有零个或多个输入，即在算法开始之前，对算法给出最初的量。如在欧几里得算法中有两个输入，即m和n。

④ **输出**：算法有一个或多个输出，即与输入有某个特定关系的量，简单地说就是算法的最终结果。如在欧几里得算法中只有一个输出，即Step 2中的n。

⑤ **能行性**：算法中有待执行的运算和操作必须是相当基本的，换言之，它们都是能够精确进行的，算法执行者甚至不需要掌握算法的含义即可根据该算法的每个步骤要求进行操作，并最终得出正确的结果。能行性的另一层含义是算法必须在有限时间内完成。

3. 算法类问题

所谓算法类问题，是指那些可以由一个算法解决的问题。例如，有两个未知数的丢番图方程可解性问题是一个算法类问题，欧几里得算法是对该问题的一个求解。计算学科当中有许多著名的算法类问题，如哥尼斯堡七桥问题、梵天塔问题、背包问题、旅行商问题、网络流量优化问题、生产调度优化/项目调度优化问题等，如图3.8所示。

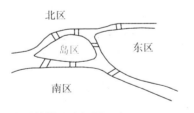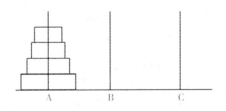

图3.8　典型的算法类问题示意

哥尼斯堡七桥问题：寻找走遍这7座桥并最后回到原点且只允许每座桥走过一次的路径；对任意的一个河道图和任意多座桥，判定是否存在每座桥恰好走过一次的路径。

梵天塔问题：有三根柱子，梵天将64个直径大小不一的盘子按照从大到小的顺序依次套放在第一根柱子上，形成一座塔，要求每次只能移动一个盘子，盘子只能在三根柱子上移动，不能放到他处，而且在移动过程中，三根柱子上的盘子必须始终保持大盘在

下、小盘在上。

下面以"旅行商问题"[5]为例来探讨算法类问题求解的基本框架。

旅行商问题（Traveling Salesman Problem，TSP）是威廉·哈密尔顿爵士于19世纪初提出的一个数学问题，其大意是：有若干个城市，任何两个城市之间的距离都是确定的，现要求一旅行商从某城市出发必须经过每个城市且只能在每个城市逗留一次，最后回到原出发城市，如何事先确定好一条最短的路线使其旅行的费用最少？图3.9是以中国部分城市为输入的TSP问题的解的示意图。

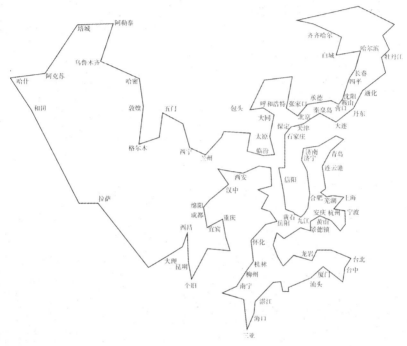

⸬　图3.9　中国部分城市TSP问题解的示意

TSP是最有代表性的组合优化问题之一，它的应用广泛渗透到各技术领域和我们的日常生活中，至今还有不少学者在从事该问题求解算法的研究。许多现实问题都可以归结为TSP问题。例如，"机器在电路板上钻孔的调度"问题，电路板上要钻的孔相当于TSP中的"城市"，钻头从一个孔移到另一个孔所耗的时间相当于TSP中的"旅行费用"，钻孔的时间是固定的，而机器移动时间的总量是可变的，是需要优化的，在大规模生产过程中，需要寻找最短路径能有效地降低成本。再如，半导体制造领域的集成电路布线规划问题、物流运输领域的路径规划问题等，都可以归结为TSP问题进行求解。

3.2.2　数学建模：建立问题的数学模型

算法类问题求解的第一步就是数学建模[6]。数学建模是一种基于数学的思考方法，运用数学的语言和方法，通过抽象、简化，建立对问题进行精确描述和定义的数学模型。简单而言，数学建模就是用数学语言描述实际现象的过程，就是对实际问题的一种数学表述,是关于部分现实世界为某种目的的一个抽象的简化的数学结构。

将现实世界的问题抽象成数学模型,就可能发现问题的本质及其能否求解,甚至找到求解该问题的方法和算法。

例如,哥尼斯堡七桥问题被抽象成一个"图",即由"节点"和连接节点的"边"所构成的一种结构。图3.10为一个具体的现实问题,有丰富语义关系,图3.11为用数学语言表示的问题模型,将无关语义剥离而形成的一种结构。看抽象的"图"结构,我们就可能想到"回路——从一个节点出发最后又回到该节点的一条路径"、"连通——两节点间有路径相连接"、"可达——从一个节点出发能够到达另一个节点"等性质,而哥尼斯堡七桥问题的本质就是经过图中每边一次且仅一次的"回路"问题。我们还可以研究不同的回路,如经过图中每个节点一次且仅一次的"回路"问题。关于图的性质和方法的讨论可从"离散数学"或者"集合论与图论"课程中找到。由上可见,如果能抽象成数学模型,则可将一个具体问题的求解,推广为一类问题的求解。

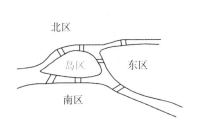

图3.10 一个现实问题,有丰富语义关系

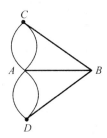

图3.11 用数学语言表示的问题模型

我们来看TSP的数学模型。

假定有n个城市,记为$V=\{v_1, v_2, \cdots, v_n\}$,任意两个城市$v_i, v_j \in V$之间的距离为$d_{v_iv_j}$,问题的解是寻找城市的一个访问顺序$T=\{t_1, t_2, \cdots, t_n\}$,其中$t_i \in V$,使得$\min\sum_{i=1}^{n}d_{t_it_{i+1}}$,这里假定$t_{n+1}=t_1$。

将TSP问题抽象出数学模型后,我们不难想到的一种方法就是列出每条可供选择的路线(即对给定的城市进行排列组合),计算出每条路线的总里程,最后从中选出一条最短的路线。假设现在给定的4个城市分别为A、B、C和D,各城市之间的距离为已知数,出发城市为A,如图3.12所示。我们可以通过一个组合的状态空间图来表示所有的组合,如图3.13所示。状态空间$\Omega=\{\{A\rightarrow B\rightarrow C\rightarrow D\}, \{A\rightarrow B\rightarrow D\rightarrow C\}, \{A\rightarrow C\rightarrow B\rightarrow D\}, \{A\rightarrow C\rightarrow D\rightarrow B\}, \{A\rightarrow D\rightarrow C\rightarrow B\}, \{A\rightarrow D\rightarrow B\rightarrow C\}\}$。不难看出,可供选择的路线共有6条,从中很快可以选出一条总距离最短的路线,即问题的解是$\{A\rightarrow B\rightarrow C\rightarrow D\rightarrow A\}$或$\{A\rightarrow D\rightarrow C\rightarrow B\rightarrow A\}$,最短总距离为13。所以,TSP的本质是:在所有可能的访问顺序T构成的状态空间Ω上搜索,获得$\sum_{i=1}^{n}d_{t_it_{i+1}}$最小的访问顺序$T_{opt}$。

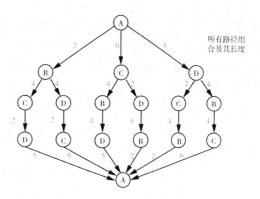

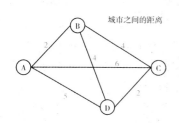

图3.12　TSP的一种抽象结构

图3.13　TSP的解空间（所有可能的组合）

3.2.3　算法思想：算法策略选择

前述的问题求解策略是一种"遍历"的策略：列出每条可供选择的路线，计算出每条路线的总里程，最后从中选出一条最短的路线。遍历是一种最基本的问题求解策略，从数学/计算的角度看，该策略可以准确描述为：遍历状态空间Ω，计算每个访问顺序$T \in \Omega$对应的$\sum_{i=1}^{n} d_{t_i t_{i+1}}$，其中最小的访问顺序$T_{opt}$即为问题的解。

遍历策略对于小规模的TSP问题求解是有效的，然而，对于大规模的TSP问题，该策略在时间上是不可接受的。这里所说的规模一般是指待处理问题的范围或待处理数据量的影响因素，通常用一些反映规模的参数来表达，具体到TSP就是城市的数目，如求解4个城市的TSP和求解20个城市的TSP，其规模是不同的。对于具有n个城市的TSP，其状态空间，所有组合路径的数目是$(n-1)!$，随着城市数目的不断增大，组合路线数将呈阶乘规律急剧增长，以至达到无法计算的地步，这就是所谓的**组合爆炸问题**。假设现在城市的数目增为20个，则组合路径数为$(20-1)! \approx 1.216 \times 10^{17}$。如此庞大的组合数目，若机器以每秒检索1000万条路径的速度计算，也需要花上386年的时间。

因此，从计算的角度看，TSP是一个复杂的、难于求解的问题。据文献介绍，1998年科学家们成功地解决了美国13509个城市之间的TSP，2001年又解决了德国15112个城市之间的TSP。但这一工程代价也是巨大的，据报道，解决15112个城市之间的TSP共使用了美国Rice大学和普林斯顿大学之间网络互连的、由500MHz的Compaq EV6 Alpha处理器组成的110台计算机，所有计算机花费的时间之和为22.6年。我们将在后文继续讨论这一话题。

对于这类难解的问题，有无其他快速的办法来求解呢？这就涉及求解算法的策略选择问题。由于TSP会产生组合爆炸的问题，遍历算法对大规模的TSP问题在时间上是不可行的。因此，寻找切实可行的简化求解方法就成为问题的关键，这意味着设计某些方法，这些方法在时间上是可行的，但所获得解的总距离可能不是"最短"的，而是"较短"的。

在此，有必要区分可行解（Feasible Solution）和最优解（Optimal Solution）的概念。上述TSP实例的最优解是{A→B→C→D→A}或{A→D→C→B→A}，因为不存在任何其他距离更短的路径。{A→B→D→C→A}则可以被视为一个可行解，沿这条路径可以从A出发，经过了所有城市且只停留一次，这条路径提供的总距离为14，虽然不是"最短"，但在某些情况下已经"足够短"，与最短距离的偏差为7.7%，见图3.13。区分可行解与最优解的意义在于，对于类似于TSP的复杂问题，在可接受的时间内获得足够好的可行解更有现实意义。目前已出现很多算法设计策略，如分治法、贪心算法、动态规划、分支定界、启发式算法、元启发式算法等[1]，为一系列科学问题的求解提供了思想、方法和工具。限于篇幅，这里不对每种算法策略进行解释，相关知识请读者参阅算法方面的书籍和课程。

为了概述问题求解框架，本章以贪心（Greedy）算法策略求解TSP为例进行简要介绍。贪心算法策略是一种问题求解的策略，其基本思想可以用一句话来概括，就是"今朝有酒今朝醉"，一定要做当前情况下的最好选择，否则将来可能会后悔，故名"贪心"。基于贪心策略可设计TSP问题的求解算法："从某一个城市开始，每次选择一个城市，直到所有城市都被走完。每次在选择下一个城市的时候，只考虑当前情况下的最好选择，保证迄今为止经过的路径总距离最短"。如图3.14所示，首先从A开始，在选择下一个城市时，比较由A至B、C、D的距离后发现至B的距离最短，选择B；由B开始再选择下一个城市时，比较由B至C、D的距离后发现距离相等，此时我们可任选一城市，如D，再由D选择下一个城市时，将会选择C最后回到A；则将获得解ABDCA，其总距离为14。解ABDCA并不是最优解，却是一个可行解。比较可行解与最优解的差距，我们可评价一个算法的优劣。

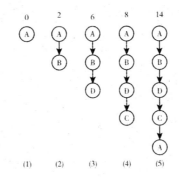

■ 图3.14 贪心策略求解TSP示意

3.2.4 算法设计：算法思想的精确表达

有了算法的思想，我们还要进一步进行算法的设计，精确表达算法的思想，这涉及两方面：一是数据结构的设计，二是控制结构的设计。

我们先考虑数据结构，前述的数学模型中涉及很多的数据，需要用恰当的数据结构来进行保存和处理，不同的数据结构设计，其算法的性能会有所差异。

①设计城市及城市间距离关系的数据结构。 为处理方便，且不失一般性，可将n个城市进行编码，每个城市赋予一个唯一的编号，编号从1起，则n个城市编号分别记为1，2，…，n。假定起始（也是终止）城市的编号是1。为储存城市间的距离信息，可建立一个二维数组D[n][n]，其中的元素D[i][j]表示城市i和城市j间的距离，如图3.15所示。

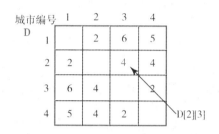

城市映射为编号：a—1，b—2，c—3，d—4
城市间距离关系：表或二维数组D，用D[i][j]或D[i, j]来确定欲处理的每个元素

访问路径/解：一维数组S，用S[i]来确定每个元素

图3.15 TSP的数据结构示意

②设计解的数据结构。 基于前面的城市编号，解是由城市编号构成的一个有序序列。可用一个一维数组S[n]表示问题的解，S[n]中的每个元素存储一个城市且应是不重复的，以满足TSP问题中每个城市仅访问一次的约束，S[n]中的下标表示了城市的访问顺序，即S[1]，S[2]，…，S[n]存储的是依次访问的城市编号，第一个元素S[1]=1，表示起始城市为编号1的城市。例如，针对该TSP问题，其解为序列S[1]=1，S[2]=4，S[3]=3，S[4]=2，即城市编号1→城市编号4→城市编号3→城市编号2→城市编号1。

再考虑控制结构。控制结构的设计反映了算法的思想。我们为n个节点的TSP设计算法，如图3.16所示。图3.16(a)和(b)是用类自然语言表达的算法，图3.17是用程序流程图表达的算法。先看图3.16(a)，算法步骤4表示从第2个城市开始逐步选择新的城市，步骤8表示用Sum记录一条路径的总距离，步骤11输出问题的解。算法的核心——"贪心策略寻找下一城市"体现在算法过程的步骤(5)中，即"从所有未访问过的城市中查找距离S[i-1]最近的城市j"。然而，这一步骤如何执行还有待进一步明确。将这一步骤进一步细化，得到如图3.16(b)所示的过程。

有了图3.17的算法，我们便可采用任何一种计算机语言编写出相应的程序，以便能够在计算机上运行，从而实际求解问题。图3.18给出的是用C语言编写的，贪心算法求解TSP问题的程序，请对照着流程图加以理解。

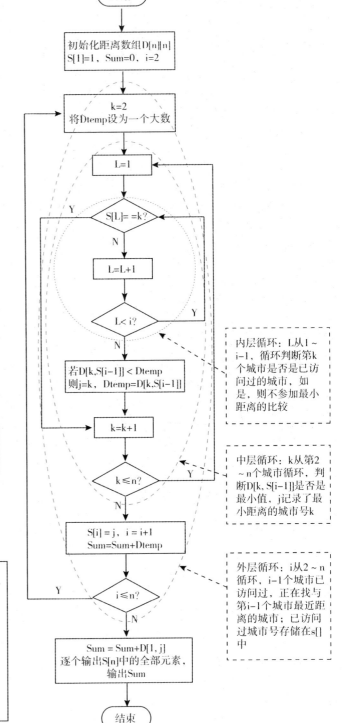

Start of the Algorithm
1) S[1]=1;
2) Sum=0;
3) 初始化距离数组D[n][n];
4) i=2;
5) 从所有未访问过的城市中查找距离
S[i-1]最近的城市j;
6) S[i]=j;
7) i=i+1;
8) Sum=Sum+Dtemp;
9) 如果i<=n，转步骤5)，否则转步骤10)；
10) Sum=Sum+D[1][i];
11) 逐个输出S[n]中的全部元素；
12) 输出Sum；
End of the Algorithm

(a) 算法表达

5.1) k=2;
5.2) 将Dtemp设为一个大数（比所有两个
城市之间的距离都大）；
5.3) L=1;
5.4) 如果S[L]==k，转步骤5.8)；
//该城市已出现，跳过
5.5) L=L+1;
5.6) 如果L<i，转步骤5.4)；
5.7) 如果D[k][S[i-1]]<Dtemp，则j=k，
Dtemp= D[k][S[i-1]];
5.8) k=k+1;
5.9) 如果k<=n，转步骤5.3)；

(b) 算法步骤细化

▓▓ 图3.16 求解TSP问题的贪心
算法表达示意

▓▓ 图3.17 求解TSP问题的贪心算法流程图

```
#include <stdio.h>
#define  n  4
main() {
  int D[n][n], S[n], Sum, i, j, k, l, Dtemp, Found;
  S[0]=0; Sum=0; D[0][1]=2; D[0][2]=6; D[0][3]=5; D[1][0]=2; D[1][2]=4; D[1][3]=4;
  D[2][0]=6; D[2][1]=4; D[2][3]=2; D[3][0]=5; D[3][1]=4; D[3][2]=2;
  i=1;
  do {                                              //注意：程序是从0开始，流程图是从1开始，下同
    k=1; Dtemp=10000;                               //i从1～n-1循环，将被执行n-1次，简记约n次
    do {                                            //k从1～n-1循环，将被执行(n-1)×(n-1)次，简记约n²次
      L=0; Found=0;
      do {
        if (S[L]=k) {                               //L从1～i循环，将被执行约n²次
          Found=1;
          break;
        }
        else
          L++;
      } while (L<i);
      if (Found==0 && D[k][S[i-1]]<Dtemp) {          //l从1～i循环
        j=k;
        Dtemp= D[k][S[i-1]];
      }
      k++;
    } while (k<n);                                   //k从1～n-1循环
    S[i]=j;
    i=i+1;
    Sum=Sum+ Dtemp;
  } while (i<n);                                     //i从1～n-1循环
  Sum=Sum+ D[0][j];
  for (j=0; j<n; j++) {
    printf("%d, ", S[j])                            //输出城市编号序列
  }
  printf("\n");                                     //换行
  printf("Total Length: %d, ", Sum)                 //输出总距离
}
```

:: 图3.18　求解TSP贪心算法的C语言程序

3.2.5　算法的模拟与分析

至此，我们已经建立了问题模型，探讨了求解思想，设计了合适的数据结构和算法，并将其转变为可执行的程序，其可以在计算机上运行，看起来问题已经被解决了。然而，某些问题是我们不得不面对的：一是正确性问题：问题求解的过程、方法是正确的吗？算法是正确的吗？算法的输出是问题的一个解吗？二是效果的评价问题：算法的输出是最优解还是可行解？如果是可行解，它与最优解的偏差有多大？关注算法的这两个问题，尤其是正确性问题有着重大的意义，因为算法的错误可能会导致难以估计的损失，如20世纪60年代，美国一架发往金星的航天飞机由于飞行控制程序出错而永久丢失在太空中。

解决上述问题的方法一般有两大类：一类是分析方法，即利用数学方法严格的证明算法的正确性和算法的效果，另一类是模拟/仿真分析方法。对算法的正确性、效果的分析可以为算法的改进提供指导，在此简要介绍模拟/仿真分析方法。仿真分析方法的过程是，对于某一算法 (如TSP的贪心算法) 产生或选取大量的、具有代表性的问题实例，利用该算法对这些问题实例进行求解，并对算法产生的结果进行统计分析。

TSP算法的正确性相对易于分析，直观上只需检查算法的输出结果中，每个城市出现且仅出现一次，该结果即是TSP的可行解，说明算法正确地求解了这些问题实例 (仍然

不能断定该算法对所有的TSP问题实例均能够正确求解，这是仿真分析方法的局限性所在)。

TSP算法的效果评价问题则难于回答，如果TSP问题实例的最优解是已知的(问题规模小或问题已被成功求解)，利用统计方法对若干问题实例的算法结果与最优解进行对比分析，即可对其进行效果评价。但是TSP是典型的组合爆炸问题，对于较大规模的问题实例，其最优解是未知的，因此算法的效果评价也是很难做到的，往往只能借助于与前人算法结果的比较。

对这两个问题的探讨涉及计算学科中的核心课程"算法学"或"算法设计与分析"，有兴趣的读者可进一步参阅。

3.2.6 算法的复杂性

除了算法的正确性和效果，另一个重要问题是算法的效率，即算法的复杂性。算法复杂性包括算法的空间和时间两方面的复杂性，在此主要关心算法的时间复杂性。

如果一个问题的规模是n，解这一问题的某一算法所需要的时间为$T(n)$，它是n的某一函数，$T(n)$称为这一算法的"时间复杂性"。我们常用大O表示法表示时间复杂性。注意：它是某个算法的时间复杂性。

"大O记法"：在这种描述中使用的基本参数是n，即问题实例的规模，把复杂性或运行时间表达为n的函数。这里的"O"表示量级(Order)，它允许使用"="代替"≈"。如$n^2+n+1=O(n^2)$，该表达式表示当n足够大时，表达式左边约等于n^2。

设$f(n)$是一个关于正整数n的函数，若存在一个正整数n_0和一个常数C，当$n \geqslant n_0$时，$|T(n)| \leqslant |C \times f(n)|$均成立，则称$f(n)$为$T(n)$的同数量级的函数。于是，算法时间复杂度$T(n)$可表示为$T(n)=O(f(n))$。例如，下面一段程序的时间复杂度是$O(1)$：

```
Temp=i;              i=j;              j=temp;
```

以上三条单个语句的频度均为1，该程序段的执行时间是一个与问题规模n无关的常数。算法的时间复杂度为常数阶，记作$T(n)=O(1)$。如果算法的执行时间不随着问题规模n的增加而增长，即使算法中有上千条语句，其执行时间也不过是一个较大的常数。此类算法的时间复杂度是$O(1)$。

下面一段程序(交换i和j的内容)的时间复杂度是$O(n^2)$。

```
sum=0;                  （1 次）
for(i=1; i<=n; i++)     （n 次）
  for(j=1; j<=n; j++)   （n² 次）
    sum++;              （n² 次）
```

解：$T(n)=2n^2+n+1 =O(n^2)$。

当算法的时间复杂度的表示函数是一个多项式，如$O(n^2)$时，计算机对于大规模问题可以处理。然而，如果算法的时间复杂度可以用一个指数函数表示，如$O(2^n)$，当n很大（如10000）时，计算机是无法处理的。因此，一个问题求解算法的时间复杂度大于多项式函数时，如指数函数，则算法的执行时间将随n的增加而急剧增长，以致即使是中等规模的问题也不能求解出来。于是，在计算复杂性中将这一类问题称为**难解性问题**。

TSP如果采用遍历算法，就会遭遇"组合爆炸"，其路径组合数目为$(n-1)!$，因此遍历算法的时间复杂度是$O((n-1)!)$，TSP的遍历就是一个典型的难解性问题。与之相比，前述TSP的贪心算法其时间复杂度是$O(n^3)$，参见图3.18。

在计算复杂性理论中，将所有可以在多项式时间内求解的问题称为P类问题，而将所有在多项式时间内可以验证的问题称为NP类问题。由于P类问题采用的是确定性算法，NP类问题采用的是非确定性算法，而确定性算法是非确定性算法的一种特例，因此可以断定$P \subseteq NP$。

算法的空间复杂度是指算法在执行过程中所占存储空间的大小，用$S(n)$表示（S为英文单词Space的第一个字母）。与算法的时间复杂度相同，算法的空间复杂度$S(n)$也可表示为$S(n)=O(g(n))$。

关于算法的复杂性理论，请进一步参阅有关算法和计算理论[7]方面的书籍和课程。

3.2.7 算法类问题求解框架

前面我们概述了算法类问题求解框架，综合起来如图3.19所示。

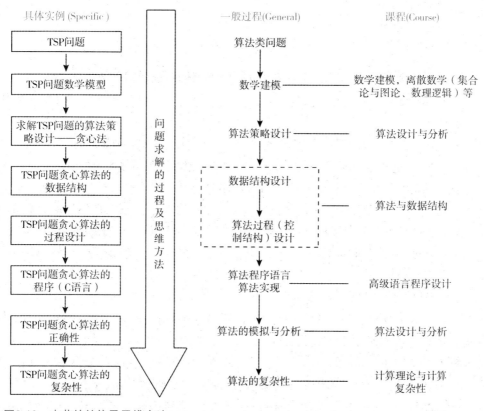

图3.19 本节的结构及思维方法

对于算法类问题，重要的是将其抽象为一种数学结构，从数学的角度分析其性质，并判断其是否有解，以及发现问题求解的基本思路和方法。接下来要考虑问题求解的策略，是求最优解还是求可行解，选择不同的算法策略，如分治、贪心、动态规划等。进一步则是将算法思想精确地表达出来，需要表达输入的数据结构，表达输出即"解"的数据结构，再表达算法思想的具体步骤即控制结构，使每个步骤都是确定的无歧义的，可采用类自然语言表达，也可采用程序流程图来表达。若要实现该算法，则可采用某一种程序设计语言将算法转变为"机器相容"的程序。算法设计的关键还要考虑算法的正确性和时空复杂性。在这一框架中涉及数学建模课程、离散数学(如集合论与图论)等数学类课程，涉及算法与数据结构、算法设计与分析、计算理论与计算复杂性等课程，如要深入研究，则要进一步学习这些课程。

3.3 现代程序的基本构成要素

为了更好地理解后续的系统类问题求解框架，我们先介绍现代程序及其构成要素，**在此仍将忽略具体语言的语法或者书写规则**，而仅介绍其构造思想。读者参阅具体语言的使用说明，便可将其应用于具体语言的程序设计中。

传统程序的构成要素只是变量、表达式、语句与函数，现代程序的构成要素则是类、对象、消息、事件和方法。因此，理解类(Class)与对象(Object)及其相关概念对于现代程序设计至关重要。我们先从一个形象化的示例来介绍类与对象的相关概念，再从程序角度看类与对象。

3.3.1 对象与类的概念——通俗示例

什么是对象呢？简单而言，对象就是具有以下特征的任何事物：

- 一个对象能够区别于其他对象，通常有个唯一标识，简单地可用名字作为其唯一标识。
- 有一组状态用来描述它的某些特征(类似于程序中的变量和数据)。
- 有一组操作，每个操作决定对象的一种功能或行为(类似于程序中的函数)。

如图3.20(a)所示，张三和王五两个人就是两个对象，他们都具有对象的特征。首先，他们都有一个区别于其他对象的名字，即"张三"和"王五"；其次，他们都有身高、体重、性别等特征，如张三身高1.80m、体重70kg、性别男，王五身高1.64m、体重62kg、性别男；再次，他们都能回答有关他们自身的问题(功能)，如回答身高、回答体重、回答性别，即张三总能回答张三的身高、体重和性别，王五总能回答王五的身高、体重和性别。现实世界类似的对象有很多。

对象是自身可独立运行和发展的功能体(类似于拥有独立的程序和数据)。由于每个对象具有不同的状态(数据)，就像每个人有自己的身高、体重一样，所以对象之间是可相互区分的。每个对象都可能具有同一类型的功能(程序)，就像每个人都能说话一样，但由于每个人都使用自己的嘴说话(对象使用自己的功能)，所以说的内容也不一样，对象执行功能的结果也不一样。对象自身所具有的状态特征及自身所具有的功能对其他对

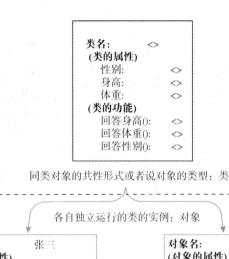

同类对象的共性形式或者说对象的类型：类

各自独立运行的类的实例：对象

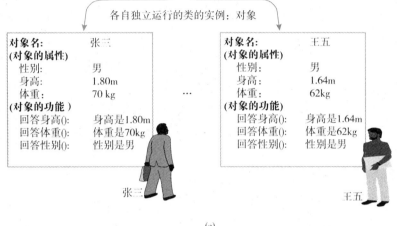

(a)

(b)

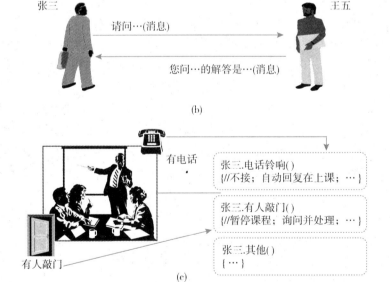

(c)

图3.20 对象、类、消息和事件的通俗示例

象而言可能是透明的，其他对象是不了解的，也不需要了解。对象自身各种状态的变化由该对象自身的各种操作去完成，如随着时间的推移，张三自己身高会发生变化、体重也会发生变化等，但对象的这些固有属性的变化与其他对象无关，即张三体重的增加与李四、王五是没有关系的，李四、王五也不需了解其变化。当李四需要知道张三的身高时，只需向张三发出请求，由张三自己来回答。

如何描述对象呢？如图3.20所示，我们可用仿程序的方式来刻画每个对象：用对象名区分每个对象，用属性（即变量）刻画对象的特征类别，用属性值（即变量值）刻画对象的具体特征值或状态值，用函数刻画对象的功能。刻画对象每种功能的函数在对象中又被称为对象的"方法"。同类对象的方法可以是相同的，但由于其各自独立地处理对象自己的数据，所以产生的结果是不同的。例如，张三、王五都能回答自己的身高，但张三回答是1.80m，而王五回答是1.64m。

由于类似张三、王五这样的对象众多，一个一个对象的单独刻画是比较烦琐的。怎么办？我们将同类对象的共性的内容抽象出来，形成了对象的"类型"，被称为"类"。所以，类是众多对象的"型"或者"类型"，而对象是"类"的一个个具体的实例。前面说过，变量有变量的类型，因此我们可将对象比作一个变量，而将类比作变量的类型。只是"类"比"变量类型"要复杂得多，变量类型仅涉及数据及其存储，类不仅涉及数据及其存储，且涉及共性的函数（程序），见3.3.2节的叙述。

对象与对象之间并不是彼此孤立的，它们之间存在着联系。在面向对象系统中，对象之间的联系是通过消息（Message）来传递的。什么是消息？通过一个现实生活中的例子来说明。假设张三想知道王五的身高，那么张三就会问王五。这种"问"就可以认为是张三向王五发一个消息，请求王五回答一下自己的身高，如图3.20(b)所示。现实世界中的消息是多种多样的，如一位领导给一位司机下一个"指示"，让他开车到某地点去，学生向老师"打听"某一门课的成绩，一位欲坐车的人向出租车司机打一个电话，预约服务等。"指示"、"打听"、"预约"等都是消息。

当一个对象需要其他对象为其服务时，便可向那个对象发出请求服务的消息。若一个对象有若干功能（或者称函数），但什么时候用这些功能来工作？工作时刻也是在得到其他对象发出请求服务的消息后开始的。例如，张三有许多功能，如"张三.回答身高()"、"张三.回答体重()"、"张三.回答性别()"，通常情况下张三的这些功能是不执行的，除非有人问张三这些问题，张三才回答。因此，消息是对象之间相互请求或相互协作的手段，是激活某个对象执行其中某个功能操作的"源"。

通常，发送消息的对象称为发送者，接收消息的对象称为接收者。对象之间的联系只能通过传送消息来进行，对象也只有在收到消息时才能被激活，被激活的对象将"知道"如何去完成消息所要求的功能。

什么是事件（Event）？举例来说，一位老师讲课时，有人敲门、电话铃响、学生提问，此时敲门、电话铃响、学生提问便是三个事件。所谓事件，就是外界产生的一些能够激活对象功能的消息。一般情况下，对象对于不同的事件会用不同的函数来响应，如图3.20(c)所示。对于电话铃响这一事件，有一函数"张三.电话铃响()"，可以看出该函数的功能为"不接，自动回复在上课，…"，因此当电话铃响这一事件发生时，将执行该函数即不接电话自动回复。如果是有人敲门这一事件发生，将执行函数"张三.有人敲门()"，将暂停授课，询问并处理。可见，对象会对不同的事件做出不同的处理。

下面我们从程序角度看对象和类。

3.3.2　类与对象的概念——面向对象的程序

简单来讲，传统程序的构成要素是函数与变量，函数是处理不同变量的程序，而函数之间的调用形成了复杂的软件功能。但怎样处理如上所述的"**若干同类别对象，虽有相同的程序，却处理不同的数据而产生不同的结果呢？**"这涉及两方面的技术：封装，以及对象的自动产生和运行。所谓封装，就是将对象的数据及处理该数据的函数放在相对独立的内存区域，使其与另一对象的数据及其函数区别开来，尽管这两个对象可能是同类别的对象。所谓对象的自动产生和运行，是指程序可以自己产生对象相关的程序并运行，即程序可自动申请内存区域并装载某对象相关的程序与数据，如图3.21所示。

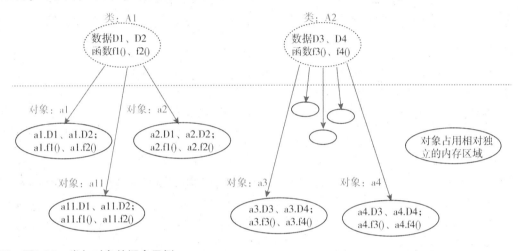

图3.21　类与对象的概念示例

两个对象a1和a2，它们具有相同的类型即类A1。A1类型的对象拥有两个数据D1和D2,及两个函数f1()和f2()。a1和a2都具有数据D1和D2，但a1的D1、D2与a2的D1、D2互不相干，被隔离，被封装；a1和a2也具有函数f1()和f2()，但a1的f1()、f2()与a2的f1()、f2()虽是相同的程序却处理不同的数据，a1的函数只处理a1的数据，a2的函数只处理a2的数据。对象a1和对象a2占有不同的内存区域，各自的程序针对各自内存中的数据操作，互不相干。依据这一思路，我们可以编写一套程序（以类的形式存在），便可产生若干对象，使若干对象都拥有这套程序，如图3.22所示。我们编写了类A1的相关处理程序后，便可产生对象a1，对象a2，依据需要还可产生更多的对象。这一思想即是面向对象的程序设计思想的精髓，而类和对象的概念是理解和应用的关键。

我们再从程序的角度看类和对象。

① 类。所谓类，是将不同类型的变量组合（即数据结构）和处理这些变量组合的函数封装在一起的集合体，是一类对象的类型，此类型包括数据结构的各个变量以及相关的函数体即程序段落，体现了一类对象的共性数据结构和共性的函数体。

② 对象。所谓对象，是指该类的一个个的程序执行个体，或称为实例。对象是用类创建的，是在相对独立的内存区域创建的可执行的程序个体，同一"类"的所有对象具有相同形式的函数和数据结构，但处理各自的数据。

对象的属性就是变量，对象的功能就是程序。对象本身则可认为是由若干变量和若

```
Main()                                    Class  A1          //定义一个类        Class  A2
{ int M1, M2;                             {                                      {
                                              int D1, D2      //定义变量              int  D3, D4
  a1 = new A1;   //创建类A1的对象a1            int f1();       //定义类中的函数          int  f3();
  a2 = new  A1;  //创建类A1的对象a2            int f2();       //定义类中的函数          int  f4();
                                          }                                      }
  a3 = new A2;    //创建类A2的对象a3
  M1 = call a1.f1(); //执行对象a1的f1的程序    int  A1::f1()      //函数f1的程序       int A2::f3()
  M2 = call a2.f1(); //执行对象a2的f1的程序    { //f1的程序语句块 }                    { … //f3的程序体 }
  a1.D1 = 15;     //对象a1的数据D1被赋值为15
  a2.D1 = 20;     //对象a2的数据D1被赋值为20
  …                                                                              int A2::f4()
}                                         int A1::f2()       //函数f2的程序        { … //f4的程序体 }
                                          { //f2的程序语句块1
                                              a4 = new  A2;   //创建类A2的对象a4
                                              //f2的程序语句块2
                                          D1 = call  a4.f3(); //调用另一对象的某一函数
                                              //f2的程序语句块3 }
```

图3.22　类与对象及其相关程序

干程序构成的更大的一个"变量"，对象是自身可独立运行的一个程序集合体。对象自身可以运行，可以处理不同的事件。就像变量有"变量的类型"和"具体的存储单元"一样，对象是在内存中创建的具体的"变量"，而类是该"对象"变量的类型。类是一系列对象的"类型 (Type)"，而对象是类的一个个具体的"实例 (Instance)"。各对象之间通过消息或外界的事件来相互影响。

③ 方法。所谓方法，是能执行特定功能的程序语句块，即"过程"或"函数"。方法是响应消息或事件的程序，或者说，是类或对象封装的函数的实现体，即程序段落。

一般情况，类是用Class来定义的。在类的定义中可以定义该类所有对象都应拥有的变量和方法。如图3.22所示，定义了两个类A1和A2。每个类的方法可以用"类名::函数名(){…}"的形式来定义，即在其中可书写该类该方法的程序，如"int A1::f1(){ … }"定义了A1类的函数f1()的程序段落。

在一个类的方法中可以用new函数创建另一个类的对象。被创建的对象是一个对象型变量。该"对象"独立地拥有一套该"类"的数据和方法，占有相对独立的内存区域。如"a1= new A1;"是创建类A1的一个对象a1，经此创建，a1即独立地拥有类A1中的变量和函数，可通过a1.D1、a1.D2、a1.f1()、a1.f2()等形式来访问和调用执行。再如，"a4=new A2;"是创建类A2的一个对象a4，经此创建，a4即独立地拥有类A2中的变量和函数，可通过a4.D3、a4.D4、a4.f3()、a4.f4()等形式来访问和调用执行。

Main()函数中还创建了类A1的另一个对象a2及类A2的对象a3，分别调用了两个对象的f1()函数，并对两个对象a1、a2的D1赋予不同的值。

类是不能被执行的，而只有用此类创建了对象后的对象是可以被执行的。

④ 消息。所谓消息，简单而言就是被传送的一个"数据"。一个对象向另一个对象发送一个数据就是发送一个消息，一个对象对另一个对象的函数的一次调用也是发送一个消息。本质上，消息表达了一个对象对其他对象的函数的一次调用，因此说方法是响应消息的函数体 (程序)。图3.23给出了图3.22程序中对象之间的消息传递过程示意。

关于类和对象的更多具体细节介绍可参阅C++/Java等有关的书籍。

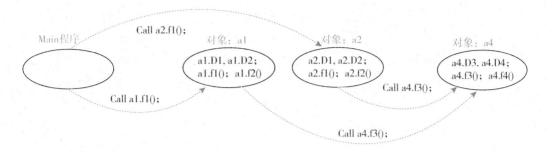

::　图3.23　对象之间通过消息进行联系的示意

3.3.3　面向对象程序构造的一个例子——可视化编程的思维模式

我们再看面向对象技术构造程序的一个示例——可视化编程示例，如图3.24所示。

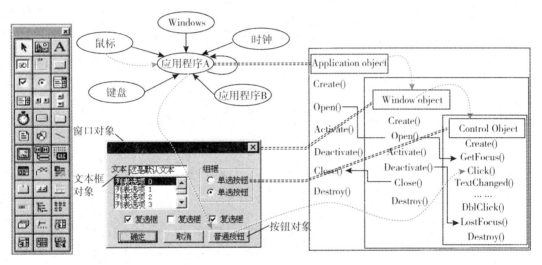

::　图3.24　可视化对象及其之间的控制关系示意

图3.24左部以可视化方式给出了一些已经编制好的可进一步使用的"类"。用这些类，程序员可按需要产生若干可视化的对象，如图中下方的对象界面所示。它们将涉及如下对象：应用程序对象（Application Object）、窗口或窗体对象（Window Object）和控件对象（Control Object）。所谓控件对象，是指分布在窗体内的各类对象，如按钮对象、文本框对象、滚动条对象等，它们附着在窗体对象上随窗体对象一起出现和消失。窗体对象依存于应用程序对象。

这些对象可通过拖拽的方式由"类"产生，并进行可视化调整。一旦形成窗口，这些对象便可进行工作，如按钮可以被单击和双击，文本框可以进行输入等。这些功能是对象的固有的属性，已由事先编好的"类"所实现，具体实现细节被隐藏而不需程序员关注，减轻了程序员的负担。

如果程序员什么也不做，那么这种程序也是没有用的，只是一空壳。为此，在编制这些对象的"类"时，在隐藏一些特性的同时也开放了一些特性，这些特性可由程序员来设计和调整。例如，对象的属性不能增加或减少，但属性值可以被更改；对象所能处理的事件种类不能增加或减少，但处理事件的程序可由程序员来编写以反映特殊的需求——这就是事件驱动 (Event-driven) 程序。

我们将前述事件的概念引入到程序设计领域，如用户敲键、单击鼠标、打开窗口、关闭窗口等都是发生在计算机上的事件。事件体现了人与机器之间的联系，程序通过事件接受用户发出的指令，并依据用户产生的事件而执行相应的函数。每类对象都会发生一些事件。例如，对屏幕元素"按钮"来说，"单击鼠标"就是"按钮"对象的一个事件；对屏幕元素"文本框"来说，可能要在其中输入文本内容，因此"敲键"就是"文本框"对象的事件，"内容改变"也是一个事件。程序通过用户产生的事件接受来自用户的服务请求，通过消息接受来自其他程序的服务请求。

类似地，在程序世界中，每类对象对其可能发生的事件都有专门的处理程序，即由专门的函数来处理，这些程序或函数也被称为事件处理程序 (Event handler) 或事件过程 (Event procedure)。对于处于运行状态的对象，特定事件的发生将引发相应函数的执行，这个过程被称为"事件驱动"。

由此可知，事件驱动机制的函数间执行顺序与传统编程机制中函数间执行顺序可能是不一样的。根据应用的需要，传统程序按照确定的"函数调用"路线而执行，尽管可能会有分支和循环结构。但事件驱动机制按照事件的发生去执行，而事件的发生是由用户控制的，一个事件处理函数，如果没有那个事件的发生，则可能永远不被执行，这就是图形用户界面 (Graphical User Interface，GUI) 和事件驱动编程机制的精髓。事件处理函数的具体编写方法就像编写传统程序的函数一样，由常量变量、表达式和语句序列构成。

如图3.24右部所示，可视化编程机制的提供者为每类对象都设计了一些函数，用于处理不同的事件。然而这些函数并没有具体的程序语句，即空函数。应用程序员可依据不同需要编写相应的事件驱动程序，放置在这些函数中。例如，每类对象都由Create()函数来处理对象的创建问题，由Open()函数来处理打开事件，由Close()函数来处理关闭事件，由Activate()函数来处理激活事件，由Click()函数来处理单击事件等。这些对象及其函数之间的调用顺序被事先设计好，如图3.24右部所示。一般而言，先创建应用程序对象，再创建窗体对象，再创建每个控件对象，打开顺序也依次进行，即Application.Open()→Window.Open()→Control.Getfocus()。关闭、退出时与此次序相反，即Control.Lostfocus()→Window.Close()→Application.Close()。

操作系统监控事件的发生，并将事件传递给相应的应用程序，应用程序进一步将事件传递给相应的窗口，窗口再把事件传递到相应的控件对象，控件对象根据事件的类别选择相应的事件驱动程序予以执行。操作系统监控的事件包括：① 鼠标产生的事件，如单击鼠标、双击鼠标、移动鼠标等；② 键盘产生的事件；③ 系统时钟产生的事件；④ 操作系统本身的事件；⑤ 打开的应用程序产生的事件等。

为理解上述机制，还需要理解**消息循环**的概念。如图3.25所示，操作系统管理着应用程序队列和消息队列，每个应用程序也管理着其对象队列和消息队列。

消息队列用来处理所有的消息：一种是整个系统的系统消息队列，另一种是每个应用程序的应用程序消息队列。这些队列被看成是一个循环缓冲区，由一个不断运行的程序来管理。这个循环缓冲区及其管理程序叫做消息循环。消息循环不断地在运行，以检

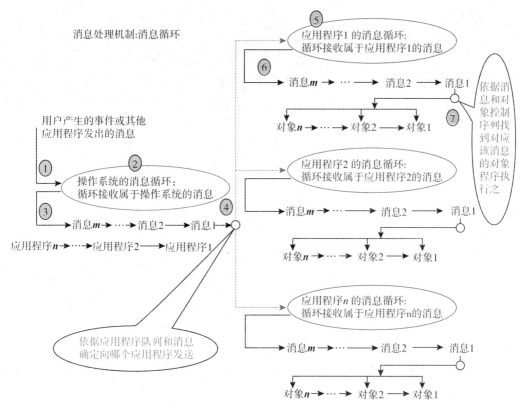

■ 图3.25　消息循环处理机制示意

测是否有消息产生。消息循环可以说是可视化应用程序的主要特征之一。

当有消息产生时，操作系统的消息循环首先检测是发送给哪个应用程序的，其按照应用程序队列自前向后检索，并发送给相应应用程序的消息循环去处理。应用程序的消息循环检测到消息后，再按照对象控制队列自前向后检索，并发送给相应对象。相应对象接收到消息后，按照消息找到相应的事件处理程序并执行之。

应用程序队列是由激活的程序和非激活的程序构成的，其中最前面的就是激活的应用程序，消息将首先被激活的应用程序所截获。只有前面的应用程序不予处理消息时，其才被传递到非激活的应用程序中。当某一非激活应用程序接收到消息后，它在应用程序队列中的位置将发生变化，即它将移动到队列的最前方，成为激活的应用程序。对象队列与此类似，当某一对象获得输入控制权后，它将位于对象队列的最前方，首先截获消息。只有前面的对象不予处理消息时，才传递给后面的对象去处理，此时后面的对象将成为对象队列的最前方，获得控制权。

3.3.4　现代程序构造及其表达方法

简单来看，传统程序的基本构成单位是"函数()"及其"变量"，而现代程序将函数及其变量封装成对象后，形成了"对象"及"对象.函数()"和"对象.变量"；传统程序之间的函数调用"Call 函数()"，演变成了对象之间的消息交互，即"Call 对象.函数()"。对一些细节隐藏后形成的对象及其消息的处理技巧更容易处理复杂的情况，有助于解决系统类问题。

刻画传统程序的函数可采用程序流程图，见3.3.3节。目前刻画现代程序的类、对象及其函数调用多采用UML[8]类图和序列图。UML（Unified Modelling Language，统一建模语言）是软件工程领域应用最广泛的一种图形化建模语言，包括很多种"图"，如用例图、类图、活动图、状态图、序列图、协作图等。本节仅简要介绍"类图"和"序列图"，以阐述现代程序的构造思想。关于UML建模的详细内容，读者可参阅相关的课程或UML建模操作手册深入学习。

类图可用于刻画对象"类"之间的关系，基本图形规范如图3.26(a)所示。每个类由三部分来刻画：类名字，类中的变量及其类型，类中的函数名（又称为方法）。类与类之间的关系主要有3种，如图3.26(b)所示。

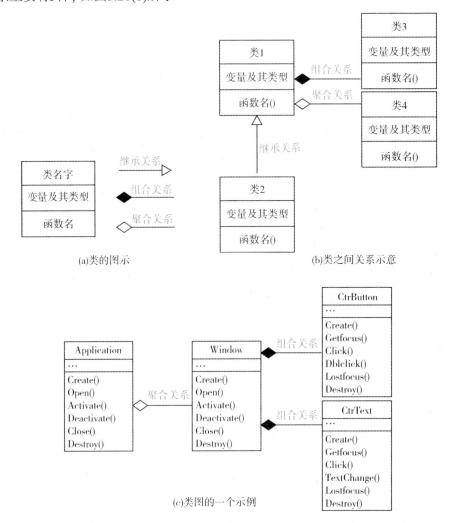

(a)类的图示　　　　　　　　(b)类之间关系示意

(c)类图的一个示例

图3.26　UML类图示意

① 继承关系，一个类"类2"继承了另一个类"类1"，即被继承类"类1"的变量和函数都将出现在"类2"中，即"类2"的所有对象也都将拥有"类1"的变量和函数。

② 聚合关系，"类1"由"类4"聚合而成，"类4"和"类1"具有相对独立的关系，但"类4"被聚合到"类1"中。聚合是弱依存关系，即类4可以脱离类1而独立存在。

③ 组合关系，"类1"由"类3"组合而成，是指"类3"随"类1"的出现而出现，随其消失而消失。组合是强依存关系，即类3不能脱离类1而独立存在。

图3.26(c)给出了一个类图的示例，即图3.24的可视化程序的类图。一个"应用程序"类由一个"窗体"类聚合形成，一个"窗体"类由"按钮"类和"文本框"类组合而成。图中的变量部分被省略，仅简要给出了每个类的函数。我们可以为这些函数编写一些事件驱动程序，即将其由"空函数"变为具体"函数"，便可形成一个有具体功能的应用程序。

图3.26用类图刻画了每个类的构成及其之间的关系。但如何反映对象之间的消息交互关系，即对象的函数之间的调用关系呢，我们可用次序图来表示。

次序图以对象的概念而不是以类的概念来绘制，如图3.27所示，通过"对象:类"或者":类"来区分某个类的一个对象，由该对象引出的一条竖线代表着该对象的生命线。对象之间的函数调用关系就被标注在由一个对象生命线指向另一个对象生命线的箭头线上，箭头线自上而下代表着一种时间顺序，所以此图被称为序列图或次序图。图3.27(a)表示类1的对象a发送一个消息给类2的对象b，即类1的对象调用类2的对象的一个函数。图3.27(b)表示类1的某个对象（注意类前面的":"表示该框中是一个对象）发送一个消息给类2的某个对象，即类1的对象调用了类2某对象的一个函数。图3.27(c)给出了前面图3.24的各对象的函数之间的调用关系。首先，外界调用Application对象的Create()函数，然后Application对象调用Window对象的Create()函数，接着Window对象依次调用每个控件对象的Create()函数。后续可依此阅读此图，在此不再赘述。

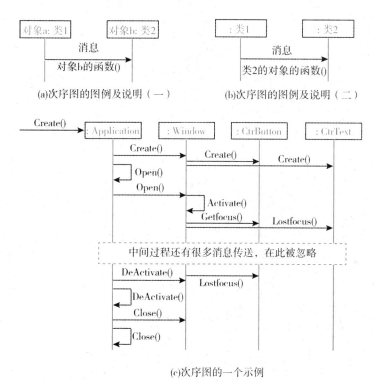

(a)次序图的图例及说明（一）　　(b)次序图的图例及说明（二）

(c)次序图的一个示例

■■ 图3.27　UML次序图示意

图3.28给出了图3.22中程序的类图和次序图。

133

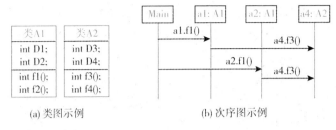

(a) 类图示例   (b) 次序图示例

图3.28   图3.22的类图和次序图

图3.29给出了现代程序的两种构造思路示意。图3.29(a)给出的是一个对象通过直接调用另一个对象的函数来进行交互；图3.29(b)给出的是所有的消息由一个"消息循环"来统一管理，一个对象发送的所有消息都被"消息循环"接收；然后"消息循环"识别该消息，再依据消息的特征调用相应对象的函数。它是否就是3.3.3节介绍的事件驱动程序的思路呢？

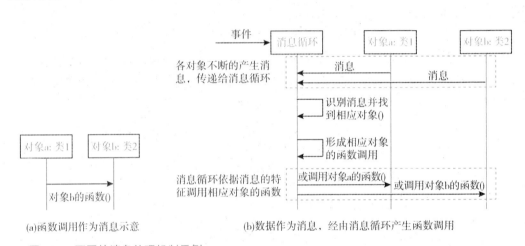

(a)函数调用作为消息示意   (b)数据作为消息，经由消息循环产生函数调用

图3.29   不同的消息处理机制示例

现代程序通过引入类和对象的概念后，使得程序构造方式发生了很多的变化，使得程序的能力得到了很大提高。传统程序好比是建造平房的技术，则现代程序就是建造高楼大厦的技术，能够建造各式各样复杂而有特色的建筑，出现了众多的如前可视化编程一样的软件开发框架，程序构造越来越容易。本节只是简要介绍了其基本思想，读者可通过阅读相关资料来了解和理解更复杂的程序构造技巧。

3.4   系统类问题求解框架

3.4.1   什么是系统

我们知道，为求解现实世界的各种问题，需要一些系统，如载人飞行控制系统、机器人系统、导航系统、软件系统、硬件系统、网络系统等。那么，什么是"系统"呢？怎样刻画系统，怎样构造系统，又怎样分析系统呢？

1. 系统

从抽象角度而言，系统是指由相互联系、相互作用的若干元素构成的，具有特定功能的统一整体。系统是复杂的，涉及很多方面，如图3.30所示。

图3.30(a)描述了系统的环境特性，即系统是处于一定环境中的。所谓系统的"环境"，是指与系统相关的所有外部因素的总称，系统与系统外各元素（或者环境）之间是相互作用的。系统是有行为的。所谓"行为"，是指系统相对于它的环境所表现出来的一

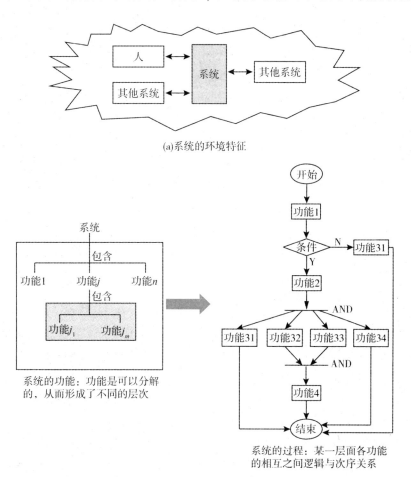

(a)系统的环境特征

(b)系统的功能和过程特征

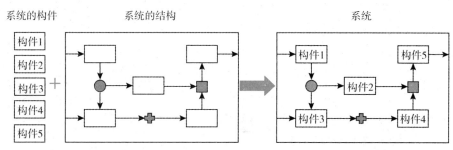

(c)系统的构件和结构特征

▓▓ 图3.30 "系统"的示意图

切变化，行为属于系统自身的变化，又反映环境对系统的影响和作用。

图3.30(b)描述了系统的功能和过程特性，即系统是有功能与过程的。所谓"功能"，是指系统所表现出来的，具有并能够提供的特性、功效、作用和能力等。所谓"过程"，是各项功能在系统运行过程中的次序及约束关系，用于反映和处理系统的状态及状态的改变。所谓"状态"，是指系统的那些可以观察和识别的形态特征。一般而言，状态表达的是系统的形态特性，功能表达的是静态特性，而过程表达的是动态特性。

图3.30(c)描述了系统的构件和结构特性，即系统是有结构的。所谓结构，是指系统内各组成部分（元素和子系统）之间相互联系、相互作用的框架。我们可以把一个个元素和子系统称为"构件"，而把这些构件之间的相互连接、相互作用的拓扑关系称为"结构"，系统的构件按照这种拓扑关系装配和连接起来，便构成一个系统。

系统还有很多特性，如演化特性。所谓演化，是指系统的结构、状态、特征、行为和功能等随着时间的推移而发生的变化。系统的演化特性也是系统的基本特性。

我们可以在不同层次上阐述"系统"，阐述系统的不同特征。"层次"是系统分析的一个重要概念，系统的功能、过程、构件和结构均可在不同层次上描述与刻画。但一般来说，在系统中，高层次包含和支配低层次，低层次隶属和支撑高层次。明确所研究的问题处在哪一层次上，可以避免因混淆层次而造成的概念混乱。例如，不同层次的构件可能有不同的名称，如组件、模块、单元、子系统等，它们都是不同粒度的构件的单位，一般来说，组件＜构件＜模块＜单元＜子系统。

2. 系统科学及系统科学方法

系统科学[9]是以"系统"为研究和应用对象的一门科学，是探索"系统"的存在方式和运动变化规律的学问，是人们认识客观世界的一个知识体系。它起源于人们对传统数学、物理学和天文学的研究，诞生于20世纪40年代。系统科学的崛起被认为是20世纪现代科学的两个重大突破性成就之一。

系统科学方法是用"系统"的观点来认识和处理问题的各种方法的总称，它可使人们既具有"把握全局、把握整体"的能力，又能具有"层层细化、化复杂为简单"的问题求解能力。系统科学方法为现代科学技术的研究带来了革命性的变化，并在社会经济和科学技术等方面都得到了广泛的应用。

系统科学在计算技术领域应用取得的典型成就有：冯·诺依曼计算机系统、现代计算机系统、云计算系统和互联网计算系统。计算学科中一些重要的问题求解方法，如结构化方法、面向对象方法都沿用了系统科学的思想方法。

系统科学方法一般遵循如下三个原则。

① **整体性原则**。整体性原则要求人们在研究系统时，应从整体出发，立足于整体来分析其部分以及部分之间的关系，进而达到对系统整体的更深刻的理解。它认为，系统具有"非还原性"和"非加和性"的特性。非还原性是指系统的"整体具有但还原为部分便不存在"的特性，非加和性是指整体不能完全等于各部分之和。

在提到系统的整体性时，我们要谈到"涌现性"（Emergent Property）。系统科学把"整体"具有而"部分"不具有的东西（即新质的涌现）称为涌现性。从层次结构的角度看，涌现性是指那些高层次具有而还原到低层次就不复存在的特性。简单地借用亚里士多德的名言"整体大于部分之和"来表述整体涌现性是不够的，在某些特殊情况下，当"部分"构成"整体"时，出现了"部分"所不具有的某些性质，同时又可能丧失了"部分"单独存在时所具有的某些性质，这个规律叫做"整体不等于部分之和"原理，也称为"贝塔朗菲定律"。系统的整体功能是否大于或小于部分功能之和，关键取决于系统内部诸要素相互联系、相互综合的方式。

② **动态优化原则**。动态优化原则要求人们在研究系统时，应从动态的角度去研究"系统"的各个阶段，准确把握发展趋势，运用各种有效方法，从系统多种目标或多种可能的途径中选择最优系统、最优方案、最优功能、最优运动状态，达到整体优化的目的。它认为，系统总是动态的，永远处于运动变化之中。人们在科学研究中经常采用理想的"孤立系统"或"闭合系统"的抽象，但在实际中，系统无论是在内部各要素之间，还是在内部环境与外部环境之间，都存在着物质、能量及信息的交换和流通。因此，实际系统都是活系统，而非静态的死系统、死结构。

③ **模型化原则**。模型化原则是根据系统模型说明的原因和真实系统提供的依据，提出以模型代替真实系统进行模拟实验，达到认识真实系统特性和规律性的方法。模型化方法是系统科学的基本方法。系统科学方法主要采用的是符号模型而非实物模型。符号模型包括概念模型、逻辑模型，图示化模型等，当然也包括数学模型。

3. 系统类问题

所谓系统类问题，是指那些不能由单一算法解决，而必须构建一个系统来解决的问题。系统类问题广泛存在于工程、科学、社会和经济领域，典型的系统类问题有卫星导航问题、机器人控制问题、制造企业生产计划管理问题、计算机设备及作业管理问题等。

本书以一个大家都常见也较为容易理解的"库存管理"为例来探讨系统类问题求解的框架。

企业在生产经营活动中使用各种各样的物资。企业通过市场购入所需要的物资，然后将其加工制造成产品，再通过市场将其销售出去。物资的"入"与"出"是频繁的，数量是庞大的，位置是分散的。如何明晰物资的品种、数量、位置、价值、持有时间呢？这就需要"信息化"，由此提出了"库存管理系统"的需求，其基本要求是"账-实相符"，即库存管理系统记录的信息与库房中的实物的数量和价值应保持一致。一个典型的基于软件的业务系统如图3.31所示。

(a)库房及其物资示例　　　　　　　　(b) 业务人员应用"库存管理系统"管理库房及其物资示意

图3.31　库房及库存管理系统示意

3.4.2 建立问题域/业务模型

开发软件系统不能仅从软件系统本身着手，正所谓"不识庐山真面目，只缘身在此山中"，若要识得真面目，需要"独上高楼，望尽天涯路"，需要"跳出软件看软件"。如果问题域理解不清楚，则软件域怎能很好地实现系统呢？

因此，理解软件系统首先需理解问题域系统或称为业务系统，即"如果由人（模拟软件系统）来做，应如何做呢？人又如何借助计算系统进行工作呢？"刻画系统即建立系统的模型。在问题域，刻画的系统模型被称为问题域模型或业务模型。

我们先介绍一种理解"系统"的思维——**结构化思维**，又称为自顶向下的思维，然后看"库存管理系统"的理解示例，再看问题域业务模型的建模思维方式。

结构化思维是基于对系统的如下认识而形成的：系统是有目标的（**作用性**）；系统是有边界的（**外特性**）；系统是有组成要素的且各组成要素之间是有关联的（**内特性**）；组成要素很多，可以仅描述与系统相关的组成要素（**复杂度控制**）；系统被区分为物理系统和控制系统，控制系统通常是计算系统，它接受来自物理系统的数据及状态，进行决策并下达指令控制物理系统的运行（**控制与被控**）；系统是复杂的，化复杂为简单的办法就是分解，将系统分解为不同部分，各个击破，分解、再分解，直到清楚为止。

结构化思维如图3.32所示，其基本思想是从宏观到微观，自顶向下地理解和分析，外特性和内特性分离描述，进而建立模型。具体来说：先描述系统的外特性，即系统的边界，再刻画内特性，即系统的构成。所谓系统的构成，是将系统分解为若干个子系统，刻画每个子系统的边界及其相互作用关系。子系统再被当成系统，进一步分解，如此一层层细化，达到对系统的深入理解。

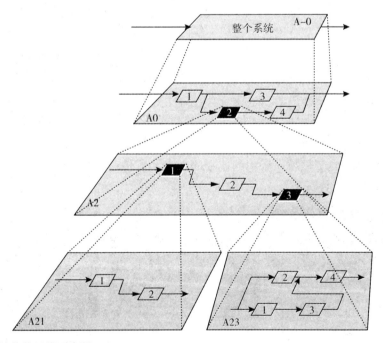

图3.32 结构化思维示意图

图3.33(a)为系统功能的表示方法。外特性通常以"功能"来刻画。所谓"功能"或活动，是指将输入转换为输出的一种变换过程。一般来说，宏观层面称为系统、子系统、功能，而微观层面称为活动、操作等。用矩形框表示"功能"或"活动"，箭头分为左入箭头、右出箭头，分别表示"输入"和"输出"，上入箭头表示"目标"，下入箭头则表示"支撑"。"输入"是指外界传到"功能"中的信息。"输出"是指"功能"产生的结果信息。"目标"是指功能应达到的目标，或者说，功能是在"目标"的控制下来执行的。"支撑"是指执行功能或活动所需的必要的支撑条件。外特性刻画将系统内部构成封装起来，以屏蔽内部细节对外特性描述的干扰。

图3.33(b)给出了系统功能分解的示意，即将功能分解为若干个下一层级功能（被称为子功能），从逻辑上这些子功能的集合应等价于该功能。功能的分解图即其内特性描述图，以子功能外特性之间的关系，即一个子功能的输出是另一个子功能的输入，描述了该功能的构成。因此：

功能（内特性）＝子功能的集合+子功能外特性集合+子功能之间关系的集合

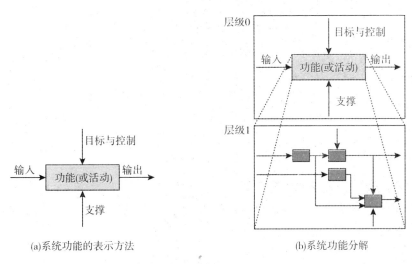

(a)系统功能的表示方法　　　　(b)系统功能分解

图3.33　不同视角与层级分解建模体系示意

如此自顶向下，逐级分解，便可由粗至细将一个复杂系统刻画清楚，见图3.32。

图3.34给出了用结构化思维理解"库存管理系统"的示意。图3.34(a)体现的是软件系统（信息世界）与被控系统（物理世界）之间的关系。被控系统是实物的处理过程，如实物的入库、出库和在库。而软件系统是从被控系统获得信息（入库信息和出库信息）作为输入，输出在库信息并控制着库房在库物资的变化。图3.34(b)给出了"库存管理系统"功能分解的0层图和1层图。库存管理系统被分解为"入库信息录入"、"出库信息录入"、"库存记账"和"库存查询"4个子功能，子功能之间的关系如1层图所示。那么，"库存记账"又该如何做呢？它怎样进行分解呢？

如要理解"库存记账"，则要理解什么是库存账。若由人来记账应如何记账呢？前者是库存账表的数据结构或者数据表示问题，后者是库存账的处理及处理规则问题。

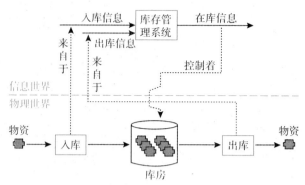

(a)库存管理的物理世界与信息世界示意

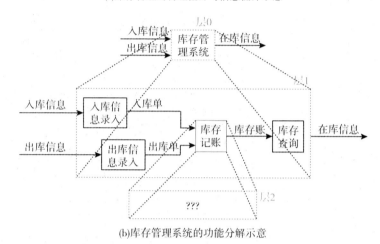

(b)库存管理系统的功能分解示意

图3.34 结构化思维理解"库存管理系统"示意

（1）库存账表（用图表表达的模型）

如图3.35所示的人工库存记账的账表，以表格的形式描述了库存账表的数据结构，此"表格"形式的数据结构描述也是一种模型。

库存账

物料	M1				计量单位	张	
日期	入/出	数量	单价	金额	在库数量	在库金额	在库单价
2012.06.01	入	200	1,100.0000	220,000.00	200	220,000.00	1,100.0000
2012.06.02	出	80	1,100.0000	88,000.00	120	132,000.00	–
2012.06.03	出	80	1,100.0000	88,000.00	40	44,000.00	–
2012.06.05	入	200	900.0000	180,000.00	240	224,000.00	933.3333
2012.06.07	出	80	933.3333	74,666.66	160	149333.34	–
2012.06.09	出	80	933.3333	74,666.66	80	74666.68	–

图3.35 "库存账"：人工记账表示意

（2）库存账表处理规则（用语言和公式表达的模型）

图3.35给出了"库存账"示例，但仅仅给出了"表格"是不够的，还需要借助于其他模型或者语言来对其进行描述或刻画，以阐述对该"表格"的使用和处理规则。

Rule 1：每种物料分一页或多页记账，每页账表被分为由中间黑条隔开的两部分，左部记录的是每次入库和出库的信息，右部记录的是物资的在库信息。

Rule 2：每当有物资入库或出库，均需在对应该物资账表的记账页上记录一行。

Rule 3：出库记账规则。左部如实填写出库信息，而右部需要通过计算产生，计算规则如下：

在库数量（本行）＝在库数量（上行）－出库数量（本行）

在库金额（本行）＝在库金额（上行）－出库金额（本行）

在库单价（本行）＝在库单价（上行）（因为是出库所以在库单价没有发生变化）

例如，第 3 行左部为"2012.06.03，出，80，1100，88000"，表示出库 M1 物资、80 张、单价 1100 元、总金额为 88000 元；右部的"在库数量"按出库规则计算得到 40，"在库金额"按出库规则计算得到 44000，在库单价没有变化。

Rule 4：入库记账规则。左部如实填写入库信息，右部需要通过计算产生，计算规则如下：

在库数量（本行）＝在库数量（上行）＋入库数量（本行）

在库金额（本行）＝在库金额（上行）＋入库金额（本行）

在库单价（本行）＝在库金额（本行）/在库数量（本行）（由于是入库且入库单价可能与上次不同，因此需重新计算在库单价）

例如，第 4 行左部为"2012.06.05，入，200，900，180,000"，表示入库 M1 物资、200 张、单价 900 元、总金额为 180,000 元；右部的"在库数量"按入库规则计算得到 240，"在库金额"按入库库规则计算得到 224 000，在库单价按入库规则计算得到 933.3333。

前面表述得还是有些乱，原因在哪呢？是因为"概念不清"，库存账存在多种含义。如果将库存账进一步区分为"库存流水账"和"库存总账"，则描述起来将清晰很多。如图 3.36(a) 所示，"库存流水账"为记录每次入库或出库信息的账表，"库存总账"为记录每种物资在库信息的账表。对每种物资而言，库存流水账可能由多行来记录（多次入出库），在库存总账中则只由一行来记录（当前在库信息）。每当入库/出库时都需要更新库存总账，这一过程称为"过账"。而库存记账系统在应用之前需要初始化，即将最初的物资在库信息录入以作为库存总账的初始信息。由此我们给出"库存记账"的功能分解如图 3.36(b) 所示。这样一层层分解与细化，我们便可将"库存管理系统"的业务表述清楚了。

建模是"思维的过程"，模型反映的是"思维的结果"。建立什么模型：一是看"系统"是否被表述清楚了，即在某一层级，无不确定性内容；二是看业务人员和软件开发人员是否能相互理解、相互确认，这是一个沟通过程，也是复合型人才应具有的特质。

系统类问题往往是复杂问题，为了建立问题域模型，需要从不同的侧面、不同的角度利用不同的手段建立系统的模型，以全面描述系统。对"系统"最基本的理解就是要回答"6W"，即 What（是什么）、How（怎样做）、Where（在哪儿做）、Who（由谁做）、When（什么时间做）和 Why（为什么做）。相对应的模型便体现为"数据模型"、"功能模型"、"网络拓扑模型"、"人员/组织模型"和"动机模型"。按内容分类，模型又可分为"实物流模型"、"业务过程模型"、"信息流模型"、"资源模型"等。多种模型之间是相互关联的，只有多种模型相互关联才能表示这是同一"系统"的模型。

将"系统"的多视角思维与结构化分解思维结合起来，如图 3.37 所示体现了问题域建模的基本思维——力图由粗到细地理解和分析系统，力图从不同视角理解和分析系统。

2012.06.01入库后的库存总账

库存流水账					
日期	物资	入/出	数量	单价	金额
2012.06.01	M1	入	200	1,100.0000	220,000.00
2012.06.02	M1	出	80	1,100.0000	88,000.00
2012.06.03	M1	出	80	1,100.0000	88,000.00
2012.06.05	M1	入	200	900.0000	180,000.00
2012.06.07	M1	出	80	933.3333	74,666.66
2012.06.09	M1	出	80	933.3333	74,666.66

记账后更改

库存总账				
物资	单位	在库数量	在库金额	在库单价
M1	张	200	220,000.00	1,100.0000
M2	张	0	0.00	0.0000
M3	张	0	0.00	0.0000

记账后更改

库存总账				
物资	单位	在库数量	在库金额	在库单价
M1	张	80	74666.68	933.3333
M2	张	0	0.00	0.0000
M3	张	0	0.00	0.0000

2012.06.09出库后的库存总账

(a)库存总账与库存流水账示意

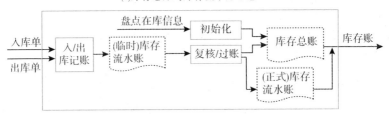

(b) "库存记账" 功能分解示意

图3.36　库存账及"库存记账"功能分解示意

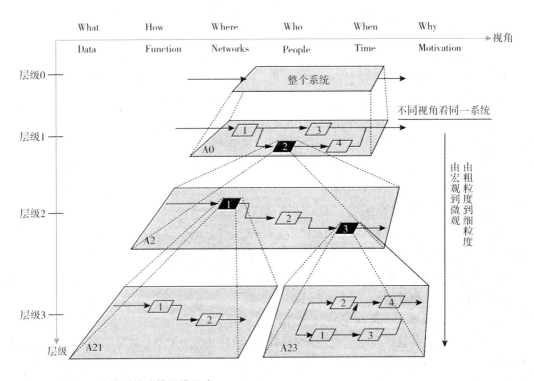

图3.37　问题域模型的建模思维示意

问题域建模是以不同视角不同层级的概念来描述"系统"的过程，专注于分析问题领域本身，发掘重要的问题域概念，并建立问题域概念之间的关系。问题域模型通常是问题域人员和软件域人员相互交流与沟通的媒介，因此表达方式的一致性非常重要。所谓表达方式的一致性，是指同类概念采用相同的表达方式，相同表达方式表达的是相同类的概念而非不同类的概念。此外，问题域模型通常采用相对公认的表达方法，以方便交流。因此，我们在学习和训练建模思维的同时，也应注重学习各种模型的表达方法。

3.4.3　建立软件域模型

系统类问题求解尤为重要的是建立软件域模型，说清楚软件系统应具有什么样的功能，怎样构造该软件 (结构与构件)。描述此方面的模型被称为软件域模型。

问题域模型有效地刻画了系统类问题中的领域概念、思想和规则等问题，接下来需要将问题域模型转变为软件域模型，进而开发软件系统解决系统类问题。

我们先介绍一种建立软件模型的思维——面向对象的思维，然后看"库存管理系统"的软件模型示例，再看软件域模型的建模思维方式。

面向对象的思维基础。我们先看看"取"与"送"的思维差别。

> 某交通局制定了一个"某道路由双向改为单向"的通知，要让每个司机知道，它是采用"送"的策略还是采用"取"的策略呢？"送"，即交通局要把通知送达每个司机的手中，强调了交通局做此事。显然，由于司机的不断变化和数量繁多，"送"是不可能完成的任务。换个角度来看，"取"，即交通局将该通知发布到一个地点 (或竖立一标志牌)，而由每个司机到此地点来获取通知，则该任务是可以完成的。"取"强调了交通局和诸多司机的能动性，司机若要驾车通过此道路，需自己看通知或看标志牌是否允许通过。后者其实是一种面向对象的思维。

大英百科全书描述了分类学理论中有关人类认识现实世界普遍采用的3个构造法则：**区分对象及其属性，区分整体对象及其组成部分，形成并区分不同对象的类。**即以"对象"为思考问题的出发点，以"对象"为中心，逐一地独立地分析或设计系统每个对象 (类) 的各种特性：涉及哪个对象 (类) 的功能，便由哪个对象 (类) 自己去处理；不同对象 (类) 之间通过消息或事件发生联系，对象 (类) 依据接收到的消息或事件进行工作。面向对象思维方法是计算学科的一种典型的分析系统、设计系统的思维方法。

面向对象的基本思维：确定系统的范围，识别出系统可能涉及的对象 (类)。(注意：系统分析识别的应是对象的类，类是设计形态的概念，对象是运行形态的概念，一个类对应了形式上相同但内容不同的若干对象，简记为"对象 (类)"。) 对每个对象 (类) 做如下工作：①识别该对象 (类) 可能存在的状态或者形态；②识别对象 (类) 的状态转换及转换条件和动作；③识别该对象 (类) 所有可能的活动；④识别该对象 (类) 的数据存储与显示；⑤识别对象 (类) 的其他特性。对所有对象 (类)，按识别的内容建立相关的模型。简单而言，以对象为中心，逐一地、独立地分析或设计每个对象 (类) 的各种特性，如图3.38所示。

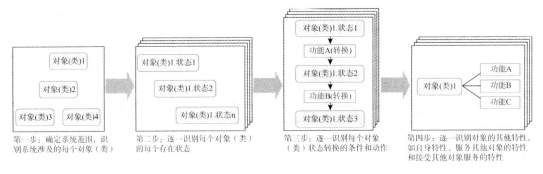

第一步：确定系统范围，识别系统涉及的每个对象（类）

第二步：逐一识别每个对象（类）的每个存在状态

第三步：逐一识别每个对象（类）状态转换的条件和动作

第四步：逐一识别对象的其他特性，如自身特性、服务其他对象的特性和接受其他对象服务的特性

　　图3.38　面向对象思维进行系统建模的示意

　　按照面向对象思维的步骤，可建立库存管理系统的软件模型，如图3.39所示。

　　第一步，确定系统范围，识别库存管理系统的对象（类）。在前述问题域模型的基础上可识别出库存管理系统涉及的所有的对象（类），如"库存流水账（类）""库存总账（类）"、"出库单（类）"、"入库单（类）"等，为简化叙述，假设这就是全部的对象（类）。

　　第二步，确定每个对象（类）可能存在的状态，如"入库单"有<编辑>状态、<保存>状态和<已记账>状态。"库存流水账"有<编辑>状态、<临时>存储状态和<永久>存储状态。"库存总账"有<编辑>状态和<永久>存储状态。

　　第三步，确定每个对象（类）的状态转换方法，即功能。对象（类）由一个状态转换成另一个状态是由"功能"来完成的。由此可分析出一个对象（类）应具有的基本功能。

　　第四步，进一步围绕对象（类）确定其他的功能。

　　从图3.39可以看出，"入库单"/"出库单"的"记账"需要调用"库存流水账"的"新增"和"保存"来完成，同时要完成入库单/出库单向库存流水账的转换；"库存流水账"的"过账"需要调用"库存总账"的"新增"和"保存"来完成，同时完成相应的数据计算和转换。

　　为便于其他相关者理解和阅读，应采用标准的模型表达方法来表述思维的结果。3.3节介绍的类图和次序图是面向对象思维的基本表达方法，不仅可在程序层面来描述类和对象（为区分，本书称其为程序类），也可以在概念层面来描述类和对象（为区分，本书称其为概念类）。二者的差别是：前者更微观，细节表述为变量及函数，强调程序的细节；后者更宏观，形式上虽仍体现为变量及函数，但强调的是系统处理的思维及逻辑关系。概念类（对象）最终要转变为程序类（对象），即转变为程序才能形成软件系统。

　　典型的软件模型有：①**类图**，可以表述对象类及其之间的关系；②**状态图**，可以表述对象类的状态及其转换关系；③**次序图**，可以表述对象的函数之间调用关系；④**用例图**，可以表述对象类的功能关系；⑤**活动图**，可以表述对象类的功能与过程；⑥**E-R图/IDEF1X图**，可以表述数据表及其之间的关联关系；⑦**程序流程图**，可以表述函数内部的处理逻辑。图3.40给出了按照标准的类图和状态图表达的库存管理系统的软件模型示例。对这些模型表达方法的介绍超出了本书的范围，读者可参阅软件工程[10]、面向对象方法、UML等方面的书籍。

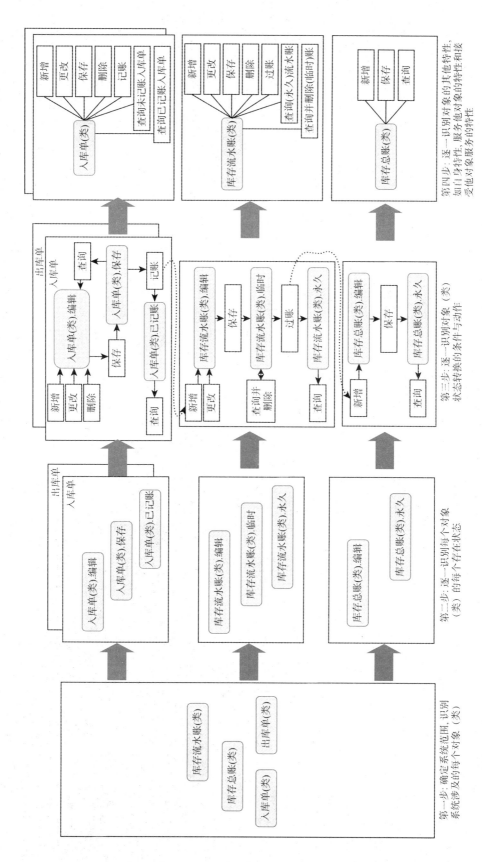

图3.39　面向对象思维进行库存管理系统软件建模的示意

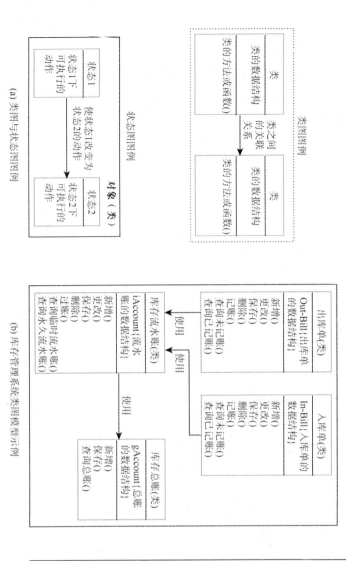

(a) 类图与状态图图例

(b) 库存管理系统类图模型示例

(c) 库存管理系统状态图模型示例

图3.40　库存管理系统的类图与状态图模型示意

软件域模型的对象 (类) 可以与现实世界或者说问题域的对象 (类) 一致，也可根据具体情况重新设计。图3.41是在图3.40基础上重新设计的类图模型。

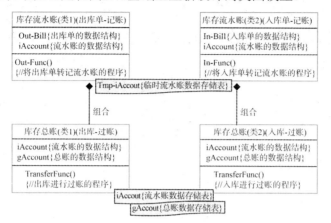

(a) 每一种类单据都有一个过账程序

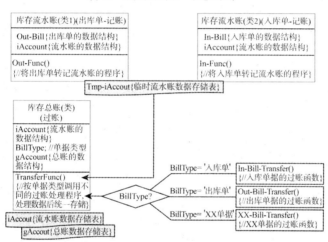

(b) 记账与过账分离。用一个过账程序, 调用不同的过账处理逻辑处理不同种类单据

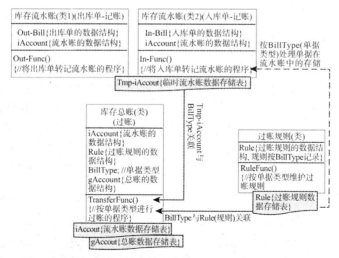

(c) 集中保存过账规则, 用一个过账程序, 处理多种类不同的单据

图3.41 库存管理系统的不同软件模型示意

先看"库存流水账"(类),基本数据结构为库存流水账的数据结构,即iAccount。为实现入库单/出库单的"记账"与库存流水账的"新增"的结合,将其区分为两个类:"出库单-记账"类和"入库单-记账"类。它们本质还是库存流水账类,具有图3.40所示的库存流水账对象(类)所应具有的状态和功能(这些在图3.41中被省略了),不同的是,"出库单-记账"类引入了出库单数据结构Out-Bill及将出库单转换为流水账的函数Out-Func(),"入库单-记账"类引入了入库单数据结构In-Bill及将入库单转换为流水账的函数In-Func()。

在图3.41中可以看到,库存流水账向库存总账的"过账"有3种软件实现策略,表达为3个模型。图3.41(a)给出的是库存总账随入库记账和出库记账处理而处理的模型,将库存总账区分为两个类:"出库-过账"类和"入库-过账"类。它们本质都是库存总账类,具有图3.40所示库存总账对象(类)所应具有的状态和功能(这些在图3.41中被省略了),不同的是,"出库-过账"类的过账函数TransferFunc()是将出库记账进行过账的函数,"入库-过账"类的过账函数TransferFunc()是将入库记账进行过账的函数,虽然函数名相同,但其功能不同。库存总账对象(类)伴随着库存流水账对象(类)的存在而存在,即每种单据都有各自的过账程序。图3.41(b)给出的是不同单据记账调用了共同的过账程序TransferFunc(),该函数能识别不同的单据类别进而调用不同的函数来处理不同的过账计算问题,即In-Bill-Transfer()、Out-Bill-Transfer()、XX-Bill-Transfer()都是库存总账(类)的函数(为理解相互之间调用关系,将其单独绘制出来)。图3.41(c)给出的是引入了一个过账规则类,由其维护过账规则,而所有单据记账的过账都调用共同的过账程序,该程序依据规则对不同单据进行逻辑处理。

上述例子虽没有给出细节却使我们看到,虽然问题域模型是相同的,但在软件域中可以有不同的实现策略、不同的构造方法。

软件建模的目的是将"抽象的不可见的"软件以可判断的可见的模型表达出来,便于人们理解、分析、构造和实现。前文叙述的结构化思维和多视角思维仍然可用于软件域的建模与分析。

从视角来看,我们需要考虑系统的逻辑层面(通常以概念和功能的方式来表达一个系统)和开发层面、部署层面、运行/应用层面。系统的逻辑层面通常以概念和功能的方式来表达一个系统。系统的开发层面通常以软件的模块及其之间的关系来表达一个系统,包括模块的存在形态(文件)和模块的内容(类与对象,变量与函数)。系统的运行层面通常以过程或进程(Process)及其之间的交互来表达一个系统,重点关注模块之间装配后运行时的全局化方面的冲突消解和整体化方面的性能优化。系统的部署层面通常考虑软件与硬件系统的映射问题,即关注配置哪些硬件环境,所开发的软件分别被部署在哪些硬件上面等。

从层级角度来看,我们需要考虑平台无关模型(Platform Independent Model,PIM)和平台相关模型(Platform Specific Model,PSM)。所谓"平台",是指程序开发语言、程序开发工具及程序运行环境等,不同平台有不同的程序代码编写方法和技巧。所谓平台无关模型,是在不考虑具体平台特点情况下建立的软件域模型,它使人们能摆脱具体实现的琐碎的细节,而从软件本身来思考系统,即更多地关注软件各组成部分之间的逻辑关系，因为交付用户的最终的软件系统是可以在不同平台上实现的。例如，可以在Windows系统环境下开发一个软件系统，也可以在Linux、iOS系统环境下开发具有同样功能的软件系统。所谓平台相关模型，是在确定了具体平台后，针对该平台特点而建立的软件域模型，必须考虑软件的具体实现细节，不同平台对同样的功能是有不同的实现方式的（包括程序编写方式、组件连接方式、数据存储方式、运行支撑方式等），需要针对具体的实现方式，而建立软件域模型才能形成可运行的软件系统。

　　图3.42给出了软件域模型的多视角与多层级示意。软件域建模要解决从问题域模型（可认为是逻辑层面模型，左上角）到最终运行与应用的软件系统（右下角）之间转换与实现的问题。这一转换是复杂的，需要由粗至细、需要由宏观的概念层面到微观的代码层面。如何找到一条路线来实现这一转换，如何保证分阶段转换的正确性即最终的软件系统能正确地反映问题域模型，软件工程及相关研究人员做了不懈的努力，提出了不同的建模方法论。典型的如Kruchten提出的"4+1"视图模型、OMG组织提出的模型驱动的体系结构（Model Driven Architecture，MDA）[11]、IBM提出的面向服务的体系结构（Service Oriented Architecture，SOA）[12]等。读者可参阅相关的文献学习相关的建模方法论，提高自己软件建模水平。

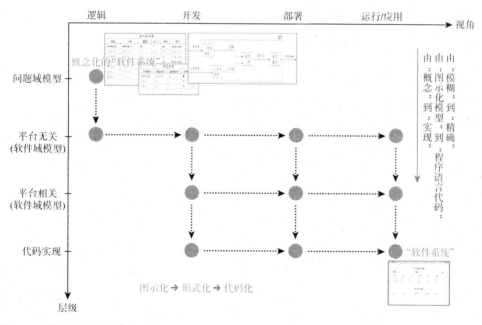

⸫　图3.42　软件域模型的多视角与多层级示意

　　需要说明的是，前面看到的多数是图示化建模表达手段，为保证由"需求"到"代码"的正确性，近年来很多研究者提出用"形式化方法"进行软件域模型表达。所谓形式化方法，是基于数学的方法描述软件系统，如Z语言、有限状态机和Petri网等，可广泛用于一致性检查、类型检查、有效性验证、行为预测，设计求精验证等。提高形式化建模的能力是提高软件开发水平的重要手段。

3.4.4 软件模块的构造与实现

系统类问题求解的重要步骤是软件构造与实现,即利用程序设计语言将软件模型转换为可运行的软件模块及软件系统。

在现代程序设计环境下,软件模块的构造是在操作系统或中间件支撑下由结构框架(Framework)将一个模块的不同部分(被称为组件或构件Component)装配起来实现的。因此,需要理解什么是结构框架,什么是组件或构件,需要理解具体的结构框架的实现机制,才能更好地编写出组件或构件。图3.43给出了结构框架与组件的关系。

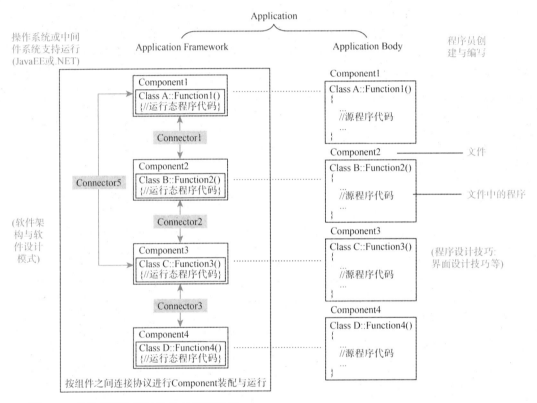

图3.43 结构框架与模块构件的关系示意

一个软件模块可被看成一个应用(Application)。一般而言,一个应用由两部分组成:一是应用体,二是结构框架。应用体是由一系列以文件形式存储的“组件”程序构成的,它们是以类、对象、变量与函数等为单位编制的一个个程序。应用程序员通常按照组件的连接约定(又称为协议)、以某种程序设计语言来编写组件的程序。结构框架也是一组程序,能够按组件之间的连接约定(协议)将一个应用的各组件装配起来并运行,通常情况下,它由连接各组件的程序构成,这些程序被称为连接子(Connector)。结构框架可以由操作系统来实现,也可以由专用的中间件系统来实现。

例如,图3.24就是一种结构框架,即可视化编程框架。应用程序员只需创建一个窗口(即用户界面),在该窗口中用框架提供的控件对象进行布局,以满足应用的需求。用户界面建立完毕后,会产生一个程序框架,即对象的事件驱动程序框架,可编写一个个事件驱动程序放置在相应对象的相应事件下面即可实现一个软件模块,如图3.44所示。因此可以说,简单模块的实现即是编写一个个函数(事件驱动程序)的语句块。

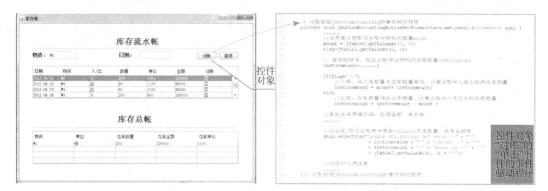

:: 图3.44　可视化编程框架实现的库存流水账模块示意

复杂模块的实现需要在一定的结构框架支持下,按一定规则开发一个模块的各组件,并实现相互之间的正确连接等。例如,一个复杂模块需要开发以下组件:建立数据库,编写用户界面程序,编写业务处理程序,编写数据的持久化存储程序。上述每个组件又可能被拆分成若干个组件。图3.45给出了基于MVC框架实现的库存流水账过账处理程序。其中,BillModel为按不同单据类别进行过账处理的程序类,类中的函数Transfer()识别单据类别并调用相应的过账函数,In-Bill-Transfer()为入库过账的函数,Out-Bill-Transfer()为出库过账的函数。

MVC框架是一种普遍应用的软件开发框架,把一个应用程序分解成3种组件:用户界面组件(被称为View)、控制组件(被称为Controller)和业务逻辑处理组件(被称为Model),相当于3个程序类。View组件除了向用户提供界面展现效果之外,还提供界面元素操作的不同响应方式,如在"库存流水账"界面,用户单击"过账"按钮后,触发View组件的doAccount()函数,然后在doAccount()函数中找到对应的Controller组件及其处理程序,进行下一步处理,如图3.45(a)所示。Controller组件连接着View组件和Model组件,不处理具体的业务逻辑,而是当用户对界面产生事件后,控制程序流转到Model组件中找到对应的类及函数进行处理。例如,用户在View组件的界面单击"过账"按钮后,Controller组件控制着将程序转到对应的Model组件billModel进行处理,如图3.45(b)所示。Model组件是处理具体业务逻辑的类和函数。例如,billModel先通过BillType判断单据类型,并根据结果为"入库单"、"出库单"等调用相对应的处理函数,如In-Bill-Transfer()函数是处理入库过账的程序,并将数据存储在数据库中,如图3.45(c)所示。处理完毕后,将更新的数据集传回View组件进行显示。

我们可以用次序图来表征MVC编程的基本思想,如图3.46所示。细节性内容请参阅Martin Fowler编著的《Patterns of Enterprise Application Architecture》[13]一书进行学习。

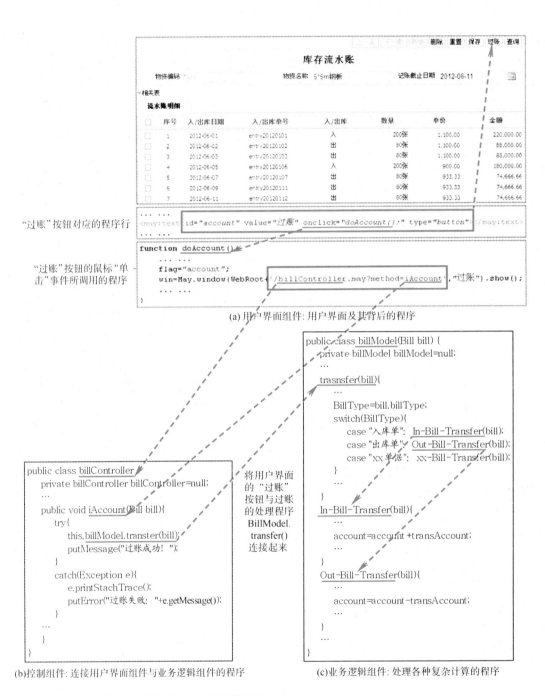

图3.45　MVC框架实现的库存流水账模块示意

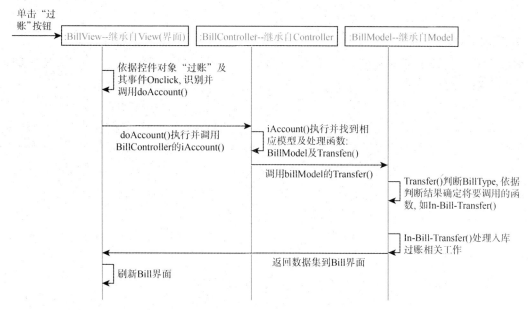

图3.46 以库存流水账模块为例的MVC中组件间的交互处理逻辑示意

3.4.5 软件系统的构造与实现

系统的模块实现完毕后,下一步工作是将多个模块组装成一个完整的系统。
从逻辑上看,什么是软件系统呢?图3.47给出了软件系统的逻辑构成关系。

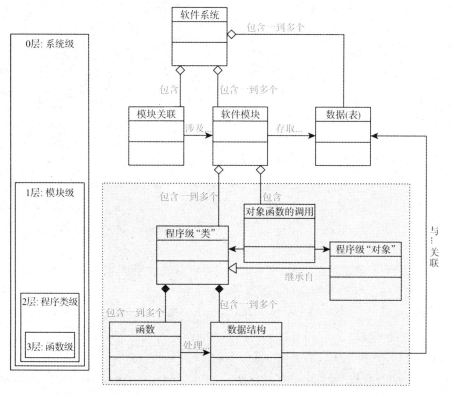

图3.47 软件系统构成关系示意

软件系统是由若干个数据表、若干个模块及若干个由某些模块衔接起来的运行流程(模块关联)构成的。模块往往是指能够完成某一功能的、相对独立的程序单位，流程则是指由多个模块组装并集成起来，能够完成某一业务的相对完整的一个逻辑过程。我们可记为：

软件系统 = { 数据 (表) } + { 模块 } + { 模块关联或者流程 }

进一步来看，模块一般是由多个程序类及程序类之间的调用关系构成的，"类"和"对象"是现代程序的构成要素，在此我们称为程序类，参阅前节内容，即：

模块 = { 程序类 } + { 程序类 (对象) 的函数调用 }

一般而言，每个类均包含两部分：变量和函数。变量用于表征对象的状态，函数则是一些操作，能够修改变量的状态。程序类 (对象) 之间的调用归根结底是程序类 (对象) 函数之间的调用。一个函数往往实现一个或基本、或复杂的算法，因此其内部具有控制关系，如循环、分支等。

程序类 = { 变量或数据结构 } + { 函数() }

从实现层面或者说运行态来看，什么是软件系统呢？简单而言，一个软件系统的实现要有一个运行支撑环境，即**结构框架**，一批以目录形式组织的文件、一套配置文件、一套功能菜单、若干个过程、一套权限控制数据和一套数据表等，即：

软件系统 (实现) = 功能组织与管理部分+ 数据管理部分+ 角色管理部分+

过程管理部分+ 客户化配置管理部分+ 部署管理部分+ 结构框架部分

①**功能组织与管理**：管理静态模块的出现与否，为用户提供各模块的使用入口。通常采用菜单方式进行管理。菜单是按功能组织软件模块的一种形式，包含静态菜单 (随用户角色不变的菜单) 和动态菜单 (随用户角色不断变化的菜单) 等。此外，工具栏和键盘命令也是按功能组织软件模块的一种形式。

②**数据管理**：管理着系统需要永久保存的数据集合，通常由专用软件 (如数据库管理系统软件) 以数据库、表或文件的形式来进行管理。数据库管理系统软件支持软件模块 (应用程序) 以共享的方式存取数据。

③**角色管理**：通常为保证系统使用安全所采取的一种控制应用程序使用的措施，一般包括用户管理、角色建立及权限配置等。

④**过程管理**：静态模块及其操作是有次序的，这种次序体现为一种动态的过程。过程可以隐性地由各模块来实现，但用户需要按照该过程来运行；过程也可以显性地来表达与实现，通常可适应模块及其操作的次序的动态变化。不管什么形态，用户需要按照一定的过程来使用系统的功能模块。

⑤**部署管理**：通常以目录及文件的形式管理着软件系统和软件模块的各种物理文件及其在网络、硬件环境上的存储，管理与此相关的信息。

⑥**配置管理**：通常管理用户对系统的个性化配置相关的信息。

⑦**结构框架**：支持构件和系统运行的环境，包括功能、数据、安全和过程的作用方式及其运行支撑框架。

因此，系统实现需要做的工作一般包括：① 选择合适的体系结构并建立系统底层框架；② 建立菜单管理器，即建立系统的功能菜单，给用户以功能入口；③ 提供系统级的功能和基础设施，如安全和权限控制、统一的界面风格控制、统一的数据访问等；④ 模块/构件的装载，包括将模块/构件装载到结构框架上，并与菜单关联起来等；⑤ 将模块/构件组装为完整的过程，以支持完整的问题求解等。系统实现的关键是将开发的所有模块安装、部署到一个统一的环境中，并与其所处的环境形成有机的整体，即将所有模块统一管理并使用统一的数据和流程等。当统一管理后，便可能发现冲突问题、全局性相关问题，需要予以消除、予以解决。

将库存流水账模块装配到系统中，如图3.48所示，左部给出了系统的功能菜单，用户可通过功能菜单调用相应的模块予以执行等。

图3.48 库存管理系统—菜单项及其模块

我们已经建立了问题域模型、建立了软件域模型，利用程序设计语言实现了软件模块和系统。至此，求解问题的基本工作已经结束，系统已经被构造、设计、实现出来。然而，求解问题的思想、方案和系统仍然没有真正发挥作用，因为我们尚未将其部署到应用环境中，实际运行并解决问题。就我们的例子而言，这意味着库存管理系统尚未被部署到应用者的环境中，真实的入库、出库、在库等数据尚未被输入到系统中，软件也尚未真正帮助企业将其库房及物资管理起来。因此，系统问题求解的第五个重要步骤是将系统部署到实际应用场景中，运行并使用系统。

3.4.6 软件系统的测试、部署与运行

系统的实现不仅仅包括模型的建立和程序的编写工作，还包括测试、部署和运行等工作。一般而言，软件系统的生产与交付需要涉及三个环境，如图3.49所示。

① 开发环境：为程序员开发应用程序所建立的环境。程序员在此环境中可开发实现一个个模块，并用自己建立的菜单管理各模块，依据期望的过程，运行各模块，基于模拟的数据进行模块运行正确性的检验。其核心构成是：软件/硬件基础设施（硬件与操作系统），软件结构框架（运行支撑环境），各种编程工具。其关注点是模块及系统的实现、模块故障与问题（Bug）的发现和纠正等。

② 测试环境：为系统的统一测试所建立的环境。测试员站在系统角度部署不同程序员实现的模块，建立统一的菜单，以管理不同程序员提交的模块，依据期望的过程，运行

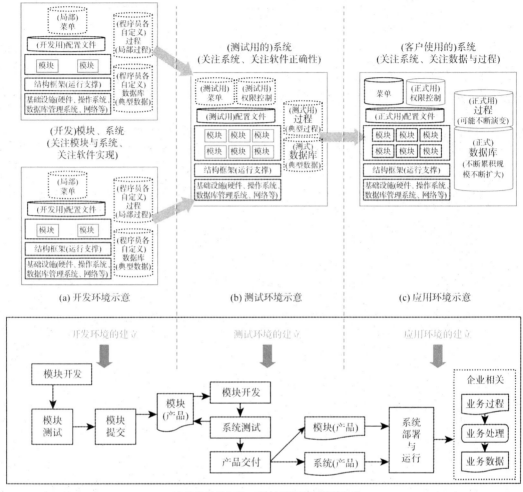

图3.49 三种环境及实现系统的基本流程

各模块，基于系统全局性的模拟的数据，进行模块和系统运行正确性的检验。其核心构成是：软件/硬件基础设施（硬件与操作系统），软件结构框架（运行支撑环境），软件测试工具，测试用数据库，全局性的过程及权限控制数据，测试用菜单等。其关注点是系统及系统的正确性，尤其是各模块间冲突及系统故障与问题（Bug）的检测、发现和纠正。

③ 应用环境：为客户运行系统所建立的环境，需要为客户建立可进行正常业务工作的环境。其核心构成是：软件/硬件基础设施（硬件与操作系统），软件结构框架（运行支撑环境），正式用数据库、正式的过程，正式的权限控制数据，正式用的菜单。其关注点是基于数据的系统运行的正确性、符合企业业务的过程正确性及权限控制正确性，与客户业务密切相关的内容（尤其是数据）。

基于上述3个环境开展的工作分别是软件开发、软件测试及软件应用。软件开发已在前面讲述，这里仅简要介绍软件测试和软件应用。

（1）软件测试

利用程序设计语言将模块实现之后，需要对其进行正确性检验，这个过程一般称为单元测试。单元测试是针对程序模块进行正确性检验的测试，其目的在于发现各模块内部可能存在的各种差错。单元测试需要从程序的内部结构出发设计测试用例，多个模块可以平行地独立进行单元测试。有关软件模块实现、单元测试等方面的知识请进一步参阅软件开发技术、软件工程等书籍。

模块组装成系统后要进行整体测试——集成测试，也叫组装测试或联合测试。在单元测试的基础上，将所有模块按照设计要求，如根据结构图组装成为子系统或系统，进行集成测试。实践表明，一些模块虽然能够单独地工作，但并不能保证连接起来也能正常地工作。程序在某些局部反映不出来的问题，在全局上很可能暴露出来，影响功能的实现。

集成测试应该考虑以下问题：

- 在把各模块连接起来的时候，穿越模块接口的数据是否会丢失。
- 各子功能组合起来，能否达到预期要求的父功能。
- 一个模块的功能是否会对另一个模块的功能产生不利的影响。
- 全局数据结构是否有问题。
- 单个模块的误差积累起来，是否会放大，从而达到不可接受的程度。

（2）软件应用

软件应用包括系统的部署和运行，并非一件简单的小事情，概括起来包括以下几方面，如图3.50所示。

图3.50 软件部署与应用过程示意

① **环境建设**：在企业构建系统运行的必要环境，铺设网络、搭建硬件平台、搭建软件平台。

② **应用软件系统安装及部署**：安装/部署软件系统到企业的运行环境中；在客户机、应用服务器上安装系统的客户机部分或服务器部分，取决于软件系统的体系结构选择；建立数据库、表、视图等；对系统进行测试。

③ **系统配置**：设置系统的用户（如计划员、库管员等）、设置用户的权限（即可以使用的软件功能和数据）等。

④ **基础数据准备及系统初始化**：将企业中的所有编码数据、系统运行前的初始数据、参照/标准数据、过程描述数据等输入到系统中，作为系统运行的起点。

⑤ **系统的试运行**：尝试性地利用系统来解决问题，支持业务工作。在此过程中，系统的运行、系统所产生的输出需要由用户检验其正确性，必要时对系统进行调整。

⑥ **系统运行和应用**：如果系统通过了试运行，则系统开始正式应用，企业信任该系统的解决问题的能力，并依赖系统支持其业务工作和问题求解。当然，某些错误可能会在运行期出现，此时再进行系统的维护和完善。

⑦ **系统维护**：维护和完善系统。当系统出现问题时，恢复系统；当系统出现调整

时，更新系统；保证系统的正常运行。

综上可见，系统的部署和运行也是一项复杂的系统工程，需要人、硬件、软件等方面的有机配合，其过程往往需要正确的方法论指导和控制。

问题不同、解决方案不同、系统不同，其部署、配置过程也是不同的，不能一概而论。上述过程仅适用于库存管理系统或相似的软件系统，因此，系统的部署和运行需本着具体问题具体分析的原则去看待和处理。

3.4.7 软件体系结构与软件模式问题

软件系统虽然是不可见的，但也如建筑系统、汽车动力系统一样，也会存在性能问题，存在灵活性与适应性问题，存在开发效率、运行效率和维护效率问题等。这是因为存在着结构的不同、设计模式的不同和风格的不同等差异。而不同的结构、不同的模式与不同的风格在软件系统的特性方面会存在很大的差异。我们举例来看软件体系结构和软件模式问题。图3.51为两种不同结构实现的一个软件系统。

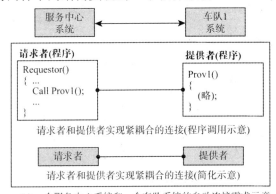

(a) 一个服务中心系统和一个车队系统的自动连接需求示意

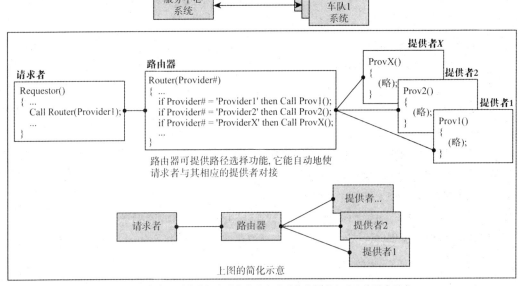

(b) 服务中心系统希望实现和多个车队系统的任意自动连接需求示意

图3.51 系统结构性问题及其解决方案示意

1. 软件体系结构.

【例3-7】　系统结构性问题的一个示例：路由器结构。

图3.51(a)上部给出了需求"一个服务中心系统期望与一个车队系统实现自动连接"；中部给出了两个系统间的函数调用关系示意，服务中心系统的Requestor()调用了车队系统的Prov1()函数，它实现了一个请求者和一个提供者的直接连接；下部给出了一个简化示意。试问，该结构在不改变请求者和提供者程序的前提下，能实现请求者和其他提供者连接吗？

回答是不能！图3.51(b)上部给出了需求"一个服务中心系统期望与已知的多个车队系统实现自动连接，每个车队系统都可能是不同的"，中部给出了一种解决方案，即路由器结构，服务中心系统的Requestor()调用路由器Router并将期望连接的车队告诉路由器，路由器依据车队标识来选择所调用的函数，如依据Provider1选择调用Prov1()。下部给出了其结构的简化示意。

路由器是什么？其功能是什么？通过图3.51我们可看出，路由器应具有以下功能。

① **表示与存储**：存储了一系列的路径选择规则 (即什么条件，选择什么路径)。

② **执行**：按请求者给出的条件，查找规则，根据找到的规则，确定相应的路径即提供者，实现二者的连接。

③ **转换**：必要的话进行格式的转换。不同提供者有不同的信息格式，请求者有统一的格式，与不同提供者连接时，由路由器进行相应格式的转换。

想象一下，图3.51(a)和图3.51(b)的结构能否实现需求"已知的多个服务中心系统的任何一个期望与已知的多个车队系统的任何一个实现自动连接"呢？能否实现"一个服务中心系统期望与当前未知的但将来已知的多个车队系统实现自动连接"呢？回答是不能的。这就需要新的软件结构，如代理结构、Web Service结构等，读者可参阅相关书籍来学习相关的结构并应用。

【例3-8】　系统结构性问题的另一个示例：Client/Server 与 Browser/Server 结构。

现代软件系统都是构建于计算机网络上的软件系统，如何构造网络上的软件系统呢？图3.52以库存管理系统为例给出了两种结构，图3.52(a)被称为客户机—服务器 (Client/Server，C/S) 结构，图3.52(b)被称为浏览器/服务器 (Browser/Server，B/S) 结构。

C/S结构将程序分为两部分：一部分装载在分布在不同地点的客户机上，被称为客户机程序，另一部分装载在集中管理的服务器上，被称为服务器程序。通常情况下，与数据存取相关的程序被放在服务器上，业务人员工作使用的程序被放在客户机上。分布在不同地点的客户机程序访问同一个服务器程序，实现了数据的集中管理与共享使用。

B/S结构将C/S结构的客户机程序转移至服务器端，从而使分布在不同地点的客户机不需要装载任何与业务相关的程序，而只需一个通用的Internet浏览器即可。

那么，哪种软件结构更好呢？一般来说，C/S结构的主要优点是：客户机用户界面更友好、更方便，服务器端负荷较轻。其主要缺点是：维护成本高、更新和升级不方便，

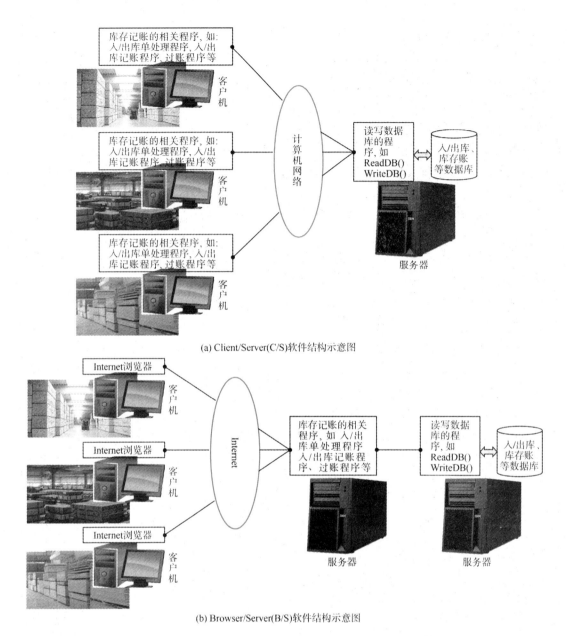

(a) Client/Server(C/S)软件结构示意图

(b) Browser/Server(B/S)软件结构示意图

图3.52 系统结构性的另一个问题及其解决方案示意：C/S和B/S结构

原因在于要为每个客户机安装客户端软件，有多少个客户机就需要安装多少次。此外，其开发成本相对较低，对技术要求较低。相比较而言，B/S结构的优点主要是：维护的升级方便性、成本低廉，可以随时随地地接入等方面，更新维护时只需更新一次（服务器端程序），而不需去维护客户机。其主要缺点是：应用服务器运行负荷较重，对计算和处理能力要求高；用户界面也不够方便和友好，开发成本相对较高，对技术要求较高。这些缺点正随着技术的发展得到克服。

那么，什么是软件体系结构呢？构建软件也和建造不同特色建筑一样，虽然看不见，但也有不同的风格。建筑的不同风格，不仅体现在建筑的外观上，还体现在其基本的构件、构件间的连接方式、建造比例等，即体现的是一种体系结构，如图3.53所示。同样，

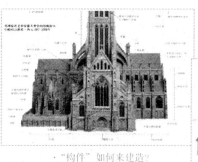
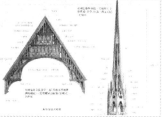

- 基本的"构件"是什么?
- 这些"构件"怎样连接在一起?"连接件"

- "构件"如何来建造?
- "连接件"如何来建造和连接?

图3.53 建筑结构示意

软件也有不同的体系结构,不同体系结构能够解决不同类别的问题。

下面是关于软件体系结构的一些定义。

软件体系结构 (Software Architecture) 是具有一定形式的结构化元素 (或称为组件、构件) 的集合,通常包括处理组件、数据组件和连接组件。处理组件负责对数据进行加工,数据组件是被加工的信息,连接组件把体系结构的不同部分组合连接起来,使之成为一个整体。

软件体系结构 是为软件系统提供的一个结构 (Structure)、行为和属性的高级抽象,它从一个较高的层次来考虑组成系统的构件、构件之间的连接,以及由构件与构件交互形成的拓扑结构。

软件体系结构 处理算法与数据结构之上关于整体系统结构设计和描述方面的一些问题。

软件体系结构 由构成系统的元素及这些元素的相互连接和相互作用模式以及这些模式的约束组成。简单而言:

体系结构=构件 (或称为组件)+ 连接件+约束

Architecture = Components+ Connectors + Constraints

Architecture与Structure的差异:二者都可译为结构,但前者是对系统的抽象,即系统是什么由Architecture刻画,所以Architecture包含了构件和连接件,通称为系统结构或体系结构;后者是指构件之间的结构关系,即由连接件构成的结构框架,又称为结构框架。有时二者混用。

随着软件系统的规模和复杂性不断增加,系统的全局结构的设计和规划变得比算法的选择及数据结构的设计更重要。全局结构包括:构成元素 (或称为构件) 的合理划分;构件之间的连接、装配、组合和调用关系;各类构件的组织与控制方式、通信和同步方式、数据存取协议;各类构件的物理分布、规模和性能、设计方案的选择等。

软件体系结构显示了系统需求和构成系统的元素之间的对应关系,提供了一些设计决策的基本原理,反映系统开发中具有重要影响的设计决策,便于各种人员的交流,反映多种关注,据此开发的系统能完成系统既定的功能和性能需求。为系统设计一个合适的体系结构是系统取得长远成功的关键因素。

前面介绍的路由器结构、C/S结构与B/S结构都是典型的软件体系结构。除此而外,常见的软件体系结构还有数据流风格 (如管道/过滤器、批处理等)、调用-返回风格 (如主程序-子程序结构、面向对象结构、层次结构等)、仓库风格 (如数据中心、黑板系统等)、多处理器结构、分布式对象结构 (如总线结构) 等。读者可通过软件工程、软件体系结构等课程, 学习通用软件体系结构相关的知识和技巧。

2. 软件设计模式

地上本没有路, 走的人多了也就成了路。对于模式一词, 目前尚没有公认的定义, Christopher Alexander给出了对模式的最好的描述：

> 每个模式描述了那些在我们的环境中反复发生的一个问题, 然后描述了该问题的解决方案的核心, 从而使得你可以重复利用该方案。

模式关注于某种特定的解决方案, 这种方案在处理一个或多个反复发生的问题时是通用而有效的。图3.54给出了一种软件设计模式 (Design Pattern), 即程序员基于模式的开发示意。

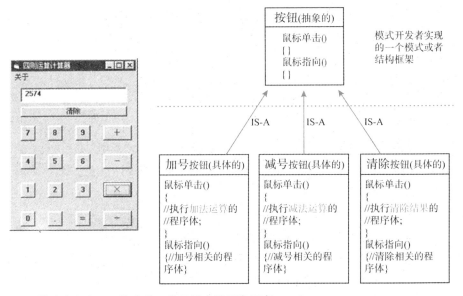

图3.54 模式应用者——程序员：基于模式的开发示意

图3.54的左侧, 按钮、文本框等是用户界面中反复要使用的一个元素。以按钮为例, 让每个用户重复开发按钮的程序 (包括按钮的界面图形绘制、按钮如何随用户鼠标的点按而发生变化、按钮如何在用户点按过程中执行不同的功能等) 是非常烦琐的, 特别消耗程序员的精力。那么, 能否开发一个处理抽象"按钮"的框架而减轻程序员的负担呢？回答是可以的。

我们可设计一个框架, 如图3.54右侧上部所示。按钮有"鼠标单击"事件和"鼠标指向"事件, 可能将来会被用户使用, 因此事先留出了两个事件驱动程序的位置。注意, 它们只是框架, 而没有程序体, 即"鼠标单击(){ }"、"鼠标指向(){ }", 按钮的其他特性, 如图形绘制、随用户鼠标动作而变化图形等, 都由系统去处理, 不需用户关心。

当用户建立一个应用程序时, 便可直接应用该按钮的框架, 如图3.54左侧所示, 做一四则运算的应用程序。此时的按钮便具体化了，分别是"加号"按钮、"减号"按钮、"清除"按钮等。用户可按照前述设置的程序位置，将相应的程序放置进去即可。如加号按钮的"鼠标单击(){ //执行加法运算的程序; }"，减号按钮的"鼠标单击(){ //执行减法运算的程序; }"。

从上例可看出，一个问题被分离为"**与特定应用有关的部分**"和"**与特定应用无关的共性技术部分**"。后者是个通用问题，可被设计为一个"模式"或者"框架"，使具体问题的程序开发者无需关心其实现的内部细节；前者是具体的特定的问题，可重复使用"模式"或"框架"来进行解决，程序开发者通过加入"与特定应用有关的部分"而使模式成为具体的实例。

因此，软件设计模式是被人们发现，经过总结形成的一套解决某一类问题的可以重复利用的一般性解决方案。模式的本质性特征在于把若干类相似问题中的不变部分和变化部分分离出来，其不变的部分形成了模式，而变化部分留给用户去解决该类问题中的某一个具体问题。软件模式影响了软件的结构，促进了软件结构的演化。

图3.27的可视化编程实际上也是一种设计模式，如图3.55所示。该模式可以是用C++等面向对象语言实现的一个结构框架。如创建一个应用、创建一个窗口、创建一个个控件，都要使用new()函数，都要使用构造函数()一样，在每个对象的构造函数()中实现了该对象的"与特定应用无关的共性部分"，同时在构造函数()中又调用了一个Create()函数。对象的new()函数和构造函数()被框架的开发者屏蔽了，而Create()函数被开放给模式或框架的使用者——程序员。在Create()函数中模式开发者未写任何程序，而是留给程序员编写"与特定应用有关部分"的程序，让程序员表达在对象创建过程中还需要做的一些额外工作、一些个性化的需求。当然，程序员可以编写Create()函数的程序，也可以不编写Create()函数的程序。即不管Create()函数有无程序段落，都能创建该对象，只是以一种默认的方式创建。将模式开发部分去掉，从程序员角度就看到如图3.56所示的框架了。

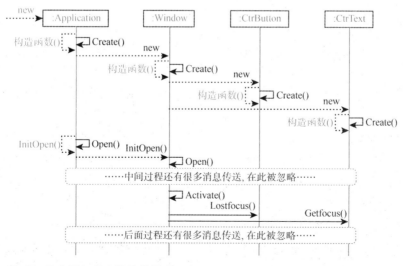

▓ 图3.55 模式开发者视角观察的软件模式示意

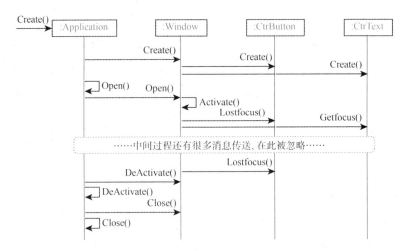

:: 图3.56   模式应用者或程序员视角观察的软件模式示意

再如前面介绍的MVC（Model-View-Controller）也是一种模式，本质上它实现了一个应用程序相关工作的独立化开发。将一个应用程序开发工作分解为用户界面的开发、程序处理逻辑的开发和数据库存取程序的开发等，使得人们可以编写更大的更复杂的应用程序。

常见的软件设计模式还有Factory Pattern(抽象工厂模式)、Facade Pattern(外观模式)、Command Pattern（命令模式)、Strategy Pattern（策略模式)、Iterator Pattern（迭代器模式)、Adaptor Pattern（适配器模式)、Observer Pattern（观察者模式)、Bridge Pattern（桥接模式)、Singleton Pattern（单件模式）等。读者可通过深入学习软件工程、软件体系结构、中间件技术、Java EE设计模式等课程学习这些前人总结的软件设计模式相关的技巧。

我们不仅要学习和应用前人已经总结出的设计模式，还要能够在未来的工作实践中不断总结所发现的模式，并将其实现为一种框架，为软件的发展做出自己的贡献。

3.4.8 系统的可靠性和安全性问题

系统的设计与实现除了要考虑结构性与性能外，还需要考虑可靠性和安全性问题。

一般而言，可靠性（Reliability）是产品在规定的条件下和规定的时间内完成规定功能的能力，它的概率度量称为可靠度。软件可靠性（Software Reliability）定义为：软件系统在规定的时间内及规定的环境条件下，完成规定功能的能力。

软件可靠性是软件系统固有特性之一，表明了一个软件系统按照用户的要求和设计的目标，执行其功能的正确程度。软件可靠性与软件缺陷有关，也与系统输入和系统使用有关。理论上说，可靠的软件系统应该是正确、完整、一致和健壮的。但是实际上任何软件都不可能达到百分之百的正确，也无法精确度量。一般情况下，只能通过对软件系统进行测试来度量其可靠性。

以库存管理系统为例，如果系统可靠性低，则可能导致库存数据不准确、账实不符、数据丢失等问题，乃至影响企业决策。如果因为库存管理系统工作不正常而影响了出库/入库业务的进行，将给企业带来重大的经济损失。

软件的可靠性是可以评估的，软件可靠性的评估需要软件可靠性模型。软件可靠性模型（Software Reliability Model）是指为预计或估算软件的可靠性所建立的可靠性框图和数学模型。故障树就是一种可靠性分析手段，如图3.57所示。

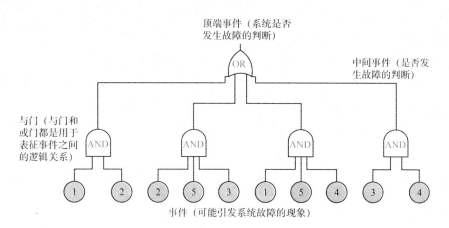

图3.57 故障树示意

故障树是由门和事件（块）建立的。所谓事件，是指可能引起故障的现象或故障本身。所谓门，是用于刻画事件之间的逻辑关系的符号。在故障树中运用最多的两个门是"与门"和"或门"。图3.57中带圆圈的数字表征的是可能发生的事件，最顶端的输出为系统是否会发生故障的判断。每个中间节点的输入为下层节点的事件，而其输出为该节点是否会发生故障的判断，该判断又作为其上层节点的事件参与故障分析。详细内容略，读者可查阅相关资料。

安全性是指使伤害或损害的危险限制在可以接受的水平内。软件安全性是指软件系统遭受伤害或损害的危险程度。伤害是指数据被破坏或被非授权修改、隐秘数据被公开、数据和系统不能正确为用户服务等现象。这种危险发生的概率可用于评估安全性：概率越小、安全性越高。

系统的安全性至关重要。软件虽然没有硬件所具有的物理和化学属性，对人类和社会没有直接威胁，不会造成直接的损害。但是当软件用于过程监测和实时控制时，如果软件中存在错误，则这些错误有可能通过硬件、软件的接口使硬件发生误动或失效，造成严重的安全事故。例如，20世纪80年代美国发生的放射治疗机软件错误，导致了15名患者受超剂量辐射死亡的严重事故。现在计算机的应用已更加普及，许多尖端军用装备和核反应堆由计算机控制，如果在那些系统中发生由软件错误引发的安全事故，其后果将是相当严重的！

软件的安全性问题不仅在实时控制系统中存在，在其他类型的软件中也可能存在。如果软件存储的或提供的数据是有关安全的重大决策的依据，那么软件错误同样会给人类和社会造成严重的损害。美国曾经发生过一起严重的医疗事故，由于血液数据库程序出错，致使一千多品脱被病毒污染的血液被当成健康血液从血库中提出用于治疗，后果可想而知。

软件中绝大多数涉及安全问题的错误都起源于软件设计。对系统实际工作情况缺乏了解，对系统工作状况所作的错误假设以及含混的需求说明，是产生错误的重要原因。因此，改善系统安全性的关键是制定专门的安全性设计的需求说明，以及研究消除设计错误的方法，软件可靠性设计中的避错、查错和容错设计技术也适用于安全性设计。由此可见，可靠性设计和安全性设计的方法和基本要求是一致的，仅在目标的侧重点方面有差别。详细内容可查阅相关资料。

由于许多隐蔽性强的或非多发性的错误很难被设计人员和测试人员察觉，仅仅依靠设计技术的改进仍然不足以解决安全性问题，这就需要一套严格的安全性分析程序和安全性分析方法，以预防安全事故发生或在发生事故时减小危害程度，软件安全性工作的意义和价值正在于此，如美国军标MIL-STD-882B。

3.4.9 小结

本节的内容组织如图3.58所示。

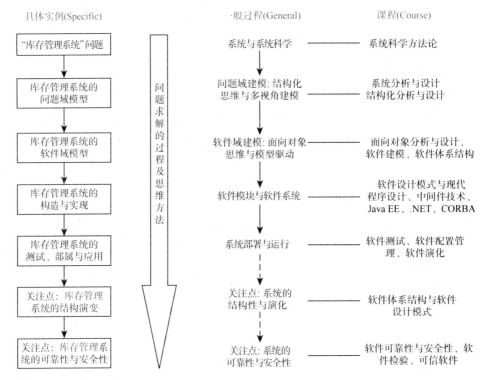

:: **图3.58 本节的结构及思维方法**

本节学习了如何利用系统科学方法来解决问题的过程、思维及方法。从问题域模型、软件域模型、软件模块与系统实现、软件测试部署与运行、软件的体系结构与设计模式、软件系统的可靠性与安全性等方面介绍了系统类求解的基本思维方式与方法，简要介绍了结构化与多视角的思维方法和面向对象的思维方法。

从知识的角度，本节涉及了系统科学方法论、系统分析与设计、结构化分析与设计、面向对象分析与设计、软件建模、软件体系结构、软件设计模式与现代程序设计、中间件技术、软件测试、软件配置管理、软件演化等课程。读者可通过这些课程的深入学习，进一步扩展知识结构，提高系统类问题求解的技能。

思考题

1. 算法类问题与系统类问题有哪些不同点？

2. 已知X=21，Y=15，Z=22，求下列表达式的值

(1) ((X>Y) Or (Y>Z))And ((X<Y) Or (Y<Z))

(2) ((X>Y) And (Y>Z))Or ((X<Y) And (Y<Z))

(3) ((X>Y) And (Y>Z))Or ((X<Z)And (Y<Z))

3. 下列表达式的值是算术量、还是逻辑量？

(1) A1 + (B2 − x1 + 76)*3 (2) N4 < (A1 + B2 + 20) (3) (x1 >= A1) And (B2 <> y2)

4. 已知X=15、Y=20和一段程序，执行完此段程序后，X值为多少？

```
X = Y + X
If  X > 10  Then X = 5
If  X < 10  Then X=10
Else  X=20
End If
```

5. 请问如下一段程序执行完后，k值是多少？

```
k=0
i=1
While（i<=10）
{
    k = k + i*2
    i=i+ 3
}
```

6. 如下一段程序执行完后，k值是多少？

```
k=0
For  i =10 to 0 Step −3
{ k=k+ i*3; }
Next i
```

7. 考虑一个N个城市的TSP问题，其中某些城市之间是直接连通的，即可以从城市i不经过任何其他城市直接到达城市j，而某些城市之间是不直接连通的（但可经其他城市

中转到达/间接连通）。给定一个城市的访问顺序列表$[V_1, V_2, \cdots, V_N]$，请思考如何验证该列表是否是TSP问题的可行解？请利用本章所学的问题求解思维，解决该问题。

8．你知道大型RPG（Role-Playing Game，角色扮演游戏）游戏是用什么程序设计方法开发的吗？你是否对开发这样的大型复杂软件感兴趣？

RPG游戏多使用面向对象程序设计方法开发。为什么？试着用本章所学的面向对象思维，分析你熟悉的某款RPG游戏，其中有哪些类、对象、属性、行为、消息、事件？对象之间有哪些交互？能否用本章所学知识和思维建立该游戏的部分（软件）模型？

9．设想你要给没接触过大学的人（如小学生）介绍"大学"这种事物（大一放假回家，相信你极有可能面对这个问题）。为了能够全面、准确、可视化、通俗易懂地展现和解释，请利用本章所学的建模思维，从多个不同角度为大学（如哈尔滨工业大学）建立一套模型。提示：大学的"输入"和"输出"是什么？组织结构是什么样的？有哪些资源和设施？学生分哪几类？教师分哪几类？主要活动有哪些类（教学、科学研究、后勤、管理、……）？有哪些业务流程（新生报到、选课、考试、……）？有哪些重要的数据（学生档案、选课和成绩、……）？

10．学习和生活中你是否遇到过一些不便利或一些烦琐、重复的任务？你是否有兴趣构造一个软（硬）件系统，以解决这些不便、繁琐，从而让生活更美好？

写出你的点子，这或许就是一个伟大的创新（项目）。"iPod之父"Tony Fadell的故事也许对你有启发。他在建造新家时，考察过市面上的恒温器之后，发出了强烈的抱怨："它们到底怎么回事？又丑、又难用、还卖得死贵。有一半功能不是你所期望的现代玩意儿。它们之间并不互联，无法互通有无。我还无法遥控它。……为什么是这个东西？"，于是他再次创业，成立Nest Labs，开发一种美观、好用的恒温器，名为Nest Learning Thermostat。更多信息请参阅http://www.ifanr.com/58557。

有了创意之后，请利用本章所学的问题求解框架和思维，尝试性开展该软（硬）件系统的分析、建模、设计。

11．在问题求解过程中，也许受限于对特定编程语言的掌握，你无法写出正确的、可执行的程序，或者受程序设计细节的干扰而无法把注意力集中在问题求解的核心（如算法）上。试试可视化编程工具Raptor（Rapid Algorithm Prototyping for Ordered Reasoning）或SNAP！（http://snap.berkeley.edu/），用它设计算法、可视化地编写程序，解决TSP问题或其他你感兴趣的算法类问题。也许你会喜欢上它并持续使用它。

12．你已经学习了解了C/S结构和B/S结构以及它们之间的差异，能否准确地判断你的计算机上的软件属于哪种体系结构？例如，Word、QQ、taobao。当前，智能手机和移动互联网日益火爆，有大量的应用App，它们是什么体系结构？另一个重要的趋势是出现了大量的浏览器应用，如Chrome应用、Firefox应用，它们又属于什么体系结构？传统台式机应用软件、智能手机/移动互联网应用软件、浏览器应用软件的对比，反映了什么样的思维和发展趋势？

参考文献

[1]Thomas H. Cormen, Charles E. Leiserson, Ronald L.Rivest, Clifford Stein. 算法导论（原书第3版）. 机械工业出版社，2013.

[2]克尼汉等. C程序设计语言（第2版新版）. 机械工业出版社，2004.

[3]Richard Johnsonbaugh等. 面向对象程序设计：C++语言描述（原书第2版）. 机械工业出版社，2011.

[4]严蔚敏，吴伟民. 数据结构（C语言版）. 清华大学出版社，2011.

[5]TSP问题. http://en.wikipedia.org/wiki/Travelling_salesman_problem.

[6]Frank R.Giordano等. 数学建模（原书第4版）. 机械工业出版社，2009.

[7]塞普瑟. 计算理论导引（英文版·第2版）. 机械工业出版社，2006.

[8]统一建模语言UML. http://en.wikipedia.org/wiki/Unified_Modeling_Language.

[9]系统科学. http://en.wikipedia.org/wiki/Systems_science.

[10]Roger S. Pressman. 软件工程：实践者的研究方法（原书第7版）. 机械工业出版社，2011.

[11]模型驱动体系结构MDA. http://en.wikipedia.org/wiki/Model-driven_architecture.

[12]面向服务的体系结构SOA. http://en.wikipedia.org/wiki/Search_oriented_architecture.

[13]Martin Fowler. 企业应用架构模式. 机械工业出版社，2010.

（习题）

第4章
算法与复杂性

本章要点：

典型的计算思维——算法思维：

1. 排序及其求解算法——不同环境下的问题复杂性及算法求解示例

2. 递归及递归算法——构造，用有限的语句来定义对象的无限集合

3. 遗传算法——生物系统的问题求解及其对难解性计算问题求解的启示

4.1 排序问题及其算法

4.1.1 排序问题

排序 (Sort) 是现实世界中常见的问题，其本质是对一组对象按照某种规则进行有序排列的过程，通常把一组对象整理成按**关键字**递增 (或递减) 的排列。所谓关键字，是指对象的用于排序的一个特性。例如，对一组"人"进行排序，可按"年龄"进行排序，也可按"身高"进行排序，此处的"人"即为对象，而"年龄"、"身高"等为关键字。

在计算科学中，排序对象是多种多样的，如下面的几个问题示例。排序也是许多复杂问题求解的基础，尤其是数据库查询、数据挖掘、搜索引擎等大规模数据处理算法实现的基础——通过排序可有效降低问题求解算法的执行时间。

1. 结构化数据表的查找与统计需要排序

【问题 4.1】 结构化数据表的查找与统计。

图4.1为常见的一个汇总表，它以"记录"为元素，将大量数据组织成一张表。其中，图(a)为未进行任何排序的数据，图(b)、(c)、(d)分别为按照关键字"学号"、"成绩"和"姓名"进行排序的数据。

学号	姓名	成绩		学号	姓名	成绩		学号	姓名	成绩		学号	姓名	成绩
120300101	李鹏	88		120300101	李鹏	88		120300107	闫宁	95		120300108	杜岩	44
120300105	张伟	66		120300102	王刚	79		120300103	李宁	94		120300109	江海	77
120300107	闫宁	95		120300103	李宁	94		120300101	李鹏	88		120300103	李宁	94
120300102	王刚	79		120300104	赵凯	69		120300106	徐月	85		120300101	李鹏	88
120300103	李宁	94		120300105	张伟	66		120300102	王刚	79		120300102	王刚	79
120300106	徐月	85		120300106	徐月	85		120300109	江海	77		120300106	徐月	85
120300108	杜岩	44		120300107	闫宁	95		120300110	周峰	73		120300107	闫宁	95
120300104	赵凯	69		120300108	杜岩	44		120300104	赵凯	69		120300105	张伟	66
120300109	江海	77		120300109	江海	77		120300105	张伟	66		120300104	赵凯	69
120300110	周峰	73		120300110	周峰	73		120300108	杜岩	44		120300110	周峰	73
(a)				(b)				(c)				(d)		

图4.1 对数据表——一种结构化数据按不同关键字进行排序

为什么需要排序？对于形如图4.1的数据表，类似如下的查找或统计是使用频率非常高的操作：①"查找80分以上的同学"；②"查找姓名为江海的同学及其相关信息"；③"查找学号为120300106同学的相关信息"。怎样完成查找和统计呢？对于图4.1(a)所示的未排序数据，直观来看，需要检索整个数据表才能正确回答上面的问题。换句话说，假设数据表的记录条数是n，则完成上述3种查询，需要分别以当前给定的关键字与表中各记录相应的关键字进行比对，每种查询都需要访问n条记录。而对于已经排序的数据，如对按"成绩"排序的数据完成查询①，见图4.1(c)，**则仅需访问一半甚至更少的记录便可得到正确的结果。**

通常，类似数据表的记录数都可能数千数万条甚至百万条、千万条。可见，将数据进行排序是节省时间、提高查找效率的有效手段。而类似的求成绩分布即求每个分数段的人数等统计操作，有可能需要多遍扫描数据表才能完成，如果是排好序的数据，则将节省更多的时间。

怎样对结构化的数据进行排序呢？如果数据是千条、万条以下级别，待排序的数据可以一次性地装入内存中，即排序者可以完整地看到和操纵所有数据，使用数组或其他数据结构便可进行统一的排序处理。这是一种排序问题，可称为内排序问题。如果数据是百万、千万条级别，即待排序的数据应保存在磁盘上，不能一次性装入内存，排序者不能一次完整地看到和操纵所有数据，此时便需要将数据分批装入内存分批处理。这是另一种排序问题，可称为外排序问题。怎样实现内排序和外排序呢？我们可将上述问题想象为某教师要对学生按身高排序。教师只能在房间（**相当于内存**）中对学生进行排序，假设房间仅能容纳100人，那么对于小于100人的学生排序便属于内排序问题。对于大于100人如1000人的学生排序，学生并不能都进入房间，只能在操场（**相当于磁盘**）等候，轮流进入房间，这样的排序便属于外排序问题。你能为教师提供一个使排序时间最短的内排序和外排序的方法吗？

2. 非结构化数据（文档）的查找和搜索也需要排序

【问题 4.2】 非结构化数据的查找与搜索。

图4.2为常见的另一个场景。图书馆或网上有大量的文献/文档，少则几万、几十万册，多则千万册以上；文档的大小又各不相同，少则几页、多则几百页。如何快速地查找一份文档呢？如何确定一份文档是否包含给定的一个或多个"关键词"呢？哪些词汇是一份文档的关键词呢？每当用户输入一个关键词查询的时候，是否要扫描这所有的文档呢？这些问题的解决就需要一种被称为倒排索引文件的技术。

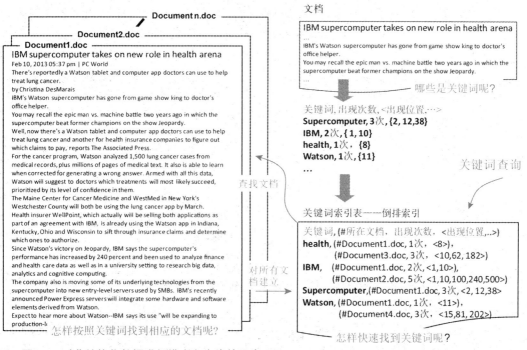

图4.2 对非结构化数据进行排序和查找的示意

如图4.2右部所示，对一份文档，去掉标点符号和一些辅助词汇，可以**将所有出现的单词无重复地按照出现的频次由多到少地排列出来**。如果此排序工作完成，那么可否将频次排序在前面的若干个词汇，或者频次超过一定阈值的若干个词汇，作为本文档的关键词呢？对于所有的文档，如果建立一个"索引表"（类似于一般纸质图书后面都有的索引表），通常称为倒排索引文件。该文件具有如下格式：

关键词, (#所在文档1, 出现次数, <出现位置1, 出现位置2,…>), (#所在文档2,…)

即一个倒排索引文件就是一个已经排好序的关键词的列表。其中，每个关键词指向一个倒排表，该表中记录了该关键词出现的文档集合以及在该文档中的位置。

通过倒排索引文件快速地找到指定的关键词（如图4.2所示），也需要**将所有出现的单词无重复地按照字典顺序排列出来**，形成一个排序文件。

3. 网上搜索的结果呈现也需要排序

【问题 4.3】 开放数据的查找与搜索——网页重要程度的排序。

今天，浏览网页几乎已成为每个人获取信息、获取知识的最重要途径。Internet上的海量网页通过一种简单的机制——超链接联系到一起，当点击带有超链接的网页时，浏览器会将查询者引导到另一个页面。Internet上网页的数量非常大，必须借助搜索引擎才能获得所要寻找的页面。当搜索引擎中输入所要查询的关键词之后，搜索引擎将同时把与该关键词相关的网页找出来，并以一定的顺序呈现。例如，图4.3是2013年2月19日在Google中输入关键词"watson 计算机"所得到的部分查询结果（共约4540000条结果）。一个有趣的问题是，对如此多的查询结果应该如何排序？事实上，排序结果的好坏严重影响搜索引擎用户的体验，能否将那些更权威、更可信、更符合用户需求的网页排在前面，是搜索引擎成功的关键，毕竟绝大多数用户很少会浏览10页以后的结果。将这个问题扩展开，其本质是为所有的网页建立一种评价和排名（排序）的机制。如何解决？事实上，这是搜索引擎的核心技术之一，Google搜索引擎使用的网页排序算法被称为PageRank，将在后文介绍。

▪▪ 图4.3 搜索引擎对用户按关键词查找的结果排序

可以说，排序问题既简单又复杂。所谓简单，是指对于少量数据的排序问题，可以很容易用手工方式或利用计算机采用如冒泡等直观的方法进行求解。然而，面向海量数据/大数据(Big-Data)[1]、高维或复杂数据格式、资源 (如内存) 受限、响应时间短、数据分布存储等情况下的排序问题，则很复杂并具有挑战性。那么，不同的排序问题有什么区别？为什么求解的难度不同？如何有针对性地为其设计合适的求解算法？下两节将为读者介绍一些典型的排序算法[2]思维。

4.1.2　基本排序算法

1. 内排序算法：内存中数据的排序算法

首先假设待排序的数据有N个元素。为叙述方便，以其关键字来表示，且关键字的值为自然数。N个元素可以全部读入到内存中，假设其关键字放在一数组A[1..N]中，元素随关键字的移动相应移动。

怎样对这N个元素进行排序呢？一种典型的排序思路是类似于打扑克牌时，一边抓牌一边理牌的过程，每抓一张牌就把它插入到适当的位置，牌抓完了，也理完了。这种策略称为插入排序。以递增排序为例，假设当前要处理第i个元素A[i]，第1 ~ i-1个元素已经排好序并存储在A[1]至A[i-1]的数组中，如果A[i]比前面的i-1个元素值都大，则A[i]位置不变，如果A[i]比前面自A[i-1]往A[1]方向排列的k个元素之值都小，则使这k个元素依次向后移动一个位置，空出的位置便是A[i]应该放置的地方。其算法简要描述如下：

```
INSERTION-SORT(A)          /* 插入法之递增排序 */
1.  for i=2 to N
2.  {    key = A[i] ;        /* key 为待插入的未排序的数组元素，从第 2 ~ N 个循环进行处理。对
                                每个 i，数组中 A[1] ~ A[i-1] 的元素已经排好序，接着要使 A[i] 插入
                                到适当位置，以使 A[1] ~ A[i] 排好序 */
3.      j =i-1;              /* 从排好序的最后一个元素开始检查 */
4.      While ( j>0 and A[j]>key) do
5.      {    A[j+ 1]=A[j];
6.          j=j-1; }         /* 上面循环表示，如果 A[j]>key，则要将已排序数组元素向后移动，
                                为 key 留出位置 */
7.      A[j+ 1]=key;
8.  }                        /* 算法结束 */
```

另外一种典型的排序思路是一个轮次一个轮次地处理。首先在所有数组元素中找出最小值的元素，放在A[1]中；接着在不包含A[1]的余下的数组元素中再找出最小值的元素，放置在A[2]中；如此下去，一直到最后一个元素。这种排序策略称为简单选择排序。其算法简要描述如下：

```
SELECTION-SORT(A)                    /* 简单选择法 - 递增排序

1.  for i=1 to N-1
                                     /* 从第一个元素开始处理，直到第 N-1 个元素。A[1] 到
                                        A[i] 的数组元素已经排好序；下面的循环是将 A[i] 至
                                        A[N] 的元素中最小值找出，放在 A[i] 中 */

2.  {  k=i;
3.     for j=i+1 to N
4.     {  if  A[j]<A[k]  then k=j; }  /* 将最小值元素的位置保存在 k 中 */
5.     if  k<>i  then
6.     {                             /* 如果 k 不等于 i 则说明找到新的最小值 A[k]，
                                        则交换 A[k] 和 A[i] 元素 */

7.        temp =A[k];
8.        A[k]=A[i];
9.        A[i]=temp;
10.    }
11. }  /* 算法结束 */
```

与此算法相似，第三种典型的排序思路也是一个轮次一个轮次地处理，在每轮次中依次对待排序数组元素中相邻的两个元素进行比较，将大的放前，小的放后，即递减排序 (或者将小的放前、大的放后，即递增排序)。这样，经过一轮比较和移位后，待排序数组元素中最小 (大) 的元素就会被找到，并将其放到这组元素的尾部。不难看出，我们将进行 $N-1$ 次比较和最多 $N-1$ 次的移位。现在，待排序元素的个数减少为 $N-1$。

对剩余的 $N-1$ 个待排序元素执行上述过程，经过 $N-2$ 次比较和最多 $N-2$ 次移位后，$N-1$ 个元素中最小 (大) 的元素已找到，并已放到这组元素的尾部。此时，待排序元素的个数减少为 $N-2$，而最小的两个元素已找到，并已排好顺序。不难看出，随着上述过程的重复执行，排好顺序的元素逐渐增多，而待排序的元素逐渐减少。

何时所有的元素都已被排好顺序呢，即排序过程可以停止呢？显然，当"待排序的元素"的个数减少到1时，这一过程即停止。此时共进行了 $N-1$ 轮比较和交换。也可能在某一轮次处理时没有任何两个元素可交换，亦可终止，表示已经对所有元素排好序。其算法简要描述如下：

```
BUBBLE-SORT(A)                       /* 冒泡排序法之递增排序 */

1.  for i=1 to N-1                   /* 从第一轮迭代开始，最多迭代 N-1 轮 */
2.  {  haschange=false;              /* 设置轮次中有无交换标志，如果其为 false，则表示
                                        无交换发生；为 true，则表示有交换发生 */

3.     for j=1 to N-i
4.     {  if A[j]>A[j+1]  then       /* 每轮都使 A[j] 与 A[j+1] 两两比较，若 A[j] 大，
                                        则交换 A[j] 与 A[j+1] */

5.        {  temp =A[j];
6.           A[j]=A[j+1];
7.           A[j+1]=temp;
8.           haschange=true;
9.        }
```

```
10.      }
11.      if (haschange ==false) then break;        /* 如果本轮没有交换发生，则终止循环，算法结束 */
12.   }                                            /* 算法结束 */
```

以递增排序为例，冒泡排序的每轮次都会找到一个最大元素放在数据集合的尾部，注意它与选择法的不同：选择法每轮次仅比较而没有交换，直至找到最小值（或最大值）后做一次交换；而冒泡法的每轮次是通过依次比较相邻两个元素的方法来找到最小值（或最大值），如果前一元素比后一元素大（或小），则交换前后两个元素，交换可能频繁发生。

三种排序算法的模拟执行过程如图4.4所示。

图4.4(a)为插入排序之递增排序，示意了元素19腾挪空间的过程。三角形左侧为已排好序的元素，右侧为未排序的元素。▲为待插入的元素，△为新插入的元素。

图4.4(b)为选择排序之递增排序，◆代表本轮要找的最小元素所在位置，■代表本轮为止找到的最小元素所在位置。◆左侧为已排好序的元素，其右侧各元素依次与■所指元素进行比较。双箭头弧线代表两元素应互换位置。

图4.4(c)为冒泡排序之递减排序，其中圆点指示本轮待比较的两个元素，双箭头弧线代表两元素应互换位置。

我们简单地分析三种算法的性能[3]，观察排序算法的性能可从以下几个角度进行：

① 排序算法的时间复杂度。前面三种排序算法的时间复杂度均为$O(N^2)$（关于时间复杂度的简要介绍请参见3.2.6节）。

② 空间复杂度。一方面，三个算法均需要将所有的数据加载在内存中进行运算（比较、交换）；另一方面，它们也是一种原地算法（in-place），即只需要很小的、固定数量的额外空间进行排序操作，如冒泡排序算法中所需的额外交换空间仅是一个变量Temp（以及其所对应的原始数据元素，暂被忽略之），空间复杂度为$O(1)$。

③ 稳定度的角度。冒泡排序和插入排序算法都是稳定的，即当有两个数据元素R和S，它们用作排序依据的关键字之值相等，且在原始数据中R出现在S之前，那么在排序后的数据中，R也将会在S之前。

由于排序算法对其他复杂算法的影响，人们不断地在研究新的排序算法。例如，已出现的**快速排序法**的基本思想是：从待排序列中任取一个元素（如取第一个）作为中心，所有比它小的元素一律放在左侧，所有比它大的元素一律放在右侧，形成左右两个子序列；再对各子序列重新选择中心元素并依此规则调整，直到每个子序列中只剩一个元素，此时整个序列便成为有序序列了。

还有一些排序算法需要借助一些数据结构来实现，如桶排序、基数排序、堆排序等，读者可参阅有关书籍进一步学习之。

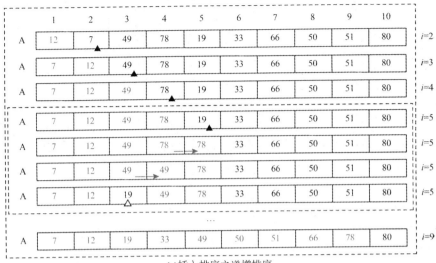

(a)插入排序之递增排序

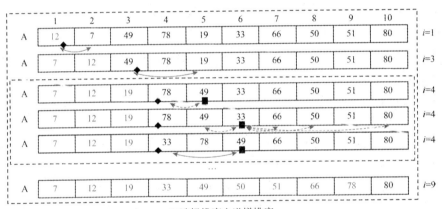

(b)选择排序之递增排序

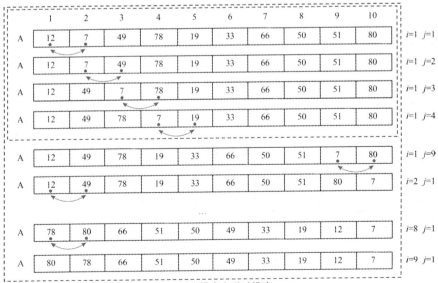

(c)冒泡排序之递减排序

图4.4 三种基本排序算法的排序过程的简单示意

2. 外排序算法：大规模数据借助于外存的排序算法

内排序算法的使用前提是所有待排序的元素都可以一次性地被装入内存，即排序者能够完整地看到和操纵所有数据。而内存的实际容量是有限的，虽然目前个人计算机的内存容量可以达到4GB，与早期的512KB、512MB等相比已经是很大了，但相对于数据发展的规模仍旧很小。比如，现在计算机的硬盘已经发展为TB级，需要处理数据的规模也上升到这个量级上，如50GB整体装入内存还是不可能的。怎么办？这就是外排序算法的应用背景。

外排序问题的直观求解策略是可将50GB数据集切分为很多个子集合（子集合的大小以其能被完整地装入内存为准）。例如，有N个子集合，将每个子集合装载到内存中，应用前面的内排序算法对其进行排序，排好后再存储到外存（硬盘）上。这样，我们就获得了N个已排好的数据集。接下来，只要想办法将（排好序的）"小"数据集合并，并使合并后的数据集仍然保持有序，即可实现对整个数据集的排序。当然，在合并的过程中仍然面临着内存空间的约束，所以我们不得不边排序、边存储（到硬盘）。这种需要使用硬盘等外部存储设备进行排序的过程/算法称为外排序（External Sorting）。

为实现外排序，通常采用一种 **"排序-归并"** 的策略。下面以一个例子来阐述这种策略（如图4.5所示）。

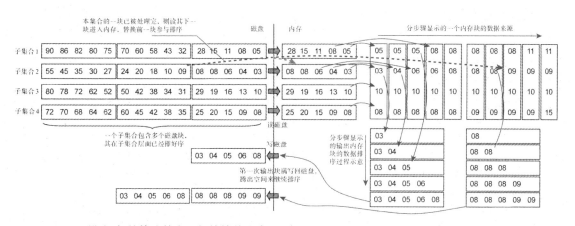

:: 图4.5 排序-归并算法基本思想的简单示意

我们先来理解外排序的环境。首先，区分外存（如硬盘）和内存。外存中的数据必须装入内存才能被计算机处理。为了充分利用存储空间，操作系统将外存和内存均划分为若干相等大小的子空间，称为块（Block）。由外存向内存的数据传送称为**读磁盘**，而由内存向外存的数据传送称为**写磁盘**。操作系统通常按块读/写磁盘，并分别提供了相应的读磁盘函数（简记为Read Block）和写磁盘函数（简记为Write Block）。

再假设每一块可以装载R_{block}个数据元素，待排序数据元素有$R_{problem}$个，则其所占用的磁盘的块数$B_{problem}$约为$R_{problem}/R_{block}$。

在图4.5中，$R_{block}=5$，$R_{problem}=60$，$B_{problem}=12$，假设内存的块数为$B_{memory}=6$，12块待排序数据元素的集合被划分为4个子集合，记为S_1、S_2、S_3、S_4，每个子集合包含3块，小于

内存的块数，因此每个子集合可以完全装入内存，并应用内排序算法进行排序。排好序后，再重新写到磁盘上，这一过程视为子集合排序（在图4.5中被省略，因为它们已经是可以求解的问题）。

接下来要做的事情是，如何对这4个已排好序的子集合从总体上排序，还不要求其一次性完全装入内存呢？这就需要"归并(merge)"。

为此，将内存的4个块分别用于读取4个子集合的一块，记为M_1、M_2、M_3、M_4，将内存的第5块用于保存待比较数据元素（简称待比较集合），记为$M_{compare}$，第6块作为输出数据的存储块，记为M_{output}。在图4.5中，开始时对4个子集，每个子集读出一块到内存中。然后从每个子集对应的内存块中，依顺序取一个元素到待比较集合$M_{compare}$中，总计4个元素$\{05,03,10,08\}$。比较这4个元素，求出最小者并放入输出块中，即将子集合M_2中的03放入输出块中，再从M_2中读出下一个元素04，形成待比较集合$\{05,04,10,08\}$，然后比较求最小者，仍旧是子集合M_2中的04被放入输出块中，则继续从M_2中读取数据。以此进行，每当某集合的元素（其是当前的最小值）被放入输出块中，则再按顺序读入该集合的下一个元素，以补充该元素的空缺，由此形成输出块$\{03,04,05,06,08\}$。如果输出块已满，便调用写磁盘函数将该输出块写回磁盘，以腾出空间继续后面的操作。在图4.5中，当第二次输出块变为$\{08,08,--,--,--\}$时，子集合M_2需要补充元素。此时M_2在内存中的第一块已处理完，则需按序从磁盘上读取该子集合的下一块，如09开始的块进入内存，然后从中取出09元素，补充到待比较集合中。如果某一子集合的所有块都已处理完毕，则就不考虑该子集合，而对剩余子集合进行相应的操作。当所有子集合的所有块都已处理完毕，则整个数据集合已完成排序。这就是归并的基本思路及处理过程。

由于程序实现涉及细节很多，为便于对算法思维的理解，本书仅以自然语言方式描述算法如下：

已知：$S_{problem}$为待排序元素的集合，$R_{problem}$为待排序集合中的元素个数，R_{block}为磁盘块或内存块能存储的元素个数，B_{memory}为可用内存块的个数，$R(S)$为求集合S的元素个数的函数，M_i为内存的第i块，P_{output}为输出块内存中当前元素的指针。

1. 将待排序集合$S_{problem}$划分为m个子集合$S_1, S_2, \cdots, S_m$，其中$S_{problem} = \bigcup_{i=1,\cdots,m} S_i$，且$R_{problem} = \sum_{i=1,\cdots,m} R(S_i)$，$R(S_i) \leqslant B_{memory} \times R_{block}, i=1, \cdots, m$（注：每个$S_i$的元素个数小于内存所能装载的元素个数）

2. for i=1 to m

3. ｛将S_i装入内存，并采用一种内排序算法进行排序，排序后再存回相应的外存中｝

   /* 步骤2和3完成子集合的排序。接下来要进行归并，$M_1, \ldots, M_m$用于分别装载$S_1, \ldots, S_m$的一块 */

4. for i=1 to m

5. ｛调用 Read block 函数，读S_i的第一块存入M_i中，同时将其第一个元素存入$M_{compare}$的第i_{th}个位置；｝

6. 设置P_{output}为输出内存块的起始位置；

7. 求$M_{compare}$中m个元素的最小值及其位置i。

8. if（找到最小值及其位置 then

9. ｛ 将第i_{th}个位置的元素存入M_{output}中的P_{output}位置，P_{output}指针按次序指向下一位置；

10. if (P_{output}指向结束位置) then

11. ｛ 调用 Write Block，依序将M_{output}写回磁盘；置P_{output}为输出内存块的起始位置；继续进行；｝

12. 获取M_i的下一个元素

13. if (M_i有下一个元素)

14.　　　{ 将 M_i 下一个元素存入 $M_{compare}$ 的第 i_{th} 个位置；转步骤 7 继续执行；}

15.　　 else { 调用 Read block 按次序读 S_i 的下一块并存入 M_i；

16.　　　　 if (S_i 有下一块)
　　　　　　　{ 将其第一个元素存入 $M_{compare}$ 的第 i_{th} 个位置；转步骤 7 继续执行；}

17.　　　　 else
　　　　　　{ 返回一个特殊值如 Finished，以示 S_i 子集合处理完毕，M_i 为空，且使 $M_{compare}$ 中的第 i_{th} 位置为该特殊值，表明该元素不参与 $M_{compare}$ 的比较操作；转步骤 7 继续执行；}

18.　　 }

19. }　　 /* 若 $M_{compare}$ 的所有元素都是特殊值 Finished，即没有最小值，则算法结束 */

下面对上述算法进行讨论。首先，外排序的最大特点是其不得不使用外部存储设备辅助排序。正如我们所知，读/写外存的速度与操作内存相比是非常慢的 (对外存读/写的速度大约为毫秒或微秒量级，对内存读/写的速度大约为微秒至纳秒量级，至少相差 10^3 倍)，因此内存的排序执行时间相比读写一次外存的时间可以忽略不计，外排序算法的执行时间 (或者说时间复杂性) 主要考虑对外存的读/写次数，也就是说，读/写外存次数越少，外排序算法的性能也越好。

我们看前面算法的时间复杂性：步骤 1 ~ 3，对 $S_{problem}$ 读取一遍，又写一遍，则读/写磁盘的次数为 $2B_{problem} = 2R_{problem}/R_{block}$；步骤 4 ~ 19，读取一遍，输出结果又写一遍，则读/写磁盘的次数又是 $2B_{problem}$。因此，算法总的读写磁盘次数为 $4B_{problem} = 4R_{problem}/R_{block}$。

再看算法的适应性。前述算法被认为是一个 m 路归并的算法，将集合划分成了 m 个子集合，归并时，需要分别将 m 个子集合的一块读入内存，再加上一个输出块，则可用内存大小必须满足 $B_{memory} \geq m+1$ 才能应用上述算法。换句话说，若给定内存为 B_{memory} 块，则其能实现排序的数据集大小应小于 $(B_{memory}-1) \times (B_{memory}-1) \times R_{block}$，即子集的个数 m 应小于 $B_{memory}-1$，子集的元素数目应小于 $(B_{memory}-1) \times R_{block}$。简单来看，$B_{memory}^2 \times R_{block}$ 是其能够正确执行的数据集的元素数目最大值。

对于大于 $B_{memory}^2 \times R_{block}$ 的数据集合，虽然不能直接采用上述算法，但排序-归并的思路仍旧是可以应用的。我们以一个例子来看，假设内存只有 3 块，能否执行 30 块的数据集合的排序呢？答案是可以的。首先将 30 块的数据集划分成 10 个子集合，每个子集合占有 3 块，则每个子集都可以应用内排序算法进行排序，将其排好序后再存回磁盘。然后将这 10 个已排好序的子集合分成 5 组，每组包含 2 个子集合。对这 5 组分别做二路归并，则可得到 5 个排好序的集合；再将这 5 个集合分成 3 组，仍旧是每个组包含 2 个子集，剩余一个子集合单独 1 组。对有 2 个集合的 2 个组进行二路归并，则可得到 2 个排好序的集合；再分组，再归并，得到 1 个排好序的集合；再与前面未归并的单一集合进行归并，便可完成最终的排序。这种排序算法需要对一个数据集多次的读写磁盘，需要很长的时间。

假如内存共有 8 块，则如何排序有 70 块的数据集呢？采用二路归并、三路归并、…、还是七路归并？你设计的具体算法，磁盘读/写次数是多少呢？磁盘读/写次数最少的应是几路归并？读者可自行回答上述问题。

还有一个有趣的问题：可用内存如果是 100MB，产生的每个排好序的数据子集合都是 100MB。一个有趣的问题是，能否产生大于可用内存 (100MB) 的有序数据集呢？产生更大的数据子集合将相应地减少子集合的个数，从而将使归并的次数 (趟数) 减少，相应地减少读/写外存的总次数。多路平衡归并和置换选择排序一定程度上回答了上述问题，请读者自行检索和学习。此外还有更多的外排序算法，请读者参阅相应资料自学之。

3. 问题4.1和问题4.2的求解

现在我们来看问题4.1和4.2的求解。

问题4.1可以直接应用前面的内排序算法和外排序算法进行求解，仅需将前面对关键字的操作对应到整个数据元素的操作即可。

问题4.2稍微麻烦，可能首先要对文档进行"分词"，即将一个个词汇识别出来，对英文可按照空格来识别，而对中文则需要特殊的分词技巧。同时，分词过程中还需要将那些标点符号及一些无具体语义的辅助词汇剔除。关于这方面的内容，读者可参阅自然语言理解、机器翻译等相关的文献自学之，也可以利用网上的开源工具来进行分词处理。

当分词完成后，一份文档便可看成是由一个个词汇构成的数据集合，此时也可直接应用前面的内排序算法和外排序算法进行求解，不同之处是：一个是数值大小排序，另一个则是字符串比较及按字典序排序。关于字符串比较及字典序，读者也可参阅相关文献学习之。

4.1.3　PageRank排序：排序问题的不同思考方法

合理地、正确地判断网页的重要性，并将其与用户的个性化搜索请求关联起来，形成客户满意的搜索结果并呈现给用户，是互联网搜索引擎的核心能力。本节将以Google公司采用的PageRank技术[4,5]为例简要探讨如何表示网页的重要性及如何排序等。

1. PageRank的基本概念：由问题语义挖掘求解思想

要对网页按照重要性进行排序，首先要解决网页的重要性判定问题。PageRank 是基于"**从许多优质的网页链接过来的网页，必定还是优质网页**"这一基本想法，来判定所有网页的重要性的，这也是PageRank网页排序算法的精髓。Google官方对PageRank的解释如下：

> PageRank有效地利用了 Web 所拥有的庞大链接构造的特性。从网页A导向网页B的链接被看成是页面A对页面B的支持投票，Google根据这个投票数来判断页面的重要性。可是Google 不单单只看投票数（即链接数），对投票的页面也进行分析。"重要性"高的页面所投的票的评价会更高，因为接受这个投票，页面会被理解为"重要的物品"。
>
> 根据这样的分析，得到了高评价的重要页面会被给予较高的 PageRank（网页等级），在搜索结果内的名次也会提高。PageRank是Google 中表示网页重要性的综合性指标，而且不会受到各种搜索引擎的影响。或者说，PageRank 就是基于对"使用复杂的算法而得到的链接构造"的分析，从而得出各网页本身的特性。
>
> 当然，重要性高的页面如果与搜索词句没有关联，同样没有任何意义。为此，Google 使用了精练后的文本匹配技术，能够检索出重要而且正确的页面。

图4.6给出了上述思想的一个示例。对网页的链接，区分了**正向链接**和**反向链接**，即，对一个网页而言，正向链接是该页面指向其他页面的链接，它将对指向页面的重要度评

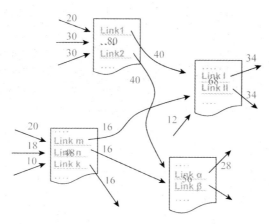

:: 图4.6 PageRank的概念图

价产生贡献，而反向链接是其他页面指向该页面的链接，将对本页面的重要度评价产生贡献。简单处理，某个网页的重要度指标，即PageRank值，被平均地分配到其每一个正向链接上面，作为对其他网页的贡献度；而由反向链接获得的贡献度被加入到本网页的重要度指标上。

例如，图4.6左上角页面的PageRank值为80，平均分配到指向右上角页面和右下角页面的正向链接，每个分配值为40。类似地，右上角页面的反向链接值分别为40、16和12。将其相加，即得到其PageRank值为68。

由此可见，提高一个页面PageRank的要点大致有三方面：反向链接数（单纯意义上的受欢迎度指标），反向链接是否来自推荐度高的页面（有根据的受欢迎指标），反向链接源页面的链接数（被选中的几率指标）。

首先，最基本的事实是，被许多页面链接会使得推荐度提高。也就是说，"**（被许多页面链接的）受欢迎的页面必定是优质的页面**"。所以，以反向链接数作为受欢迎度的一个指标是很自然的想法。然而PageRank并未停留于此，而是进行了进一步分析。来自于重要度越高的页面的反向链接应该越重要。同时，对来自总链接数少的页面的反向链接也应该越重要，应给予较高的权重；来自总链接数多的页面的链接越不重要，应给予较低的权重。这也意味着"（汇集着许多推荐的）好的页面所推荐的页面，必定也是同样好的页面"和"与感觉在被胡乱链接的链接相比，被少数挑选出的链接肯定是优质的链接"这两种判断同时进行着。一方面，来自他人高水平网页的正规链接将会被明确重视，另一方面，来自张贴有完全没有关联性的类似于书签的网页的链接会作为"几乎没有什么价值（虽然比起不被链接来说好一些）"而被轻视。

因此，如果从类似于维基百科（Wikipedia）那样的 PageRank 非常高的站点被链接的话，即使如此，网页的 PageRank 也会迅速上升；相反，无论有多少反向链接数，如果全都是从那些没有多大意义的页面链接过来的话，PageRank 也不会轻易上升。不仅是维基百科，在某个领域中可以被称为是有权威的（或者说固定的）页面来的反向链接是非常有益的。但是，只是一个劲地在自己一些同伴之间制作的链接，如像"单纯的内部照顾"

这样的做法很难看出有什么价值。换句话说，要从注目于全世界所有网页的视点来判断（你的网页）是否真正具有价值。

综合地分析这些指标，PageRank系统最终形成了将评价较高的页面显示在检索结果相对靠前的搜索结构。以往的做法只是单纯地使用反向链接数来评价页面的重要性，但 PageRank 所采用方式的优点是能够不受机械生成的链接的影响。也就是说，为了提高 PageRank，需要有优质页面的反向链接。如果能够让新浪链接自己的网站，就会使得 PageRank 骤然上升。但是为此必须致力于制作（网页的）充实的内容。这样，就使得基本上没有提高 PageRank 的近路（或后门）。不只限于PageRank，其他网页排序算法如Clever和HITS也采用了相似的思想。

PageRank 自身是由 Google 计算的，与用户检索内容的条件表达式完全无关。当用户的检索条件表达式被执行并查询出网页后，搜索引擎会按照网页的PageRank值对这些查询出的结果网页排序并呈现给用户。换句话说，不管被查询多少次，网页的PageRank值是一定的，可被认为是文件固有的评价值。下面通过一个示例对此做进一步的说明。

2. PageRank算法及实例：由问题到数学的典型示例

如何将PageRank思想转变成一个完整的、严谨的计算过程？例如，应该从哪个页面开始计算？如何给出一个网页重要与否的定量的度量呢？我们可将网页超链接结构抽象为一个矩阵，并采用线性代数的方法进行求解。

我们可如下构造矩阵即邻接矩阵，来表达链接关系。网页数为N，则矩阵就为$N*N$的方阵，表达网页i（行）与网页j（列）的链接关系，矩阵的每个元素a_{ij}按如下方式取值。

$$a_{ij} = \begin{cases} 1 & \text{网页}i\text{存在有指向网页}j\text{的链接} \\ 0 & \text{网页}i\text{没有指向网页}j\text{的链接} \end{cases}$$

图4.7用位图方式可视化地表示了Apache 在线手册（共128页）的邻接矩阵。当黑点呈横向排列时，表示这个页面有很多正向链接；当黑点呈纵向排列时，表示这个页面有很多反向链接。

设此邻接矩阵记为A，将此邻接矩阵转置（将原矩阵行列互换得到的矩阵称为转置矩阵，该操作称为转置），记为A^T，之所以转置是因为PageRank并非重视"链接到多少页面"而是重视"被多少页面链接"。对A^T进行归一化处理，即将A^T的每个值除以其所在列的非零值的总个数，即一概率形式，各列的概率之和为1。这样形成的矩阵在PageRank中被称为"转移概率矩阵"，各行向量含有N个概率变量，表示状态之间的转移概率。

转移概率为客观事物由一种状态转移到另一种状态的概率。一个系统的某些因素随时间在变化（转移）中，第n次结果只受第$n-1$次结果的影响，即只与当前状态有关，而与过去状态无关。由系统的一种状态推断另一种状态，便需使用转移概率。

网页之间的链接关系在充分长时间来看是稳定的（尽管其不断地发生和变化），因而网页的重要度随时间的演变也将趋于稳定，而不取决于其计算的初始值。因此，可从任何一个时间开始计算获得网页重要度的初始值，再依转移概率推演到下一状态的网页重要度，当趋于稳定时，网页的重要度的值也就计算出来了。即如下所述计算：

网页i的重要度为R_i，各网页重要度的向量R，记为，即$R=(R_1, R_2 \cdots, R_n)^T$，需要迭代计

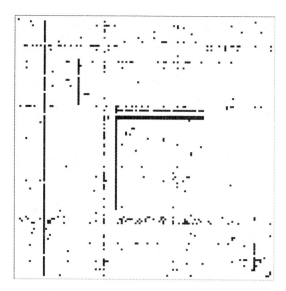

:: 图4.7 Web页面间超链接关系的可视化表示

算，第j次迭代计算得到的R的结果记为$R^{(j)}$。R的初始可设置为任意的值，记为$R^{(0)}=(R_1^{(0)}$, $R_2^{(0)},\cdots,R_n^{(0)})^{\mathrm{T}}$；按照转移概率计算一轮后，可得到$R^{(1)}=cMR^{(0)}$，再进一步计算$R^{(2)}=cMR^{(1)}$，依次计算下去，可以通过$c$值调整，使得$R^{(n)}=R^{(n-1)}$，即$R$的值不再随迭代次数增加而发生变化，即$R=cMR$，此时的$R$被称为特征向量，即为所求各网页的PageRank。

此思路正与线形代数中的特征矩阵、特征向量与特征值问题相一致：我们可以自由地给一个待求向量的初始值赋值，不断地将其与转移概率矩阵相乘，得到的向量将会集中在一些特定数值的组合中。我们把那些稳定的数值组合称为**特征向量**，把特征向量中特征性的标量（scalar）称为**特征值**，把这样的计算方法总称为**特征值分解**，把解特征值的问题称为**特征值问题**。因此，PageRank 的计算就是求属于这个转移概率矩阵最大特征值的特征向量。

对 N 阶方阵 S，满足$Sx=\lambda x$的数λ称为S的特征值，称 x 为属于λ的特征向量。

下面通过一个简单的例子来逐步展示PageRank的计算过程。考虑图4.8(a)所示的7个页面及其链接关系，同时假定它们构成一个封闭系统，即没有其他任何链接的出入。注意，所有的页面都同时拥有正向和反向链接。

首先，识别其**邻接关系**，表4-1列出了所有链接的源页面ID和目标页面ID。

表4-1 链接的源页面和目标页面

链接源页面ID	链接目标页面 ID
1	2,3,4,5,7
2	1
3	1,2
4	2,3,5
5	1,3,4,6
6	1,5
7	5

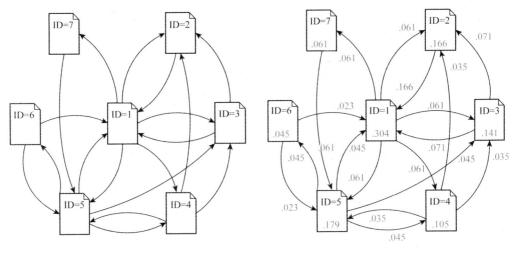

(a)网页及其链接关系示意　　　　　(b)带有PageRank收支值的网页链接关系

:: 图4.8　网页链接及其PageRank示意

进一步，基于邻接关系构造邻接矩阵A，是一个7×7方阵，a_{ij}取值为0或1。例如，第1行第4列a_{14}取值为1，表示网页1有到网页4的正向链接。

$$A=\begin{bmatrix} 0 & 1 & 1 & 1 & 1 & 0 & 1 \\ 1 & 0 & 0 & 0 & 0 & 0 & 0 \\ 1 & 1 & 0 & 0 & 0 & 0 & 0 \\ 0 & 1 & 1 & 0 & 1 & 0 & 0 \\ 1 & 0 & 1 & 1 & 0 & 1 & 0 \\ 1 & 0 & 0 & 0 & 1 & 0 & 0 \\ 0 & 0 & 0 & 0 & 1 & 0 & 0 \end{bmatrix}, \quad A^{\mathrm{T}}=\begin{bmatrix} 0 & 1 & 1 & 0 & 1 & 1 & 0 \\ 1 & 0 & 1 & 1 & 0 & 0 & 0 \\ 1 & 0 & 0 & 1 & 1 & 0 & 0 \\ 1 & 0 & 0 & 0 & 1 & 0 & 0 \\ 1 & 0 & 0 & 1 & 0 & 1 & 1 \\ 0 & 0 & 0 & 0 & 1 & 0 & 0 \\ 1 & 0 & 0 & 0 & 0 & 0 & 0 \end{bmatrix}$$

构造PageRank的**转移概率矩阵**M：将A转置后形成A^{T}，再将各元素的数值除以其所在列的非零元素总数后得到M。横向查看第i行，如果有非零元素，则表示有指向网页i的链接，其列号即为链接的文件ID（文件i的反向链接源）。如第2行第3列非零，表示有从网页3到网页2的链接。注意，各列的值相加的和为1（全概率）。

$$M=\begin{bmatrix} 0 & 1 & 1/2 & 0 & 1/4 & 1/2 & 0 \\ 1/5 & 0 & 1/2 & 1/3 & 0 & 0 & 0 \\ 1/5 & 0 & 0 & 1/3 & 1/4 & 0 & 0 \\ 1/5 & 0 & 0 & 0 & 1/4 & 0 & 0 \\ 1/5 & 0 & 0 & 1/3 & 0 & 1/2 & 1 \\ 0 & 0 & 0 & 0 & 1/4 & 0 & 0 \\ 1/5 & 0 & 0 & 0 & 0 & 0 & 0 \end{bmatrix}, \quad \text{PageRank}=\begin{bmatrix} 0.303514 \\ 0.166134 \\ 0.140575 \\ 0.105431 \\ 0.178914 \\ 0.044728 \\ 0.060703 \end{bmatrix}$$

对于表示PageRank的向量R（各页面的等级数构成的向量），存在着$R=cMR$的关系（c为定量）。为了求得R，只要对矩阵M作特征值分解计算即可。(特征值分解有很多种数值计算方法，这不是本书的重点，所以略去。）限于篇幅，我们省略了执行求解PageRank的程序和执行过程示意，直接给出PageRank的计算结果。

由特征矩阵公式$Sx = \lambda x$可看出，R相当于公式中的特征向量x，c相当于对应特征值的倒数即$1/\lambda$，M相当于给定的矩阵S。

下面分析PageRank的结果，简单判别其是否符合图4.8的链接关系，是否符合PageRank的基本思想。将PageRank按数值进行排序，并增加网页ID及正向、反向链接信息，得到表4-2，其中PageRank值四舍五入，保留小数点后3位。

表4-2　PageRank值排序

名次	PageRank	所评价的文件ID	发出链接ID（正向链接）	被链接ID（反向链接）
1	0.304	1	2,3,4,5,7	2,3,5,6
2	0.179	5	1,3,4,6	1,4,6,7
3	0.166	2	1	1,3,4
4	0.141	3	1,2	1,4,5
5	0.105	4	2,3,5	1,5
6	0.061	7	5	1
7	0.045	6	1,5	5

观察表4-2不难发现，PageRank 的名次与反向链接的数目是基本一致的。正向链接的数量几乎不会影响 PageRank，反向链接的数目却基本决定了 PageRank 的大小。换言之，本例中不存在某个网页i，其反向链接数目少于网页j，但其PageRank值却高于网页j的。但是，这一关系并不能解释第1位和第2位之间的显著差别（第3位和第4位、第6位和第7位之间的差别）。因此，很自然的推论是PageRank并不只是基于反向链接数目决定。

让我们更仔细地观察和分析表4-2。网页ID=1的 PageRank 值为0.304，高居首位。起到重要作用的是网页ID=2的贡献，网页2有3个反向链接，PageRank排在第3位，却只有指向网页1的一个正向链接，因此网页1得到了网页2的所有PageRank 数。当然，从另一个角度看，网页1拥有最多的正向链接和反向链接，直观上意味着它是最受欢迎的网页，其PageRank排在首位也是合理的。请读者自行分析PageRank第6位和第7位差别的原因。

进一步计算PageRank的收支，得到图4.8(b)。PageRank的收支即网页的贡献度，"收入"指其他网页对该网页的贡献，"支出"指该网页对其他网页的贡献，由网页的PageRank，按照M矩阵计算得到（即将本网页的PageRank均分给它所链接的网页）。请读者自行观察、验证之。

3. 算法的复杂性及分析

回顾PageRank的概念和算法，我们认为，它是算法类问题求解的一个典范，重点体现了以下几点重要的思维。

① 通过对问题的深入分析，抓住本质（网页之间的链接关系），提出核心求解思想，即"从许多优质的网页链接过来的网页必定还是优质网页"。

② 通过合理的抽象，为一个复杂的问题（网页的重要度排序问题）建立科学的、简

洁的数学模型 (邻接矩阵、特征值等)。

③ 提出合适的求解算法。

我们再来看PageRank的复杂之处。对于少数网页的PageRank计算而言，直接使用上述算法在一台普通计算机上即可在有限的、可接受的时间内完成。然而，考虑Google搜索引擎所能检索到的网页的数量以及网页之间的链接数量，这将是一个天文数字，而且整个互联网和Internet在不停地变化。例如，当2013年3月14日在Google搜索引擎中输入computer关键词之后，反馈结果是"找到约 2,450,000,000 条结果"，而这仅仅是与computer相关的网页。对于这些天文数字网页的存储、网页之间的链接关系及PageRank的计算，普通的计算机和服务器完全无法胜任，必须使用**并行计算/分布式计算**技术，利用大批的服务器（服务器农场）来完成。因此，实际搜索引擎中所使用的PageRank算法应该也必须是一个可由多台计算机并行执行或分布式执行的算法，这是PageRank算法的一大特点和复杂之处。那么，这样的算法如何来实现？感兴趣的同学请进一步学习并行计算、分布式计算相关的知识。PageRank算法也面临其他一些具体实现所必须考虑的问题，如dangling page问题、收敛问题等，感兴趣的同学请自行学习和分析。

4.2 递归及递归算法

4.2.1 递归：用有限的语句定义对象的无限集合

（视频）

递归是计算科学领域中的一种重要的计算思维模式，既是抽象表达的一种手段，也是问题求解的重要方法。递归最重要的能力在于"构造"——用有限的语句来描述或定义对象的无限集合。"递归"的概念是简单的，但对"递归"的理解和应用却不简单，需要不断地训练，以加深对此概念的理解。理解和掌握递归思维与递归手段，对于计算科学的学习尤其是对算法的理解与设计至关重要。本节从递归的感性认识入手，逐渐通过示例来阐释"递归"这一重要的思维。

1. 递归的感性认识——具有自相似性重复的事物

当看到图4.9和图4.10中的图片时，你会有什么感觉呢？很奇妙吧？它们有什么共同特点呢？

图4.10为德罗斯特效应图，女性手持的物体中有一幅她本人手持同一物体的小图片，进而小图片中还有更小的一幅她手持同一物体的图片。以此类推，这是递归的一种直观视觉形式。

所谓递归 (Recursion)，在数学与计算机科学中，是指用函数自身来定义该函数的方法，也常用于描述以自相似方法重复事物的过程，可以用有限的语句来定义对象的无限集合。

再举个常讲的递归话语的例子："从前有座山，山里有座庙，庙里有个老和尚，正在给小和尚讲故事呢！故事是什么呢？（从前有座山，山里有座庙，庙里有个老和尚，正在给小和尚讲故事呢！故事是什么呢？（从前有座山，山里有座庙，庙里有个老和尚，

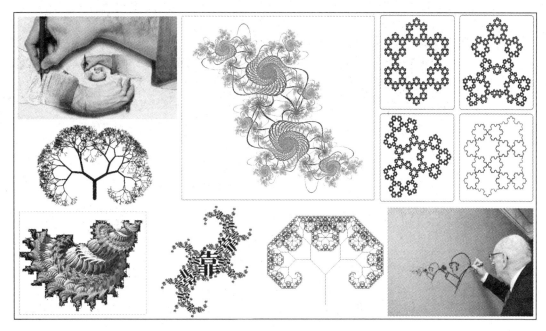

图4.9 递归的形象示意之一

图4.10 递归的形象示意之二

正在给小和尚讲故事呢！故事是什么呢？（从前……)))）"。

如何表达这种延续不断却相似或重复的事物或过程呢？这就需要递归的思维和手段。我们先从数学上的递归函数来体验递归的魅力。

2. 原始递归及递归函数：构造

为叙述方便，先简单区分几个概念。

原始递归函数是接受自然数x或n个自然数组成的元组$(x_1,\cdots,x_n)$作为参数，并产生自然数的一个映射，记为$f(x)$或$f(x_1,x_2,\cdots,x_n)$。接受n个参数的函数称为**n元函数**。处处有定义（即对任何自变量均有一个函数值与之对应）的函数称为**全函数**，未必处处有定义的函数称为**半函数**或**部分函数**。

最基本的原始递归函数（也被称为本原函数）有3个。

① 初始函数：0元函数（即常数），无需计算，是原始递归的；常数函数，对于任何自然数n和所有的k，有$f(x_1,x_2,\cdots,x_k)=n$，是原始递归的。

② 后继函数：一元后继函数S，它接受一个参数并返回其后继数，是原始递归的。例如，$S(1)=2$，$\cdots$，$S(x)=x+1$，其中x为任意自然数。

③ 投影函数：对于所有$n\geq 1$和每个的i（$1\leq i\leq n$），n元投影函数P_i^n接受n个参数并返回它们中的第i个参数，是原始递归的，即$P_i^n(x_1,x_2,\cdots,x_n)=x_i$。

复杂的原始递归函数可以通过下列运算构造出来。

① 复合：给定k元原始递归函数$f(x_1,\cdots,x_k)$和k个m元原始递归函数g_1，g_2，$\cdots$，g_k，则f和g_1，g_2，$\cdots$，g_k的复合是m元函数h，即$h(x_1,x_2,\cdots,x_m)=f(g_1(x_1,x_2,\cdots,x_m),\cdots,g_k(x_1,x_2,\cdots,x_m))$是原始递归的。

简单而言，复合是将一系列函数作为参数代入到另一个函数中，又被称为代入。复合是构造新函数的一种方法。

② 原始递归：给定k元原始递归函数f和$k+2$元原始递归函数g，则f和g的原始递归的$k+1$元函数h，其中$h(0,x_1,\cdots,x_k)=f(x_1,\cdots,x_k)$，且$h(S(n),x_1,\cdots,x_k)=g(h(n,x_1,\cdots,x_k),n,x_1,\cdots,x_k)$是原始递归的。

简单而言，定义新函数$h()$就是要定义$h(0)$，$h(1)$，$\cdots$，$h(n)$。$h(0)$直接给出，$h(n+1)$由$h(n)$和n来定义，即$h(S(n))$是将$h(n)$和n等代入到$g()$中来递归构造的。其他x_1，$\cdots$，x_k等是给定函数的参数。原始递归是递归地构造新函数的方法。

【例4-1】 已知具体函数形式$f(x)=x$和$g(x_1,x_2,x_3)=x_1+x_2+x_3$，其中$x$、$x_1$、$x_2$、$x_3$均为自然数，依上述定义将$f$和$g$进行复合，可得到$h(0,x)=f(x)$且$h(S(n),x)=g(h(n,x),n,x)$。该函数对任一自然数的计算过程为：

$h(0,x)=f(x)=x$

$h(1,x)=h(S(0),x)=g(h(0,x),0,x)=g(f(x),0,x)=f(x)+0+x=2x$

$h(2,x)=h(S(1),x)=g(h(1,x),1,x)=g(g(f(x),0,x),1,x)=g(2x,1,x)=3x+1$

$h(3,x)=h(S(2),x)=g(h(2,x),2,x)=g(g(h(1,x),1,x),2,x)=g(g(g(h(0,x),0,x),1,x),2,x)=\cdots$

$\qquad =4x+3$

$\cdots\cdots$

可以看出，函数h是由f和g复合得到的函数，但h不能由f、g两函数直接计算其值$h(n,x)$，只能通过$h(n-1,x)$，再通过$h(n-2,x)$，一直到$h(0,x)$的计算才能算出。如果由前向后依次计算$h(0,x),h(1,x),h(2,x),\cdots,h(n,x)$，必能把任何一个$h(n,x)$的值都算出来。也就是说，只要$f$、$g$为全函数且可计算，则新函数$h$也是全函数且可计算的。下面再举类似的例子。

【例 4-2】 已知具体函数形式 $f(x)=2$ 和 $g(x_1,x_2,x_3)=x_1$，其中 x、x_1、x_2、x_3 均为自然数，依上述定义将 f 和 g 复合，可得到 $h(0,x) = f(x)$ 且 $h(S(n), x) = g(h(n,x)，n，x)$，该函数对任一自然数的计算过程如下：

$$h(0,x) =f(x) =2$$
$$h(1,x) =h(S(0),x) = g(h(0,x),0,x) = g(f(x),0,x) = f(x) =2$$
$$h(2,x)=h(S(1),x) = g(h(1,x),1,x)=g(g(f(x),0,x),1,x)=g(2，1，x)=2$$
$$h(3,x)=h(S(2),x) =g(h(2,x),2,x)=g(g(h(1，x),1，x),2，x)=g(g(g(h(0,x),0,x),1,x),2,x)= \cdots = 2$$
……

由本原函数出发，经过有限次的复合和原始递归而构造出的函数叫做原始递归函数。由于本原函数是全函数且可计算，故原始递归函数也是全函数且可计算。

本书引入原始递归仅是让读者体会"递归"的思维。建议读者依据书中的示意代入计算一遍，以体验计算机递归执行的过程和细节，这一递归执行过程的理解对后续课程的学习是很重要的。其实，原始递归有更重要的用途，对"什么是计算"以及"计算的完全形式化"而言非常重要。

【例 4-3】 前面给出了常数函数、后继函数和投影函数，以及复合与原始递归运算，直觉上，我们可将加法递归的定义为：

add(0,x)=x
add(n+ 1, x) = add(n,x)+ 1

但它是不严格的。什么是严格的？即用事先已经定义的函数来定义新的函数。因此，可更严格地将加法递归的定义为：

add(0,x)=P_1^1(x)
add(S(n),x)=S(P_1^3(add(n,x), n,x)).

前面式子定义了具有如下计算过程的函数：

add(0,x) = x
add(1,x) = add(S(0),x)=S(P_1^3(add(0,x),0,x)) = S(P_1^3(x,0,x))= S(x)= x+ 1
add(2,x) = add(S(1),x)=S(P_1^3(add(1,x),1,x))=S(P_1^3(add(S(0),x),1,x))
　　　　= S(P_1^3(S(P_1^3(add(0,x),0,x)),1,x))= S(P_1^3(x+ 1,1,x))= S(x+ 1)=x+ 2
……

可以看出，利用递归简洁地定义了一个近乎无限的对象集合add(0,x), add(1,x), $\cdots$, add(n,x)，即任意自然数的加法运算。

3. 递归函数的两个不同的例子：构造

【例 4-4】 Fibonacci 数列。无穷数列 1，1，2，3，5，8，13，21，34，55，…，称为 Fibonacci 数列。它可以递归地定义为：

$$F(n) = \begin{cases} 1 & n = 0 \\ 1 & n = 1 \\ F(n-1) + F(n-2) & n > 1 \end{cases}$$

该函数对任一自然数的计算过程为：

$F(0)=1$；$F(1)=1$；$F(2)=F(1)+F(0)=2$；
$F(3)=F(2)+F(1)=3$；$F(4)=F(3)+F(2)=3+2=5$；
…

【例 4-5】 阿克曼递归函数：双递归函数。

阿克曼给出了一个不是原始递归的可计算的全函数，称为阿克曼函数。表述如下：

$$\begin{cases} A(1,0) = 2 \\ A(0,m) = 1 & m \geqslant 0 \\ A(n,0) = n + 2 & n \geqslant 2 \\ A(n,m) = A(A(n-1,m),m-1) & m,n \geqslant 1 \end{cases}$$

可以看出，阿克曼函数不仅函数本身是递归定义的，而且它的变量也是递归定义的。其计算示例如下：

$m=0$ 时，$A(n,0)=n+2$；
$m=1$ 时，$A(n,1)=A(A(n-1,1),0)=A(n-1,1)+2$，$A(1,1)=2$，故 $A(n,1)=2n$；
$m=2$ 时，$A(n,2)=A(A(n-1,2),1)=2A(n-1,2)$，$A(1,2)=A(A(0,2),1)=A(1,1)=2$，故 $A(n,2)=2^n$。
$m=3$ 时，类似地可以推出函数 $A(n,3)$ 之值为 $\underbrace{2^{2^{2^{\cdot^{\cdot^{2}}}}}}_{n}$。当 $m=4$ 时，$A(n,4)$ 的增长速度非常快，以致没有适当的数学式子来表示这一函数。

可用多种不同的形式来描述阿克曼函数，但其双递归方式及函数的性态不因形式不同而改变。例如，另一种形式的阿克曼递归函数可定义为：

$$A(m,n) = \begin{cases} n+1 & m = 0 \\ A((m-1),1) & n = 0 \\ A(m-1,A(m,n-1)) & m,n > 0 \end{cases}$$

例如：

$A(1,2)=A(0,A(1,1))=A(0,A(0,A(1,0)))=A(0,A(0,A(0,1)))=A(0,A(0,2))=A(0,3)=4$
$A(1,3)=A(0,A(1,2))=A(0,<…代入前式计算过程>)=A(0,4)=4+1=5$
…
$A(1,n)=A(0,A(1,n-1))=A(0,<…代入前式计算过程>)=A(0,n+1)=n+2$
$A(2,1)=A(1,(A(2,0))=A(1,A(1,1))=A(1,A(0,A(1,0)))$
$\qquad =A(1,A(0,A(0,1)))=A(1,A(0,2))=A(1,3)=A(0,A(1,2))$
$\qquad =A(0,A(0,A(1,1)))=A(0,A(0,A(0,A(1,0))))$

$=A(0, A(0, A(0, A(0, 1))))=A(0, A(0, A(0, 2)))=A(0, A(0, 3))$

$=A(0, 4)=5$

读者可通过具体推演递归的计算过程来提高对递归的理解。例如，可依上述形式计算 $A(2, 2)$，$A(2, 3)$，$A(2, 4)$，…，$A(2, n)$。有什么规律？与前一形式的阿克曼函数有什么不同吗？不知读者观察到没有，例4-4和例4-5有一个差别，即例4-4可以由$F(1)$，$F(2)$，$F(3)$，…，递推地计算出$F(n)$，而例4-5似乎找不到这样一个递推公式——由前向后计算或直接计算，而只能递归——由后向前代入，再由前向后计算，即递归地计算。

4. 数学归纳法与递归

数学归纳法是一种用于证明与自然数有关的命题正确性的证明方法，该方法能用有限的步骤解决无穷对象的论证问题。数学归纳法广泛应用于计算理论研究之中，如算法的正确性证明、图与树的定理证明等方面。

一般而言，数学归纳法由归纳基础和归纳步骤构成：假定对一切正整数n，有一个命题$P(n)$，若以下论证成立，则$P(n)$为真。

① 归纳基础: 验证$P(1)$为真。

② 归纳步骤: 对任意的i，若设$P(i)$为真，能证明$P(i+1)$也为真。

【例 4-6】 求证命题 $P(n)$ "从 1 开始连续 n 个奇数之和是 n 的平方"，即公式 $1+3+5+\cdots+ (2n-1) =n^2$ 成立。

证明：

归纳基础：当$n=1$时，等式显然成立，即$1=1^2$。

归纳步骤：设对任意k，$P(k)$成立，即$1+3+5+\cdots+(2k-1)=k^2$。

而$P(k+1)=1+3+5+\cdots+(2k-1)+(2(k+1)-1)=k^2+2k+1=(k+1)^2$，则当$P(k)$成立时，$P(k+1)$也成立。根据数学归纳法该命题得证。 证毕。

与数学归纳法相对应，递归也由递归基础和递归步骤两部分组成。数学归纳法是一种论证方法，而递归是对象定义和算法与程序设计的一种方法，因此数学归纳法也是递归的基础之一。

【例 4-7】 递归函数 $F_n=C\times F_{n-1}+g(n)$ （$n=2,3,4,\cdots,$ ）。

其中，C是已知常数，$\{g(2), g(3),\cdots, g(n) \}$是一个已知数列。如果要计算$F(n)$，则需先计算$F(n-1)$，进而需计算$F(n-2)$，…，直到$F(1)$，才能计算出$F(n)$。

递归计算需要一个起点，即递归起始值，该起点被称为递归基础，如例4-7中的$F(1)$应该直接给出，否则无法计算后续的$F(n)$，因此$F(1)$为递归基础。

5. 递归的运用——用递归定义形式化的概念

前面以递归函数为例讨论了"递归"构造问题。递归是近乎无限对象用有限形式定义的一种有效手段，下面结合其他方面的示例，再看几个递归运用的例子。

【例 4-8】 算术表达式的递归定义。

通常认为，仅包含+、-、*、/运算符的任何表达式都是算术表达式。例如，(A+5)*(B+(C+X))是一算术表达式，(A+5)*(B+C)+ (A+B)* (C-X)也是算术表达式。算术表达式可以任意复杂，变化多样，近乎无限。对其如何给出较为严格的定义呢？可以采用递归方法进行定义。

首先，给出递归基础的定义：

(1) 任何一个常数C是一个算术表达式。

(2) 任何一个变量V是一个算术表达式。

再给出递归步骤：

(3) 如F、G是算术表达式，则F+G、F-G、F*G、F/G是算术表达式。

(4) 如F是表达式，则(F)亦是算术表达式。

(5) 括号内表达式优先计算，"*"和"/"运算优先于"+"与"-"运算。优先级相同，则按在表达式中出现的顺序计算。

(6) 算术表达式仅限于以上形式。

【例 4-9】 "某人祖先"的递归定义。

某人的祖先可如下定义：

(1) 某人的双亲是他的祖先 (递归基础)。

(2) 某人祖先的双亲同样是某人的祖先 (递归步骤)。

【例 4-10】 简单命题逻辑的形式化递归定义。

(1) 一个命题是其值为真或假的一个判断语句 (递归基础)。

(2) 如果X是一个命题，Y也是一个命题，则X and Y、X or Y、Not X也是一个命题。(递归步骤)。

(3) 如果X是一个命题，则(X)也是一个命题，括号内的命题运算优先。

(4) 命题由以上方式构造。

【例 4-11】 树的形式化递归定义。

图4.11为"树"的形象示意。树是计算科学领域重要的一种数据结构，也是现实世界中很多数据的直观显示手段。图4.11(b)、(c)和(d)形式的树可以用递归定义如下：

树是包含若干个元素的有穷集合，每个元素称为树的结点。其中：

① 有且仅有一个特定的称为根的结点 (递归基础)。

② 除根结点外的其余结点，可被分为k个互不相交的子集合T_1, T_2, $\cdots$, T_k ($k \geq 0$)，其中每个集合T_i本身也是一棵树，被称其为根的子树 (递归步骤)。

该定义刻画了一棵树是由若干棵子树构成的，子树又是由若干棵更小的子树构成，各子树之间互不相交。

此外，递归可以运用在很多方面，如语言的递归定义、过程的递归定义、关系的递归定义、算法的递归定义等。读者可通过查阅相应资料学习并深入体会之。

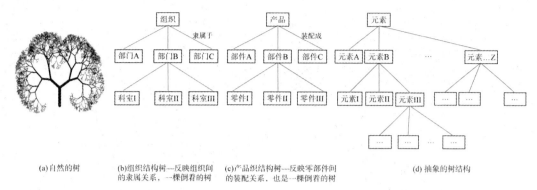

(a) 自然的树　　(b)组织结构树—反映组织间　(c)产品织结构树—反映零部件间　　(d) 抽象的树结构
　　　　　　　　　的隶属关系，一棵倒着的树　　的装配关系，也是一棵倒着的树

::　图4.11　典型的递归结构：树形结构示意

（视频）

4.2.2　递归算法：自身调用自身，高阶调用低阶

1. 递归算法

递归思维也是广泛应用的一种算法思维，即对一个大规模复杂问题的求解，可以采取将其层层转化成一个与原问题相同但规模较小的问题来求解。这样，如同前述递归方法一样，只需少量的算法步骤或程序，就可描述出解题过程所需要的多次重复计算。如果问题的规模以自然数n来表达（n被称为阶数，n越大，其阶数越高），则递归算法可视为是"自身调用自身、高阶调用低阶的一种算法"。

递归算法的设计，需要注意：① 将递归算法设计成自身调用自身的形式，但一定是高阶调用低阶；② 必须有一个明确的递归结束条件，即前述的递归基础或最低阶问题的解应能直接给出。下面先以阶乘为例来看递归算法的设计。

【例 4-12】　编写求 n 的阶乘的算法或程序。

求自然数n的阶乘是一个典型递归算法求解问题示例。

阶乘函数的常见定义如下：

$$n!=\begin{cases} 1 & n \leqslant 1 \\ n \times (n-1) \times \cdots \times 1 & n > 1 \end{cases}$$

也可定义为：

$$n!=\begin{cases} 1 & n \leqslant 1 \\ n \times (n-1)! & n > 1 \end{cases}$$

后者将n阶的阶乘问题转变为n-1阶的阶乘问题与n乘积，这种转换非常重要。写成一般函数形式为

$$f(n)=\begin{cases} 1 & n \leqslant 1 \\ n \times f(n-1) & n > 1 \end{cases}$$

其递归程序如下：

```
long int Fact(int n)
{   long int x;
    if (n > 1)
    {   x = Fact(n-1);          /* 递归调用 */
        return n*x;
    }
    else return 1;              /* 递归基础 */
}
```

　　我们可以模拟该程序的执行过程，假设求4的阶乘，其模拟执行过程如图4.12所示。

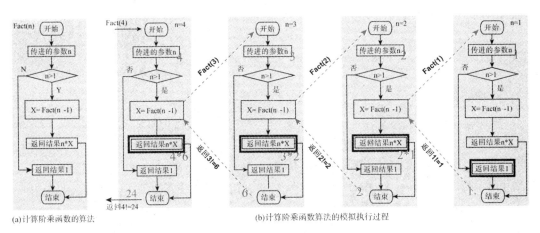

图4.12　阶乘程序的模拟执行过程示意——求4！

　　根据该算法流程图，当调用Fact(4)执行时，即n=4，算法判断n大于1，则算法先调用Fact(3)，待Fact(3)返回结果给X后，再接着计算n*X，即4*X。在调用Fact(3)执行时，即n=3，算法判断n大于1，则算法先调用Fact(2)，待Fact(2)返回结果给X后，再接着计算n*X，即3*X。在调用Fact(2)执行时，即n=2，算法判断n大于1，则算法先调用Fact(1)，待Fact(1)返回结果给X后，再接着计算n*X，即2*X。在调用Fact(1)执行时，即n=1，算法判断n不大于1，则算法直接给出递归基础值1返回。

　　算法遵循这样一个路径来计算**"调用Fact(4)→调用Fact(3)→调用Fact(2)→调用Fact(1)→直接给出Fact(1)值返回→计算Fact(2)的结果值并返回→计算Fact(3)的结果值并返回→计算Fact(4)的结果值并返回"**，这种"依次由高阶调用低阶，直到递归基础，再由低阶返回结果，依次计算较高阶的结果并返回，直到给定阶的结果计算并返回"的问题求解过程即是递归算法的基本执行过程。

　　依前述$n!$的示例，可归纳出一个较为通用的递归算法设计框

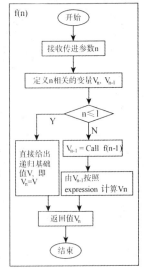

图4.13 较通用的递归算法框架

架，如图4.13所示。

其一般性递归函数为：

$$\begin{cases} f(1) = V & n \leqslant 1 \\ f(n) = \text{expression} < n, f(n-1) > & n > 1 \end{cases}$$

其中，V是直接给出的递归基础值。expression$<n$，$f(n-1)>$是任意给定的关于自然数n和$f(n-1)$值的一个算术表达式，如$n*f(n-1)$，$n+f(n-1)$，$n/2*f(n-1)$……即任何依据$f(n-1)$和n的值计算$f(n)$的表达式。图4.14给出了其模拟执行过程的示意，参照图4.12的过程，此图不难理解。

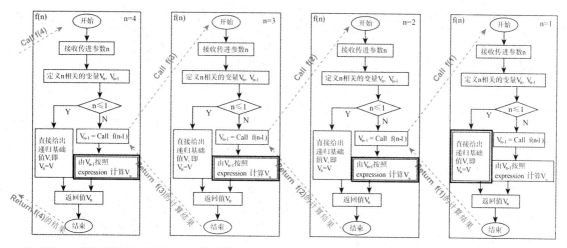

图4.14 较通用递归算法框架的模拟执行过程

2. 递归与迭代/循环的关系

递归算法是很精致的，它把一个复杂问题化简为与原问题相同但规模较小的问题进行求解，只要有递归基础，即只要与原问题相同的、最小规模的问题能够求解，则复杂问题即可以求解，然而递归算法的计算量是很大的（即时间复杂度很高）。怎么办？尽可能将递归算法求解的问题转化为非递归算法进行求解，如用迭代/循环的方法。

所谓迭代方法，"迭"是屡次和反复的意思，"代"是代入替换的意思，合起来就是反复替换的意思。在算法和程序设计中，为了处理重复性计算的问题，最常用的方法就是迭代方法，主要是循环迭代。

迭代与递归有着密切的联系，甚至是一类，如$X_0=a$，$X_{n+1}=f(X_n)$的递归关系，也可以看成是数列的一个迭代关系。可以证明：迭代程序都可以转换为与它等价的递归程序，反之则不然（如汉诺塔便很难用迭代方法求解）。就效率而言，递归程序的实现要比迭代程序的实现耗费更多的时间和空间。因此，在具体实现时又希望尽可能将递归程序转化为等价的迭代程序。

【例 4-13 】 用递归算法实现斐波那契数列的计算程序。

```
long Fib(int n)
{   if(n == 0 or n == 1)
        return 1;                        /* 递归基础 */
    else
        return Fib(n-1) + Fib(n-2);      /* 递归调用 */
}
```

递归算法很简单，但其计算量却很大。当计算高阶Fib时，始终要计算低阶的Fib，由于低阶的Fib未能保留，因此重复计算频繁出现，故此计算量大增，如图4.15所示。可以归纳出斐波那契数列的递归算法Fib(n)的时间复杂度为$O(2^n)$。

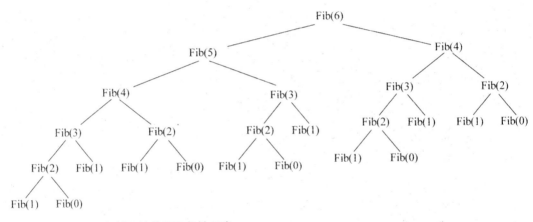

图4.15　Fib递归模拟计算的重复性示意

对类似斐波那契数列的计算，我们可选择一种不使用递归而使用迭代的算法。例如：

```
long Fib_Iteration(int n)
{  int X, Y, Z, i;
   if (n==0  or  n==1) {  Y=n;  return Y; }
   else
   {   X=0;  Y=1;
       for (i=1; i<=n-1;i++ )
       {   Z=X+ Y; X=Y; Y=Z;   }
       return Y ;
   }
}
```

表4-3为用迭代计算斐波那契数列的过程及其中的"迭"与"代"。可以看出，此算法只是一个循环，因此其时间复杂度为$O(n)$。循环迭代算法比递归算法要快得多。

表4-3　Fib数列的迭代过程（Z, X, Y）

I	Z	X	Y	(累积)输出的结果
--	--	0	1	0, 1
1	1	1	1	0, 1, 1
2	2	1	2	0, 1, 1, 2
3	3	2	3	0, 1, 1, 2, 3
4	5	3	5	0, 1, 1, 2, 3, 5
5	8	5	8	0, 1, 1, 2, 3, 5, 8
6	13	8	13	0, 1, 1, 2, 3, 5, 8, 13

3. 典型的递归算法设计示例

从"汉诺塔问题"可看出，并非所有的递归问题都能转换成迭代问题进行求解。

【例4-14】 汉诺塔问题。

汉诺塔（也叫梵天塔）是印度的一个古老的传说。据说开天辟地之神勃拉玛在一个庙里留下了三根金刚石柱，并在第一根上从上到下依次串着由小到大不同的64片中空的圆型金盘，神要庙里的僧人把这64片金盘全部搬到第三根上，而且搬完后，第三根柱子上的金盘仍保持原来由小到大的顺序。同时要求每次只能搬一个，可利用中间的一根石柱作为中转，并且要求在搬运的过程中，不论在哪个石柱上，大的金盘都不能放在小的金盘上面。神说，当所有的金盘都从事先穿好的那根石柱上移到另外一根石柱上时，世界就将在一声霹雳中消灭了。

那么，神说的是真的吗？我们可以做个试验。为了方便描述，我们可将三个金刚石柱编号为A、B、C，A为事先穿好金盘的石柱，B为目标柱，C为中转柱。不难发现，当金盘只有1个时，需要移动1次；当金盘有2个时，则按A→C，A→B，C→B的顺序移动金盘，需要移动3次；当金盘有3个时，则按A→B，A→C，B→C，A→B，C→A，C→B，A→B的顺序移动金盘，需要移动7次。以此类推，当金盘为n片时，需要移动2^n-1次。即当金盘为64片时，需要移动18446744073709551615次，假设移动一次需要1秒钟，一年31536926秒，则需要5800多亿年！

下面讨论对具有任意数目圆盘的汉诺塔游戏问题如何设计求解算法。显然，这一问题的输入是一个正整数N——盘子的数目，其期望的输出是一个动作列表，每个动作可记为"X→Y"，表示从X柱移动最上面的圆盘到Y柱，这一动作列表能够在不违背规则的前提下，将原来穿在A柱上的N个盘子最终移动到目标柱B上。

对汉诺塔问题进行深入分析，不难发现，要想将给定的N个盘子从A柱移到B柱（即原始问题），需要先把A柱上面的$N-1$个盘子移动到中转柱C上（子问题1），再将A上的唯一盘子（最大的盘子）移动到目标柱B上；然后把临时存放在C上的$N-1$个盘子移动到目标柱B上（子问题2）。注意：当N为1（边界条件）时，则只需简单地将其移动到目标柱B上即可。于是，原问题可分解为子问题1和子问题2，而子问题1和子问题2与原始问题本质上是等价的，即问题的本身是递归的。对于这种递归定义的问题，我们就可以使用递归算法对其进行求解。

下面给出汉诺塔的递归算法，该算法记为Hanoi(N,X,Y,Z)，算法输入为圆盘个数N及三个石柱X、Y、Z，其中X柱为初始柱，Y为目标柱，Z为中转柱，算法执行过程中将输出 (打印) 圆盘在石柱上的移动过程，该算法的流程图如图4.16所示。算法的递归思想见图4.17。

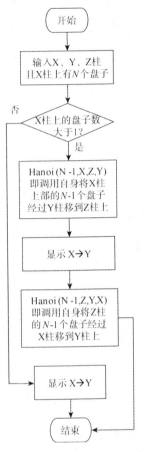

图4.16 汉诺塔问题求解算法

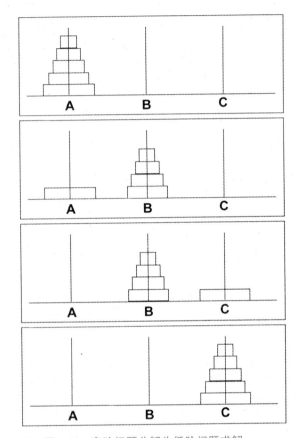

图4.17 高阶问题分解为低阶问题求解

汉诺塔的算法/程序如下：

```
Main()
{
    Hanoi(5,"A", "B", "C");              /* 假设有 5 个盘子的汉诺塔 */
}
int Hanoi(int N, int X, int Y, int Z)    /* 该函数是将 N 个盘子从 X 柱 ( 利用 Z 柱 ) 移动到 Y 柱上 */
{   if  N > 1 Then
    {
        Hanoi(N - 1, X, Z, Y) ;          /* 先把 N-1 个盘子从 X 放到 Z 上 ( 以 Y 做中转 )*/
        Printf("%d → %d", X, Y);         /* 然后把 X 上最下面的盘子放到 Y 上 */
        Hanoi(N - 1, Z, Y, X) ;          /* 接着把 N-1 个盘子从 Z 上放到 Y 上 ( 以 X 做中转 )*/
    }
    else
    {
        Printf("%d → %d", X, Y);         /* 只有一个盘子时，直接把它从 X 放到 Y 上 */
    }
}
```

该程序的模拟运行过程如图4.18所示。

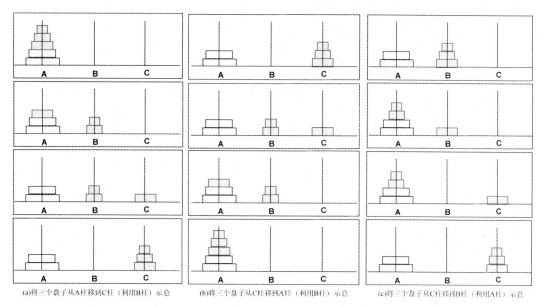

(a)将三个盘子从A柱移到C柱（利用B柱）示意　　(b)将三个盘子从C柱移到A柱（利用B柱）示意　　(c)将三个盘子从C柱移到B柱（利用A柱）示意

图4.18　三阶汉诺塔问题几种典型移动方式示意：在移动中需要利用低阶问题（虽未示意但可解决）

利用递归算法对问题进行求解的基本思想是：先将一个n阶的问题，转换为一个或若干个n-1阶的问题，并在假设n-1阶问题已经解决的情况下，设计如何求解此n阶问题的算法。这样n阶问题被分解为n-1阶问题，再被分解为n-2阶问题……直到最低阶问题。如果最低阶问题可求解，即有一个直接求解算法（递归基础），则其高1阶、高2阶一直到n阶问题便可相应地求解。因此，在考虑n阶问题求解时，不考虑n-1阶问题如何求解（把它当成已知）是递归算法设计成功的关键。

【例 4-15】　"产品组合"问题。

假设有n种产品，不同品种产品可以组合在一起进行销售，假定暂不考虑数量组合而仅考虑品种组合，即从n种产品中抽出k（$k \leq n$）种组成一个组合，需计算共有多少种组合方法。通常该问题称为(n,k)规模的问题。这个问题如果单求组合次数，则可通过已知的组合公式$C_n^k = n!/k!$直接求出。本例之所以采用递归算法进行求解，是希望读者能够领会递归问题的求解思想。

我们可按如下方式思考：本问题是一个(n,k)规模的问题，可将其分解为相对低阶规模的问题，即把n种产品看成是原来的n-1种产品再增加一产品。这可以分两种情况考虑：

① 如果新增产品已包含在组合中，则只需从原来的n-1种产品中抽出k-1种，即等价于从n种产品中抽出k种进行组合的结果，此为原问题的$(n$-1, k-1)规模的问题。

② 如果新增产品不包含在组合中，则需从原来的n-1种产品中抽出k种进行组合，此为原问题的$(n$-1,$k)$规模的问题。

我们可假设$(n$-1, k-1)规模的问题和$(n$-1,$k)$规模的问题已经解决，则(n,k)规模的问题即$(n$-1, k-1)规模问题求解结果与$(n$-1, $k)$规模问题求解结果之和。于是，此问题可抽象为：

$$
\mathrm{Com}(n,k)=\begin{cases} 1 & k=0 \\ 1 & k=n \\ \mathrm{Com}(n-1,k-1)+\mathrm{Com}(n-1,k) & \text{其他} \end{cases}
$$

读者可依据此思想,自行设计递归算法进行求解。

4. 小结

在计算技术中,递归是重要的概念。递归不仅可用于形式定义方面,更可用于问题求解算法的设计方面。与递归有关的概念有递归关系、递归序列、递归过程、递归算法、递归程序、递归方法等。递归关系是指一个序列的若干连续项之间的关系;递归序列是指由递归关系所确定的序列;递归过程是指调用自身的过程;递归算法是指包含递归过程的算法;递归程序是指直接或间接调用自身程序的程序;递归方法,是一种在有限步骤内,根据特定的法则或公式,对一个或多个前面的元素进行运算得到后续元素,以此确定一系列元素如数或函数的方法。

递归方法的典型特征: 自身调用自身, 高阶调用低阶来实现定义和求解! 其最有价值之处是构造, 即用有限的语句来定义或描述对象的无限集合。因此, 所谓构造性是计算机软件/硬件系统的最根本特征。20世纪30年代正是可计算的递归函数理论与图灵机理论等, 一起为计算理论的建立奠定了基础。

4.3 遗传算法:计算复杂性与仿生学算法示例

4.3.1 可求解与难求解问题

1. P类问题和NP类问题

现实世界中的各种问题, 有些是计算机能在有限时间内求解的 (现实可计算问题), 有些是计算机在漫长时间 (如一年、数十年甚至上百年) 都难以获得计算结果的 (难解性问题), 还有些是计算机完全不能求解的 (不可计算问题)。判断哪些问题是能计算的还是不能计算的, 这就需要考察问题的计算复杂性。简言之, 计算复杂性是指问题的一种特性, 即利用计算机求解问题的难易性或难易程度, 其衡量标准, 一是计算所需的步数或指令条数 (即时间复杂度), 二是计算所需的存储空间大小 (即空间复杂度), 通常表达为关于问题规模的一个函数。

考察问题的计算复杂性涉及问题的规模。 一个问题的规模是指这个问题的大小, 如TSP (旅行商) 问题, 求解10个城市的TSP问题, 求解100个城市的TSP问题与求解10000个城市的TSP问题就是不同规模的问题, 其所需的计算量 (计算复杂性) 是不同的, 分别为10!、100!和10000!。

问题的计算复杂性还涉及求解算法。 一个求解算法的计算复杂性直接决定了这个算法可以应用到多大规模的问题上。假设有求解同一个规模为n的问题的两个算法, 第一个算法的计算复杂性是n^3, 第二个算法的计算复杂性是3^n。用每秒百万次的计算机来计算,当n=60时，执行第一个算法只要用时0.2秒，第二个算法就要用时$4×10^{28}$秒，即10^{15}年，相当于10亿台每秒百万次的计算机计算100万年。进一步考察上述两个算法的复杂性，前者是一个多项式函数表达的，后者是一个指数函数表达的。当n很大时，这两个算法的效率差异相当悬殊。

因此，对一个问题，如果存在多项式时间计算复杂性的算法，通常认为是用计算机能够求解的，称之为能计算的或可计算的；如果一个问题没有多项式时间计算复杂性的算法，这一问题就称为**难解性问题**。但是，要断定一个问题是否是难解性问题也很困难。一个问题即使长期没有找到多项式时间计算复杂性算法，也不能保证明天就一定找不到，更不能据此断定这个问题不存在多项式时间计算复杂性算法。

计算理论界对计算问题有一个P类问题和NP类问题的划分。所谓P类问题，是指计算机可以在有限时间内求解的问题，即：在多项式表达的时间内能由算法求解的问题都称为P类问题（Polynomial Problem，多项式问题）。换句话说，P类问题是总可以找到一个复杂性为$O(n^a)$算法求解的问题，其中a为常数。虽然在多项式时间内难于求解，但不难判断给定一个解的正确性的问题，即：在多项式时间内，可以由一个算法验证一个解是否正确的计算问题称为NP问题（Non-deterministic Polynomial Problem，非确定性多项式问题）。

有些问题的答案无法由直接计算得到，只能通过间接的猜算或试算来得到结果，即NP问题。而这些问题通常有个算法，它不能直接告知答案，但可以告知某个可能的结果是否正确，这种可以告知猜算或试算结果是否正确的算法，假如其复杂性为多项式时间，就叫做非确定性多项式问题（Non-deterministic Polynomial）。如果这个问题的所有可能答案都可以在多项式时间内进行正确与否的验算，则称为完全非确定性多项式问题，即NP-Complete问题。

例如，密码验证算法可以验证一个密码是否正确，却不能告诉你密码是什么。对于NP问题的密码问题，如果想通过穷举每个密码并进行验证的方法来获得密码，由于其指数级别的计算时间，则其求解随问题规模的增大越来越不可能，其加密系统也就越安全。

计算机科学领域的一个重要科学问题就是要研究"P=NP？"[7]，由于此问题很高深，这里将不涉及。

2. NP类问题的一种典型求解思想

NP问题可以用穷举法（或称为遍历法）得到答案，即对解空间中的每个可能的解进行验证，直到所有的解都被验证是否正确，便能得到精确的结果。但是这种验证求解算法的计算复杂性很可能是指数级别或阶乘级别，随问题规模的增大很快会变得不可计算。试想，既然得到精确解的计算复杂性很高，而现实中对这种精确解很可能并不十分期待：有则更好，无则退而求其次也可。因此，对许多NP问题，寻找求取一些次优解（或满意解）但并不是最优解，求取近似解而不是精确解的多项式时间的近似算法便成为解决这类问题一种可行的途径。

一般来说，近似算法所适应的问题是最优化问题，即要求在满足约束条件的前提下，使某个目标值达到最大或最小。对于一个规模为n的问题，近似算法应该满足以下两个基本要求：

① 算法的时间复杂性：要求算法能在 n 阶多项式时间内完成，即通过"近似"而不是"精确"，使复杂性为指数级别的计算问题化简为多项式级别的计算问题。

② 解的近似程度：算法的近似解应满足一定的精度，即达到"满意"（满足实际应用需求）的程度。

3. 仿生学算法：理解自然界中生物的问题求解思维，设计NP问题的求解算法

自古以来，自然界就是人类各种技术思想、工程原理及重大发明的源泉。种类繁多的生物界经过长期的进化过程，而能适应环境的变化，从而得到生存和发展。例如，鱼儿在水中有自由来去的本领，人们就模仿鱼类的形体造船，以木桨仿鳍；蝙蝠会释放出一种超声波，这种声波遇见物体时就会反弹回来，而人类听不见，人们仿此特性发明了雷达。计算科学领域研究了蚂蚁的群体行为，提出了蚁群算法，研究了蜂群行为，提出了蜂群算法等。这些算法可广泛用于NP问题的求解，通称为仿生学算法，或称为进化算法（Evolutionary Algorithm）。

一种典型的进化算法就是遗传算法（Genetic Algorithm）[8]，它是模仿生物在自然界中的遗传、繁衍和优胜劣汰适者生存的规律而发明的。为深入理解遗传算法，4.3.2节将先简要介绍生物的遗传与进化规律，再进一步介绍据此设计的遗传算法，更深一步探究遗传算法的设计要点。

4.3.2 遗传算法：仿生学算法的简单示例

1. 生物学中的遗传与进化

（1）生物领域的遗传

自然界的生物从其父代继承特性或性状，这种生命现象称为**遗传**（Heredity）。通过遗传，生物可以一代代繁衍，而繁衍出的后代随环境的变化优胜劣汰，适者生存。图4.19为生物学的遗传与优胜劣汰过程示意。

从生物学角度来看，构成生物的基本功能单位是细胞，细胞中含有的一种微小的丝状化合物，称为染色体（Chromosome）。生物的所有遗传信息都包含在这个复杂而微小的染色体中。控制并决定生物遗传性状的染色体，主要是由一种叫做脱氧核糖核酸（简称DNA）的物质构成，DNA在染色体中有规则地排列着，形成一个链状且相互卷曲的双螺旋结构。遗传信息是由基因（Gene）组成的，生物的各种性状由其相应的基因所控制。基因就是DNA长链结构中占有一定位置的遗传的基本单位。细胞通过分裂具有自我复制的能力。在细胞分裂的过程中，其遗传基因也同时被复制到下一代，从而其性状也被下一代所继承。

简单抽象来看，上述过程体现了以下概念：**个体**，即生物体；**染色体**，即生物体中遗传信息的载体；**基因**，即基本的遗传信息，是染色体的片段，基本的遗传单位。遗传基因在染色体中所占据的位置称为基因座（Locus）；同一基因座可能有的全部基因称为等位基因（Allele）；某种生物所特有的基因及其构成形式称为该生物的基因型（Genotype）；而该生物在环境中呈现出的相应的性状称为该生物的表现型（Phenotype）。

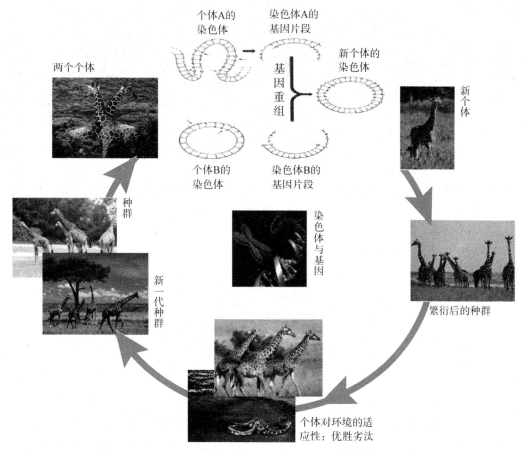

:: 图4.19 生物学的遗传与优胜劣汰示意

（2）生物领域基本的遗传方式：基因重组方式

生物领域基本的遗传方式主要有以下几种。

① **复制**。生物的主要遗传方式是复制（Reproduction）。在遗传过程中，父代的遗传物质DNA被复制到子代。即细胞在分裂时，遗传物质DNA通过复制而转移到新生的细胞中，新细胞就继承了旧细胞的基因。

② **交配/杂交**。有性生殖生物在繁殖下一代时，两个同源染色体之间通过交叉（Crossover）而重组，即在两个染色体的某一相同位置处DNA被切断，其前后两串分别交叉组合而形成两个新的染色体。上代染色体在切断位置上的随机性，增加了下一代生物性状的多样性，如同一父母的多个子女间的特性是不同的。

③ **突变**。在进行细胞复制时有可能产生某些复制差错，虽然概率很小，却使DNA发生某种突变（Mutation），产生出新的染色体。这些新的染色体可能表现出新的性状。

如此这般，遗传基因或染色体在遗传的过程中，由于各种原因有可能发生变化。

（3）生物界的进化：优胜劣汰，适者生存

地球上的生物都是经过长期进化而形成的。根据达尔文的自然选择学说，它们具有很强的繁殖能力。在繁殖过程中，大多数生物通过遗传使物种保持相似的后代；部分生物由于变异，后代具有明显差别，甚至形成新物种。正是由于生物的不断繁殖后代，生物数目大量增加，而自然界中生物赖以生存的资源却是有限的。因此，为了生存，生物就需要竞争。生物在生存竞争中，根据对环境的适应能力，适者生存，不适者消亡。自然界中的生物就是根据这种优胜劣汰的原则，不断地进行进化。

生物的进化是以集团的形式共同进行的，这样的团体称为**群体**（Population），或称为种群。组成群体的单个生物称为**个体**（Individual），每个个体对其生存环境都有不同的适应能力，这种适应能力称为**个体的适应度**（Fitness）。依据个体适应度，淘汰劣质个体，保留优质个体的过程被称为**选择**（Selection）。

虽然人们还未完全揭开遗传与进化的奥秘，既没有完全掌握其机制，也不完全清楚染色体编码和译码过程的细节，更不完全了解其控制方式，但遗传与进化的以下几个特点却为人们所共识：

① 生物的所有遗传信息都包含在其染色体中，染色体决定了生物的性状。

② 染色体是由基因及其有规律的排列所构成的，遗传和进化过程发生在染色体上。

③ 生物的繁殖过程是由其基因的复制过程来完成的。

④ 同源染色体之间的交叉或染色体的变异会产生新的物种，使生物呈现新的性状。

⑤ 对环境适应性好的基因或染色体，经常比适应性差的基因或染色体有更多的机会遗传到下一代。

2. 一个简单示例：遗传算法的基本思想

现以一个小规模问题的简单示例：求多项式的最小值或最大值，来介绍遗传算法的基本思想。为了便于理解和模拟，本书选择了一个简单的多项式函数求最小值问题：

$$Min\ F(X) = X^2 - 19X + 20\ （其中X为区间[1, 64]中的整数）$$

此问题不难求其精确解，其精确解为$X=9$或者$X=10$。下面用遗传算法求解，以便理解遗传算法中的概念和基本思想。生物遗传中的重要概念，诸如个体、染色体、基因、种群、适应度、选择、交叉、变异等在遗传算法中仍然被使用。

① **个体**，即一个可能解的表现型，本例中即是十进制整数X。

② **染色体**，即一个可能解的基因型，本例即是X的二进制编码，由于X的取值空间为$1 \sim 64$，因此取6位二进制位来表达X，$X = b_6b_5b_4b_3b_2b_1$，其中等位基因b_i=0或1 （$i=1,2,\cdots,6$）。基因座的位置排序可由左至右编排，即b_6为位置1，而b_1为位置6。

③ **种群**，即若干可能解的集合。

④ **交叉**，即交配/杂交，是新可能解的一种形成方法。即对两个可能解的编码，通过交换某些编码位而形成两个新的可能解的遗传操作。

⑤ **变异**，也是新可能解的一种形成方法。通过随机地改变一个可能解的编码的某些片段（或基因），而使一个可能解变为一新的可能解的遗传操作。

⑥ **适应度**，即一个可能解接近最优解的一个度量。本例直接用$F(X)$作为其适应度的度量函数，其值越小越接近最优解。

⑦ **选择**，是指从种群（解集）中，依据适应度，按某种条件选择某些个体（可能解）。

算法从一个初始种群即初始解集开始，如图4.20所示。初始种群的规模可事先确定

（如本例中设定为4），初始种群的个体可随机产生也可以按照某种规则生成。如本例中产生的初始种群为{ 010101，101010，001000，111001 }，记为$P(0)$。其中，$P(t)$中的t表示进化的代数，$P(t)$为所产生的第t代种群。

对于种群，可确定不同的选择、交叉、变异规则，然后根据此规则进行对应的遗传操作，繁衍后代。如图4.20所示，本例将种群$P(0)$中的4个个体分成2组，在每组中的2号基因座后切断，两两交叉形成2个新个体，总计形成4个新个体；另外2个个体分别在基因座4和2处发生变异，也形成2个个体；与原来的4个个体合并，形成10个个体的候选种群。**注意：若交叉与变异个体的选择规则不同、交叉与变异的位置与方式不同，所产生的候选种群及其规模也可能不同。**例如，如将种群中的所有个体两两组合进行交叉，则可能产生更大规模的候选种群。**但遗传算法通常采取概率化的随机选择方式处理遗传操作。**

在图4.20中，$P(0)$产生的候选种群为{ 011010，100101，111000，001001，010101，101010，001000，111001，001100，101001 }，记为$C(0)$。其中，$C(t)$为第t代所产生的候选种群。

接下来对$C(0)$中的每个个体进行环境适应度计算与评价。本例以题目中的函数来作为个体的适应度函数，即首先将基因型的解还原成表现型的解，然后代入函数中可计算函数值，该值即可作为该个体的适应度值。如X=011010，还原为X=26，计算$F(X)$=202。其他X值的适应度计算结果见图4.20。

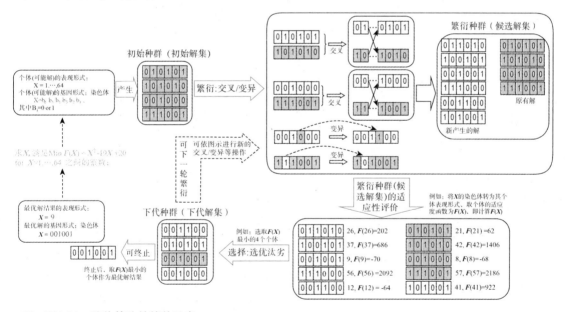

图4.20　遗传算法的简单示意

再进一步执行优胜劣汰操作：选取$F(X)$最小的4个个体，形成新一代的种群$P(1)$={001100，001001，010101，001000}。

如对种群$P(1)$重复上述交叉、变异等遗传操作，在基因座序4后切断并进行交叉操作，可得到候选种群$C(1)$ = { 000101，001010，010100，001001，000110，001001，010101，001000 }，再进行种群个体适应度计算，并选择$F(X)$最小的4个个体，形成$P(2)$={ 001010，001001，000110，001000 }。

遗传算法可以在进化N代后结束，也可以在寻找到满意解后结束。如果进化结束，可在$P(N)$中取$F(X)$最小的个体，即为所求。见图4.20，可求得满意解为$X=9$，或$X=10$。

遗传算法的简要描述及设计要点如图4.21所示。遗传算法是一种算法策略，针对不同的问题，可以设计不同的染色体编码，可以设计不同的选择、交叉、变异策略，可以选择不同的种群规模及初始种群，可以选择不同的适应度函数，可以有不同的进化个体选择策略等，由此形成具体问题的不同的算法。下面将在几个例子后对其做进一步的讨论。

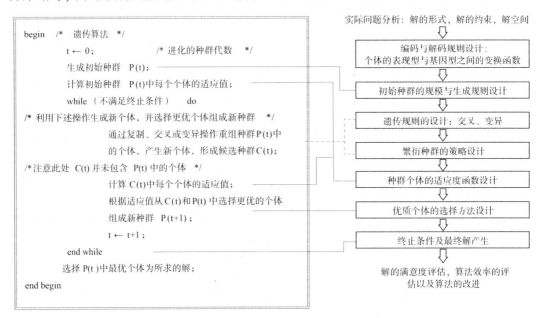

■■ 图4.21 遗传算法的简要描述及设计要点

3. 组合优化问题：遗传算法的应用

下面先举几个组合优化问题的例子来说明遗传算法的应用。

【例4-16】 "会议室"租用问题。

设某单位机构一天内要组织m次讲座，需要租用会议室。再设有n个会议室可租，由于不同会议室条件不同，会议室所适合的讲座约束如表4-4所示（1为适合，0为不适合）；一个会议室只要可能，尽可举办多次讲座，并且其费用是固定的（暂不考虑诸如多个讲座租用同一会议室的冲突，以及会议室举办讲座次数最大约束等具体条件）。问：怎样租用会议室既能完成这m次讲座，而且费用又最低？

【例4-17】 "航班机组"选择问题。

设某航空公司一天内有m个航班要执行，需要机组进行服务，有n个机组可服务这些航班。由于不同机组的能力和其他限制条件，机组能够服务的航班约束亦可如表4-4所示意（1为适合服务，0为不适合服务）；机组只要可能，尽可执行多个航班，并且其费用是固定的（暂不考虑机组服务多航班的冲突，以及服务航班数最大约束等细致问题）。问：怎样选择机组既能完成这m个航班的执行，又使得所支付的服务费用最低？

表4-4　约束矩阵（其中m=6，n=6）

会议室/机组/测试用例 讲座/航班/功能	x_1	x_2	x_3	x_4	x_5	x_6
T_1	0	0	0	1	1	0
T_2	0	1	1	0	0	1
T_3	1	0	0	0	1	0
T_4	0	1	0	1	0	1
T_5	0	1	1	0	0	0
T_6	1	0	0	0	1	0
费用C_j	500	250	250	400	600	400

【例 4-18】 "软件测试用例"选择问题。

设某软件公司有软件需要测试：假定此软件中一共有m个功能需要测试，测试就需要用测试用例。而专门提供测试用例的某测试公司可提供n个测试用例，每个测试用例可支持不同功能的测试，测试用例与功能之间的关系亦可如表4-4所示（1为支持，0为不支持），测试公司按照测试用例进行收费。问：怎样购买测试用例，既能完成这m个功能的测试，又使得所花费在购买测试用例的费用最低？

考察这三个问题可发现，它们实质上是同一类问题，即所谓集覆盖问题（set-covering problem），换句话说，其数学模型是一样的。

集覆盖问题描述如下：对于一个m行n列的0-1矩阵，试选择一些矩阵的列，使其能够覆盖所有的行，且费用开销最小。设向量x的元素x_j=1表示列j被选中（费用$c_j>0$），x_j=0则表示其未被选中（j=1,2,···,n）。集覆盖问题的数学模型可以表示为：

$$\min z(x) = \sum_{j=1}^{n} c_j x_j \qquad 4.1$$

$$\text{s.t.} \sum_{j=1}^{n} a_{ij} x_j \geqslant 1 \quad (i=1,2,\cdots,m) \qquad 4.2$$

$$x_j \in \{0,1\} \quad (j=1,2,\cdots,n) \qquad 4.3$$

约束4.2保证每行至少被一列覆盖，约束4.3是完整性约束。如果所有费用系数c_j都相等，则问题称为单一费用集覆盖问题（unicost set-covering problem）；如果约束4.2为等式约束，问题则转化为集划分问题（set partitioning problem）。

例4-16、例4-17和例4-18都可以被抽象成上述m行n列的集覆盖问题，第j列x_j表示第j个资源，如会议室、机组或测试用例等，而相应的第i行表示第i个任务，即讲座、航班或功能等，问题的规模为$m×n$，即此为$m×n$规模的集覆盖问题。

集覆盖问题的个体解的表现型是一列向量$x=<x_1,x_2,\cdots,x_n>$，其中x_i表示第i个会议室或者第i个机组或者第i个测试用例，x_i=1表示该资源被选择，x_i=0表示该资源未被选择。个体解的基因型(染色体)可编码为一个n位二进制数码串，即$x=b_1b_2\cdots b_n$。其中，等位基因b_i=0 或 1 (i=1,2,···,n)。二者基本一致。例如，按表4-2的问题，$x=<1,1,0,1,0,0>$或110100

表示选择1号、2号和4号会议室/机组/测试用例。而$x=<0,1,0,0,1,0>$或者010010表示选择2号和5号会议室/机组/测试用例。基于该染色体编码可按前述方式设计遗传算法进行求解，具体算法读者可自行仿照前面的示例进行设计。

这种集覆盖问题是典型的组合优化问题。Garey和Johnson在1979年证明了集覆盖问题属于NP-complete问题[9]，可应用遗传算法进行求解。

4.3.3 遗传算法暨问题求解算法的进一步探讨

上面仅类比生物遗传简要介绍遗传算法的基本概念和基本过程，包括个体、染色体、种群、选择、交叉、变异、适应度和优选等。

为什么用遗传算法可以求解NP问题，它的基本思想究竟是什么？染色体如何编码？遗传规则（选择、交叉、变异规则）怎样设计，它对算法的性能有什么影响？用遗传算法求得的解的质量如何？本节将结合课程表安排问题对这一系列问题进行初步讨论。

【例 4-19】 "课程表"优化问题。

有 8 门课程需要安排教室，记为L_i（$i=1,2,\cdots,8$）；有6个教室可供使用，记为R_j（$j=1,2,\cdots,6$）；不同教室大小不同，不同课程班人数也不同。要求：每门课必须且只能安排一个教室，而每个教室最多只能安排两门课。以教室利用率最高为原则，即假如教室的节次费用为k，如该教室被占用，则其费用由k/课程班人数来衡量，所安排的课程班人数越多则费用越低，费用越低则教室利用率越高，k可依据教室最大容纳人数以及教室内的设施情况确定。教室与课程班之间的约束矩阵A由表4-5给出，$a_{ij}=1$表示该课程班可以安排在该教室，$a_{ij}=0$则不可安排。

此问题本质上是一个8×6规模的集覆盖问题，其数学模型可描述如下。

$$\min f(x) = \sum_{i=1}^{8}\sum_{j=1}^{6} c_{ij} x_{ij} \qquad 4.4$$

$$\text{s.t.} \sum_{j=1}^{6} a_{ij} x_{ij} = 1 \quad (i=1,2,\cdots,8) \qquad 4.5$$

$$\text{s.t.} \sum_{i=1}^{8} a_{ij} x_{ij} \leqslant 2 \quad (j=1,2,\cdots,6) \qquad 4.6$$

$$x_{ij} \in \{0,1\} \ (i=1,2,\cdots,8; j=1,2,\cdots,6) \qquad 4.7$$

其中，式4.5表示每行都要被覆盖，说明为每门课程必须且只安排一个教室；式4.6表示能力限制，每个教室至多安排两门课程。

下面基于此例来对遗传算法进行进一步的探讨。

1. 用遗传算法求解NP-Complete问题

理论上，NP-Complete问题可以通过枚举-验证的遍历算法来实现，即对解空间中的每个可能解都进行验证，直到所有的解都被验证是否正确，便能得出精确的结果——精确解，如图4.22(a)所示。其中，黑圈加白圈为整个解空间，黑圈表示随机选出的候选近似

表4-5 教室与课程班之间的约束矩阵A

教室（最大人数） 课程（选课人数）	R_1 （100人）	R_2 （50人）	R_3（多媒体） （50人）	R_4 （80人）	R_5（多媒体） （100人）	R_6（多媒体） （80人）
L_1（85人）	1	0	0	0	1	0
L_2（40人）	1	1	1	1	1	1
L_3（95人）	1	0	0	0	1	0
L_4（60人）	1	0	0	1	1	1
L_5（45人）	1	1	1	1	1	1
L_6（90人）	1	0	0	0	1	0
L_7（76人）	1	0	0	1	1	1
L_8（56人）	1	0	0	1	1	1
K	100	50	70	80	120	100
$C_{ij} = K_j / L_i$						

解。但遍历整个解空间的计算量会随规模的增大而迅速增长，甚至出现组合爆炸，即如指数级别的增长一样，通常认为此举也不可行。

那么，怎样不用遍历整个解空间，而搜索到满意的近似解呢？随机搜索方法应运而生。利用随机数产生需要验证的若干个可能解，这随机产生的可能解集合中的最优解，即被认为是问题的近似解，如图4.22(b)所示。这种方法是建立在概率统计理论的基础上，所取随机点越多，则得到最优解的概率也就越大，然而计算量也会增大。

随机搜索得到的近似解未必是满意解，怎样改进"随机点"的选取方法呢？可以采取导向性随机搜索，即对随机点的选取进行导向（引向接近最优解的方向或路径），如图4.22(c)所示，这就使随机点之间有了某种联系或者说某种记忆，虽然"随机"，但是向接近最优解的方向迈进，这可能比完全随机搜索得到的近似解的满意度要好。

不过，一条路径的导向性随机搜索的近似解满意度提高有限，如果多条路径的导向性随机搜索并行进行，如图4.22(d)所示，即导向性群（体）搜索的近似解满意度是否有更大提高呢？

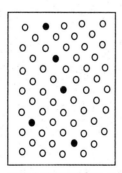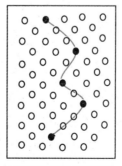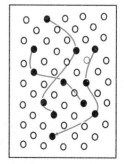

(a)穷举，遍历搜索所有，可找到精确解　　(b)完全随机搜索随机点之间完全没有联系　　(c)导向性随机搜索随机点之间形成一路径　　(d)导向性群（体）随机搜索，多随机点同步进行导向性搜索

图4.22 解空间搜索示例

遗传算法就可视为这样一种导向性群（体）随机搜索算法。它通过在初始种群上随

机地进行选择、交叉、变异，形成了多个搜索路径，这样的搜索路径再通过计算个体解的适应度并进行评价选择，使其导向到接近最优解的方向。

对于NP问题，当没有其他更好的算法可以使用时可以选择遗传算法。只需知道"解空间"，即可能解的表现型和基因型，以及关于可能解的"适应度"函数的计算方法（适应度用于判断一个可能解接近精确解的程度或方向），就可以使用遗传算法。遗传算法提供了一种求解复杂系统问题的通用框架。

2. 可能解的染色体编码问题

遗传算法设计的重要一步是其可能解的染色体编码。这里有几个概念要注意区分：可能解、可行解、近似解、满意解、最优解。假设一个问题的解的形式为x，在x的取值空间或定义域给定的任何一个x值都有可能成为"可能解"的备选对象。然而，一个问题通常有很多个关于可能解的约束，即不是任何一个x定义域中的值都满足约束，我们可将满足问题约束的那些x的值称为可行解，把由一个算法在任何一组可行解中求出的最优解称为是近似解，把符合用户期望的近似解称为满意解，所有可行解中的最优解是问题的最优解。通常，"可能解集合"⊇"可行解集合"⊇"近似解集合"⊇"满意解集合"⊇"最优解集合"。

为进行编码，就需要对问题仔细地分析，找出问题可能解的表现形式，尽可能利用问题的约束降低可能解集合或可能解空间的大小（满足部分约束的解仍旧是可能解），才能设计出良好的染色体的编码规则。

前面例4-16～例4-18中，问题可能解的表现形式是由n个元素构成的列向量$x = <x_1, x_2, \cdots, x_n>$，其中$x_i$表示第$i$个资源，如第$i$个会议室或者第$i$个机组或者第$i$个测试用例，$x_i=1$表示该资源被选择，$x_i=0$表示该资源未被选择。而其染色体则可相应地编码为一个n位的二进制数码串$b_1b_2\cdots b_n$。

再看例4-19，虽然都为集覆盖问题，但其可能解的表现形式却是一个二维矩阵x，需要给出每门课程和教室之间的具体安排。

$$x = \begin{bmatrix} x_{11} & x_{12} & \ldots & x_{1n} \\ x_{21} & x_{22} & \ldots & \ldots \\ \ldots & \ldots & \ldots & \ldots \\ x_{m1} & x_{m2} & \ldots & x_{mn} \end{bmatrix}$$

其中，$x_{ij}=1$表示第i门课程被安排在第j个教室中。

为形成染色体的编码，此时可有多种编码方式，如图4.23所示。可采取行优先二进制编码策略，即按课程分段，共8段，对应8门课程；每段由6位二进制位构成，即6个可选择的教室，总计48位的染色体，如图4.23(b)所示。也可采取列优先二进制编码策略，即按教室分段，共6段，对应6个教室；每段由8位二进制位构成，即8个可被安排的课程，总计48位的染色体。这两种编码方式可能解空间均为$2^{m \times n}=2^{48}$，如果考虑具体问题的约束，如每门课仅安排一个教室，其可能解空间的大小则降为$C_{mxn}^m = C_{48}^8$。当然，还有其他编码方式，如采取非二进制编码方式，但多数情况下采用的都是二进制编码。

不同的编码方式会存在着不同的特点，如图4.23(b)所示的染色体编码，其一段中至多有一个1，不同段的相同位中至多有两个1。如图4.23 (c)所示的染色体编码，其一段中至多有两个1，不同段的相同位中至多有一个1。这些特点是否可被交叉、变异规则的设计者所使用呢？能设计出怎样不同的交叉、变异规则呢？

(a)可能解的一般形式及可行解示例

| 0 0 0 0 1 0 | 0 1 0 0 0 0 | 1 0 0 0 0 0 | 0 0 0 1 0 0 | 0 1 0 0 0 0 | 1 0 0 0 0 0 | 0 0 0 1 0 0 | 0 0 0 0 1 0 |

| 1 0 0 0 0 0 | 0 0 1 0 0 0 | 0 0 0 0 0 0 | 0 0 0 1 0 0 | 0 1 0 0 0 0 | 1 0 0 0 0 0 | 0 0 1 0 0 | 0 1 0 0 0 0 |

(b)行优先编码：课程分段编码，一门课程相关的划为一段，有多少课程就有多少段

| 0 0 1 0 0 1 0 0 | 0 1 0 0 1 0 0 0 | 0 0 0 0 0 0 0 0 | 0 0 0 1 0 0 1 0 | 1 0 0 0 0 0 0 1 | 0 0 0 0 0 0 0 0 |

| 1 0 0 0 0 1 0 0 | 0 0 0 0 1 0 0 1 | 0 1 0 0 0 0 0 0 | 0 0 0 1 0 0 1 0 | 0 0 1 0 0 0 0 0 | 0 0 0 0 0 0 0 0 |

(c)列优先编码：教室分段编码，一个教室相关的划为一段，有多少教室就有多少段

■ 图4.23　课程表问题的染色体编码示例

3. 交叉、变异与随机处理：遗传规则问题

我们先来讨论交叉操作。交叉操作是遗传算法产生可能解的主要手段，通过把两个父代个体的部分结构加以替换重组而产生新的个体，针对不同的编码可采取不同的交叉策略。例如，二进制编码的染色体可采取**两段交叉**，即每个染色体被分成两段，把两个染色体的同位置对应段进行交叉重组，如图4.24(a)所示；也可采取**多段交叉**，即每个染色体被分成多段，两个染色体的同位置对应段进行交叉重组，如图4.24(b)所示。

一般而言，交叉操作有以下几个关键点需要考虑：① 种群中个体的配对分组问题，即哪两个个体进行配对交叉；② 两段交叉中交叉点位置的选择；③ 多段交叉中的交叉点距离的变化与不变，即两个或多个交叉点间等距离和不等距离的多段选择问题。可以看出，交叉组合产生新的可能解的方式是多种多样的。

交叉操作规则亦可依据具体问题的编码特点进行设计。例如，同样是两段交叉，针对例4-19染色体编码的二维性特点（虽然表现为一维，本质仍是二维，可对应参看解的表现型矩阵，见图4.23），不论是行优先编码或列优先编码，都可有行交叉、列交叉、块交叉和点交叉。例如，对于行优先编码（按课程分段）情况，行交叉是指对两个染色体同位置的两个课程段基因进行交叉重组，列交叉是指对不同段的相同位置的两个染色体的基因进行交换，块交叉则是对两个染色体的任何位置的两个块基因进行交换，点交叉则是对两个染色体按某一概率交换其位基因。交叉点的选择既可按位选择（任何一个位置），

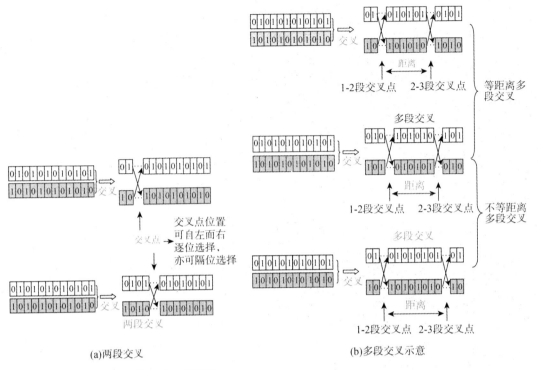

图4.24 染色体编码的不同交叉重组

亦可按课程段（即仅选择两个课程段之间的位置）选择。可以看出，有些交叉操作使搜索空间大为减少，如图4.25所示。

交叉操作本质上也是一种组合。例如，种群中多个个体两两组合（个体的配对），两个个体交叉的两部分组合（交叉点不同，交叉的段也是不同的），等等。其组合所形成的可能解空间依然是庞大的，难以确定性地遍历每个组合。因此，基于概率的随机处理方法也是遗传算法的核心处理机制。所谓随机处理，是从所有可能组合中随机选择一个组合，进行后续算法处理。例如，一般的遗传算法都有一个交配概率（又称为交叉概率），范围一般是0.6～1，这种交配概率反映了两个被选中的个体进行交配的概率，如交配概率为0.8，则80%的"夫妻"会生育后代，每两个个体通过交配产生两个新个体，代替原来的"老"个体，而不交配的个体则保持不变。交叉点的选择也可以类似地通过随机方式产生。下面是针对例4-19结合随机处理的几种交叉操作设计示例。

（1）交叉操作I：点交叉

设P_1和P_2表示两个n位的父代染色体，$f(P_1)$和$f(P_2)$分别表示两个父代的适应度值，表示子代染色体。点交叉操作如下：

step1：i=1
step2：如果 $P_1[i] = P_2[i]$，则 $C[i] = P_1[i] = P_2[i]$
step3：如果 $P_1[i] \neq P_2[i]$，则
    step3.1：以概率 $p = f(P_1)/(f(P_1) + f(P_2))$，令 $C[i] = P_1[i]$
    step3.2：以概率 1-p，令 $C[i] = P_2[i]$
step4：如果 i = n，停止；否则 i = i+1，返回 step2

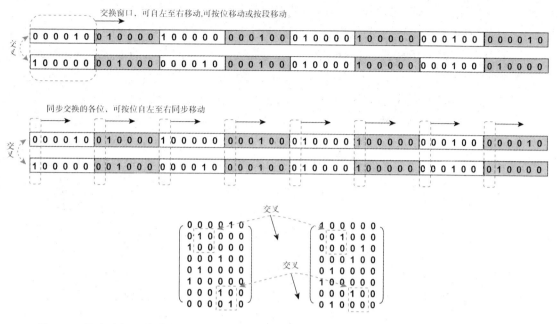

:: 图4.25 课程表问题的染色体编码示例

（2）交叉操作II：行交叉

设 P_1 和 P_2 表示两个 $k \times h$ 位的父代染色体，其中 k 为每段的位数，h 为染色体的分段数目，$f(P_1)$ 和 $f(P_2)$ 分别表示两个父代的适应度值，C 表示子代染色体。

> step1：产生一个 $0 \sim h-1$ 的随机数 x；对每个 x 做 step2 和 step3
> step2：如果 $P_1[x*k+i]=P_2[x*k+i]$ for all $i=0,1,\cdots,k-1$，则不产生后代
> step3：如果 $P_1[x*k+i] \neq P_2[x*k+i]$ for any $i=0,1,\cdots,k-1$，则以概率 $p=f(P_1)/(f(P_1)+f(P_2))$，令
> $P_1[x*k+i]$ 与 $P_2[x*k+i]$ for $i=0,1,\cdots,k-1$ 交换
>   // 注：两个染色体的 x 段如相同，则不产生后代，否则以概率 p 交换其 x 段产生后代

（3）交叉操作III：列交叉

设 P_1 和 P_2 表示两个 $k \times h$ 位的父代染色体，其中 k 为每段的位数，h 为染色体的分段数目，$f(P_1)$ 和 $f(P_2)$ 分别表示两个父代的适应度值，C 表示子代染色体。

> step1：产生一个 $0 \sim k-1$ 的随机数 x；对每个 x 做 step2 和 step3
> step2：如果 $P_1[i*k+x]=P_2[i*k+x]$ for all $i=0,1,\cdots,h-1$，则不产生后代
> step3：如果 $P_1[i*k+x] \neq P_2[i*k+x]$ for any $i=0,1,\cdots,h-1$，则以概率 $f(P_1)/(f(P_1)+f(P2))$，令
> $P_1[i*k+x]$ 与 $P_2[i*k+x]$ 交换 for all $i=0,1,\cdots h-1$
>   // 注：两个染色体的各段的 x 位如都相同，则不交换，否则以概率进行交换

注意，上述几种策略中的概率计算只是一种方式，还可选择其他概率计算方式。比较这几种交叉策略，可直观地看到，"点交叉"将覆盖更大的可能解空间，产生更多种新的可能解，增加获得最优解的机会；"行交叉"、"列交叉"大大压缩了可能解的搜索空

间，产生的可能解可能都是可行解，但也可能因此丢失获得最优解的机会。因此，这些策略的选择需要在"选择搜索更广泛的解空间"和"选择压缩搜索空间"之间进行权衡。

通过以上示例及简单的讨论可以看出，不同的交叉策略对算法的求解质量和收敛速度等方面是有影响的，没有一种设计能够做到面面俱到，因此如何在算法不同性能之间权衡，也是遗传算法设计过程的关键所在。这体现了一定程度的技术性和艺术性。

接下来简单讨论变异操作。变异操作是对群体中的某些个体染色体的某些基因进行突变处理，如二进制的染色体编码的变异操作通常有2种：① 将个体染色体中的某位由0变1或由1变0；② 将个体染色体中不同位置上的两位相互交换。变异操作如同交叉操作一样，依然可以基于概率随机进行处理。

遗传算法中通常有一个变异概率（Probability of Mutation，PM），控制着变异操作的使用频率。一般来说，变异操作的基本步骤如下：① 对种群中所有个体以事先设定的变异概率判断是否进行变异；② 对进行变异的个体随机选择变异位置进行变异。

遗传算法引入变异操作的目的有两个：一是使遗传算法具有局部的随机搜索能力。当遗传算法通过交叉操作已接近最优解邻域时，利用变异操作的局部随机搜索能力可以加速向最优解收敛。显然，此情况下的变异概率应取较小值，否则接近最优解的可行解会因变异而遭到破坏。二是使遗传算法可维持群体多样性，以防止还未找到满意解便出现算法收敛终止的情况，即原来在一个圈子中进行搜索，通过变异，可以使搜索跳出这个圈子而进入到另外的圈子中，扩大了搜索范围。

遗传算法中，交叉操作因其全局搜索能力而作为主要操作，变异操作因其局部搜索能力而作为辅助操作。交叉和变异这对相互配合又相互竞争的操作使遗传算法具备兼顾全局和局部的均衡搜索能力。所谓相互配合，是指当群体在进化中陷于搜索空间中某个范围而仅靠交叉不能摆脱时，通过变异操作可有助于这种摆脱。所谓相互竞争，是指当通过交叉已形成所期望的可行解集合时，变异操作有可能破坏这些可行解集合。如何有效地配合使用交叉和变异操作是目前遗传算法的一个重要研究内容。

4. 遗传算法的其他问题

影响遗传算法求解质量的因素还有适应度、初始种群、终止条件等。

适应度函数的选择主要应考察其是否能度量一个可能解接近最优解的程度和方向，一般取最大值函数（最小值函数可方便地转换为最大值函数进行处理），要求单值、连续、非负、最大化。除此而外，合理性、一致性、计算量小、通用性强也是重要的考察要素。在具体应用中，适应度函数的设计要结合求解问题本身的要求而定。

初始种群中的个体通常也是随机产生的。一般来讲，初始种群的设定可采取如下策略：根据问题固有知识，设法把握最优解所占空间在整个问题空间中的分布范围，然后在此分布范围内设定初始种群，直到初始种群中个体数达到了预先确定的规模。

遗传算法通常可以有以下几个终止条件：① 进化次数限制，进化到指定的代数即可终止算法；② 计算耗费的资源（如计算时间、计算占用的内存等），一旦达到一定的资源占用量便可终止算法，如产生超过一定数量的不重复可行解后即可终止；③ 某个个体已经满足最优值的条件，即最优值已经找到；④ 适应度已经达到饱和，继续进化不会产生适应度更好的个体；⑤ 人为干预；⑥ 以上两种或更多种的组合。

5. 遗传算法的进一步思考

（1）遗传算法的收敛速度和解的质量的关系问题。

解的质量可以使用"近似率"来衡量。所谓近似率，是指算法求得的解与问题最优解的近似程度，但并不能确切知道理论上的最优解。目前可采取两种做法：一是针对某一部分问题实例进行比较，评价近似算法与精确算法得到结果的近似率；二是在不同的研究成果之间比较，如不同研究者提出的算法在同样的问题实例集上进行测试，在得到的结果之间进行横向比较。

收敛速度是指对于具有迭代特征的近似算法，在迭代多少次之后能够使得结果稳定（即结果不再随进一步的迭代而发生变化或发生极小的可以被忽略的变化），在一定程度上反映了算法求解的"快慢"。因为算法程序的运行硬件环境有所区别，单纯通过时间的比较不足以评价，收敛速度相对更客观，也直接影响了求得结果的时间。

对于类似遗传算法的近似算法，可以考察"在执行相同次数的迭代后，所求得的解的质量的好坏对比，即近似率的高低——当然近似率高的算法更好"，也可以考察"在达到期望的满意解的前提下，迭代次数的多少——当然迭代次数越少越好"。

（2）遗传算法的各项参数对算法收敛速度和解的质量的影响问题

例如，各次迭代的种群规模大小，尤其是初始种群规模大小对算法性能的影响如何。不同的交叉变异规则反映了算法对可能解空间的覆盖范围，覆盖范围越大，则获得最优解的概率也越大。此外，变异率、交叉率等对算法的性能又有何影响？

（3）染色体编码和"遗传基因"的识别和传承问题

以二进制染色体编码为例，通常认为染色体的基因就是一个二进制位，如果一个种群的优质个体的编码中"值相同位"越多的是否就是遗传基因呢，亦或是"0、1 组合相同的片段"越多是否就是遗传基因呢？例如，{00101011, 00101001, 10100101, 01100100}，自左而右第 3 ～ 4 位"10"有 4 个相同，它是否是遗传基因呢？发现了遗传基因后，在交叉变异重组时又怎样使其不受破坏呢？

遗传算法作为一种优秀的进化算法，已经为众多学者深入研究了很多年，在很多领域有了比较完善的研究结果和应用案例，然而上述思考仍旧需要深入研究，与生物遗传机理一样，仍有许多待解之谜。

6. 小结

"没有最好的算法，只有更适合的算法"。遗传算法的基本机理是一样的，但是针对不同的问题，有"无数"种遗传算法。如何根据特定的问题特征，快速地找到、设计出更合适的（遗传）算法，是相关人员永远的目标和追求。

本节只是简要介绍了遗传算法的思想，试图通过遗传算法的介绍与讨论，使读者能够清晰地理解算法是如何设计出来的，要解决什么问题；通过交叉与变异规则的多样性讨论，使读者能够理解算法设计的思维方向。关于遗传算法的研究还在继续，同时各种进化算法（如蚁群算法、蜂群算法、粒子群算法等）也不断引起人们的重视，希望读者通过本算法的学习能够对计算领域的问题、对问题的求解算法以及怎样进行算法研究有一个初步的认识，并在面对具体的问题时既有层出不穷的思路，又有具体解决的手段。

思考题

1. 有一种奇特的排序算法，它**在电子上的实现明显比实物要慢很多**，你是否对此感到好奇？珠排序（Bead sort）算法就是这样一种算法，请自行查阅资料，了解这种算法。

2. 背包问题：有 n 种物品，物品 j 的重量为 w_j，价格为 p_j，假定所有物品的重量和价格都是非负的。背包所能承受的最大重量为 W。

如果限定每种物品只能选择0个或1个，则问题称为**0-1背包问题**，可以表示如下：

$$\text{maximize} \sum_{j=1}^{n} p_j x_j$$

$$\text{subject to} \sum_{j=1}^{n} w_j x_j \leqslant W \quad (x_j \in \{0,1\})$$

如果限定物品 j 最多只能选择 b_j 个，则问题称为**有界背包问题**，可以表示如下：

$$\text{maximize} \sum_{j=1}^{n} p_j x_j$$

$$\text{subject to} \sum_{j=1}^{n} w_j x_j \leqslant W \quad (x_j \in \{0,1,\cdots b_j\})$$

如果不限定每种物品的数量，则问题称为**无界背包问题**。

(1) 请设计一种算法策略和相应的算法，解决该问题。

(2) 请思考如何利用遗传算法解决该问题，并设计遗传算法的染色体及遗传、变异等操作。

3. 八皇后问题。八皇后问题是一个以国际象棋为背景的问题：如何能够在 8*8 的国际象棋棋盘上放置8个皇后，使得任何一个皇后都无法直接吃掉其他皇后？为了达到此目的，任意两个皇后都不能处于同一条横行、纵行或斜线上。图4.26给出了八皇后问题的一个解。请利用递归思维，建立递归结构，设计递归算法，解决该问题。能否用遗传算法解决这个问题？

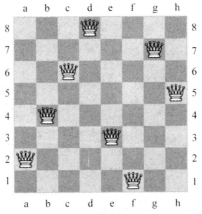

:: 图4.26 八皇后问题

4. 搜索引擎服务提供商向用户提供免费的搜索服务，那么，搜索引擎服务提供商靠什么获取收入呢？答案之一是广告。你在使用搜索服务时注意到广告了吗？它们在什么位置？与你的检索词有关系吗？你点击过吗？Google公司的广告系统是AdWords。某种意义上，它是计算机科学、经济学和广告学的有机结合。学习了PageRank、感受到算法的魅力之后，你是否对AdWords的概念、原理、算法感兴趣呢？如有兴趣，请搜索和学习之。

5. 本章学习了遗传算法，展示了利用仿生学进行问题求解、算法设计的思维。类似的智能算法还有很多，如人工蜂群算法、蚁群算法、粒子群算法、免疫算法等。你是否好奇它们模仿、利用了自然界的哪些生物（哪些行为和规律）？能否查阅资料弄清楚其基本思想和基本原理？你更喜欢哪种思想？

参考文献

[1]大数据. http://en.wikipedia.org/wiki/Big_data.

[2]Thomas H. Cormen, Charles E. Leiserson, Ronald L.Rivest, Clifford Stein. 算法导论（原书第3版）. 机械工业出版社, 2013.

[3]排序算法. http://en.wikipedia.org/wiki/Sorting_algorithm.

[4]PageRank. http://en.wikipedia.org/wiki/PageRank.

[5]Google的秘密——PageRank彻底解说（中文版）.http://www.itlearner.com/good/pagerank_cn.htm.

[6]Robert I. Soare. 递归可枚举集和图灵度：可计算函数. 科学出版社，2007.

[7]塞普瑟. 计算理论导引（英文版·第2版）. 机械工业出版社，2006.

[8]玄光男等. 遗传算法与工程优化. 清华大学出版社，2004.

[9]Garey,M.，Johnson,D. Computers and Intractability: A Guide to the Theory of NP-Completeness. W. H. Freeman, New York, 1979.

（习题）

第 5 章

数据抽象、设计与挖掘

本章要点：

1. 数据与大数据：以数据说话

2. 数据库：数据聚集的手段

3. 数据仓库与数据挖掘：数据分析与利用的手段

4. 数据抽象，即"理解→区分→命名→表达"：理论研究与系统设计的前提和必要步骤

5.1 数据与大数据

In God we trust; everyone else must bring data.

（除了上帝，任何人都必须用数据说话）。

美国管理学家、统计学家爱德华·戴明的这句话已成为美国学术界、企业界的座右铭，他主张唯有数据才是科学的度量。用数据说话、用数据决策、用数据创新已形成社会的一种常态和共识。

（1）数据

数据已经渗透到每个行业和业务领域，与人们的生活密切相关。例如，股民会密切关注股票指数、关注股票动态交易数据，通过股票买卖获取收益；连锁超市会密切关注通过POS机获取的每日/每月商品销售数据，通过优化组织货源，提高销售数量和销售收入；各类企业通过关注购销存数据，来优化供销渠道，扩大销售收入，降低采购成本。

数据之所以成为重要的生产因素，是因为其可以精确地描述事实，以量化的方式反映逻辑和理性，决策将日益基于数据和分析而做出，而非基于经验和直觉。

（2）大数据

21世纪随着互联网技术的发展，数据更是引起越来越多人的注意。数十亿的用户、数百万的应用程序促进了互联网数据的膨胀式发展，互联网世界中面向人际互动、人机互动等音频、图像/视频、文档等大规模数据的聚集和交换形成了所谓的"大数据（Big Data）"[1]。物联网技术进一步使实物商品、实物资源等被感知、被联网，形成大规模的物联网数据。

大数据到底有多大？一组名为"互联网上一天"的数据告诉我们：一天之中互联网产生的全部内容可以刻满1.68亿张DVD光盘，发出的邮件有2940亿多封（相当于美国两年的纸质信件数量），发出的社区帖子达200万个（相当于《时代》杂志770年的文字量），卖出的手机为37.8万台（高于全球每天出生的婴儿数量37.1万）……

截止到2012年，数据量已经从TB（1024GB=1TB）级别跃升到PB（1024TB=1PB）、EB（1024PB=1EB）乃至ZB（1024EB=1ZB）级别。国际数据公司（IDC）的研究结果表明，2008年全球产生的数据量为0.49ZB，2009年的数据量为0.8ZB，2010年增长为1.2ZB，2011年的数量更是高达1.82ZB，相当于全球每人产生200GB以上的数据。而到2012年为止，人类生产的所有印刷材料的数据量是200PB，全人类历史上说过的所有话的数据量大约是5EB。IBM的研究发现，整个人类文明所获得的全部数据中，有90%是在过去两年内产生的。到了2020年，全世界所产生的数据规模将达到今天的44倍。

（3）大数据的价值发现

维克托·迈尔·舍恩伯格在《大数据时代》[2]一书中前瞻性地指出，大数据带来的信息风暴正在变革着我们的生活、工作和思维，大数据开启了一次重大的时代转型。大数据时代最大的转变就是，**放弃对因果关系的渴求，取而代之关注相关关系**。也就是说，只要知道"是什么"，而不需要知道"为什么"，这颠覆了千百年来人类的思维惯例，对人类的认知和与世界交流的方式提出了全新的挑战。下面以一个例子来看这种转变。

大家乘坐飞机时都希望买到更便宜的机票，可能都相信"购买机票，越早预订越便宜"，果其然否？ 2003年，Farecast公司创始人奥伦·埃齐奥尼（Oren Etzioni）提前几个月在网上订了一张机票，在飞机上与邻座若干乘客交谈时，他发现尽管很多人机票比他买得更晚，但票价却比他的便宜得多。为什么？是航空公司或者网站有意"欺诈"，还是常识"购买机票，越早预订越便宜"出现了问题？

受此影响，埃齐奥尼思考，能否开发一个系统，帮助人们判断机票价格是否合理呢？又怎样判断机票价格是否合理呢？他认为，机票是否降价、什么时候降价、什么原因降价，只有航空公司自己清楚，而他不可能也不需要去解开机票价格差异的奥秘。他要做的是仅仅依赖"特定航线机票的销售价格数据"来预测当前的机票价格在未来一段时间内会上涨还是下降，如果一张机票的平均价格呈下降趋势，系统就会建议用户做出稍后再购票的选择。反之，如果一张机票的平均价格呈上涨趋势，系统就会提醒用户尽早购买该机票。

他开发了票价预测工具Farecast，建立在从一个旅游网站上搜集来的41天内价格波动产生的12000个价格样本基础之上，分析所有特定航线机票的销售价格，并确定票价与提前购买天数的关系。这些数据并不能说明原因，只能推测会发生什么。也就是说，导致机票价格波动的因素不需要知道，不管机票降价是因为很多没卖掉的座位、季节性原因，还是所谓的周六晚上不出门，用户只需知道利用其他航班的数据来预测未来机票价格的走势及增降幅度，从而抓住最佳购买时机。

为了提高预测的准确性，埃齐奥尼又找到了一个行业机票预订数据库。有了这个数据库，系统进行预测时，预测的结果就可以基于美国商业航空产业中每条航线上每架飞机内的每个座位在一年内的综合票价记录而得出。如今，Farecast已经拥有惊人的约2000亿条飞行数据记录。利用这种方法，Farecast为消费者节省了一大笔钱。到2012年为止，Farecast系统用了将近十万亿条价格记录来帮助预测美国国内航班的票价。Farecast票价预测的准确度已经高达75%，使用Farecast票价预测工具购买机票的旅客，平均每张机票可节省50美元。这项技术也可以延伸到其他领域，如宾馆预订、二手车购买等。只要这些领域内的产品差异不大，同时存在大幅度的价格差和大量可运用的数据，就可以应用这项技术。

上述案例说明，不应过分相信"常识"和"经验"，而要用数据做出"精准"的分析和预测，通过"数据"获取效益。

体现"数据价值"的例子还有很多，例如：
- 华尔街金融家利用计算机程序分析全球3.4亿微博账户的留言，根据民众情绪抛售股票：如果所有人似乎都高兴，就买入；如果大家的焦虑情绪上升，就抛售。
- 银行根据求职网站的岗位数量，推断就业率。
- 投资机构搜集并分析上市企业声明，从中寻找破产的蛛丝马迹。
- 美国疾病控制和预防中心依据网民搜索，分析全球范围内流感等病疫的传播状况。
- 美国总统奥巴马的竞选团队依据选民的微博，实时分析选民对总统竞选人的喜好，基于数据对竞选议题的把握，成功赢得总统大选。

（4）数据管理与数据分析

数据被视为知识的来源，被认为是一种财富，数据收集、数据管理、数据分析的能力常常被视为核心的竞争力，与企业利益息息相关。

数据聚集的核心手段是数据管理和数据库，数据分析与利用的核心手段是数据仓库和数据挖掘，而其关键是数据抽象和数据设计。后续几节将简要介绍数据聚集成"库"、大规模数据分析与利用的基本思维。

5.2 数据管理和数据库：数据聚集的核心

5.2.1 数据聚集成"库"——数据库及数据库管理

日常生活中，我们通常将各类数据组织成一张张表格来进行管理，如图5.1所示。围绕着数据管理的各种"表"，数据管理人员日复一日地做着"填表"、"查表"、"汇集"、"统计"等工作。随着计算机技术的发展，这种数据管理工作被发展成一种技术，即"数据库"技术。所谓**数据库**（**DataBase，DB**）[3]，是指可看作以"表"形式组织起来的相互有关联关系的数据的集合。管理数据库的一种计算系统被称为**数据库管理系统**（**DataBase Management System，DBMS**）。

学生登记表

学号	姓名	性别	出生年月	入学日期	家庭住址
98110101	张三	男	1980.10	1998.09	黑龙江省哈尔滨市
81101002	张四	女	1980.04	1998.09	吉林省长春市
98110103	张五	男	1981.02	1998.09	黑龙江省齐齐哈尔市
98110201	王三	男	1980.06	1998.09	辽宁省沈阳市
98110202	王四	男	1979.01	1998.09	山东省青岛市
98110203	王武	女	1981.06	1998.09	河南省郑州市

学生成绩单

班级	课程	教师	学期	学号	姓名	成绩
981101	数据库	李四	98秋	98110101	张三	100
981101	数据库	李四	98秋	98110102	张四	90
981101	数据库	李四	98秋	98110103	张五	80
981101	计算机	李五	98秋	98110101	张三	89
981101	计算机	李五	98秋	98110102	张四	98
981101	计算机	李五	98秋	98110103	张五	72
981102	数据库	李四	99秋	98110201	王三	30
981102	数据库	李四	99秋	98110202	王四	90
981102	数据库	李四	99秋	98110203	王武	78

图5.1 数据管理的"表"示例

图5.2给出了数据库管理系统DBMS以"表"的形式管理数据库的基本思路，一般需要经过以下几个步骤：定义表的格式 → 按格式操纵表中数据 → 对表的使用进行控制。

① **数据表的定义**。数据库管理系统DBMS允许用户自主定义所需要的数据表的格式。DBMS提供给用户一种数据定义语言（Data Definition Language，DDL），让用户表达他要定义什么样的表，然后会按照用户的需求在系统中建立相应的表。

② **数据表的操纵**。数据库管理系统DBMS允许用户表达他对数据表的各种操作，如插入一行数据、更新某一数据项的值，或对数据表进行查询和计算等。类似地，DBMS提供给用户一种数据操纵语言（Data Manipulation Language，DML），供用户表达他想对数据库进行的不同形式的操作，并且按照用户的表达来对数据库进行操作。

③ **数据库控制**。数据库管理系统DBMS需要保证存放在数据库中数据的安全性和正确性，需要保证应该使用数据库的人员则方便其使用，而不应该使用数据库的人员则不能够使用。DBMS提供了一种数据控制语言（Data Control Language，DCL），以方便数据库管理者表达对数据库的安全性控制需求：控制哪些人可访问数据，哪些人不能访问。然后DBMS按照管理者定义的安全性，对访问数据库的用户和程序进行控制。

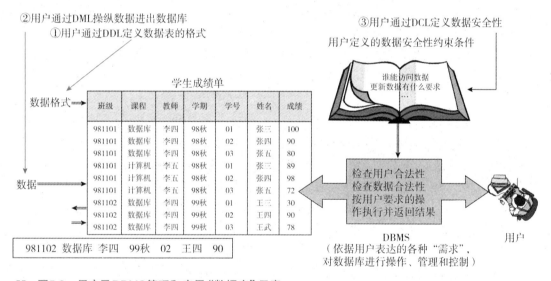

:: 图5.2 用户及DBMS管理和应用"数据库"示意

除以上方面外，数据库管理系统DBMS还提供一系列的数据库存储、备份和恢复、数据库的并发控制、性能监视与分析等方面的功能。

5.2.2 数据库的基本结构形式——数据表

怎样定义数据表？对数据表都有哪些操作呢？我们先看数据表的构成，即数据表（或者称为关系）的形式要素。数据表是由简单的行列关系约束的一种二维数据结构，如图5.3所示。

（1）列

列（Column）也称为字段（Field）、属性（Attribute）。表的每列都包含同一类型的信

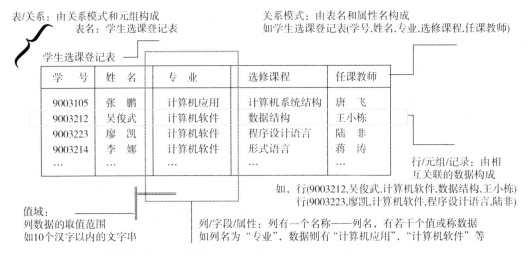

表/关系：由关系模式和元组构成　　　　　　关系模式：由表名和属性名构成
　　　表名：学生选课登记表　　　　　　　　如学生选课登记表(学号,姓名,专业,选修课程,任课教师)

学生选课登记表

学　号	姓　名	专　业	选修课程	任课教师
9003105	张　鹏	计算机应用	计算机系统结构	唐　飞
9003212	吴俊武	计算机软件	数据结构	王小栋
9003223	廖　凯	计算机软件	程序设计语言	陆　菲
9003214	李　娜	计算机软件	形式语言	蒋　涛
…	…	…	…	…

行/元组/记录：由相互关联的数据构成
如，行(9003212,吴俊武,计算机软件,数据结构,王小栋)
　　行(9003223,廖凯,计算机软件,程序设计语言,陆菲)

值域：
列数据的取值范围
如10个汉字以内的文字串

列/字段/属性：列有一个名称——列名，有若干个值或称数据
如列名为"专业"，数据则有"计算机应用"、"计算机软件"等

图5.3　数据表的构成要素及概念示意图

息，列由列名和列值两部分构成。在后面的叙述中通常以属性、属性名和属性值来表达列的有关信息，也有些数据库系统用字段、字段名和字段值来进行表达。例如在图5.3中，"专业"表示学生所属专业，是一个列名，"计算机应用"、"计算机软件"等是列的值。表中列的顺序与要表达的信息无必要的联系，因此列是无序的。

（2）行

行（Row）也称为元组（Tuple）或记录（Record）。表中每一行由若干个字段值组成，描述一个对象的信息。每个字段描述该对象的某种性质或属性。在后面的叙述中通常以元组或记录来表达一行数据。例如在图5.3中，第一行数据为(9003105, 张鹏, 计算机应用, 计算机系统结构, 唐飞)，描述了学号为"9003105"、姓名为"张鹏"的一个学生，他是"计算机应用"专业的学生，选修了"唐飞"老师讲授的"计算机系统结构"课程。行的次序也是不重要的，一般可以互换，但在一张表中，一般不能出现完全相同的两行。

（3）表

表（Table）也称为关系（Relation），由表名、列名及若干行数据组成。如上所述，表中的一行反映的是某个对象的相关数据，表中的一列反映的是所有对象的某种性质或属性的数据，即数据是有相互关联关系的。因此，在数据库领域，这种简单结构的二维表又被称为"关系"，以表这种形式反映数据组织结构的模型被称为"关系模型"。例如，图5.3中的表反映了学生与专业、课程、任课教师之间的一种关系，一行数据描述了一个学生选修课程的具体情况，一列数据则描述了所有学生某一方面的性质。

① 关系模式。在表中，表的结构（或格式）被称为关系模式，主要由表名和列名构成，如图5.3的关系模式为"学生选课登记表（学号，姓名，专业，选修课程，任课教师）"。关系模式与关系是彼此密切相关但又有所区别的两个概念，它们之间是一种"型（形式，格式）"与"值（数据）"的关系。关系模式是指关系/表的数据格式，定义"关系"是定义该关系的模式，即关系的"型"或者说关系的"数据格式"；操纵"关系"是操纵该关系的"值"或者说操纵关系的"数据"。关系模式描述了关系的数据结构及语义限制，一般是相

对稳定且不随时间改变的；关系则是在某一时刻关系模式的"当前值"。例如在图5.3中，"学生选课登记表(学号, 姓名, 专业, 选修课程, 任课教师)"是关系模式，而表中的若干行具体数据则构成了该关系模式下的一个关系 (或称为表)。该表中记录了所有在校学生的选课信息，但由于学生的选课情况经常会发生变化，因而关系"学生选课登记表"是动态变化的，但其关系模式一般是不会改变的。

② 码。在表的各种属性中有一个属性或属性组很重要，那就是码。码 (Key) 也称为键或者关键字，是表中的某个属性或某些属性的组合，它们的值能唯一地将该表中的每一行区分开。例如在图5.3的表中，属性组{学号, 选修课程}就是码，它可以决定整个元组的性质。换言之，有两个元组，如果学号和选修课程属性的值完全相同，那么它们的姓名、专业和任课教师属性的值肯定相同，即它们只能是同一个元组。如果一个关系有若干个码，则可选择其中的一个作为"主码"。

（4）数据库

一个表用于描述客观世界中的一件事情，对不同事情的描述使用不同结构的表，如此若干数据表的集合便形成了一个"数据库"。

（5）数据表的性质

从前述可看出，数据表或者关系具有以下性质。

① 列是同质的，即同一列中的数据的数据类型必须相同，不同列的数据可以是同一类型也可以是不同类型，但不同列数据如果是同一类型，则必须给每列一个不同的列名。

② 表名在整个数据库中必须唯一。列名在一个表中必须唯一，但在不同表中可出现相同的列名。表名和列名应尽可能带有一定的语义，并尽量简单，这样不同表的相同名称的列名就可作为连接这两个表的纽带。

③ 列的顺序可以任意交换，行的顺序可以任意交换。

④ 任意两个元组不能完全相同。在一个表中填写两行完全相同的数据是没有意义的，而且可能有副作用。如图5.3中统计学生选课次数，如果出现完全相同的元组，则统计会出现问题，如重复统计等。因此为了处理方便，要求一个表中不能出现完全相同的元组。关键字属性的定义主要用于约束不能出现完全相同的两行或多行数据，同一个表中，关键字属性或属性组的值必须做到不能完全相同。

⑤ 表中每个数据项必须是不可再分割的数据项，即都应是如图5.1所示的按行按列管理的简单的二维表，满足这个性质的表称为规范化的表或规范化的关系。

现实中，有时为方便阅读，经常见到如表5-1形式的表，即不是简单的二维表，不是规范化的表，其中的"孩子"属性又被分解为两个属性"第一个"、"第二个"。怎么办？为方便计算机处理，可将其转变为表5-2形式的表，即任何非规范化的表都可被转化成规范化的表来处理。

表5-1　非规范化的关系：家庭关系表

丈夫	妻子	孩子	
		第一个	第二个
李基	王芳	李健	
张鹏	刘玉	张睿	张峰

表5-2　规范化的关系：家庭关系表

丈夫	妻子	孩子
李基	王芳	李健
张鹏	刘玉	张睿
张鹏	刘玉	张峰

注意表5-1与表5-2的差别。表5-1的关键字属性为"丈夫,妻子"，而表5-2的关键字属性则为"丈夫,妻子,孩子"，这在后面对表进行运算时会产生影响。此外，表5-1的设计还可能存在问题，如果一个家庭最多有两个孩子，则表5-1可以处理。但一个家庭有三个孩子、四个孩子的时候怎样处理？此时便可见到表5-2的优势。相比表5-2，表5-1更直观地表达了"一行就是一个完整的家庭"，而表5-2看不出此信息，因为一个完整的家庭由两行甚至多行来表达。此外，在表5-1中有孩子的排行信息，表5-2中不存在。为使表5-2也能表示排行，则需再增加一列，即"排行"属性。由此可仔细观察并体会数据表是如何设计的，不同的设计有不同的优势和不足。

5.2.3　数据表的操作——关系操作

在知道了关系或者表的构成要素后，我们进一步分析对数据表都能进行哪些操作。从图5.1给出的两个表，我们可直观地想到：

① 对同一个表的操作：能否从一个表中选择出若干行？能否从一个表中选择出若干列？

② 对两个表的操作：能否将两个具有相同模式的表中的数据进行合并？能否将两个不同模式的表及其数据衔接与组合起来呢？

关系/表之间是可以相互操作的，而对关系/表的操作结果仍然是关系/表。关系操作是指关系模型能够提供哪些运算或操作，以便用户可以构造新的关系。仔细分析和研究，我们可得出5种基本的关系操作是必须的，即数据库管理系统至少应支持这5种基本的关系操作："并"、"差"、"笛卡儿积"、"选择"和"投影"操作。对数据表的任何复杂的操作都可通过这5种基本操作的组合来获得，因此数据库管理系统还应支持用户通过这5种基本操作的组合来表达更复杂的表操作，同时能够按照用户的表达完成对表的操作并获得相应的结果。例如"交"操作和"连接"操作可由这5种基本操作组合来实现。

下面基于实例，首先给出这7种操作简单而直观的描述。设关系A和关系B具有相同的属性数目，且相应的属性取自同一类型数据。

①"并"操作：关系A和关系B的"并"操作的结果是由或者属于A或者属于B的元组组成的新关系。

②"差"操作：关系A和关系B的"差"操作的结果是由属于A而不属于B的元组组成的新关系。

③"交"操作：关系A和关系B的"交"操作的结果是由既属于A又属于B的元组组成的新关系。交操作可通过差操作的组合来实现，我们在后面介绍。

下面给出"并"、"差"、"交"操作的具体实例：设9811班学生的关系为R，9812班学生的关系为S，校运动队学生的关系为T，分别如图5.4(a)、图5.4(b)与图5.4(c)所示，关系R、关系S、关系T都是由学号、姓名、年龄三个属性组成的，且相应的属性取自同一类型数据。

关系R和关系S的"并"操作的结果是由9811班和9812班学生组成的关系，如图5.4(d)所示；关系R和关系T的"差"操作的结果由是9811班但不是校运动队的学生组成的关系，如图5.4(e)所示；关系R和关系T的"交"操作的结果由既是9811班又是校运动队的学生组成的关系，如图5.4(f)所示。

R（9811班学生）

学号	姓名	年龄
981101	李勇	22
981102	王军	21
981103	刘柳	23

(a)

S（9812班学生）

学号	姓名	年龄
981201	张平	21
981202	付强	24
981203	何红	22

(b)

T（校运动队学生）

学号	姓名	年龄
981102	王军	21
981203	何红	22

(c)

R与S的"并"操作

学号	姓名	年龄
981101	李勇	22
981102	王军	21
981103	刘柳	23
981201	张平	21
981202	付强	24
981203	何红	22

(d)

R与T的"差"操作

学号	姓名	年龄
981101	李勇	22
981103	刘柳	23

(e)

R与T的"交"操作

学号	姓名	年龄
981102	王军	21

(f)

图5.4 并、交、差实例

下面再以例子解释"选择"、"投影"、"笛卡儿积"和"连接"操作。假设有"教师"和"授课"两个关系，如表5-3、表5-4所示。

表5-3 教师

姓名	年龄	系别
唐飞	39	计算机
王小栋	52	化学
陆非	43	外语
蒋涛	49	数学

表5-4 授课

课名	开课教师	总学时	学分
程序设计	王成	80	4
汇编语言	王成	80	4
应用化学	王小栋	60	3
英文阅读	陆非	60	3
高等数学	蒋涛	80	4
线性代数	蒋涛	40	2

④"选择"操作：从某个给定的关系中筛选出满足一定限制条件的元组。

⑤"投影"操作：从给定的关系中保留指定的属性子集而删去其余属性。

"选择"操作是从某个关系中选取出满足某些条件的一个"行"的子集，"投影"操作实际上是生成一个关系的"列"的子集。

例如，在表5-3中，如果需要保留的属性是姓名和年龄，则从表5-3中选出第一列和第二列数据构成一个新的关系。

对于关系"教师"，如果限制条件是"姓名='陆非'"，则表5-3中选出第三行构成新的关系。对于关系"授课"，如果限制条件是"开课教师='王成' 并且 总学时=80"，则从表5-4中选出第一行和第二行构成一个新的关系。

⑥ "笛卡儿积"操作。"选择"操作与"投影"操作是对一个关系进行的操作，而"笛卡儿积"操作则是对两个关系的操作。两个关系的"笛卡儿积"操作是将两个关系拼接起来的一种操作，它由一个关系的元组和另一个关系的每一个元组拼接成一个新元组，由所有这样的新元组构成的关系便是"笛卡儿积"操作的结果，如表5-5所示。

表5-5 "教师"和"授课"关系的"笛卡儿积"操作结果

姓名	年龄	系别	课名	开课教师	总学时	学分
唐飞	39	计算机	程序设计	王成	80	4
唐飞	39	计算机	汇编语言	王成	80	4
唐飞	39	计算机	应用化学	王小栋	60	3
唐飞	39	计算机	英文阅读	陆非	60	3
唐飞	39	计算机	高等数学	蒋涛	80	4
唐飞	39	计算机	线性代数	蒋涛	40	2
王小栋	52	化学	程序设计	王成	80	4
王小栋	52	化学	汇编语言	王成	80	4
王小栋	52	化学	应用化学	王小栋	60	3
王小栋	52	化学	英文阅读	陆非	60	3
王小栋	52	化学	高等数学	蒋涛	80	4
王小栋	52	化学	线性代数	蒋涛	40	2
陆非	43	外语	程序设计	王成	80	4
陆非	43	外语	汇编语言	王成	80	4
陆非	43	外语	应用化学	王小栋	60	3
陆非	43	外语	英文阅读	陆非	60	3
陆非	43	外语	高等数学	蒋涛	80	4
陆非	43	外语	线性代数	蒋涛	40	2
蒋涛	49	数学	程序设计	王成	80	4
蒋涛	49	数学	汇编语言	王成	80	4
蒋涛	49	数学	应用化学	王小栋	60	3
蒋涛	49	数学	英文阅读	陆非	60	3
蒋涛	49	数学	高等数学	蒋涛	80	4
蒋涛	49	数学	线性代数	蒋涛	40	2

⑦ "连接"操作。"连接"操作也是对两个关系的拼接操作，但不同于"笛卡儿积"操作（"笛卡儿积"是两个关系的所有元组的所有组合）。"连接"操作是将两个关系中满足一定条件的元组拼接成一个新元组，这个条件便是所谓的连接条件。日常使用中，"连接"操作通常指"自然连接"操作，即要求两个关系的同名属性其值相同的情况下，才能将两个关系的元组拼接成一个新元组。连接操作可以由两个关系先做笛儿尔积操作，再做选择操作，然后做投影操作来实现。

对于表5-3和表5-4，如果连接条件是"教师"表的"姓名"等于"授课"表的"开课教师"，那么连接操作结果将如表5-6所示，它表达了每个教师及其所开设的课程等相关信息。

表5-6 "教师"和"授课"关系的"连接"操作结果

姓名	年龄	系别	课名	开课教师	总学时	学分
王小栋	52	化学	应用化学	王小栋	60	3
陆非	43	外语	英文阅读	陆非	60	3
蒋涛	49	数学	高等数学	蒋涛	80	4
蒋涛	49	数学	线性代数	蒋涛	40	2

5.2.4 用数学定义数据表及其操作——关系模型

怎样表达对数据表操作的组合呢？这就需要严格定义表及操作。若要定义数据表，需要将表由多少行、多少列组成，每列是什么含义，哪些值组成一行，表中每个数据项的取值范围等都要表达清楚。下面用数学上的集合来定义数据表，大家可以发现怎样将数据表相关的各方面予以严格无歧义的定义。首先定义数据表的每一列的取值范围——域。

【定义 5-1】 域（Domain）是一组具有相同的数据类型的值的集合。

例如，自然数、整数、实数、长度小于25字节的字符串的集合，$\{0, 1\}$，大于0且小于等于100的正整数等，都可以是域。数据表每一列的可能取值都由其相应的域予以定义，换句话说，每一列的值只能取域中的某一个值。

接下来定义数据表的一行——元组及其所有可能的行——笛卡儿积。

【定义 5-2】 笛卡儿积：给定一组域 D_1，D_2，$\cdots$，D_n，这些域中可能有相同的。D_1，D_2，$\cdots$，D_n 的笛卡儿积为：

$$D_1 \times D_2 \times \cdots \times D_n = \{ <d_1, d_2, \cdots, d_n> \mid d_i \in D_i, i = 1, 2, \cdots, n \}$$

其中，$<d_1, d_2, \cdots, d_n>$ 被称为 n 元组（n-Tuple）或简称元组（Tuple）。元素中的每个值 d_i 被称为一个分量（Component）。

若 D_i（$i = 1, 2, \cdots, n$）为有限集合，其基数（Cardinal Number）即集合中元素的个数，为 m_i（$i = 1, 2, \cdots, n$），则 $D_1 \times D_2 \times \cdots \times D_n$ 的基数 M 为 $M = m_1 \times m_2 \times \cdots \times m_n$。

关系即笛卡儿积所有组合的元组中的那些有某种"关系"语义的元组构成的集合。

【定义 5-3】 关系：$D_1 \times D_2 \times \cdots \times D_n$ 的子集称为在域 D_1，D_2，$\cdots$，D_n 上的关系，表示为 $R(A_1:D_1, A_2:D_2, \cdots, A_n:D_n)$。

R 表示关系的名字，$A_1 \cdots A_n$ 为属性（且全不相同），$A_i:D_i$ 表示属性 A_i 的值来自域 D_i，且 D_1，D_2，$\cdots$，D_n 可以相同，n 是关系的目或度（Degree）。关系中的每个元素是关系中的元组，通常用 t 表示。$n=1$，为单元关系，$n=2$，为二元关系。关系是笛卡儿积的有限子集，所以关系也是一个二维表，表的每行对应一个元组，表的每列对应一个域。由于域可以相同，为了加以区分，必须对每列起一个名字，称为属性（Attribute）。n 目关系必有 n 个属性。若关系中的某一属性组的值能唯一地标识一个元组，则称该属性组为关键字或码。若一个关系有多个码，则选定其中一个为主码（Primary Key）。

举个通俗的例子来看笛卡儿积与关系。如果 D_1 = 男人集合(MAN) = {李基, 张鹏, 王华}，D_2=女人集合(WOMAN)={王芳, 刘玉, 张颖}，则D_1、D_2的笛卡儿积$D_1×D_2$为所有男人与所有女人的所有可能的组合，即{<李基, 王芳>, <李基, 刘玉>, <李基, 张颖>, <张鹏, 王芳>, <张鹏, 刘玉>, <张鹏, 张颖>, <王华, 王芳>, <王华, 刘玉>, <王华, 张颖> }，共包含9个元组，如表5-7所示。

表5-7　笛卡儿积与关系示例

(a) "男人" 和 "女人" 域的笛卡儿积操作

男人	女人
李基	王芳
李基	刘玉
李基	张颖
张鹏	王芳
张鹏	刘玉
张鹏	张颖
王华	王芳
王华	刘玉
王华	张颖

(b) "家庭" 关系表

丈夫	妻子
李基	王芳
王华	张颖

但这种所有可能性的组合可能是没有语义关系的，我们需要处理的是有语义关系的那些组合，如关系"家庭"={<李基, 王芳>, <王华, 张颖>}是由一个男人和一个女人组成家庭的那些组合构成的，此时为区分家庭关系的列和笛卡儿积的域，将家庭关系的列重新命名为"丈夫"、"妻子"，即属性。"丈夫"属性的取值来源于域"男人"，"妻子"属性的取值来源于域"女人"。再如，关系"兄妹"={ <张鹏, 张颖>, <王华, 王芳>}是由一个男人和一个女人是兄妹关系的那些组合构成的，所以这种二维数据表被称为"关系"，关系是所有可能组合中那些有某种"关系"含义的组合。

定义了关系/表，我们可进一步将前述各种操作以严格的集合运算的形式定义。

① 并 (Union)：设R、S为并相容的关系。所谓并相容，是指两个关系具有相同数量的属性，且相应属性的取值来自于相同的域，t为元组（下同），则

$$R \cup S = \{ t \mid t \in R \lor t \in S \}$$

上式说明：$R \cup S$或者由R中的元组，或者由S中的元组所组成。

② 差 (Difference)：设R和S为并相容的关系，则

$$R - S = \{ t \mid t \in R \land t \notin S \}$$

上式说明：$R - S$是由R中的元组但不是S中的元组所组成。

③ 笛卡儿积 (Cartesian Product)：设R是n度关系，S是m度关系，则$R×S$为$n+m$度关系，则

$$R×S = \{ <a_1, a_2, \cdots, a_n, b_1, b_2, \cdots, b_m> \mid <a_1, a_2, \cdots, a_n> \in R \land <b_1, b_2, \cdots, b_m> \in S \}$$

简记为

$$R×S = \{ t \mid t = <t^{(n)}, t^{(m)}> \land t^{(n)} \in R \land t^{(m)} \in S \}$$

上式说明：$R×S$是将R中的每个元组和S中的每个元组拼接成一个新元组，所有可能组合的新元组的集合。

④ 投影 (Projection)：关系R上的投影是从R中选出若干属性列组成新的关系，记为

$$\pi_{j_1, j_2, \cdots, j_m}(R) = \{t \mid t = <t_{j_1}, t_{j_2}, \cdots, t_{j_m}> \wedge <t_1, \cdots, t_n> \in R, \ 1 \leqslant j_1, j_2, \cdots, j_m \leqslant n\}$$

上式说明：投影操作是将R的元组$<t_1, t_2, \cdots, t_n>$的分量，按照$t_{j_1}, t_{j_2}, \cdots, t_{j_m}$的排列顺序重新排列后所形成的新元组的集合。

⑤ 选择（Selection）

$$\sigma_F(R) = \{t \mid t \in R \wedge F(t) = '真'\}$$

其中，F是命题公式，由运算符连接的常量、分量标号或其他命题公式组成。算术运算符包括：$\leqslant$、$<$、$\geqslant$、$>$、$=$、$\neq$。逻辑运算符包括：$\wedge$（And）、$\vee$（Or）、$\neg$（Not）。

⑥ 交（Intersection）

$$R \cap S = \{t \mid t \in R \wedge t \in S\}$$

前面说过，交操作可以由其他操作组合来完成，即性质"$R \cap S = R - (R - S)$"。读者可自己证明该性质的正确性。

⑦ θ-连接（θ-Join）

$$R(\theta\text{-Join for } i \ \theta \ j)S = \{t \mid t = <t^{(n)}, t^{(m)}> \wedge t^{(n)} \in R \wedge t^{(m)} \in S \wedge t_i^{(n)} \ \theta \ t_j^{(m)} = \text{True}\}$$

其中，$t^{(n)}$表示R的元组，$t^{(m)}$表示S的元组，$t_i^{(n)}$表示元组$t^{(n)}$的第i个属性。

如前所述，连接操作也可以由其他操作组合来实现，即有性质

$$R(\theta\text{-Join for } i \ \theta \ j)S = \sigma_{[i]\theta[n+j]}(R \times S)$$

读者可自己证明该性质的正确性。

⑧ 自然连接（Join）

$$R(\text{Join})S = \{t \mid t = <t^{(n)}, t^{(m)}> \wedge t^{(n)} \in R \wedge t^{(m)} \in S \wedge t_{i_1}^{(n)} \ \theta \ t_{j_1}^{(m)} = \text{True} \wedge \cdots t_{i_k}^{(n)} \ \theta \ t_{j_k}^{(m)} = \text{True}\}$$

其中，$t^{(n)}$表示R的元组，$t^{(m)}$表示S的元组，$t_{i_1}^{(n)}$表示元组$t^{(n)}$的第i_1个属性，$t^{(n)}$的第i_g个属性与$t^{(m)}$的第j_g个属性相同（$g=1,\cdots,k$），$t^{(m)}$为$t^{(m)}$去掉与$t^{(n)}$相重复的属性$t_{j_1}^{(m)}, \cdots, t_{j_k}^{(m)}$后形成的新元组。

下面仍以实例介绍关系操作的组合。假定教学数据库要建立如下4个表/关系：学生、课程、必修课和选课，如表5-8、表5-9、表5-10和表5-11所示。其中，"学生"表记录了学生的学号、姓名等基本信息，"课程"表记录了课程的基本信息，"选课"表记录了学生的选课情况和成绩，"必修课"表记录了哪些课是哪些专业的必修课，后文中将使用这4个表举例说明有关操作。

【例 5-1】 检索学过"王一唯"老师讲授课程的所有学生的姓名。

分析：学生的姓名在"学生"表中，教师姓名在"课程"表中，学生选课情况记录在"选课"表中，因此该查询首先需要将这三个表连接起来，我们可选择笛卡儿积操作后的选择操作，再做投影，以实现上述查询：

$$\pi_{姓名}(\sigma_{(开课教师='王一唯')}(\sigma_{(学生.学号=选课.学号 \text{ AND } 课程.课号=选课.课号)}(学生 \times 选课 \times 课程)))$$

查询结果：如表5-8 ～表5-11的数据，其查询结果为4条记录：王一唯讲授程序设计课程，课号为1001，在选课表中有4条课号为1001的记录其所对应的学生的姓名即所求。

上述关系操作的组合写法是基本的思路：先确定涉及几个表，将这几个表先连接起来；然后进行选择和投影以获得所需要的结果。其实上述查询还可以有其他写法，如：

$$\pi_{姓名}(\sigma_{(学生.学号=选课.学号 \text{ AND } 课程.课号=选课.课号)}(学生 \times 选课 \times \sigma_{(开课教师='王一唯')}(课程)))$$

$$\pi_{姓名}(\sigma_{(学生.学号=选课.学号)}(学生 \times (\sigma_{(课程.课号=选课.课号)}(选课) \times \sigma_{(开课教师='王一唯')}(课程))))$$

表5-8　学生

学号	姓名	年级	专业
890237	陈莉	89	软件
902783	李玉刚	90	应用
903829	王磊	90	软件
918327	刘玉	91	应用

表5-9　课程

课号	课名	开课教师	总学时	学分
1001	程序设计	王一唯	80	4
1002	汇编语言	刘锋	80	4
2001	数据库	徐伟	60	3
2002	人工智能	张再生	60	3

表5-10　必修课

课号	必修专业
1001	软件
1001	应用
1002	软件
2001	软件
2001	应用
2002	应用

表5-11　选课

学号	课号	成绩
890237	1001	85
890237	1002	78
890237	2002	75
902783	1001	72
902783	2001	
903829	1001	82
903829	1002	83
918327	1001	87

【例 5-2】　检索"程序设计"课程成绩大于 80 分的所有学生的姓名及其成绩。

分析：学生的姓名在"学生"表中，课程名在"课程"表中，学生成绩情况记录在"选课"表中，因此该查询首先需要将这三个表连接起来，我们可选择笛卡儿积操作后的选择操作，再做投影，以实现上述查询，如下所示。

$$\pi_{姓名}(\ \sigma_{(选课.成绩>80\ and\ 课程.课名='程序设计')}(\ \sigma_{(学生.学号=选课.学号\ AND\ 课程.课号=选课.课号)}(学生×选课×课程)))$$

查询结果：如表5-8 ～ 5-11的数据，其查询结果为3条记录"程序设计课程，课号为1001"，在选课表中有3条课号为1001的记录满足成绩大于80分，这些记录所对应的学生的姓名及成绩即为所求。

上述查询也可以如下组合基本操作予以实现：

$$\pi_{姓名}(\ \sigma_{(学生.学号=选课.学号\ AND\ 课程.课号=选课.课号\ AND\ 选课.成绩>80)}(学生×选课×\sigma_{(课名='程序设计')}(课程)))$$

$$\pi_{姓名}(\ \sigma_{(学生.学号=选课.学号)}(学生×\sigma_{(课程.课号=选课.课号)}\sigma_{(成绩>80)}(选课×\sigma_{(课名='程序设计')}(课程))))$$

大家可仔细观察这几种写法的差别。如果这些式子表达的就是计算的次序，那么，哪种写法的执行速度更快？为什么？

前面介绍的就是著名的关系模型的基本内容：基本数据结构就是关系，对关系有5种基本操作：并、差、笛卡儿积、选择和投影操作。通过这5种基本操作的组合，可以对一个表或多个表实现更复杂的查询。

5.2.5　数据库语言——用计算机语言表达数据表及其操作

前面介绍了关系及其操作，虽然严谨，但仍不便于用户使用，尤其是一些数学符号难以利用键盘方便地输入。**能否设计一种让用户更简洁更方便的语言来表达需求呢？**数据库研究者依据关系模型设计了一种结构化的数据库语言SQL（Structural Query Language）。

前面介绍过，数据库语言应包括数据定义语言DDL（定义表的格式）、数据操纵语言DML（操纵表中的数据）和数据控制语言DCL（控制表中数据可以被哪些用户使用）。下面以示例形式简要介绍数据库的查询语句（数据操纵语言的一部分），再介绍数据定义语句（数据定义语言的一部分），以简要了解数据库语言。读者可查阅数据库系统的相关教材学习数据库语言的其他更深入、更全面的内容。

1. 数据表"查询"的表达：SELECT⋯FROM⋯WHERE

SQL的查询语句SELECT语句的基本格式如下：

SELECT 列名1, 列名2, ⋯ **FROM** 表名1, 表名2, ⋯ **WHERE** 条件;

其直观含义是：从"表名1"、"表名2"……所表征的表中（FROM子句）检索出满足"条件"的所有记录（WHERE子句），对这些记录按照列名1、列名2……所给出的名称和次序选择出相应的列（SELECT子句）。

此语句的严格意义相当于如下关系操作的组合：

$$\pi_{列名1, 列名2, \cdots}(\sigma_{条件}(表名1 \times 表名2 \times \cdots))$$

即SELECT子句相当于投影操作，WHERE子句相当于选择操作，FROM子句相当于笛卡尔积操作。

前面例5-1和例5-2的查询可以用SQL表达如下。

【例 5-3（前例 5-1）】 检索学过"王一唯"老师讲授课程的所有学生的姓名。

SELECT 姓名　**FROM** 学生, 选课, 课程

WHERE 学生.学号=选课.学号 **AND** 课程.课号=选课.课号 **AND** 课程.开课教师='王一唯';

如"学生.学号"表示"学生"表中"学号"属性的值，其他类同。

【例 5-4（前例 5-2）】 检索"程序设计"课程成绩大于80分的所有学生的姓名及其成绩。

SELECT 姓名, 成绩 **FROM** 学生, 选课, 课程 **WHERE** 学生.学号=选课.学号 **AND**

课程.课号=选课.课号 **AND** 课程.课名='程序设计' **AND** 选课.成绩>80;

再多看几个例子。

【例 5-5】 列出"软件"专业所有学生的学号和姓名。

SELECT 学号, 姓名 **FROM** 学生 **WHERE** 专业='软件';

查询结果：如表5.8至表5.11的数据，其查询结果为2条记录："学生"表中"专业"为"软件"的记录所对应的学号及姓名即为所求。

【例 5-6】 列出或者学过"1002"号课程或者学过"2002"号课程的所有学生的学号。

SELECT 学号 **FROM** 选课 **WHERE** 课号='1002' **OR** 课号='2002';

查询结果：如表5-8～表5-11的数据，其查询结果为3条记录："选课"表中"课号"或者为"1002"或者为"2002"的记录所对应的学号即为所求。

【例 5-7】 求选修了"1001"号课程，而且成绩或者大于 80 分或者小于 60 分的学生学号及其成绩。

SELECT 学号, 成绩 **FROM** 选课 **WHERE** 课号＝'1001' **AND** (成绩>80 **OR** 成绩<60);

查询结果：如表5-8 ～表5-11的数据，其查询结果为3条记录。

【例 5-8】 列出"程序设计"课程是哪些专业的必修课。

SELECT 必修专业 **FROM** 课程, 必修课

WHERE 课程.课号=必修课.课号 **AND** 课名='程序设计';

SELECT查询语句不仅具有千变万化的能力，还有丰富的功能：嵌套查询和分组聚集计算功能。在某些情况下，可能需要把一个查询的结果作为另一个查询中查询条件中的一部分，即在一个SELECT语句的WHERE子句中使用另一个SELECT语句，这种查询称为嵌套查询，即查询里面还有查询。

【例 5-9】 列出选修"汇编语言"的所有学生的学号及成绩。

SELECT 学号, 成绩 **FROM** 选课 **WHERE** 课号

IN (**SELECT** 课号 **FROM** 课程 **WHERE** 课名 = '汇编语言');

上述SQL语句执行的是两个过程，首先在课程表中找出汇编语言的课号，由"课程"表得出该课为"1002"号课，再在"选课"表中找出课号等于该值的记录，列出它的学号列和成绩列，得出结果。此例中的"IN"被称为"谓词"，表示所要找的元素在 (in) 另一个集合 (SELECT…FROM…WHERE) 中。它用于组装两个查询语句，本例中所要找的"课号"应该被包含在子查询产生的结果集合中。IN只是一种谓词，SQL还支持其他谓词，如EXISTS等，本书不做过细描述。

例5-9的执行过程如图5.5所示。

【例 5-10】 求既学过"1001"号课又学过"2002"号课的所有学生的学号。

采用嵌套查询可以书写为：

SELECT 学号 **FROM** 选课 **WHERE** 课号＝'1001' **AND** 学号

IN (**SELECT** 学号 **FROM** 选课 **WHERE** 课号＝'2002');

查询结果：如表5-8 ～表5-11的数据，其查询结果为1条记录。

注意：上述查询不可写成下述形式，因为下述写法的查询结果为空：

SELECT 学号 **FROM** 选课 **WHERE** 课号='1002' **AND** 课号='2002';

确定了SELECT语句的基本功能后，就可对SELECT语句做扩展，如支持其进行求和、求平均等聚集运算。标准SQL对SELECT语句进行了扩展，提供了5种常用的聚集函数，可用于SELECT子句中。

① MIN( )——求 (字符、日期、数值列) 的最小值。

② MAX( )——求 (字符、日期、数值列) 的最大值。

③ COUNT( )——计算所选数据的行数。

④ SUM( )——计算数值列的总和。

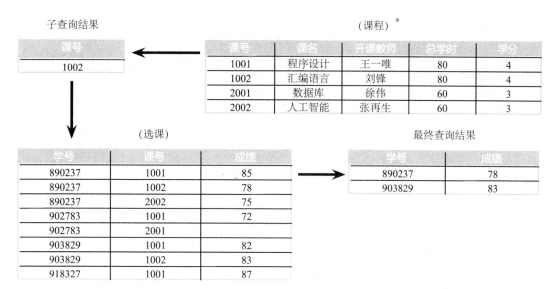

子查询结果

课号
1002

(课程)

课号	课名	开课教师	总学时	学分
1001	程序设计	王一唯	80	4
1002	汇编语言	刘锋	80	4
2001	数据库	徐伟	60	3
2002	人工智能	张再生	60	3

(选课)

学号	课号	成绩
890237	1001	85
890237	1002	78
890237	2002	75
902783	1001	72
902783	2001	
903829	1001	82
903829	1002	83
918327	1001	87

最终查询结果

学号	成绩
890237	78
903829	83

图5.5　例5-9的执行过程及结果

⑤ AVG( )——计算数值列的平均值。

同时扩展了GROUP BY子句用于对统计操作进行分组：先对查询结果进行分组，然后于每个分组中执行相应的聚集运算。如图5.6所示，假设两个表为按照WHERE子句筛选后的结果，左侧表为按照S#分组，即所有学号相同的选课记录为同一组，则分成了4个组，每个组可以进行聚集运算(求和、求平均、求最大最小值等)。右侧表则可按照C#分组，即所有课号相同的选课记录为同一组，则分成了3个组，每个组可以进行聚集运算。左侧表示按每个学生统计其各门课程的分数之和，右侧表示按每门课程统计各个学生的分数之和。按什么分组由GROUP BY子句给出，进行什么聚集运算则由SELECT子句中

SELECT SUM(Score) ……GROUP BY S#

S#	C#	Score
98030101	001	92
98030101	002	85
98030101	003	88
98040202	002	90
98040202	003	80
98040202	001	55
98040203	003	56
98030102	001	54
98030102	002	85
98030102	003	48

(a)

SELECT SUM(Score) ……GROUP BY C#

S#	C#	Score
98030101	001	92
98040202	001	55
98030102	001	54
98030101	002	85
98030102	002	85
98040202	002	90
98040202	003	80
98030101	003	88
98040203	003	56
98030102	003	48

(b)

图5.6　不同的分组及分组内进行聚集计算示意图

的聚集函数给出。

【例5-11】 列出每门课的平均成绩、最高成绩、最低成绩和选课人数。

SELECT 课号, **AVG**(成绩), **MAX**(成绩), **MIN**(成绩), **COUNT**(学号)

FROM 选课 **GROUP BY** 课号;

本例要求统计每门课的各种数据，因此采用GROUP BY子句按照课号进行分组，将课号相同的行分为一组，有多少课号就会产生多少组，然后在每组中进行各种统计。统计结果如图5.7所示。

(选课)

学号	课号	成绩
890237	1001	85
890237	1002	78
890237	2002	75
902783	1001	72
902783	2001	
903829	1001	82
903829	1002	83
918327	1001	87

(查询结果)

课号	AVG(成绩)	MAX(成绩)	MIN(成绩)	COUNT(学号)
1001	81.5	87	72	4
1002	80.5	83	78	2
2002	75	75	75	1

图5.7 例5-11的统计结果

【例5-12】 查询"软件"专业的学生人数。

SELECT COUNT(*) **FROM** 学生 **WHERE** 专业='软件';

COUNT(*)用于统计满足WHERE子句中逻辑表达式的行数。由于没有GROUP BY子句，则将整个查询结果作为一个组进行相应的聚集运算。

2. 数据表"定义"的表达：CREATE TABLE

SQL的数据表定义语句CREATE TABLE语句的基本格式如下：

CREATE TABLE 表名(列名1 类型i_1, 列名2 类型i_2, ···);

由前面表/关系的定义可知，定义一个新表需要定义表名及表中每个属性的名字和属性值的来源——域。上述CREATE语句的功能是建立一个新的数据表，指明数据表的表名与结构，包括组成该表的每个属性名及该属性的数据类型等。数据类型以最简单的方式指明了该属性值的来源——域，复杂的域的表达还可通过一些辅助手段进行，在此不做细述。不同系统中，类型的定义是不同的，如Oracle中可使用的数据类型有：

- NUMBER(n, d)：数字型，n为最大数字位数（包括小数点），d为小数点后最大位数。
- CHAR(n)：字符型，n=最大字符数目。
- DATE：日期型。
- LONG：长字符型。

【例 5-13】 定义"学生"表: 学生 (学号 , 姓名 , 年级 , 专业)。

CREATE TABLE 学生(学号 number (6), 姓名 char (8), 年级 number (2), 专业 char (20));

5.2.6 DBMS——数据库语言的执行或者数据表操作的自动实现

当用户用数据库语言表达了对数据库、数据表的操作需求后,DBMS将按照用户的表达建立数据库、按用户的表达操纵数据库的数据,或者对数据库中数据进行各种形式的查询执行等。下面以SELECT语句的一种最简单形式来简要介绍DBMS的实现思路。

当用户书写了任何一条SELECT语句后,如下

SELECT 列名1, 列名2, … **FROM** 表名1, 表名2, … **WHERE** 条件;

DBMS都可自动地将其转化为

$$\pi_{列名1, 列名2, …}(\sigma_{条件}(表名1 \times 表名2 \times …))$$

即DBMS可将任何上述形式的SELECT…FROM…WHERE语句,按如下思路进行处理:先将FROM子句后面所给出的各表进行笛卡儿积操作 (拼接组合起来),得到中间结果;再按WHERE子句中的条件对中间结果进行过滤,留下满足条件的记录;最后按SELECT子句的列名及其排列次序对结果列进行选择并重新编排列的次序。因此,我们只要给出基本的关系操作 (并、差、笛卡儿积、选择和投影) 的实现算法,通过组合这些基本关系操作的算法便可执行任何的SELECT查询语句。例如,我们可以给出两个关系R和S的笛卡儿积操作的逻辑实现算法 (基本思想) 如下:

```
For i = 1 to R 的记录数
    读取 R 的 i-th 记录;
    For j = 1 to S 的记录数
        读取 S 的 j-th 记录;
        将 R 的第 i-th 记录和 S 的第 j-th 记录拼接成一条记录;
        存入结果关系;
    Next j
Next i
```

上述算法之所以说是逻辑算法,是因为它仅从逻辑上表述了笛卡儿积的实现思想,即循环地将R中的记录读取出来,再循环地将S中的记录读取出来,将R和S的元组拼接后进行存储。实际上,数据库是存储在磁盘上的,以块为单位进行存取,一块中可存放若干条记录,因此上述逻辑算法可以转换成一个物理算法 (基本思想),如下:

```
For i = 1 to R 的存储块数
    读取 R 的 i-th 个磁盘块进入内存;
    For j = 1 to S 的存储块数
        读取 S 的 j-th 个磁盘块进入内存;
```

```
For p = 1 to 磁盘块存储 R 的记录数
      内存中读取 R 的第 p-th 记录；
      For q = 1 to 磁盘块存储 S 的记录数
            内存中读取 S 的第 q-th 记录；
            内存中将 R 的第 i-th 记录和 S 的第 j-th 记录拼接成一条记录；
            存入结果关系所对应的内存块中；
            如果内存块满，则将其写入磁盘；
      Next q
   Next p
Next j
Next i
```

为提高查询速度，数据库管理系统在实现查询时使用了更复杂的数据组织、存取和查询算法，也使用了复杂的查询优化策略，使得大规模数据的查询能够在用户可接受的时间内完成。如何进行优化、如何进行磁盘数据的读取等超出了本书的范畴，读者可参阅数据库系统相关的教材进行学习，本节只是使读者简单理解DBMS是如何执行SQL语句，如何执行查询的。需要指出的是，第4章介绍的排序和搜索算法是提高查询效率的重要手段。

5.3 数据分析的核心——联机数据分析和数据挖掘

5.3.1 例子——超市数据库

前面介绍了数据库与数据库管理系统，可实现数据的有效聚集和管理，但数据聚集和管理的目的是为了更好地利用数据。如何利用数据，如何将数据转换成生产力呢？利用数据可有多种方式，最基本的是通过各种形式分析数据，以及通过数据分析挖掘蕴涵在数据中的知识并将其应用到生产经营的各种活动中。

为使读者更好地理解数据分析和数据应用，也便于后续内容的叙述，我们先建立一个数据库——超市数据库。超市通过POS机（电子收款机）将每位顾客每次购买的商品信息聚集到数据库中，并打印"商品购买明细"（如图5.8所示）给顾客，作为商品购买与付款凭证。顾客一次可能购买多种商品。"超市数据库"就是由日复一日产生的成千上万张"商品购买明细"及其相关信息构成的数据库。

为便于数据库管理，超市数据库将"商品购买明细"转换成两个规范化的数据表（或称为关系）——商品购买单和商品购买单明细——进行数据的存储、处理和查询。换句话说，收款员或业务员看到的是如图5.8所示的数据形式，DBMS使用的是如表5-12和表5-13所示的数据表的形式。

商品购买明细

交易号 T1000 ，日期 04/05/2013 ，时间 10:18 ，收款员 E02
顾客 C01 ，支付方式 MasterCard ，总金额 ¥1400.00

商品号	商品名	数量	单价	金额
200008	汇源果汁	5	200.00	1000.00
200020	哈啤90	1	300.00	300.00
200035	555香烟	1	100.00	100.00

图5.8 商品购买明细（顾客一次可能购买多种商品）

表5-12 商品购买单

交易号	日期	时间	收款员号	顾客号	支付方式	总金额
T1000	04/05/2013	10:18	E02	C01	MasterCard	1400.00
T1001	04/05/2013	11:10	E01	C03	Visa	1200.00
……	……	……	……	……	……	……
T1101	04/06/2013	09:10	E01	C02	MasterCard	500.00

表5-13 商品购买单明细

交易号	商品号	商品名	数量	单价	金额
T1000	200008	汇源果汁	5	200.00	1000.00
T1000	200020	哈啤90	1	300.00	300.00
T1000	200035	555香烟	1	100.00	100.00
T11001	200020	哈啤90	2	300.00	600.00
T11001	200009	巧克力	2	300.00	600.00
……	……	……	……	……	……
T1101	200008	汇源果汁	1	200.00	200.00
T1101	200020	哈啤90	1	300.00	300.00

为了更好地管理超市销售数据，我们还可在"超市数据库"中增加一些数据表（如表5-14～表5-17所示），以记录顾客的信息、商品的信息、连锁超市的分店及员工的信息等。

表5-14 顾客

顾客号	顾客名字	性别	地址	年龄	收入
C01	张三	男	哈尔滨市南岗区	35	100,000.00
C02	李四	女	哈尔滨市香坊区	30	80,000.00
C03	王五	女	哈尔滨市道里区	32	30,000.00
……	……	……	……	……	……

表5-15 商品

商品号	商品名	大类	细类别	销售价	进货价	产地	供应商
200008	汇源果汁	食品	饮料	200.00	120.00	中国北京	汇源饮料公司
200020	哈啤90	烟酒	啤酒	300.00	250.00	中国哈尔滨	哈啤厂
200009	巧克力	食品	糖果	300.00	240.00	瑞士	K进出口公司
200035	555香烟	烟酒	香烟	100.00	80.00	美国	X烟酒公司
……	……	……	……	……	……	……	……

分店号	分店名	分店地址
S01	南岗一分店	南岗区X街X1号
S02	道里二分店	道里Y街Y1号
S03	道里三分店	道里Z街Z1号
S04	南岗四分店	南岗区K街K1号
……	……	……

表5-16　分店

员工号	所在分店
E01	S01
E02	S01
E03	S02
E04	S04
……	……

表5-17　员工

如果用数据库管理上述信息，则我们可以用前述的SQL查询一些基本信息。例如，列出2013年4月8日每个分店的销售总额：

SELECT 分店名, SUM(总金额) **FROM** 商品购买单, 分店, 员工

WHERE 员工.员工号 = 商品购买单.收款员号 **AND** 员工.所在分店=分店.分店号 **AND**

日期='04/08/2013' **GROUP BY** 分店号;

再如，列出2013年4月8日食品类商品的销售总额：

SELECT SUM(总金额) **FROM** 商品购买单, 商品购买单明细, 商品

WHERE 商品购买单.交易号 = 商品购买单明细.交易号 **AND** 商品购买单明细.商品号=

商品.商品号 **AND** 商品.大类= '食品' **AND** 日期='04/08/2013';

5.3.2　超市数据分析方法——二维交叉表

有了"超市数据库"后，人们会希望对商品销售数据进行更细致的分析：

- 根据年度/季度/月度、根据不同地区的销售情况对比，重新配置商品和资源，调整销售策略。
- 分析顾客购买模式(如喜爱买什么、购买周期、消费习惯)等，增加顾客关注度。
- 分析商品组合销售情况，制定不同的促销折扣政策，提高顾客的关注度，扩大销售数量与销售额等。

典型的数据分析方法就是基于数据库构造如图5.9所示的"交叉表"。交叉表是一种分析用的二维形式的表格，水平和垂直各表示一个分析维度，即观察数据的不同角度，水平维度与垂直维度交叉所形成的交叉点（又称交叉格）表征关于数据的一个度量，即对数据关于水平维度和垂直维度的一个计算值。如图5.9上半部所示，水平维度为"时间"，垂直维度为"地区"，水平维度与垂直维度的交叉格表征一个度量，如销售数量、销售额等。例如，时间维度(1季)和地区维度(南岗区)的交叉点35000为(1季度, 南岗区)的销售额，可以简单记为<(1季度, 南岗区), 35000>，其格式(或者说型)的含义为<(时间维度, 地区维度), 销售额>。

有时交叉表的一个交叉格（如<(1季度, 南岗区), 35000>所表征度量的颗粒度比较大，还需要更细致地分析该度量数值的构成，此时可构造更细致的交叉表，如图5.9下半部所示。比较这两个交叉表，大颗粒度的度量是由若干小颗粒度的度量经进一步聚集计算得到的，这种度量的不同颗粒度被称为度量的不同"概念层次"，如图5.9所示，上、下两个交叉表被认为是两个不同概念层次的交叉表。图5.9下半部不仅给出了基本的交叉

分地区（区县）分时间（季度）"食品"类商品销售对比分析表

商品（大类）="食品"

		时间			
		1季	2季	3季	4季
地区	南岗区	35000	45000	53000	52000
	道里区	45000	33000	28000	46000

分地区（分店）分时间（月度）"食品"类商品销售对比分析表

商品（大类）="食品"

			时间											
			1季			2季			3季			4季		
			1月	2月	3月	4月	5月	6月	7月	8月	9月	10月	11月	12月
地区	南岗区	南岗区第一分店	8000	8000	4000	12000	9000	9000	8000	8000	9000	8000	10000	10000
		南岗区第四分店	4000	4000	7000	10000	7000	8000	9000	10000	9000	8000	8000	8000
	道里区	道里区第二分店	8000	4000	8000	6000	4000	3000	4000	6000	4000	6000	5000	7000
		道里区第三分店	8000	8000	9000	8000	6500	5500	5000	5000	4000	10000	9000	9000

图5.9　交叉表—用于多维数据分析的表格（上、下两个交叉表体现了不同概念层次的度量及映射）

表，还给出了相应的概念层次，如时间维度包含了季度和月度两个层次，地区维度包含了区县和分店两个层次。上部的交叉格是关于(季度, 区县)层次的度量，下部的交叉格则是关于(月度, 分店)层次的度量。

交叉表仅能反映两个维度数据的度量。进一步，如何表征多维度数据的度量呢？如在时间维度、地区维度基础上进一步区分"商品"维度呢？简单来看，在构造交叉表时可按"商品"的每个大类或更细致的小类来构造交叉表，图5.9中为对<商品(大类)='食品'>的销售额构造的一个交叉表，不同的商品（大类）可构造形式相同但内容不同的交叉表。如此，多维度的交叉表可转换成若干个两个维度的交叉表来进行展现和分析。更复杂的情况可采用数据仓库和联机数据分析[4]技术进行处理。

5.3.3　数据仓库联机数据分析（OLAP）：由二维数据分析到多维数据分析

1. 数据方体：由二维交叉表到三维及多维数据分析

怎样表征和处理多维分析数据呢？通过对前述交叉表的分析和扩展，研究者提出用**数据方体（Data Cube）**的概念来表征和处理多维分析数据，图5.10是以三维形式显示的数据方体及其操作示意。

数据方体是对交叉表的一种扩展，它允许以多维度对数据建模和观察，同样有"维度"、"度量"和"概念层次"等概念。"维度"是指观察数据的某一个角度或侧面，如前述交叉表和图5.10中的时间维度、地区维度、商品维度等。"度量"是多维度交叉所形成的"交叉格"，即对数据关于多个维度的一个计算值，其型（或者说格式）可简单记为<(维度1,维度2,维度3,…),度量>。度量的不同颗粒度被称为度量的不同"概念层次"。注意：度量的概念层次的刻画是通过维度的不同层次来刻画的，如度量"销售额"的层次是通过时间维度的"季度"、"月度"来刻画的，季度的销售额是一层次，而月度的销售额则是另一层次。

为自动地构造数据方体，数据方体由"维度"和"事实"进行定义。每个维度都将有一个数据表与之相关联，该表称为维表，它进一步描述维度本身的详细信息，以便构造数据方体的不同维度和不同概念层次。例如，"商品"的维表可以包含"商品名称"、"细类"、"大类"等属性，"时间"的维表可以包含"季度"、"月度"等属性，这些维表可以由用户或专家设定，或者根据数据分布自动产生和调整。数据方体通常围绕某个或某几个中心主题（如销售数据）进行组织，该主题用"事实"数据表表示。事实是用数值度量的，可以进行计算，以反映不同维度所观察到的数据。事实表包括事实的名称或度量以及每个相关维表的关键字，用于依据维度信息来对数据进行不同颗粒度度量的计算。

由二维数据方体到三维数据方体，进一步到n维数据方体。二维数据方体即如前述的交叉表，三维数据方体如图5.10所示。数据方体是对多维数据存储的一种比喻，尽管图5.10把数据方体看成三维几何结构，但实际上数据方体可以是n维的，其数据的实际物理存储不同于它的逻辑表示。

2. 数据方体的操作

数据被组织成多维度，每个维度又包含由概念分层定义的多个抽象层。这种组织为用户从不同角度观察数据提供了灵活性，对这种数据方体都可能有哪些操作呢？

根据图5.10，对数据方体可能会有以下操作。

首先，中心数据方体有三个维度：地区、时间和商品。其中，地区按"分店"值聚集，时间按"季度"值聚集，商品按"大类"值聚集，其型（形式/格式）可简记为<(地区(分店)，时间(季度)，商品(大类))，销售额>，每个交叉格都为一个小方体，表征（某一分店，某一季度，某一商品大类)的销售额。

依此中心数据方体，经过如下操作便可变换到不同的方体。

①下钻操作：按照某一维度，由粗颗粒度的度量（不太详细的数据）进一步细化到细颗粒度的度量（更详细的数据）的操作，即由较高概念层次的方体细化到较低概念层次方体的操作。下钻可以通过沿维的概念分层向下展开方体。如图5.10中心方体左下，按时间维度，由"季度"层次的聚集数据下钻到"月度"层次的聚集数据，结果数据方体详细地列出每月的销售额，而不是按季度求和。

②上卷操作：按照某一维度，由细颗粒度的度量汇集到粗颗粒度的度量的操作，即由较低概念层次的方体经再聚集到较高概念层次方体的操作。上卷可以通过沿维的概念分层向上折叠方体。如图5.10中心方体右下，按地区维度，由"分店"层次的数据进一步聚集到"区县"层次的数据，结果数据方体列出每个区县的销售额，它对该区县所属的分店数据进行进一步分组聚集。地区的分层被定义为全序"分店<区县"。

③切片操作和切块操作：切片操作是指在给定的数据方体的一个维度上进行选择，导致一个子方体。图5.10左侧方体是在中心方体基础上，对"商品（大类）"维度取某一个特定值所形成的（即商品（大类）='食品'）。切块操作通过对两个或多个维度执行选择，定义子方体。图5.10右侧方体是在中心方体基础上对"商品（大类）"取值'食品'和'服装'，

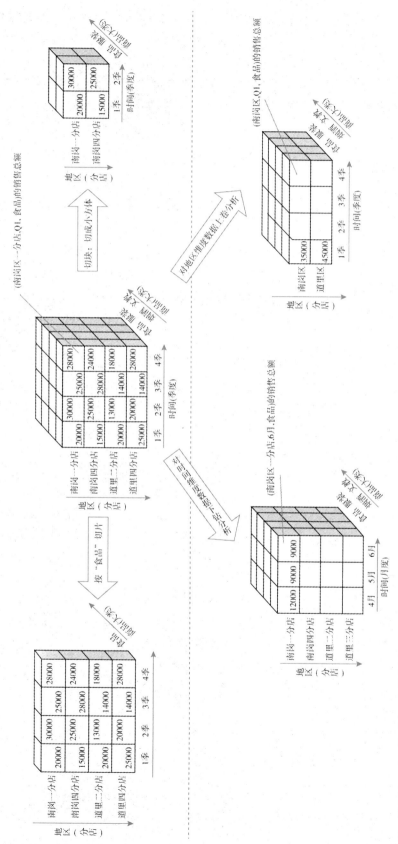

图5.10　以三维形式显示的数据方体及其操作示意

对"时间 (季度)"取值'1季'和'2季'，对"地区 (分店)"取值'南岗一分店'和'南岗四分店'等形成的子数据方体：(地区.分店 = '南岗一分店' OR '南岗四分店') AND (时间.季度 = '1季'OR'2季') AND (商品.大类='食品' OR '服装')。

④ 转轴操作：转轴 (又称为旋转) 是一种目视操作，它转动数据的视角，提供数据的替代表示。图5.10即是将数据方体6个面的某个面的数据呈现给读者，或者说，转轴是将多维数据方体投影成若干个二维数据，每次展现一个给读者。

3. 数据仓库和联机数据分析OLAP

什么是数据仓库？简单地讲，数据仓库是以多维的"数据方体"形式组织、处理和展现的数据的集合。宽松而言，数据仓库也是一个数据库，但它与前面介绍的关系数据库是有所区别的。

"数据仓库是一个面向主题的、集成的、时变的、非易失的数据集合"，是一种新的数据组织、存储和分析系统。"面向主题"是指数据仓库围绕一些主题或关注点 (如顾客、供应商、产品和销售组织等) 进行数据的组织和存储，而不是数据的日常操作和事务处理，后者是数据库做的事，因此数据库也被称为事务处理系统 (OnLine Transaction & Processing，OLTP)。

"集成"是指数据仓库中数据可能来自于不同的数据库，将不同来源的数据进行有效的集成。"时变"是指数据仓库中包含了大量的历史信息，因此其结构中隐式或显式地包含时间元素。"非易失"是指数据仓库中的数据也是需要保存的，物理地与其相关的数据库进行分离存储。

联机分析处理 (OnLine Analysis & Processing，OLAP) 是一种用于各种粒度的多维数据分析技术，从多个角度、多个侧面、多个层次来分析数据仓库中的数据，有助于正确地、高效地决策。

正如数据库使用关系模型一样，数据仓库和OLAP使用一种多维数据模型。该模型将前面的交叉表形式的数据组织成数据方体形式，通过提供多维数据视图和多维操作对数据进行汇总、计算和展现。

4. 数据仓库与联机数据分析如何定义数据方体

数据方体的定义可以使用数据仓库语言 (DMQL) 来进行。如前所述，DMQL需要定义"方体"和"维度"。DMQL的方体定义语句如下：

    define cube <cube_name> [<dimension_list>] : <measure_list>

即定义一个方体需要声明构成该方体的各维度及各维度的交叉格"度量"。

DMQL的维度定义语句如下：

    define dimension <dimension_name> as (<attribute_or_subdimension_list>)

即定义一个维度需要指明该维度所对应的维表中的属性或子维度列表。

【例 5-14】 图 5.10 的数据方体可用 DMQL 定义如下：

define cube 销售数据方体 [地区, 时间, 商品]:销售额 = sum(金额)

define dimension 时间 as (时间标识, 日, 月, 季, 年)

define dimension 商品 as (商品号, 商品名, 细类, 大类)

define dimension 地区 as (地区标识, 分店, 区县)

参照前面的示例, 该语言的使用是易于理解的, 其中"日"、"月"、"季"等在时间维度中均为属性, 1季、2季等则是"季"属性的值, 1月、2月、3月等是"月"属性的值。

5. 数据仓库与联机数据分析如何实现数据方体的操作

上述数据是可以由前面的数据库进行数据的聚集得到: 粗粒度的交叉表可由细粒度的交叉表的数据聚集得到, 最细粒度的交叉表数据则直接由数据库依据分组和聚集得到, 即经由SQL语句得到。

SELECT MONTH(日期) AS 月份, 分店号, SUM(总金额) AS 销售额

FROM 商品购买单, 商品购买单明细, 商品, 分店, 员工

WHERE 商品购买单.交易号 = 商品购买单明细.交易号 **AND** 商品购买单明细.商品号
= 商品.商品号 **AND** 商品.大类='食品' **AND** 员工.员工号 = 商品购买单.收款员号 **AND** 员工
.所在分店 = 分店.分店号 **AND** YEAR(日期)='2013' **GROUP BY** MONTH(日期), 分店号;

上述查询得到的结果如表5-18所示。下述结果经一定的变换便可形成如图5.9下半部分所示的"交叉表"。对表中数据通过SQL分组、聚集和显示格式转换, 便可形成如图5.9上半部所示的"交叉表"。数据仓库中多维数据的存储一般也采用表5-18的形式。

表5-18 多维数据查询结果

分店号	月份	销售额
南岗区一分店	2013.1	8000
南岗区一分店	2013.2	8000
南岗区一分店	2013.3	4000
……	……	……
南岗区四分店	2013.1	4000
南岗区四分店	2013.2	4000
南岗区四分店	2013.3	7000
……		

通过上述例子可以看出, DBMS管理的是事务, 用于数据分析的数据通常是在数据库数据基础上经分组、聚集得到的, 对于这种数据的组织、存储和管理的技术被称为数据仓库, 对于这种数据的使用和分析技术被称为OLAP。尽管数据方体及其操作可以由SQL语句得到, 但通常不是一条语句就可以得到的, 需要复杂的查询和计算。因此, 研究者为方便用户的操作和理解提出了数据方体的定义语言和操作语言, 用户可使用这种新的语言简明地表达所需要的数据分析及其结果的形式, 而如何利用SQL实现这种数据方体则交给数据仓库或OLAP系统自动完成, 用户可不必关心具体的实现细节。

5.3.4 数据也是生产力——数据挖掘

1. 如何从数据库或者数据仓库中挖掘更有用的数据

对于"超市数据库",能否通过日复一日的"商品销售明细"数据发现顾客一次性购买的不同商品之间的联系,分析顾客的购买习惯呢?例如,"什么商品组合或集合,顾客多半会在一次购物时同时购买?"通过分析商品组合被顾客购买的频繁程度,可以发现商品的一些"关联规则",从而可以帮助超市管理者制定营销策略,如将相互关联的商品尽可能放得近一些,使顾客购买一种商品时很容易发现并购买另外的商品,或者将这些相互有关联的商品组合起来,给出相应的折扣政策,以吸引更多顾客进行购买。这种问题被称为"购物篮分析",数据挖掘[4]领域称其为"关联规则挖掘"。

如果所讨论的对象是商店中可利用商品的集合,则每种商品有一个布尔变量,表示该商品的有无(或者买与不买)。每个篮子则可用一个布尔向量表示。可以分析布尔向量,得到反映商品频繁关联或同时购买的购买模式。这些模式可以用关联规则的形式表示。例如,购买"面包"时也趋向于同时购买"果酱",则可以用以下关联规则表示:

"面包" $\Rightarrow$ "果酱"(支持度=2%,置信度=60%)

上述规则说明"由面包的购买能够推断出果酱的购买",后面的支持度和置信度是衡量该规则有用性和确定性的两个变量。支持度2%意味着所分析事务的2%同时购买面包和果酱。置信度60%意味着购买面包的顾客60%也购买果酱。关联规则是有趣的,则它必须满足最小支持度阈值和最小置信度阈值,这些阈值可以由用户或领域专家设定。

关联规则挖掘可以发现大量数据中项集之间有趣的关联或相关关系。随着大量数据不停被收集和存储,许多业界人士对于从他们的数据库中挖掘关联规则越来越感兴趣。

如何由大量的数据中发现关联规则?什么样的关联规则最有趣?我们以一个简单的关联规则挖掘的例子来看数据也是生产力。

2. 例子涉及的几个基本概念

(1)项、项集与事务

设 $P = \{p_1, p_2, \cdots, p_m\}$ 是所有项(Item)的集合。D 是数据库中所有事务的集合,其中每个事务 T 是项的集合,是 P 的子集,即 $T \subset P$;每个事务有一个关键字属性,称为交易号或事务号,以区分数据库中的每个事务。设 A 是一个项集(ItemSet),事务 T 包含 A 当且仅当 $A \subset T$。

(2)关联规则

关联规则是形如 $A \Rightarrow B$ 的蕴涵式,即命题 A(如"项集 A 的购买")蕴涵着命题 B(如"项集 B 的购买"),或者说由命题 A 能够推出命题 B。其中,$A \subset P$,$B \subset P$,并且 $A \cap B = \varnothing$。

(3)支持度与置信度

规则 $A \Rightarrow B$ 在事务集 D 中成立,具有支持度 s,其中 s 是 D 中包含 $A \cup B$(即 A 和 B 两者)事务的百分比,它是概率 $P(A \cup B)$。规则 $A \Rightarrow B$ 在事务集 D 中具有置信度 c,其中 c 是 D 中包含 A 的事务中,也包含 B 的事务所占的百分比,它是条件概率 $P(B|A)$。即:

$$\text{support}(A \Rightarrow B) = P(A \cup B) = 包含A和B的事务数 \div D中事务总数$$

confidence $(A \Rightarrow B) = P(B|A) =$ 包含A和B的事务数 ÷ 包含A的事务数

支持度反映了一条规则的实用性，是衡量兴趣度的重要因素，是规则为真的事务占所有事务的百分比。支持度定义中的分子通常称为支持度计数，通常显示该值而不是支持度。支持度容易由它导出，支持度80%体现了满足规则的事务占所有事务的比重。置信度反映了一条规则的有效性或"值得信赖性"的程度，即确定性。置信度为100%意味在数据分析时，该规则总是正确的。这种规则称为准确的或者可靠的。

（4）强规则

同时满足最小支持度阈值（min_s）和最小置信度阈值（min_c）的规则称为强规则。为方便计，我们使支持度和置信度的值用0 ~ 100%之间的值来表示。

（5）k-项集与k-频繁项集

项的集合称为项集，包含k个项的项集称为k-项集。集合{面包, 果酱}是一个2-项集，集合{面包, 果酱, 奶油}则是一个3-项集。项集的出现频率是包含项集的事务数，简称为项集的频率、支持计数或计数。如果项集的出现频率大于或等于min_s与D中事务总数的乘积，则项集满足最小支持度min_s。如果项集满足最小支持度，则称它为频繁项集。频繁k-项集的集合通常记为L_k。

如何由大型数据库挖掘关联规则呢？一般而言，关联规则的挖掘可分两步来进行：

① 找出所有频繁项集：依定义，这些项集出现的频率至少与预定义的最小出现频率一样。

② 由频繁项集产生强关联规则：依定义，这些规则必须满足最小支持度和最小置信度。

3. 由事务数据库挖掘关联规则——算法及其挖掘示例

如前所述，关联规则挖掘涉及"如何由事务数据库寻找频繁项集"和"如何由频繁项集产生强关联规则"两个问题。我们以示例形式先介绍一个经典算法Apriori，再介绍如何由频繁项集产生强关联规则。Apriori算法主要用于解决前一个问题：找频繁项集。

（1）Apriori算法：使用候选项集找频繁项集

Apriori算法是一种最有影响的挖掘关联规则频繁项集的算法。算法的名字基于这样的事实：算法使用频繁项集性质的先验知识（正如我们将看到的）。Apriori使用一种称为逐层搜索的迭代方法：k-项集用于探索$(k+1)$-项集。首先，找出频繁1-项集的集合，记为L_1。L_1用于找频繁2-项集的集合L_2，而L_2用于找L_3。如此下去，直到不能找到频繁k-项集。找每个L_k需要一次数据库扫描。为提高频繁项集逐层产生的效率，一种称为Apriori性质的重要性质用于压缩搜索空间。我们先介绍该性质，然后用一个例子解释它的使用。

（2）Apriori性质

频繁项集的所有非空子集都必须也是频繁的。Apriori性质基于如下观察：根据定义，如果项集I不满足最小支持度阈值s，则I不是频繁的，即$P(I) < s$；如果项A添加到I，则结果项集（即$I \cup A$）不可能比I更频繁出现。因此，$I \cup A$也不是频繁的，即$P(I \cup A) < s$。

该性质属于一种特殊的分类，称为反单调，意指如果一个集合不能通过测试，则它的所有超集（包含它的任何集合）也都不能通过相同的测试。称它为反单调的，因为在通不过测试的意义下，该性质是单调的。

（3）如何将Apriori性质用于算法

为理解这一点，我们先看看如何用L_{k-1}找L_k。下面的过程由连接和剪枝组成。

① 连接步。为找L_k，通过L_{k-1}与其自身做连接操作产生候选k-项集的集合。该候选项集的集合记为C_k。设l_1和l_2是L_{k-1}中的项集。$l_i[j]$表示l_i的第j项（如$l_1[k-2]$表示l_1的倒数第3项）。为了方便，假定事务或项集中的项按字典次序排序。执行连接L_{k-1} (Join) L_{k-1}，其中L_{k-1}的元素是可连接的，如果它们前$k-2$个项相同，即L_{k-1}的元素l_1和l_2是可连接的，如果$(l_1[1] = l_2[1]) \wedge (l_1[2]=l_2[2]) \wedge \cdots \wedge (l_1[k-2]=l_2[k-2]) \wedge (l_1[k-1]<l_2[k-1])$。条件$(l_1[k-1]<l_2[k-1])$是简单地保证不产生重复。连接$l_1$和$l_2$产生的结果项集是$\{ l_1[1], l_1[2], \cdots, l_1[k-1], l_2[k-1]\}$。

② 剪枝步。C_k是L_k的超集，即它的成员可以是，也可以不是频繁的，但所有的频繁k-项集都包含在C_k中。扫描数据库，确定C_k中每个候选的计数，从而确定L_k（即根据定义，计数值不小于最小支持度计数的所有候选是频繁的，从而属于L_k）。然而C_k可能很大，这样涉及的计算量就很大。为压缩C_k，用以下办法使用Apriori性质：任何非频繁的$(k-1)$-项集都不可能是频繁k-项集的子集。因此，如果一个候选k-项集的子集$(k-1)$-项集不在L_{k-1}中，则该候选也不可能是频繁的，从而可以从C_k中删除。

【例5-15】 用Apriori算法发现"超市数据库"中的频繁项集。

我们将前面的超市数据库以一种更简洁的形式给出示例，即每张商品销售明细以一条记录的形式给出，该明细中的商品以一个商品项的集合形式给出，如表5-19所示，为分析方便将商品名称等以P1、P2、P3、…抽象形式给出。

表5-19 商品购买明细数据库

交易号	一次交易中购买的商品列表	交易号	一次交易中购买的商品列表
T0000	P1, P2, P3, P5	T0050	P1, P3, P5
T1000	P1, P2, P6, P8	T1500	P2, P4, P8
T2000	P2, P3, P7, P8	T2500	P1, P3, P5
T3000	P1, P2, P6	T3500	P2, P3, P7
T4000	P1, P2, P3, P5, P6, P7	T4500	P1, P2, P6, P8
T5000	P1, P3, P5, P6	T5500	P1, P2, P5, P6
T6000	P2, P3, P6	T6500	P1, P2, P5, P6
T7000	P1, P4, P6	T7500	P1, P2, P4, P6
T8000	P2, P3, P4, P5	T8500	P1, P2, P4, P5, P6
T9000	P3, P4, P5	T9500	P1, P2, P4, P5, P6
总交易次数：20			

与前面概念定义比较，可以发现整个数据库为D，其中的每个记录为T，数据库D中总计有20个事务，$P=\{P1, P2, P3, P4, P5, P6, P7, P8\}$为8个商品"项"的集合，P1, …, P8也表示了商品的一种排序。

① 算法的第一轮迭代：产生候选的1-项集C_1。首先可以使$C_1=P$，即P中的每个项都是C_1的一个成员。然后对每个项在D中的出现次数进行计数，形成支持度计数，结果如表5-20所示。

表5-20 候选1-项集C_1

项集	支持度计数	项集	支持度计数	项集	支持度计数
{ P1 }	14	{ P4 }	7	{ P7 }	3
{ P2 }	15	{ P5 }	11	{ P8 }	3
{ P3 }	10	{ P6 }	12		

接着，从C_1中检查并剔除掉小于最小支持度计数的项集，形成频繁1-项集L_1，假设最小支持度计数设为5（即最小支持度min_s=5/20=25%）。结果如表5-21所示。

表5-21 频繁1-项集L_1：支持度计数≥最小支持度计数5（min_sup=5/20=25%）

项集	支持度计数	项集	支持度计数	项集	支持度计数
{ P1 }	14	{ P3 }	10	{ P5 }	11
{ P2 }	15	{ P4 }	7	{ P6 }	12

② 算法的第二轮迭代：产生候选的2-项集C_2。可以使$C_2 = L_1$ (Join) L_1，即L_1中的每个项都与L_1中的不同项组合形成候选2-项集。然后对每个2-项集在D中的出现次数进行计数，形成支持度计数，结果如表5-22所示。

表5-22 候选2-项集C_2：组合频繁 1 项集L_1得到

项集	支持度计数	项集	支持度计数	项集	支持度计数
{ P1, P2 }	10	{ P2, P3 }	6	{ P3, P5 }	7
{ P1, P3 }	5	{ P2, P4 }	5	{ P3, P6 }	3
{ P1, P4 }	4	{ P2, P5 }	7	{ P4, P5 }	4
{ P1, P5 }	9	{ P2, P6 }	10	{ P4, P6 }	3
{ P1, P6 }	11	{ P3, P4 }	2	{ P5, P6 }	6

接着，从C_2中检查并剔除掉小于最小支持度计数的项集，形成频繁2-项集L_2，最小支持度计数仍为5，结果如表5-23所示。

表5-23 频繁2-项集L_2：支持度计数≥最小支持度计数5（min_sup=5/20=25%）

项集	支持度计数	项集	支持度计数	项集	支持度计数
{ P1, P2 }	10	{ P2, P3 }	6	{ P3, P5 }	7
{ P1, P3 }	5	{ P2, P4 }	5	{ P5, P6 }	6
{ P1, P5 }	9	{ P2, P5 }	7		
{ P1, P6 }	11	{ P2, P6}	10		

③ 算法的第三轮迭代：产生候选的3-项集C_3。可以使$C_3 = L_2$ (JOIN) L_2，即L_2中的每个项都与L_2的不同的项连接形成候选3-项集C_3（满足项集的前3-2＝1个项相同的项可以连接），结果如表5-24所示。

再依据Apriori性质进行剪枝处理，如{P1,P3,P6}被剪掉是因为其中一个子集{P3, P6}不是频繁项集，因此它也不是频繁项集。类似地，{P2,P3,P4}、{P2,P3,P6}、{P2,P4,P5}、{P2,P4,P6}、{P3,P5,P6}等被剪掉。

然后对每个3-项集在D中的出现次数进行计数，形成支持度计数，如表5-25所示。

表5-24 候选3-项集C_3：通过连接频繁2-项集L_2得到，再依据Apriori性质进行剪枝处理

项集	动作	项集	动作	项集	动作
{P1, P2, P3}		{P1, P5, P6}		{P2, P4, P6}	被剪掉,因{P4,P6}
{P1, P2, P5}		{P2, P3, P4}	被剪掉,因{P3,P4}	{P2, P5, P6}	
{P1, P2, P6}		{P2, P3, P5}		{P3, P5, P6}	被剪掉,因{P3,P6}
{P1, P3, P5}		{P2, P3, P6}	被剪掉,因{P3,P6}		
{P1, P3, P6}	被剪掉,因{P3,P6}	{P2, P4, P5}	被剪掉,因{P4,P5}		

表5-25 候选3-项集支持度计数

项集	支持度计数	项集	支持度计数
{P1, P2, P3}	2	{P1, P5, P6}	6
{P1, P2, P5}	6	{P2, P3, P5}	3
{P1, P2, P6}	8	{P2, P5, P6}	5
{P1, P3, P5}	4		

接着，从C_3中检查并剔除掉小于最小支持度计数的项集，形成频繁3-项集L_3，最小支持度计数仍为5，结果如表5-26所示。

表5-26 频繁3-项集L_3：支持度计数≥最小支持度计数5（min_sup=5/20=25%）

项集	支持度计数	项集	支持度计数
{P1, P2, P5}	6	{P1, P5, P6}	6
{P1, P2, P6}	8	{P2, P5, P6}	5

④ 算法的第四轮迭代：产生候选的4-项集C_4。可以使$C_4 = L_3$ (Join) L_3，即L_3中的每个项都与L_3中的不同的项连接形成候选4-项集C_4（满足项集的前4-2＝2个项相同的项可以连接），结果如表5-27所示，只有1个，通过剪枝处理，也还没有被剪掉。

表5-27 候选4-项集C_4：也是频繁4-项集L_4在最小支持度计数仍为5的前提下

项集	支持度计数
{P1, P2, P5, P6}	5

然后对每个4-项集在D中的出现次数进行计数，形成支持度计数，检查并剔除掉小于最小支持度计数的项集，形成频繁4-项集L_4，最小支持度计数仍为5。结果也还是1个。

算法最后的输出结果如表5-28所示。

表5-28 频繁项集全集＝频繁1-项集∪频繁2-项集∪频繁3-项集∪频繁4-项集

项集	支持度计数	项集	支持度计数	项集	支持度计数
{P1}	14	{P1, P3}	5	{P3, P5}	7
{P2}	15	{P1, P5}	9	{P5, P6}	5
{P3}	10	{P1, P6}	11	{P1, P2, P5}	6
{P4}	7	{P2, P3}	6	{P1, P2, P6}	8
{P5}	11	{P2, P4}	5	{P1, P5, P6}	6
{P6}	12	{P2, P5}	7	{P2, P5, P6}	5
{P1, P2}	10	{P2, P6}	10	{P1, P2, P5, P6}	5

下面以伪代码的形式，给出Apriori算法及相关过程，算法的基本思想是迭代搜索。

发现频繁项集的Apriori算法

输入：事务数据库D；最小支持度计数阈值min_s

输出：D中的频繁项集L

算法：

```
1)  L₁ = find_frequent_1_itemsets(D);          // 算法始自频繁一项集的产生结果 L₁
2)  for (k = 2; L_{k-1} ≠ ∅; k++) {            // 自频繁 2- 项集的获取开始迭代（k=2），直至频
                                               // 繁 (k-1)- 项集为空时停止迭代
3)     Cₖ = aproiri_gen(L_{k-1}, min_s);        // 由频繁 (k-1)- 项集 L_{k-1} 产生候选 k- 项集 Cₖ，
                                               // 由下面一个子过程实现
4)     for each transaction t ∈ D {            // 对候选项集进行支持度计数，即对 D 中每个事务
                                               // 进行处理
5)        Cₜ = subset(Cₖ,t);                    // 从 t 的项集中找出是 Cₖ 中元素的候选子集 Cₜ
6)        for each candidate c ∈ Cₜ{           // 是 Cₜ 中元素的项集，则其支持度计数加 1
7)           c.count++;                        // 支持度计数
8)        }
9)     }
10)    Lₖ={c ∈ Cₖ | c.count ≥ min_s}           // 形成频繁 k- 项集
11) }

12) return L = ⋃ₖ Lₖ;

procedure aproiri_gen(L_{k-1}:frequent (k-1)-itemset)  // 由频繁 (k-1)- 项集 L_{k-1}，产生候选 k- 项
                                                       // 集的子过程

1)  for each itemset l₁ ∈ L_{k-1} {
2)     for each itemset l₂ ∈ L_{k-1} {         // 对 L_{k-1} 中每个项集与其中的另一个项集进行组合
3)        if (l₁[1]=l₂[1]) ∧ ... ∧ (l₁[k-2]=l₂[k-2]) ∧ (l₁[k-1]<l₂[k-1]) then {
4)           c = l₁ (Join) l₂;                 // 如果可连接，则连接起来，生产候选 k- 项集 Cₖ
5)           if has_infrequent_subset(c, L_{k-1}) then
6)              delete c;                       // 剪枝，如果 c 包含有不是频繁 (k-1)- 项集的子集，
                                               // 则删除 c
7)           else add c to Cₖ;
8)        }
9)     }
10) }
11) return Cₖ;
// 判断一个候选 k- 项集是否包含有不是频繁 (k-1)- 项集的项集
procedure has_infrequent_subset(c:candidate k-itemset; L_{k-1}:frequent (k-1)-itemset)
1)  for each (k-1)-subset s of c
2)     if s ∉ L_{k-1} then
3)        return TRUE;
4)  return FALSE;
```

如上所述，Apriori_gen做两个动作：连接和剪枝。在连接部分，L_{k-1}与L_{k-1}连接产生可能的候选（步骤1～4）。剪枝部分（步骤5～7）使用Apriori性质删除具有非频繁子集的候选。非频繁子集的测试在过程has_infrequent_subset中。

强关联规则产生算法：使用频繁项集产生强关联规则。

一旦由数据库D中的事务找出频繁项集，由它们产生强关联规则是直截了当的（强关联规则满足最小支持度和最小置信度），可如下进行：① 对于每个频繁项集l，产生l的所有非空子集；② 对于l的每个非空子集s，如果confidence $(s \Rightarrow l\text{-}s) \geqslant$ min_c，则输出规则$s \Rightarrow (l\text{-}s)$。其中，min_c是最小置信度阈值。由于规则由频繁项集产生，每个规则都自动满足最小支持度。

我们继续以前面的频繁4-项集{P1, P2, P5, P6}为例来看强关联规则的产生过程。

首先，通过对任何一个频繁项集的各种组合形成规则表：将频繁项集中的任何一个k，拆成两个部分A、B，满足$A \cup B = k$；找到所有的A、B，形成潜在规则（$A \Rightarrow B$），然后依据前述公式计算其置信度。例如，频繁4-项集{P1, P2, P5, P6}可以产生如表5-29所示的潜在规则$A \Rightarrow B$，其中$A \cup B = \{P1, P2, P5, P6\}$，$A \cap B = \varnothing$。

表5-29 潜在规则表

项集A	项集A支持度计数（支持度）	项集B	项集A∪B的支持度计数（支持度）	置信度=项集A∪B的支持度∪项集A的支持度
{ P1, P2, P5 }	6 (30%)	{ P6 }	5 (25%)	5/6=83.33%
{ P1, P2, P6 }	8 (40%)	{ P5 }	5 (25%)	5/8=62.50%
{ P2, P5, P6 }	5 (25%)	{ P1 }	5 (25%)	5/5=100.00%
{ P1, P5, P6 }	6 (30%)	{ P2 }	5 (25%)	5/6=83.33%
{ P1, P2 }	10 (50%)	{ P5, P6 }	5 (25%)	5/10=50.00%
{ P1, P5 }	9 (45%)	{ P2, P6 }	5 (25%)	5/9=55.55%
{ P1, P6 }	11 (55%)	{ P2, P5 }	5 (25%)	5/11=45.45%
{ P2, P5 }	7 (35%)	{ P1, P6 }	5 (25%)	5/7=71.42
{ P2, P6 }	10 (50%)	{ P1, P5 }	5 (25%)	5/10=50.00%
{ P5, P6 }	6 (30%)	{ P1, P2 }	5 (25%)	5/6=83.33%
{ P1 }	14 (70%)	{ P2, P5, P6 }	5 (25%)	5/14=35.71%
{ P2 }	15 (75%)	{ P1, P5, P6 }	5 (25%)	5/15=33.33%
{ P5 }	11 (55%)	{ P1, P2, P6 }	5 (25%)	5/11=45.45%
{ P6 }	12 (60%)	{ P1, P2, P5 }	5 (25%)	5/12=41.66

最后输出的规则表如表5-30所示。$A \Rightarrow B$，$A \cap B = \varnothing$，置信度≥70%的规则，即"项集A的购买"能够推出"项集B的购买"。

表5-30 规则表

项集A	项集A支持度计数（支持度）	项集B	项集A∪B的支持度计数（支持度）	置信度＝项集A∪B的支持度÷项集A的支持度
{ P1, P2, P5 }	6 (30%)	{ P6 }	5 (25%)	5/6=83.33%
{ P2, P5, P6 }	5 (25%)	{ P1 }	5 (25%)	5/5=100.00%
{ P1, P5, P6 }	6 (30%)	{ P2 }	5 (25%)	5/6=83.33%
{ P2, P5 }	7 (35%)	{ P1, P6}	5 (25%)	5/7=71.42
{ P5, P6 }	6 (30%)	{ P1, P2}	5 (25%)	5/6=83.33%

当对所有的频繁项集产生强关联规则后，可以发现以下一些强关联规则，其支持度和置信度都是很高的，如：

"P1,P2" $\Rightarrow$ "P6" [支持度=50%，置信度=80%]

"P1,P6" $\Rightarrow$ "P2" [支持度=55%，置信度=72.72%]

"P2,P6" $\Rightarrow$ "P1" [支持度=50%，置信度=80%]

"P1" $\Rightarrow$ "P2" [支持度=70%，置信度=71.42%]

"P1" $\Rightarrow$ "P6" [支持度=70%，置信度=78.57%]

4. 还能挖掘什么规则

① 根据规则中所处理值的类型：如果规则考虑的关联是项的在与不在，则它是布尔关联规则，即如上面挖掘的规则形式；如果规则描述的是量化的项或属性之间的关联，则它是量化关联规则，在这种规则中，项或属性的量化值划分为区间。例如，下面的规则是量化关联规则的一个例子，其中，X是代表顾客的变量。注意，量化属性age和income已离散化。

age(X ,"30...39") $\wedge$ income(X ,"42K...48K") $\Rightarrow$ buys(X ,"high_ resolution_TV")

② 根据规则中涉及的数据维度：如果关联规则中的项或属性每个只涉及一个维，则它是单维关联规则。例如：

buys(X, "面包") $\Rightarrow$ buys(X,"果酱")

上述规则是单维关联规则，因为只涉及一个维度，即"buys"。如果规则涉及两个或多个维，如维度"buys"、维度"Time"和维度"Customer"，则它是多维关联规则。例如：

age(X ,"30...39") $\wedge$ income(X ,"42K...48K") $\Rightarrow$ buys(X ,"high _ resolution _ TV")

③ 根据规则集所涉及的概念层次：有些挖掘关联规则的方法可以在不同的抽象层次发现规则。例如，假定挖掘的关联规则集包含下面规则：

age(X, "30...39") $\Rightarrow$ buys(X, "laptop computer")

age(X, "30...39") $\Rightarrow$ buys(X, "computer")

上述两规则中，购买的商品涉及不同的概念层次（即computer在比laptop computer高的概念层次），我们称所挖掘的规则集由多层关联规则组成。反之，如果在给定的规则集中，规则不涉及不同概念层次的项或属性，则该集合包含单层关联规则。

5. 还能从哪些形式数据中挖掘

除了可以对上述以"表"形式管理的数据进行挖掘外，还可以对其他形式的数据进行挖掘，如文本数据。我们以微博数据为例，并以其与超市数据库对比的形式，来看如何对微博进行有用信息的挖掘。只要给出恰当的抽象，"微博"形式的数据也可以用前述介绍的思想进行挖掘，如表5-31所示。

表5-31　文本形式的微博数据与关系/表形式的超市数据的规则挖掘示意

	微博挖掘	超市数据挖掘
数据基本组织形式	文本，非结构化数据	表，结构化数据
被挖掘数据D的集合	众多人、众多次发表的微博	众多人、众多次购买的商品
事务数据T的涵义	一次发表的"微博"可以看成是"若干词汇"的集合	一次购买的商品可以看成是"若干商品"的集合
项的集合	"词汇"的集合	"商品"的集合
频繁项集	频繁使用的"词汇"集合	频繁购买的"商品"集合
规则"A⇒B"	使用了"词汇A"也使用了"词汇B"	购买了"商品A"也购买了"商品B"
规则挖掘的意义	通过分析可发现"可以组合在一起的关键词汇"，进而进行主题词设置、读者兴趣引导，以提高某主题的关注度、粉丝的聚集度等	通过分析可发现"可被组合在一起的商品"，进而进行位置、政策等调整，以提高客户的购买兴趣等

6. 小结："以数据说话"

随着数据挖掘技术的发展，数据可挖掘的形式和内容越来越丰富，如对微博及用户信息的挖掘、对生物数据的挖掘、对各类实验产生数据的挖掘、对通过物联网产生的健康信息、位置相关信息的挖掘等，可以对数据进行关联规则的挖掘分析、分类与聚类分析、新颖性或局外性分析等。数据的聚集和数据的挖掘使得商务变得更加智能，也使得社会变得更加智能。

数据挖掘的重要意义在于"以数据说话"。一个经常被提及的数据挖掘结果是"尿布与啤酒"——沃尔玛超市数据挖掘的结果，尿布与啤酒是风马牛不相干的两件商品，但它们组合购买的情况却比较多。不需要知道为什么，只要相信数据即可。也就是说，在很多情况下，可以不需追究因果关系或者说不依赖于因果关系推理，而只需知道"它们是有关系的"即可。关于数据挖掘技术的进一步学习可参阅相关教材和文献。

5.4　抽象、理论和设计

前面看到，数据聚集、数据管理、数据分析、数据挖掘的关键是数据的抽象和设计。本节拟在前面讨论的基础上，从更一般化的思维角度，进一步探讨抽象、理论与设计之间的关系。抽象、理论和设计是计算学科进行科学研究和问题求解的三种形态，或者说三个过程。

设计是构造计算系统来改造世界的手段，是工程的主要内容。只有设计才能造福于人类 (设计的价值)。

理论是发现世界规律的手段。理论如果不能指导设计，则反映不出其价值；设计如果没有理论指导，则设计的严密性、可靠性、正确性是没有保证的 (理论的价值)。

抽象是感性认识世界的手段。理论和设计的前提都需要抽象，没有抽象，两者都没有办法达成目标 (抽象的价值)。

认识世界→发现规律→形成改造世界的手段，是促进科学技术进步的基本过程。怎样进行抽象？怎样进行理论研究？怎样进行设计？抽象、理论和设计的能力需要在一些方法论的指导下不断训练取得。

5.4.1 抽象：理解→区分→命名→表达

1. 科学方法论中关于抽象的描述

科学抽象是指在思维中对同类事物去除其现象的次要方面，抽取其共同的主要方面，从而做到从个别中把握一般，从现象中把握本质的认知过程和思维方法；科学抽象是科学认识由感性认识向理性认识飞跃的决定性环节。

抽象源于现实世界，它的研究内容表现在两方面：一方面是建立对客观事物进行抽象描述的方法，另一方面是要采用现有的抽象方法建立具体问题的概念模型，从而实现对客观世界的感性认识。

抽象源于现实，源于经验，是对现实原型的理想化，尽管理想化后的现实原型与现实事物有了质的区别，但它们总是现实事物的概念化，有现实背景，从严格意义上来说还是粗糙的、近似的，因此要实现对事物本质的认识，还必须通过经验与理性的结合，实现从抽象到抽象的升华，尽管科学抽象还有待升华，但它仍然是科学认识的基础和决定性环节。

2. 抽象的目的：发现并抓住本质

理解抽象的问题与概念，可以通过形象化具象化视觉化的手段来实现，也可以通过具体的示例来达到；抽象的问题或概念，如果能给出具体或具象化的示例，则表明其对之理解更深入，抽象的问题或概念理解起来也更容易。

我们看"抽象"的第一个示例。图5.11是一个画家在思考画牛的过程中对"牛"的抽象，可以发现，简单的几个线条就可以把一头牛给展现出来，并能够使人们想到这是牛而不是其他，这就是"抽象"的魅力。

"抽象"是指由具体事物中发现其本质性特征和方法的过程。如图5.11所示，由左上至右下是抽象过程，将一些细节性信息逐渐剥离掉，越来越抽象，越能看到或者抓住事物的本质性特征。由右下到左上，则是"具体化"过程，逐渐增加细节性信息，越来越具体，直到现实世界的事物本身。通过抽象，我们可以有效地抓住问题的本质，即最能体现问题的特征。

具体化

抽象化

:: 图5.11   画家对"牛"的抽象示意

图5.11也说明抽象可以在不同层次上进行，数据仓库中的"概念层次"即不同抽象层次的示例，具有计算思维能力的人员应该具有跨不同抽象层次抽象而不乱的抽象能力。

3. 计算学科"抽象"的基本方法：理解→区分→命名→表达

我们再看"抽象"的第二个示例。图5.12为前面介绍过的对数据表的抽象过程示意。研究者通过对若干组织数据的表的仔细观察，发现它们虽然有变化的内容，却具有共同的形式，因此可将共性的形式抽象出来。进一步，仔细区分这种形式"表"的每个构成要素及其关系，并给以恰当的命名，如列/属性、列名/属性名、列值/属性值、行/元组等。再进一步，将其表达为数学形式或设计形式便可进行"理论"研究，或者计算与计算系统的"设计"。

可以说，图5.12示例性地给出了计算学科"抽象"的基本方法，即理解→区分→命名→表达。

"理解"就是对现实事物进行观察和理解，以发现一些规律性的内容，简单而言，就是"共性中寻找差异，差异中寻找共性"，从若干不同但看起来相似的事物中发现共性的要素，从若干看起来相同但事实上不同的事物中发现差异，能否发现是决定理解与否的关键。图5.12从若干具体的表发现形式上的表便是一种理解。

"区分"就是对所观察的事物或者待研究事物的各方面要素进行区分，不同要素起着不同的作用，要区分此要素非彼要素，区分各要素的颗粒度、程度，要考虑这种区分的必要性和可行性。图5.12中的一行数据为相互存在关联关系的数据，一列数据为具有相同类型的数据等。

"命名"就是对每个需要区分的要素进行恰当的命名，以反映区分的结果，即命名体现了抽象是"现实事物的概念化"，以概念的形式命名和区分所理解的要素。图5.12中将行命名为"元组"，将列命名为"属性"等。

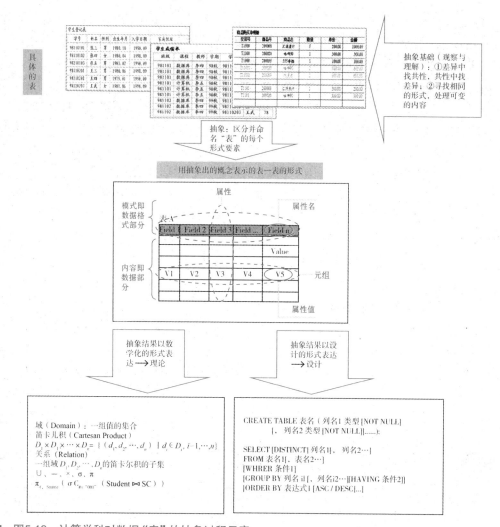

::: 图5.12　计算学科对数据"表"的抽象过程示意

"表达"就是以适当的形式表达前述区分和命名的要素及其之间的关系，即形成"抽象"的结果。如果将所抽象的结果用数学形式严格地进行表达，便可研究相应的性质，提出公理和定理，由此进入"理论"领域；如果将所抽象的结果用模型、语言或程序表达，便可设计算法和系统，进入"设计"领域。

"理解"完成的标志是正确的区分，"区分"完成的标志是正确的命名。因此，理解→区分→命名→表达是计算学科基本的数据抽象手段。本章的"数据表"与关系的抽象、"交叉表"与数据方体的抽象以及事务、项集与规则的抽象等都体现了"理解→区分→命名→表达"的抽象过程，读者通过多加训练一定能使自己的抽象能力有很大的提高。

4. 抽象的不同层次——多层次抽象

我们再看抽象的第三个示例，如图5.13所示。现实世界中社会/自然问题的存在形式是多样化的，通常并不一定能一次性地将其直接抽象成计算系统可以求解的问题，这就出现了抽象层次问题。

典型分层抽象将层次划分为现实世界→概念/信息世界→计算机世界，即首先将现实世界的问题抽象出"概念"及其关系，即概念世界的问题，再将概念世界的问题进一步抽象，形成计算机世界可以求解的问题，如图5.13下部由左至右的抽象层次所示。

在图5.13中，现实世界的"产品构成关系"可以示意为一棵树，"一个A由3个A1和4个A2构成，而一个A1由5个A11和3个A12构成，1个A11由5个A111和8个A112构成，等等"。通过对这种结构数据的形式的观察，我们可区分出两个概念：一个被命名为"零部件"，反映图中包含了哪些零部件；另一个是"产品结构"，反映的是零部件之间的构成关系，即一个零部件是由另一个零部件构成的或者一个零部件构成了另一个零部件，形成了图中的概念级抽象。由概念级抽象再进一步抽象，形成了"零部件"数据表和"产品结构"数据表，来存储产品的构成关系，即图中的计算级抽象。通常，概念级抽象反映了逻辑世界的语义结构，即概念之间的语义关系，计算级抽象则反映了数据的存储结构，便于计算和处理。由图5.13可看出，概念级抽象是以图形化的方式表达的，计算级抽象是以数据"表"的形式表达的。

另一种分层抽象将层次划分为抽象方法及抽象结果的表达方法→用前述方法表达抽象。其中，前者通常被称为"方法论"，后者称为"方法论的应用"，如图5.13上下部之间的抽象层次所示。方法论层面研究一般性抽象方法，方法论的应用层面是用一般性方法做指导进行具体任务的抽象。方法论的学习对于正确完成具体任务的抽象是很有益处的。

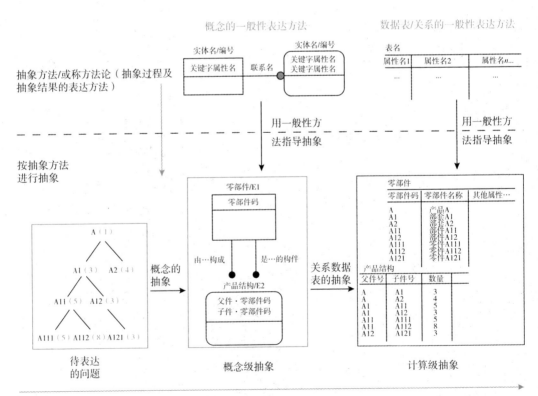

图5.13　不同层次的抽象示意

如图5.13所示，概念级抽象使用了一种被称为E-R 图的表达方法，表达现实世界到概念世界的抽象结果。在E-R图中定义了一些典型的抽象概念，如实体、联系、关键字属性等，并给出了实体和联系的表达方法，如图5.13上中部示意。而概念级抽象依据方法论中的概念对现实世界进行抽象，提出了"零部件"、"产品结构"等具体的实体，提出了"由…构成"、"是…的构件"等具体的联系，提出了"零部件码"等具体的关键字属性，并依据方法论给出的图形化表达规范进行表达。图5.13中的概念级抽象只是应用方法论给出的一个具体的示例。我们可以应用方法论对任何现实世界进行抽象。在图5.13中，计算级抽象部分也是如此，计算级抽象的方法论给出了抽象的概念"数据表"或者称为关系，计算级抽象则给出了两个有具体语义的数据表："零部件"数据表和"产品结构"数据表。注意：方法论研究的是抽象方法和抽象过程中的概念及其之间的关系，不是问题本身抽象中的概念，要注意二者之间的差别。

为了更好地理解"抽象"的层次，图5.14给出了一种不同层次"抽象"之间的关系。

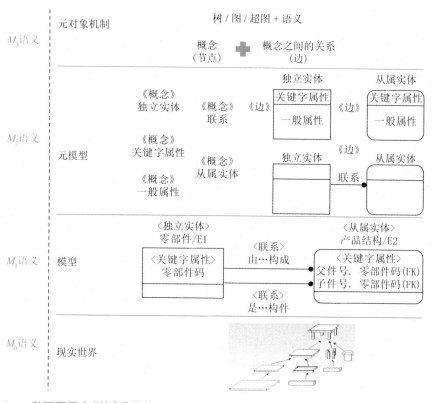

图5.14　一种不同层次"抽象"的关系

M_0层为现实世界，即待描述的问题或者被抽象的现实对象；M_1层为M_0层的抽象，其结果为被抽象现实对象的一种模型。M_2层为M_1层的抽象被称为"元模型（Meta Model）"，即关于模型的模型。M_3层为M_2层的抽象被称为"元对象机制MOF(Meta-Object Facility)[5]"。一般而言，M_{i+1}层和M_i层之间的关系被称为"模型（Model）"和"实例（Instance）"的关系，M_{i+1}层是所有M_i层实例的抽象，M_i层是M_{i+1}层概念的一个具体化示例。

再来看图5.14的示例。先看M_0和M_1层，M_0层代表了现实世界的任何对象或问题，此处以图示化的方式给出了一个例子"产品的构成关系"。M_1层为M_0层的抽象，给出了M_1层的概念集合：{零部件，零部件码，由…构成，是…构件，产品结构，父件号，子件号，…}及这些概念之间的关系：应用带横线直角型矩形框、带横线的圆角型矩形框、带圆点的直线联结着各概念，这些概念是对M_0层现实世界的一个抽象。注意：M_1层这些概念的上面还有用<>标记的一些概念，如<独立实体>、<从属实体>、<关键字属性>、<联系>等，这些概念是M_2层的概念，用于告诉读者所抽象出来的M_1层概念是一个什么类型的概念，具有一个怎样的关系。例如，"零部件"是一个独立实体，"产品结构"是一个从属实体，"零部件码"是一个关键字属性等。M_2层的概念用于指导M_1层的抽象，指导M_1层抽象出来的概念及关系的表达，因此称M_1为M_0的模型，称M_2为建模方法。

再看M_1和M_2层。M_2层是对M_1层的抽象，定义了一组M_2层的概念{独立实体，从属实体，关键字属性，一般属性，联系}，并用各种图形定义了M_2层概念之间的关系，即"边"或者称为"图元"。如图元"带横线直角型矩形框"表达了(独立实体，{关键字属性}，{一般属性})之间的一种关系，即如何刻画一个独立实体，需要给出独立实体的名称、其关键字属性集和一般属性集。M_2层定义了M_2层的概念和图元，M_1层应用这些概念和图元对M_0层进行抽象和表达。注意：M_2层这些概念的上面也还有用<>标记起来的概念，如<概念>、<边>，这是M_3层的概念用于告诉读者M_2层概念是什么类型的概念，具有怎样的关系等。M_2层告诉我们"建模方法"或建模语言的研究方法，即研究可被M_1层应用的"概念"的集合，并将这些概念以"图元"的形式组合起来，以反映概念之间的关系。M_1层应用这些被定义好的图元对现实世界进行抽象和表达形成模型。

再看M_2层和M_3层。M_3层说明了如何定义一个具体的建模语言或者建模方法，即：只要给出一些概念(即"节点")的集合以及概念之间关系(即"边")的集合，给出这些概念和边赋予明确的语义，便可形成一种建模语言。对M_3的进一步抽象就是树结构、图结构、超图结构等数学手段，将这些数学手段赋予语义及图形化或形式化表达出来就是建模语言或建模方法。在图5.14中，M_2是M_3的一个实例，即E-R图建模方法的定义。

简单而言，M_3层提供了定义任何模型的要素及关系的方法；M_2层定义了对被抽象对象的一种具体的建模语言或方法，即定义了元模型；M_1层用M_2层提供的方法和语言对M_0层进行抽象，形成了模型。

不同层次抽象形成了不同抽象层面的概念，这些概念繁多，如果思维清晰，则问题理解得正确而深刻，如果思维不清晰，则会形成不同层面概念的混淆。培养不同层面的抽象能力是非常重要的，需要不断学习和训练。

5.4.2 理论：定义→性质(公理和定理)→证明

1. 科学方法论中关于"理论"的描述

科学认识由感性阶段上升为理性阶段就形成了科学理论。科学理论是经过实践检验的系统化了的科学知识体系，是由科学概念、科学原理以及对这些概念原理的理论论证所组成的体系。

理论源于数学，是从抽象到抽象的升华，已经完全脱离现实事物，不受现实事物的限制，具有精确的优美的特征，因而更能把握事物的本质。

理论研究的基本方法是：表述研究对象的特征（定义和公理）→假设对象之间的基本性质和对象之间可能存在的关系（定理）→确定这些关系是否为真（证明）→形成最终的结论。

2. 为什么需要"理论"

提出一新算法时，新算法的正确性有效性需要证明，也就需要理论；针对问题，当提出一种解决方案时，方案的正确性有效性需要论证，也就需要理论；当提出一套计算机语言时，该语言的完备性、安全性、正确性需要证明，也就需要理论；当提出一套求解问题的规则时，该套规则的完备性、安全性、正确性需要证明，也就需要理论。

概要而言，在进行"设计"时需要考虑"设计"的正确性、时效性、完备性、复杂性等特性，需要理论予以支撑。这些理论就需要定义、公理、定理及其证明。

3. 理论：定义→性质（公理和定理）→证明

理论研究过程就是对规律进行严密化的定义及论证过程。理论研究的前提是抽象，基础是形式化和数学化；能够形式化、数学化的概念和规律是严密的概念和规律；理论通常由定义、性质（公理和定理）和证明等内容构成。

定义是对概念的严密化描述。

公理是可由概念及其固有性质证明其正确性的结论性的描述。

定理是可由定义、公理证明其正确性的结论性的描述。

证明是公理、定理正确性的论证过程。

（1）"理论"的第一个示例

如图5.15所示，E. F. Codd用数学上的集合与关系的概念严格定义了"表"。是怎样严格呢？一个"表"可能有很多行，每行包含不同的列可能取不同的值，具体的取值取决于"表"的填写者。

E.F.Codd首先定义了"域"的概念，域是具有相同类型的值的集合，不管填写什么值，它都应是某个域中的某个值，即域给出的是某一列所有可能值的集合。然后对行进行定义，其定义了"元组"的概念，"元组"是由N个域中每个域任取一个值所形成的一个值的组合，即表中的一行。再进一步对表进行定义，其定义了"笛卡儿积"为所有可能的元组，不管如何填写表，表中的元组一定是笛卡尔积中的某些元组。因此，表被定义成了"关系"，即所有可能元组（笛卡儿积）中满足某种关系的元组的集合，即笛卡儿积的子集。这样严格地定义了"表"。

在将表定义成了关系后，提出了关系的性质和关系的运算，即并、差、笛卡儿积、选择和投影运算。其中一个重要的性质就是"关系的任何其他运算（交运算、连接运算及其他）都可以由这种基本运算组合来实现"，这需要从数学上给出证明，读者可参阅相关书籍来证明下述性质或定理。

性质：$R \cap S = R - (R - S)$。

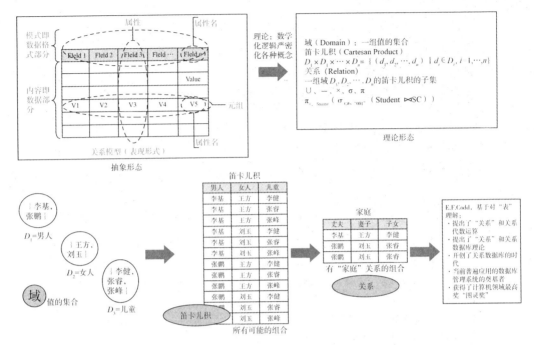

性质：$R \ (Join)_{A\theta B} \ S = \sigma_{A\theta B} \ (R \times S)$

在此基础上，E. F. Codd进一步提出了关系数据库理论，为如何实现一个数据库管理系统指明了方向——**数据库管理系统应实现关系的5种基本运算，还应实现一个能对5种基本运算进行任意组合描述与执行的机构**（即数据库语言的编辑、编译与执行系统），也为如何建立一个数据库系统指明了方向——数据库系统应满足基本的数据依赖和关系范式，开创了关系数据库的时代。当前普遍应用的数据库管理系统基本上都是关系数据库系统，而E.F.Codd因其奠基性的关系数据库理论获得了计算机领域最高奖"图灵奖"。

（2）"理论"的第二个示例

在5.3.4节中，在我们定义了项集、频繁项集、支持度的概念后，研究者提出了一个重要性质：

Apriori性质：频繁项集的所有非空子集都必须也是频繁的。

该性质说明若一个k-项集不是频繁项集，则包含该项集的任何$(k+n)$-项集，也必不是频繁项集。这个性质需要证明，读者可参阅5.3.4节查阅其证明。该性质对于提高频繁项集的挖掘速度是至关重要的，因为当根据频繁$(k-1)$-项集来形成k-项集时做的是连接运算，即$(k-1)$-项集的任一项集与其中的每个项集进行组合连接操作，组合的结果可能是庞大的，而利用该性质可有效地进行剪枝，缩小候选k-项集的规模，可大幅度提高频繁项集挖掘算法的速度。

实际上，我们已经接触了很多的理论研究，由数学、到物理，到处是定义、定理和证明。从前面给出的两个计算学科的理论研究示例中我们可得到如下启示：

理论研究需要抽象，将抽象的结果表达为数学形式是进入理论研究的第一步。在理解→区分→命名→表达的基础上，用数学形式严格定义每个概念，使概念严密化逻辑化数学化；接着在定义的基础上，我们可深入分析相应的性质，以公理或定理的形式予以描述，进一步给出公理、定理正确性的证明。

从理论应用的角度反过来提出公理、定理也是很好的思路，如前述频繁项集挖掘算法，当由频繁$(k-1)$-项集组合形成候选k-项集时，由于组合的规模太大，因此想到能否降低候选k-项集的规模，由此是否能想到"若一个k-项集不是频繁项集，则包含该项集的任何$(k+n)$-项集，也必不是频繁项集"呢？

再举个例子，下面的三个关系代数表达式表达了同样的查询，但其执行的速度却大不一样，为什么呢？

① $\pi_{姓名}(\sigma_{(学生.学号=选课.学号\ and\ 课程.课号=选课.课号\ and\ 选课.成绩>80\ and\ 课程.课程名='程序设计')}(学生\times选课\times课程))$

② $\pi_{姓名}(\sigma_{(学生.学号=选课.学号\ and\ 课程.课号=选课.课号\ and\ 选课.成绩>80)}(学生\times选课\times\sigma_{(课程.课程名='程序设计')}(课程)))$

③ $\pi_{姓名}(\sigma_{(学生.学号=选课.学号)}(学生\times\sigma_{(课程.课号=选课.课号\ and\ 选课.成绩>80)}(选课\times\sigma_{(课程.课程名='程序设计')}(课程))))$

式①是先做三个关系的笛卡儿积操作，再做选择和投影，由于庞大的组合数量，其执行时间会很长；而式②和③都是先做选择，再做笛卡儿积，先降低组合前的元组数量，使组合的规模极大地降低，则执行时间比式①可能提高若干数量级。因此可以想到，既然关系代数表达式能够反映操作的次序，那么，任何两个操作是否能够交换先后次序呢？如$\sigma(R\times S)=\sigma(R)\times\sigma(S)$是否成立呢？什么情况下成立或不成立呢？这就需要假设和证明。由此思路出发，研究者提出了关系代数的优化理论，极大地提高了关系数据库的操作速度，使20世纪70年代普遍认为因组合爆炸问题不可能实现的关系数据库管理系统成为可能。

5.4.3　设计：形式→构造→自动化

1. 科学方法论中关于"设计"的描述

设计源于工程并用于系统或设备的开发以实现给定的任务。

设计作为变革控制和利用自然界的手段，必须以对自然规律的认识为前提，可以是科学形态的认识，也可以是经验形态的认识。设计要达到变革控制和利用自然界的目的，必须创造出相应的人工系统和人工条件，还必须认识自然规律在这些人工系统中和人工条件下的具体表现形式。

设计形态具有较强的实践性、社会性和综合性。因此要记住：设计要对社会和人类有贡献，要有责任感！

2. 计算学科中的"设计"：形式→构造→自动化

"设计"是构建计算系统的过程，是技术、原理在计算系统中实现的过程。"设计"形态的内容多种多样，如刻画系统的各种模型与文档是设计形态的内容，算法与过程的构造也是设计形态的内容，程序代码与软件、硬件实现也是设计形态的内容，各类文档如需求分析、概要设计和详细设计文档等也是设计形态的内容。尽管设计形态内容多种多样，但形式、构造和自动化是设计的基本内容。

"形式"是指被研究对象的形式，若要开发一个处理该研究对象的系统，则需要先研究该对象的形式，将其符号化并按照严格的语法表达出来。只有按照严格的语法表达的

265

形式才能被计算机所识别与执行,才能处理具有同样形式的无穷无尽的对象。计算学科研究的本质是"寻找相同的形式,处理可变的内容"。

"构造"包含了"构"和"造"。"构"是指被研究对象各种要素之间的组合关系与框架,"造"是建造、创造,即各种要素之间的组合关系与框架的建造。计算学科的典型构造包括算法的构造、(不同抽象层面的)过程的构造及(不同颗粒度的)对象的构造。

"自动化"是指程序、软件、硬件、网络等自动化系统的实现。

我们看设计形态的一个示例,如图5.16所示。一般而言,面向人-机交互系统,计算机语言的设计是重要的"设计"形态的内容。

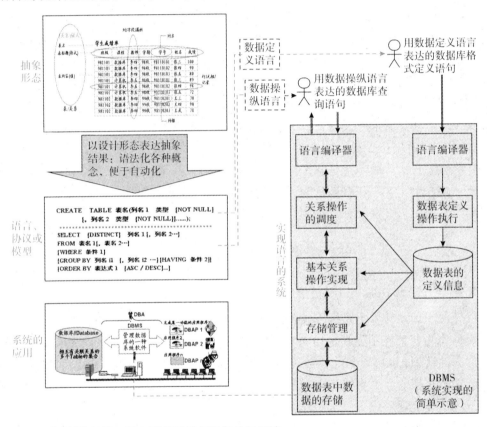

图5.16 "设计"示例:语言/模型及其编译与执行系统

为支持人们定义表的格式和操纵表中的数据,需要设计相应的计算机语言,即数据定义语言和数据操纵语言。计算机语言是具有严格语法约束的符号化处理规范与处理标准的集合。"设计"计算机语言,同样需要抽象,如需对表的形式要素做区分和命名,然后以语法要素的形式进行表达,从表的形式要素区分中知道定义一个表需要定义表名和每列的列名及列值的数据类型。例如,如此可设计出如"CREATE TABLE 表名(列名1 类型i1,列名2 类型i2,…);"形式的数据定义语言。该语言可提供给用户使用,以便让用户定义其想要DBMS管理的任何的数据表及其格式。

再如,从表的操作区分中知道操作表有选择、投影和连接操作,如此可设计出如"SELECT 列名1,列名2,… FROM 表名1,表名2,… WHERE 条件;"形式的数据操纵语言。该语言可提供给用户使用，以便让用户表达其想要DBMS执行的对数据表的各种操作及其组合。

设计了计算机语言后，提供给使用者，使用者如果使用该语言表达需求后却不能被执行，则该语言是不会被使用者接受的。因此，当提出了一种新语言后，还需要提供能够识别相应语言并执行语言的系统。只有计算机语言正确地设计出来了，才能正确地开发支持该语言的计算系统。如此实现的计算系统才具有强大的但有保障的功能。如图5.16所示，在设计了表的操纵语言和定义语言后，就可开发一个系统，以支持让人们定义表的结构以及操纵表中的数据，而数据由系统进行管理，由此形成了功能强大的数据库管理系统（DBMS）。

从广义上讲，计算学科的设计分为如下三个层面。

① 面向人-机系统的设计：广义的计算语言及相应的语言编译与执行系统是重要的设计内容；语言是提供给人来使用以表达操作的需求，是人与机器之间的约定，编译与执行系统是自动完成人们通过语言表达的各种操作的系统。早期的机器语言、高级语言、面向对象的语言，以及目前的数据库语言、XML、Web Service等计算机语言及其编译执行系统是典型的设计的示例。

② 面向机-机系统的设计：广义的协议及相应的编码器、解码器、变换器等是重要的设计内容；协议是机器与机器之间相互连接、相互操作、相互交换，协同完成任务所遵循的共同的约定，编码器、解码器、变换器等是实现协议、实现机-机之间互连互通的自动计算系统。

③ 面向业务-计算系统的设计：各类图形化、语法化或数学化的模型以及相应的执行引擎或者使能器是重要的设计内容。当前计算系统与社会/自然处于快速的融合当中，一方面将社会/自然问题转换为计算系统可以执行的模型—即社会/自然的计算化，另一方面需要将计算及其求解的结果以社会/自然可接受的形式展现出来，因此这种广义的模型及相应的使能器/执行引擎是重要的设计内容。

5.4.4 抽象—理论—设计之间的关系

抽象—理论—设计之间的关系如图5.17所示。

区分并命名现实世界问题的每个形式要素是抽象。理论指导下的抽象将更严密，而在很好的抽象基础上的理论是认识深入化的标志。

理论的目的是数学化逻辑严密化各种概念及规律的描述，抽象是理论研究的前提和保证。

设计的目的是设计和实现计算系统。先抽象再设计，深入认识形式系统，则可在更高层面实现计算系统。理论支持下的设计可使设计具有正确性、完备性等特性。同时，理论也可支持设计正确性、完备性的判定。

（1）理论源于数学

理论的研究内容表现在两方面：一方面是建立完整的理论体系，另一方面是在现有理论的指导下建立具体问题的数学模型，从而实现对客观世界的理性认识。

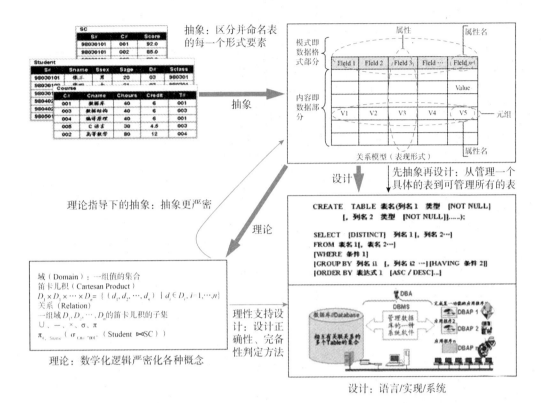

图5.17 抽象—理论—设计之间的关系

设计源于工程的研究内容同抽象理论一样，也表现在两方面：一方面是在对客观世界的感性认识和理性认识的基础上完成一个具体的任务，另一方面是对工程设计中所遇到的问题进行总结，提出问题，由理论界去解决它，也要将工程设计中所积累的经验和教训进行总结，最后形成思维性的方法，如计算机组成结构的设计方法、冯·诺依曼计算机等，以便以后的工程设计。

（2）抽象模型

抽象建模是自然科学的根本，科学家们认为，科学的进展过程主要是通过形成假说，然后系统地按照建模过程，对假说进行验证和确认取得的。理论是数学的根本，应用数学家们认为，科学的进展都是建立在数学基础之上的。设计是工程的根本，工程师们认为，工程的进展主要是通过提出问题并系统地按照设计过程，通过建立模型而解决的。

思考题

1. 在第2章中，你可能研究了上课时学生座位信息的采集、编码、存储、解码、分析、利用，你能否利用本章学习的数据库相关知识和思维，为上课时学生座位信息设计、建立数据表（如学生表、教室表、教室位置表、学生上课座位信息表等）？并进一步利用数据分析、数据挖掘的知识和思维，回答"哪些学生经常坐在一起"（关联规则）等问题？

2. 结构化查询语言SQL与第3章所学习的传统程序设计语言有很大不同。例如，SQL语句书写更简单、更智能，一条SELECT语句所能实现的功能需要多条传统程序来实现。请思考：

（1）关系数据库的哪些理论基础和特性使得SQL（的简单、智能）成为可能？

（2）如何用传统程序设计语言实现带有GROUP BY子句的SQL语句？

3．日常学习生活中，你一定接触过很多种表格，请找出一张表格，以它为例，比较这种表格与关系数据库中的表/关系有哪些差别。从日常工作生活中的各种表格到关系数据库（表/关系）概念、模型的建立，反映了哪些计算思维？

4．本章所学的数据模型、数据库技术主要用于解决结构化数据（表格）的定义、操纵等，那么，对于非结构化数据（如网页、微博、图片、地图等），本章所学的数据管理技术是否仍然适用？请查阅资料，了解有哪些针对这些非结构化数据的数据管理、分析和挖掘技术。

5．你如何理解"抽象—理论—设计"各自的含义和它们之间的关系？能否从所学知识和现实世界中找一个反映三者及三者之间关系的例子？例如，物理学中的牛顿第二定律是否体现了"抽象"思维？"汽车"这种产品是否反映了运用"理论"进行"设计"的思维？请谈谈你的理解。

6．现实世界中有很多的数据库（通过应用程序）正在为你提供各种各样的服务，如银行储蓄账户数据库、网上商城商品数据库等，请试着找出所有可能正在为你提供服务的数据库的类别，看看能够列一个多长的清单；与同学交流，看看有哪些他想到你没有想到或你想到他没有想到的；看看你是否会惊诧于数据库应用的普遍和广泛。

7．假设某学校建立了一个数据库，包含如下3个数据表：

　　　学生(学号, 姓名, 年级)

　　　课程(课号, 课程名, 任课教师)

　　　选课(学号, 课号, 成绩)

参见教材中的表5-8 ～表5-11，请写出满足下列要求的查询语句（SELECT…FROM…WHERE…）：

（1）学过"数据库"课程的所有学生的姓名。

（2）学过"张文"老师讲授的课程的同学的姓名。

（3）列出"李三"同学所学全部课程的课程名。

（4）列出"计算思维导论"课程不及格的所有同学的姓名及其年级。

进一步，通过以上SELECT…FROM…WHERE语句的书写，你能总结出该语句的书写规律吗？

参考文献

[1]大数据. http://en.wikipedia.org/wiki/Big_data.

[2]Viktor Mayer-Sch. nberger, Kenneth Cukier. 大数据时代：生活、工作与思维的大变革. 杭州：浙江人民出版社，2013.

[3]Silberschatz. A.. 数据库系统概念（原书第6版）. 北京：机械工业出版社，2012.

[4]韩家炜. Micheline Kamber. 数据挖掘：概念与技术（原书第3版）. 北京：机械工业出版社，2012.

[5]http://en.wikipedia.org/wiki/Meta-Object_Facility

第 6 章

计算机网络、信息网络与网络化社会

本章要点：

1. 计算机网络——机器之间的互联
2. 文档网络——信息之间的互联
3. 群体互动网络——人与人之间的互联
4. 形形色色的网络及网络计算初探

6.1　网络与社会

　　尽管"电"是伟大的发明，但还是因为"电网"的出现，"电"才走向千家万户，"电"才改变人们的生活。同样，计算机也是伟大的发明，随着计算机网络（Computer Network）技术的发展，数千人、数万人以至数亿人的计算机连接在了一起，数亿人实现了基于网络跨越时空的日常交流和互动，数亿人实现了虚拟世界与现实世界的交融，不断出现新思维的互联网正在创造一个又一个看似不可能的奇迹。

　　计算机网络[1]实现了计算机与计算机之间的物理连接，实现了网络与网络之间的物理连接，最终形成了世界最大规模的网络——国际互联网（Internet）[2]；在计算机网络之上，World Wide Web以网页为中心的信息链接，实现了文档与文档之间的连接，不断增长的网页文档使国际互联网成为世界最大的广义资源网络，成为世界最大的数据库和知识库；在文档网络之上增加的群体性和互动性，使互联网更关注文档的创造者与阅读者之间的互动，更关注这种互动网络的群体性、社会性和内容性。这种网络又被称为社会网络（Social Network）[3]，它实现了由技术网络向内容网络的过渡，使千家万户可以不用考虑技术网络而按照内容需求顺畅地接入到形形色色的内容网络中，网上视频、网上音乐、网上互动游戏、网上商城和网上购物等不断地改变着人们的生活和工作方式。

　　互联网基础上的技术进步促进了各种物体的可感知、可联网，形成了可实现物-物相联的物联网，不仅能使各种物体通过传感设备被感知、通过互联网实现相互连接，而且能够实现物体与人的连接，使人-机器-物体形成可互连的统一体；物联网技术等也使信息技术网络与现实生活中的资源网络，如交通网络、水网、电网等不断发生演变，形成智能交通网络、智能水网、智能电网，不断通过感知技术、互连技术提升资源网络的智能性。例如，通过交通流量的实时监测和发布，可引导车辆经由不同路径到达目的地，以避免出现拥塞等。

　　互联网体现的虚拟网络也在不断发展，与现实生活中的网络不断交融，相互补充、相互影响、相互结合，使得互联网成为重要的创新聚集地。互联网公司一个接一个成功的故事促使人们更加重视网络化，更多的用户、更多的参与、更多的内容与知识、更多的服务，使人们的工作和生活越来越离不开互联网，也不断地颠覆和变革着传统的思维，改变着社会的运行规则。

　　网络社会需要网络化的思维，本章将简要介绍技术网络即计算机网络的连接，介绍文档网络即信息网络的形成，进一步介绍信息网络中通过增加互动性、实现群体性所产生的创新，最后通过一个实例简单探讨网络计算。

6.2　计算机网络

6.2.1　网络通信的基本原理

　　计算机网络的基本功能是将不同地理位置的两台或多台计算机连接起来，实现信息的发送、接收与转换，即网络通信[4]，其基本原理如图6.1所示。

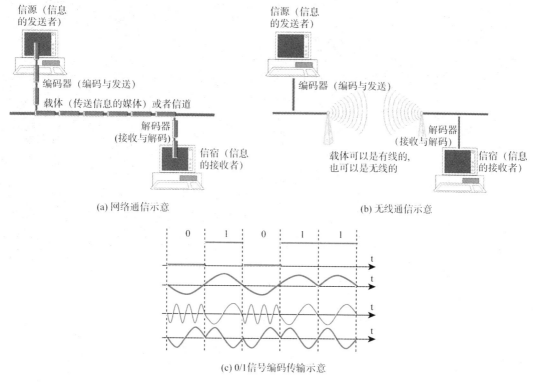

(a) 网络通信示意   (b) 无线通信示意

(c) 0/1信号编码传输示意

图6.1 网络通信的基本原理

1. 信源与信宿和信道, 信号编码、发送和接收

我们将信息的发送者称为信源, 将信息的接收者称为信宿, 将传送信息的媒介称为信息的载体或者信道。信源通过信道将信息传输到信宿。信道可以是有线的, 如利用各种电缆进行传输, 也可以是无线的, 如利用各种频率的无线电波进行传输。信源应具有产生信号、编码和发送信号的能力, 信宿具有接收信号及解码信号的能力, 如图6.1(a)和(b)所示。图6.1(c)示意以不同编码方式传输0和1, 其中最上面的方式是以离散的数字信号进行传输, 下面的3种方式则是将0和1表达成不同的波形, 以连续的模拟信号进行传输。你能看出这些波形传输的是01011吗?

一台计算机如果装载一个**程序** (可由软件实现, 也可由硬件实现, 可被笼统地称为网络功能程序) 来完成编码与发送信号、接收与解码信号、转发信号 (接收后再发送), 便可实现与其他计算机组成网络并相互进行通信。图6.2为计算机网络的几种拓扑结构。

图6.2(a)为多台计算机两两相连组成一个环型网络, 图6.2(b)为多台计算机都与中央的计算机相连组成一个星型网络, 图6.2(c)为多台计算机以同等地位连接到一个标准的通信线路上组成一个总线型网络。每一台计算机既可以是信源, 也可以是信宿, 既可以发送信息, 也可以接收信息, 还可以转发信息。

思考: **这些不同结构的网络在信息传输的可靠性和效率方面会有什么不同吗?** 提示: 假设其中一台计算机不能进行网络传输了, 网络还能否畅通? 假设多台计算机同时使用网络, 会出现什么问题?

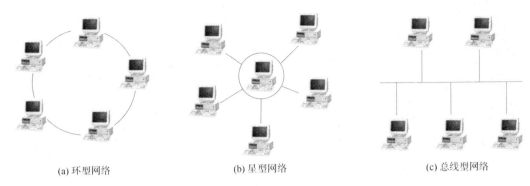

(a) 环型网络　　　　　　　(b) 星型网络　　　　　　　(c) 总线型网络

▓ 图6.2　计算机网络的几种拓扑结构

　　除了信号的发送、接收和转发之外，若要使网络中的计算机之间进行高效率的通信，还需要解决**不同大小的信息如何高效率地利用信道进行传输**。这就需要一种称为分组信息交换的技术。

2. 分组信息交换

　　分组信息交换是将不同大小的信息拆分成等长的信息段，如图6.3(a)所示，待发送的信息i_{all}被拆分成等长的信息i_1、i_2、i_3、i_4、i_5、i_6，有$i_{all}=i_1+i_2+i_3+i_4+i_5+i_6$，对每个信息段再重新封装，增加一些辅助信息如发送的地址、发送信息i_{all}的标识及信息段i_j在信息i_{all}中的相对位置等，形成新的信息包P_1、P_2、P_3、P_4、P_5、P_6，不同的信息包在网络中可选择相同或不同的计算机进行传输，不同的计算机在接收到信息包后，依据信息包中所蕴含的

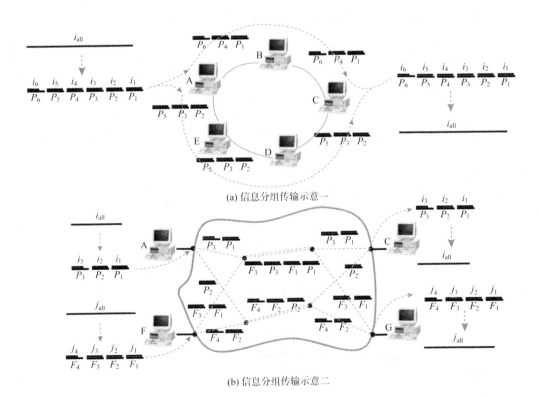

(a) 信息分组传输示意一

(b) 信息分组传输示意二

▓ 图6.3　信息分组传输示意

地址等再转发到下一台计算机，即不同的信息包在网络中可能经由不同的路径传送到目的计算机，目的计算机接收到信息包P_j后，提取出相应的信息i_j，再依据信息的标识和偏移量进行重组，从而还原成信息i_{all}。

分组信息交换技术可使得不同计算机的不同信息按照统一的大小拆分、封装成信息包，不同信息的不同信息包在网络中可以混合次序传输，如图6.3(b)所示，这将有利于网络传输效率的提升。

思考：这种分组技术本质还是"化整为零"的思想，为什么会提升网络的传输效率呢？

如前所述，网络中信息传输既是一件细致的事情，也是一件复杂的事情。例如，如何实现两台计算机之间发送和接收的匹配，什么时间发送和接收，以什么方式拆分信息形成信息包，如何将源和目的计算机的地址包含于信息包中等，这些问题的解决就需要在计算机中装载一个**网络功能程序**。该程序本质上应是一个编码器-解码器-转发器。编码器负责将信息进行拆分与编码、发送，解码器负责接收信息与解码，转发器负责接收信息后分析信息传输的地址再发送给相应的计算机。而编码器-解码器-转发器实现的核心便是"协议（Protocol）"，不同的编码器-解码器-转发器实现了不同的协议。

3. 协议及协议分层：复杂信息处理的化简方法

（1）协议

一般而言，协议是为交流信息的双方能够正确实现信息交流而建立的一组规则、标准或约定。我们先用一个如图6.4(a)所示的例子通俗地解释协议。

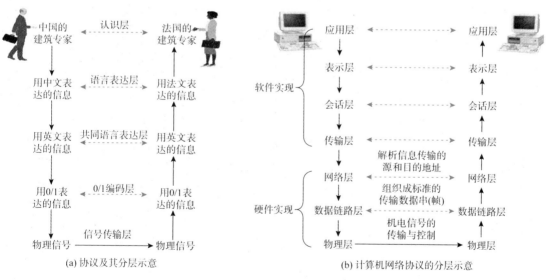

图6.4　协议的概念及其分层示意

如图6.4(a)所示，设甲（中国人）、乙（法国人）两个人打算通过电话来讨论有关建筑方面的问题。对于这样的问题，我们可以分为5个层次来处理。最高的一层可称为认识层，即通信双方必须具备起码的建筑方面的知识，或者说通信双方必须有共同感兴趣的话题和相关的知识与术语，因而能听懂所谈话的内容。接下来的一层称为语言表达层，即将内容用语言表达出来，不同的人可以使用不同的语言，如法国人可以用法语，中国人则用中文普通话等。在这一层不必涉及所谈话的内容，内容的含义由认识层来处理，而内容的表达方法即词法语法则由本层来处理，使表达的内容具有标准的语法和词法。再下一层为共同语言表达层，如甲、乙二人都具有共同语言，如中文普通话，则大家都能够听懂；但如果甲是中国人，而乙是法国人，并且彼此不懂对方的语言，那就要进行翻译，如翻译成大家都懂的第三国语言（如英语等）。再下一层可以叫作0/1编码层，即将英文的语句转换成0/1编码表达的信息（如按照ASCII码将英文语句转换为0/1串）。最下一层为信号传输层，它负责将每一方所表达的内容（已经被转换成0/1串）转换为电信号，传输到对方后，再将电信号还原成0/1串。信号传输层完全不管所传的话音是哪一国的语言，更不考虑其内容如何。

我们将信号传输层定为1层，则0/1编码层、共同语言表达层、语言表达层和认识层分别为2层、3层、4层和5层。为进行正确交流，每层都有一些双方必须遵守的规则和约定，即所谓协议。认识层要有认识层的协议，即双方要使用共同的建筑方面的术语；语言表达层要有语言表达层的协议，即语言的标准语法和词法；共同语言表达层也要有协议，即中文-英文翻译标准和法文-英文翻译标准；0/1编码层和信号传输层也要有协议。

按照协议进行工作的过程是：甲方按认识层协议正确表达了自己的思想后，转给甲方的语言表达层，再按语言表达层协议（中文），将表达的思想正确地用语言表达出来，接下来转给甲方的共同语言表达层，按协议（中英文翻译标准）由翻译将其翻译成共同语言（英文），再转给甲方的0/1编码层进行0/1串的编码，然后传输给信号传输层，将其转换成电信号并传送到乙方。乙方按传输层协议接收电信号，并按0/1编码层协议还原为共同语言（英文），并转给乙方的共同语言表达层，由其按协议（法英翻译标准），将其翻译成语言（法语），转给乙方认识层，认识层按协议正确理解甲方所要表达的内容。

这样分层所带来的好处是：每层仅实现一种相对独立、明确且简单的功能；一个难以处理的复杂问题通过多层的分解，最终可转换为容易处理的问题，从而得到解决。这是计算类问题求解的一种重要思维。

（2）计算机网络协议及其分层

我们知道，一个计算机网络有许多互相连接的节点（计算机），在这些节点之间要不断地进行数据（包括使网络正常工作的控制信息）的交换。要做到有条不紊地交换数据，每个节点就必须遵守一些事先约定好的规则。这些规则明确规定了所交换数据的格式以及有关的同步问题。这些为在网络中各节点和计算机之间进行数据交换而建立的规则、标准或约定即称为网络协议。

网络协议主要由以下三要素组成。

• 语法：即数据与控制信息的结构或格式。
• 语义：即需要发出何种控制信息，完成何种动作以及做出何种应答。
• 同步：即事件实现顺序的详细说明。

从20世纪70年代起，许多世界著名的计算机公司都建立了自己的网络协议和网络体系结构。每个公司的计算机之间采用自己的协议都能很好地进行通信，但与其他公司的计算机网络之间进行通信则会遇到麻烦，因为它们无法理解对方的"语言"，即其所采用的协议。1983年，国际标准化组织 (ISO) 形成了标准的网络体系结构，称为开放系统互连 (Open System Interconnection) 模型，简称OSI参考模型。所谓"开放"，是指只要遵循OSI标准，一个系统就可以与位于世界上任何地方的、也遵循着同一标准的其他任何系统进行通信。这一点很像世界范围的电话和邮政系统，这两个系统都是开放系统。

OSI参考模型定义了网络的7层结构，如图6.4(b)所示，自底向上依次为：物理层、数据链路层、网络层、传输层、会话层、表示层和应用层，为每层都定义了协议。简单而言，OSI高层协议是由软件实现的，是面向应用、面向用户的，而低层协议一般由硬件实现（也可以由软件实现），用于物理信号的传输与处理。顶层协议提供的服务就是我们使用计算机网络所能享受的功能，对一般用户而言，我们只需关心顶层协议能够提供什么样的功能，即只关心我们能够获得什么样的服务即可。如用户使用网络发送电子邮件，他只关心如何写邮件的内容，而不必关心邮件如何送达收件人。伴随着OSI参考模型的提出，实际网络系统中也出现了许多具体的协议，最常用的协议（簇）有TCP/IP、NetBEUI、IPX/SPX和IEEE802/ISO8802等。关于OSI模型各层的协议功能或者具体的网络协议（如TCP/IP协议）的详细介绍，请继续学习计算机网络课程或参考相关教材。

很多协议可以由专门的网络设备来实现，如网卡、集线器、调制解调器、网关、交换机、路由器等就是实现不同协议的软硬一体化的网络设备。

6.2.2　计算机网络连接：不同类别的机器网络

计算机网络是计算机技术与现代通信技术相结合而发展起来的。所谓**计算机网络**，是以共享资源 (硬件、软件和数据) 为目的，利用某种传输媒介，将不同地点的独立自治计算机系统或外部设备连接起来所形成的系统。计算机网络可以由家庭或办公室中通过电缆所连接起来的两台计算机组成，也可以是全球范围内成百上千台计算机相互间通过电缆、电话线或卫星连接而成。网络除可以连接计算机之外，还可以连接打印机、传真机等外部设备。

计算机网络按照规模大小和延伸范围可分为局域网 (Local Area Network，LAN)、广域网 (Wide Area Network，WAN)、互联网 (internet) 和因特网 (Internet，国际互联网)。

1. 局域网

局域网是指在一个有限地理范围内的各种计算机及外部设备通过传输媒介连接起来的通信网络，可以包含一个或多个子网，通常在几千米范围之内。局域网以牺牲长距离连接能力为代价，提供了计算机之间的高速连接能力。按照网络的拓扑结构，局域网通常可分为以太网 (Ethernet)、令牌环网 (Token Ring)、令牌总线网 (Token Bus) 等，最常用的是以太网。不同网络的本质是采用了不同的协议，本书不对它们做更详细的介绍。

两台计算机之间进行通信的典型连接方式如图6.5(a)所示，计算机既可以是信源，也可以是信宿，其所装载的网络功能程序部分用硬件实现，该硬件被称为网络接口卡或网卡，而信道就是电缆线。网卡的主要作用是将计算机要发送的数据转换成相应的格式，通过传输媒介发送出去，并将从传输媒介上接收到的数据转换成计算机所能识别的格式。从本质上看，网卡就是一种编码器-解码器，既具有编码信息并发送信息的功能，又

(a) 两台计算机之间的连接示意

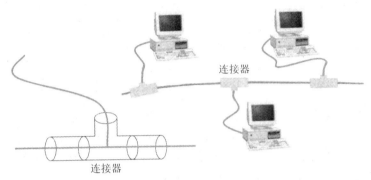

(b) 多台计算机之间的连接器连接示意

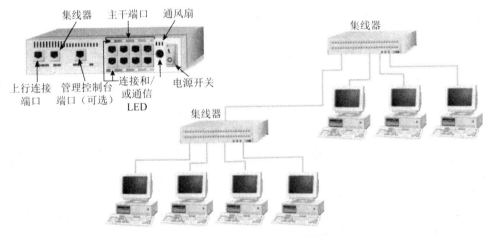

(c) 多台计算机之间通过集线器的连接示意

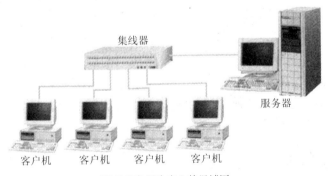

(d) 以服务器为中心的局域网

图 6.5 局域网连接示意

具有接收信息并解码信息的功能。不同的网卡实现了不同的协议，将组成不同结构的网络；不同类型的设备、不同的网络结构、不同的传输速度要求、不同的传输媒介对网卡也有不同的要求。

当有多台计算机需要进行网络连接时，需要考虑这些计算机之间的物理连接方式及通信特点，有时需要一些特殊的连接设备。网络中各计算机之间的连接方式被称为网络拓扑结构，拓扑结构不同，组网方式和要求也不同。常见的拓扑结构有星型、总线型、环型等，见图6.2。星型网络是以一台中央计算机为主而构成的网络，其他计算机仅与该中央计算机之间有直接的物理线路连接，需要解决一对多的通信问题及中央计算机负载过重的问题。总线型网络是所有计算机公用一条传输线路，需要解决公共传输线路的争用问题及信道的传输效率问题。环型网络是指计算机接入网络时，每台计算机仅与其左右两个相邻的计算机有直接的物理线路连接，所有计算机及其物理线路构成一个环状的网络系统，每台计算机接收并响应发送给它的数据，并将其他数据转发到环中的下一台计算机。不同结构的网络采用不同的协议，如星型网络可采用以太网协议，总线型网络可采用以太网协议或令牌总线协议，环型网络可采用令牌环协议等。因此，不同的网络结构需要不同类型的网卡予以支持。

多台计算机连网时，可采用**连接器**和**集线器**将电缆与网卡连接起来，如图6.5(b)、(c)、(d)所示。连接器可以理解为一个三通，它可在一条线路上形成分支，以连接多个计算机。集线器开始时也只是一个多端口的连接器，有多个端口可以将多台计算机连接起来，每个端口通过电缆线与计算机上的网卡相连。当集线器的端口收到某台计算机发出的数据时，就转发到所有其他各端口，然后发送给各计算机。可以利用集线器将更多的计算机连成一个较大的局域网，如图6.5(c)所示。随着网络技术的发展，集线器的功能也有所增加，并向交换机技术过渡而具有了一些智能性和数据交换的能力。

在如图6.5(c)所示的局域网中，各台计算机具有同等的地位，拥有相同的权利，计算机连接成对等网络。对等网络虽然做到了资源共享，但对共享资源的管理常常是不够的，也是不安全的。例如，某台计算机可能需要使用与之相连的另一台计算机上的共享资源，可能因为另一台计算机没有开机、没有提供相应服务等而不能使用。因此，在一个组织内，更多情况是建立基于服务器的局域网，如图6.5(d)所示。在基于服务器的局域网中，将计算机分为服务器和客户机两种类型。**服务器**是集中管理网络共享资源（硬件、软件及信息）、提供各种网络服务的计算机系统。服务器一般运行网络操作系统，建立与客户机之间的通信联系。服务器可按功能进行设置，如配置文件服务器、邮件服务器、打印服务器等。**客户机**是网络上的个人计算机，共享服务器的资源。

基于服务器的网络相比前面介绍的网络有许多先进之处，例如：可以集中分配基于服务器的网络中每个用户的登录账号和口令；集中授予单个用户或用户组对多个共享资源的访问权；服务器的结构是经过优化的，可以处理重负载任务；服务器一般有高效的处理能力和更大的存储空间等。客户机是个人计算机，其开机和关机是随机的，因此其资源不能被认作有效的共享资源，服务器则一般是不关机的，集中管理共享资源，可随时为网络上的用户提供服务。

2. 广域网

广域网（WAN）是指由相距较远的计算机通过公共通信线路互连而成的网络，范围可覆盖整个城市、国家，甚至整个世界。广域网有时也称为远程网，通常除了计算机设备以外，还要使用电信部门提供的传输装置和媒介进行连接。广域网的速率通常比局域网低得多，而且在连接之间有更大的时延，但可以连接相距任意远的两台计算机。常见的广域网有公用电话网（Public Switched Telephone Network，PSTN）、DDN专线（Digital Data Network）、综合业务数字网（Integrated Service Digital Network，ISDN）等，其核心技术是调制/解调技术和分组交换技术。

近距离的两台计算机可以直接使用电缆线连接，但对于远距离的两台计算机，如家庭和单位之间的两台计算机，直接利用电缆线连接是不太容易实现的，这时可以借助电信企业的公共电话系统进行网络连接，如图6.6(a)所示。这种需要借助于公共电信系统来实现的网络被称为广域网。由于计算机输出的信号是数字信号，即用二进制位表示的离散信号，而公共电话线上传输的是模拟信号，即时间连续的信号，因此在用电话线路传输计算机信息时需要调制和解调。

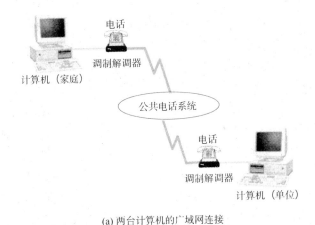

(a) 两台计算机的广域网连接

(b) 多台计算机的广域网连接

▟ 图6.6 广域网连接示意

（1）调制与解调

调制（Modulation）是将数字信号变换成适合于模拟信道传输的模拟信号。解调（Demodulation）是将从模拟信道上取得的模拟信号还原成数字信号。也就是说，在计算机中的信息送到电话线路之前，需要将数字信号调制成模拟信号才能传输，同样，从电话线传来的模拟信号也需经过解调变成数字信号，计算机才能处理。实现这种功能的设备被称为**调制解调器（Modem）**。

在图6.6(a)中，调制解调器一端需要与电话线路连接，另一端与计算机的串行端口连接。利用调制解调器和电话线，只要通信双方能够拨打电话，就可以实现两台计算机的连接。网络连接过程如拨打电话一样，首先（计算机自动）拨号，如果拨通，则建立连接，然后可进行信息传输；如果通信结束，则需要断开连接即挂断电话。网络连接后，就像你在打电话一样，占用着电话线路。同样，网络连接后，两台计算机之间的通信便如用电缆线相连的两台计算机之间通信一样，可以进行各种操作。

（2）主机系统和通信子网

如果要利用公共网络建立远距离多台计算机之间的多对多的通信，图6.6(a)的连接便不够用，此时需要使用分组交换技术进行复杂一些的广域网连接，如图6.6(b)所示。一般地，一个广域网分为两部分：**主机系统**和**通信子网**。主机系统是指运行用户程序的计算机集合。前文介绍的基于服务器的网络中不关机的服务器系统构成了广域网的主机系统，是网络中的主要资源，又称为资源子网。通信子网负责在不同主机系统之间的用户主机之间进行数据传输、交换和通信处理。大多数通信子网由两部分组成：交换单元和传输线路（或称为传输信道）。

（3）交换单元

交换单元，又称为节点计算机，是一种特殊的计算机，用于连接两条或更多的传输线，当数据从输入线到达时，交换单元必须为它选择一条输出线来传递它们，所采用的基本技术为前文介绍的分组交换技术。

（4）传输信道

传输信道是指信息可以单向传输的路径，以传输媒介和通信设施为基础。根据传输媒介类型的不同，信道主要分为两类：有线信道和无线信道。有线信道的传输媒介为导线，如同轴电缆、双绞线和光导纤维等。无线信道的传输媒介为自由空间，发送方和接收方通过无线电波传输信号，如微波、红外线和激光等。信道通常用信道带宽和信道容量来衡量其性能的高低。信道带宽是指信道可以不失真地传输信号的频率范围。信道容量是指信道在单位时间内可以传输的最大信号量，通常用每秒钟传输二进制数据的位数（单位是比特/秒（bps），又称为比特率）来表示。一般说来，带宽越大，容量越大。例如，典型的广域网信道容量为56kbps ～ 155Mbps，典型的局域网信道容量为10Mbps ～ 2Gbps。

广域网所使用的传输信道一般是由公共电信企业运营的。因此，在不同地域的组织之间，可以租用不同的信道，如DDN专线、ISDN信道、无线信道等进行广域网连接。租用一条公共电信信道，便可支持距离较远的多台主机之间进行多对多的通信。

3. 互联网

互联网（internet）是通过专用设备而连接在一起的若干个网络的集合。通过专用互连设备，可以进行局域网与局域网之间的互连、局域网与广域网之间的互连以及若干局域网通过广域网的互连。

局域网一般是通过高速通信线路相连接的，有地理范围的限制，如覆盖范围仅限于组织内部或建筑物内部，通常由各组织自行组网并专用。但对于一个有多家分支机构的企业而言，只有局域网是不够的，此时便需要互联网。图6.7为典型的互联网。在家庭或在外出差的员工，利用调制解调器，借助于电信系统的公共电话网络，便可与组织的局域网进行连接，进行信息共享和处理。这种为用户提供远程通过拨号远程接入局域网络进行信息共享和处理的服务器被称为访问服务器或通信服务器。

网络互联需要有一些专用设备，典型的设备就是路由器，由路由器连接起来的若干

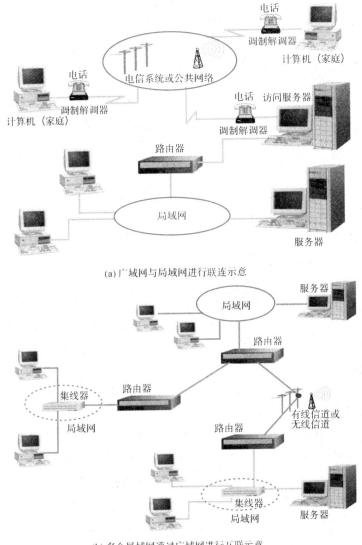

(a) 广域网与局域网进行联连示意

(b) 多个局域网通过广域网进行互联示意

:: 图 6.7　典型的互联网

局域网的集合就是互联网。路由器是一种多端口设备，可以连接具有不同传输速率并运行于各种环境的局域网和广域网，还能选择出网络两节点间的最近、最快的传输路径。基于这个原因，路由器成为大型局域网和广域网中功能强大且非常重要的设备。国际互联网（Internet）就是依靠遍布全世界的几百万台路由器连接起来的。

路由器可以认为是一种特殊的计算机，有自己的CPU、内存、电源以及为各种类型的网络连接器而准备的输入、输出插座等。在广域网中，路由器就是一种类型的节点计算机。 如果用路由器连接的两个网络之间距离较远，则需要利用公共电信系统提供的通信设施及通信信道进行广域网的连接。此时，局域网的服务器便是广域网的主机，路由器则是广域网的交换单元。

路由器可将两个不同类型的网络连接起来，形成一个较大的网络。

4. 国际互联网

因特网（Internet），又称为国际互联网，是世界最大的互联网，是由广域网连接的局域网的最大集合。Internet不是一种新的物理网络，而是把多个物理网络互连起来的一种方法和使用网络的一套规则。Internet 是从ARPANET发展起来的，目前已发展为规模最大的国际性网络。任何计算机只要遵守Internet互连协议，都可以接入Internet。

为区分一般的互联网和这种规模最大的国际互联网及组织，中国把后者称为"因特网"，把前者称为"互联网"，即因特网是指国际互联网。换句话说，互联网是一种技术，是各部门、区域之间的网络连接方法，国际互联网则既有技术，又有组织，是指世界范围内的网络互连及其管理方法。后文中"Internet"一词主要指国际互联网。

前面介绍过，利用路由器将若干局域网、广域网组成的是互联网，由全世界几百万台路由器组成的最大的网络就是因特网。

对一般用户而言，一旦接入互联网或因特网，他可以不必关心网络的具体连接形式如何、本机和远程的服务器之间有多少个路由器和多少个网络，只需关心通信的内容即可，如图6.8所示。

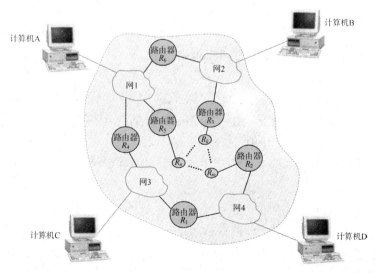

图 6.8　互联网中计算机之间的通信示意

在互联网或因特网中，数据包或者数据分组由某台计算机发出后，按照协议或者约定，被传送到与其相连的某个路由器，若不是目的地，则该路由器又会继续向前传送，最终传送到目的地。其间可能经由不同的路由器，网络系统会自动地在不同路由器之间以及计算机与路由器之间进行数据包转换，以保证数据正确地传送到目的地。

互联网或因特网的工作原理可以用现行的邮政系统来比拟：一个简单的局域网络(服务器，主机)好比是拥有一个邮局(路由器)的系统，而较大的由若干局域网互连形成的计算机网络则有些类似于多邮局的邮政系统，一封信(数据包)由发信人(主机、服务器)投到其所在的邮局中，再经由若干邮局，最终传送到目的地邮局，然后传送到收信人(主机、服务器)的手中。在邮局之间的传送过程中不需收信人或发信人干预，如图6.8所示。计算机网络系统不同于邮政系统之处在于计算机网络之间的传送没有类似邮政职工之类的人员参与，全部是自动完成的，只是要求大家(信源和信宿)遵守共同的约定，即协议。

5. 接入国际互联网

因特网的发展非常迅速，目前已有若干个骨干网、数百个地区网、几万个局域网，连接世界各地近百个国家的数千万台计算机，其发展速度呈指数级增长。

前文说过因特网不仅有技术，而且有组织。其技术就是用路由器实现世界各地的计算机网络之间的连接，其组织就是管理这些路由器并接受其他组织或个人接入Internet的部门，这些部门被统称为ISP（Internet Service Provider），即因特网服务提供商。因此，所谓接入Internet，是指运行TCP/IP的某台主机与某一ISP的路由器相连接。

（1）TCP/IP

TCP/IP是一个协议簇，分为4层：应用层、传输层、网络互连层和网络接口层。

应用层包含了所有的高层协议，如文件传输协议FTP、虚拟终端协议TELNET、电子邮件协议SMTP、网络管理协议SNMP、访问WWW站点的HTTP协议等。在进行Internet接入时或者利用Internet的服务时，会经常遇到这些协议名称。不同协议能提供的服务也不同。

传输层负责在源主机和目的主机的应用程序间提供端-端的数据传输服务，其中之一就是TCP（Transmission Control Protocol，传输控制协议），它规定了一种可靠的数据信息传递服务。

网络互连层负责将一个数据分组（简称分组）独立地从信源传送到信宿，是TCP/IP协议簇的核心，这一层协议被称为IP（Internet Protocol，因特网协议）。IP协议中很重要的一点就是需要一个地址(即IP地址，将在下面介绍)。

网络接口层负责将IP网络互连层产生的分组（简称IP分组）进行封装，并在不同的网络上传输。

（2）IP地址：Internet地址

运行TCP/IP协议的计算机，即需要接入Internet的计算机，必须有一个唯一的IP地址。所谓IP地址，就是给每个连接在Internet上的主机分配一个唯一的32位二进制数的地址，每个地址都由网络号和主机号组成，说明接入的是哪个网络的哪个主机。人们在操作时一般将其书写成用"."分隔的4个十进制数，如10000000 00001011 00000011 00011111，可以记为128.11.3.31，这显然方便得多。典型的IP地址示例如图6.9所示。

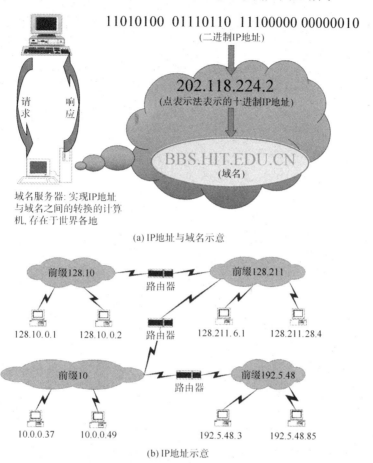

(a) IP地址与域名示意

(b) IP地址示意

:: 图6.9 IP地址示例

IP地址可由用户所接入网络的网络信息中心来提供。每个网络可分配的地址由该网络接入的上一级网络的信息中心提供。因特网IP地址的总分配由美国国防部数据网DDN的网络信息中心NIC来完成。

（3）Internet域名系统

用户平时几乎不愿意使用难于记忆的主机地址，而是愿意使用易于记忆的主机名字，这种表示计算机IP地址的符号名字被称为**域名**。若要用域名表示IP地址，则需要有一个域名系统DNS（Domain Name System）将域名转换成计算机的IP地址。域名系统是一个分布式主机信息数据库。整个数据库是一个倒立的树形结构，顶部是根。树中的每个结点是整个数据库的一部分，结点就是域名系统的域，域可以进一步划分成子域，每个域都有一个域名，定义它在数据库中的位置。在DNS中，域名全称是从该域名向上直到根的所有标记组成的符号串，标记之间用"."隔开。例如，哈工大的WWW服务器的域名就是WWW.HIT.EDU.CN，如图6.10(a)所示。域名系统的第一级（顶级）域名最初是按美国国内组织分的，后来把其他国家包括在内，如图6.10(b)所示。

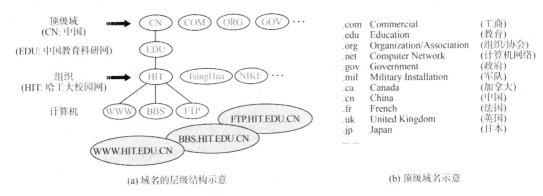

图6.10 域名的结构及顶级域名示例

Internet国际特别委员会（International Ad Hoc Committee，IAHC）负责域名的管理，解决域名注册的问题。中国的域名由中国互联网络信息中心（China Internet Network Information Center，CNNIC）负责管理和注册。

各国政府、公共电信经营企业也在努力建设公用网络，以适应和促进因特网的发展。例如，公用网络已经从传统的公用电话网，发展到话音、数据、图像等多种业务以二进制数字化统一起来的综合业务数字网（Integrated Services Digital Network，ISDN）；为满足日益增长的多媒体信息服务的需要，使信息传输速度更高，又对传统的基于线路交换的公用网络进行改进，利用更先进的传输媒介，融入更先进的技术，形成高速综合业务数字网，即宽带ISDN（简称宽带网）等；更进一步，使传统的（有线、无线）电话网、广播电视网、计算机网统一起来，形成三网合一的新型公用网络系统。

（4）因特网基本服务

因特网提供多种服务，典型的有电子邮件E-mail、文件传输FTP（File Transfer Protocol，文件传输协议）、远程访问Telnet（Telecommunication Network Protocol，远程通信网络协议）、World Wide Web（WWW，环球信息网或万维网）等。

E-mail是Internet的一种通信服务，允许人与人之间利用计算机进行通信：一个人创建了一封电子信件，指定某些人为接收者，电子邮件软件将电子信件的副本传送给每个接收者。电子邮件和现实世界的邮政系统有相似的概念，电子邮件的发送者和接收者即好比邮政系统的发信人和收信人，电子邮件的邮箱服务器即好比邮政系统的各个邮局，邮箱服务器为每个用户设置一个邮箱，就像邮局为每个人设置一个邮箱一样。其传递过程是：发送者处理信件，发送至邮箱服务器（即交给邮局），信件在每个网络上传输（即好比信件在邮政系统的各个邮局之间传递），直至目的地邮箱服务器（目的地邮局），再分发到收件人邮箱中。

FTP是Internet提供的存取远程计算机中文件的一种服务，允许用户通过连网的本地计算机浏览、复制、存取网络上的某台计算机中的文件。Telnet是Internet提供的进行远程登录访问的一种服务，可以从联网的本地计算机登入到网络上的某台计算机，并使用该远程计算机的各种软件、硬件和信息资源等。

WWW也称为W3或Web，是当今最流行的一种Internet服务。它是组织信息成为信息网络的重要方法，6.3节将介绍因特网的重要应用：WWW与信息网络。

6.3 因特网与Web——信息网络

6.3.1 由计算机网络走向文档/信息网络Web

计算机网络将不同地点的计算机连接起来形成了局域网、广域网和互联网，而因特网通过TCP/IP协议、路由器及ISP组织体系，将网络互连起来，形成了世界范围内最大的网络。

这个网络能够做什么？最基本的就是"发布信息"→"传播信息"→"获取信息"。信息是人们交流与传播的内容，信息的载体是文档/文件。文档/文件被不同人存储在不同的计算机上。计算机已经联网，能否将不同计算机的文档之间也连接起来呢（如图6.11所示）？

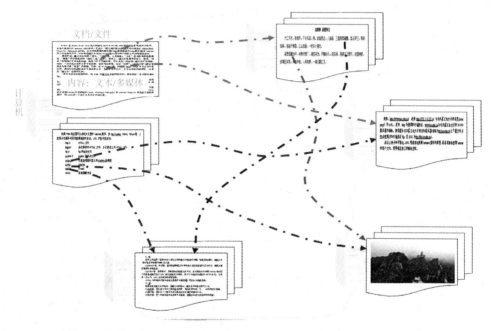

▪▪ 图6.11 计算机网络之上的文档网络抽象示意

这里有个基本问题需要解决：如何表达、建立和实现文档之间的链接，以建立文档网络？这样的文档既包括文档本身的内容文本，也包括文档之间的链接信息，我们把这样的文本称为超文本。

超文本不仅包含自身的信息文本，还要包含指向其他文档的链接。简单而言，超文本 = 文本 + 链接。这里的文本是泛指，不仅指文字符号构成的文本，也泛指图像、声音等媒体性的文本。

怎样发布信息呢？传统的书本通常被认为是线性组织信息的一种手段，而电子文档可有效地突破这一限制，形成一种网络化组织信息的方式。例如，传统书籍中的相关性引用、索引、关联等，使文档之间有了联系，如阅读古诗词时遇到了一个典故，典故的解释、典故中涉及的人物、景物的形象等使文档之间形成了网络化的、纵横交错的关联关系，图6.12给出了文档网络链接之间的丰富语义关系示意。这种关联关系在传统文本中

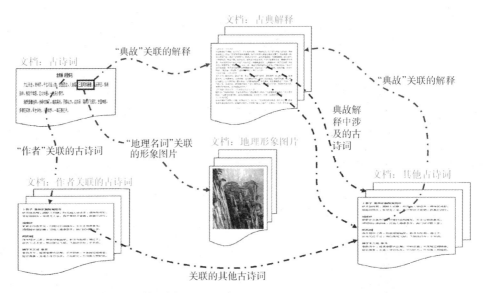

图6.12　文档网络的语义链接示例

难以实现，使阅读者在阅读文档时，联想、追踪、挖掘等方面受到限制，能否协同组织这些纵横交错的文档关联关系，同时使读者在阅读时可顺着这种链接方便地进行联想与追踪，实现多文档的交叉、纵横阅读，实现文档的声、图、文的联合展现等，这就是电子文档区别于传统文档的关键之处，也是WWW [5]技术发展的驱动力。

如何建立文档之间的关联？纵横交错的关联关系如何建立与使用？**这既需要从技术上解决文档之间的关联，更需要从内容上建立文件之间的关联。**技术上解决文档之间的关联即是Web技术，而内容上建立关联则需要文档的发布者即广大用户发挥聪明的想象力来建立。

当网络上的文档被链接起来后，能够做什么？当大规模网络上的超大规模文档被链接起来后，又能够做什么呢？可以说有很多事可以做，如从典型的检索、阅读与学习，到改变人们的生活与工作方式等。但如何搜索、如何聚集、如何分类、如何归并、如何排序？其基本问题是：**怎样找到最符合用户需求的文档？**

WWW技术的发展使Internet发展为全球范围内无限增长的信息资源网，其内容之丰富是任何语言也难以描述的。在现代社会，任何组织、任何个人都不能忽视因特网的存在，因特网已经在改变着人们的思维与工作方式，传统的"围墙"式企业、传统的商务经营模式、传统的教育模式也因因特网的出现而发生改变。

6.3.2　超文本/超媒体的表达与解析

1. 超文本/超媒体的基本概念

（1）超文本

所谓"超文本"，是指根据需要把一些信息链接起来，通过文本中的"链指针"可以打开另外的一些文本（这些文本同样还可含有链指针），它是实现信息大范围多级调用管理的信息集合。超文本狭义理解是指文本（文字集合，Text），随着多媒体技术的发展，构成超文本的节点除文本外还有图像、视频和音频文件等，此时的超文本便称为"超媒体"。在很多场合下，超媒体作为含义更广的术语取代了超文本。但本书在后文中仍旧以超文本来指代超文本或超媒体。

超文本由若干个互连的文本块组成，这些文本块被称为**节点（node）**。节点不管大小，都有若干个指向其他节点或从其他节点指向该节点的指针，这些指针被称为**链（link）**、**锚（anchor）**或**链锚**。

（2）节点

构成超文本信息网络的每个节点都包含一个特定主题的信息，节点的大小由主题而定，按照节点的功能，可以大体分为3类：表现型节点、组织型节点和推理型节点。

① 表现型节点可以分为：文本型节点，由文本段组成；图像节点，由图像组成；声音节点，由录音或合成语音组成；按钮节点，用于执行一个程序。

② 组织型节点可以分为：目录节点，以条目形式给出信息的索引指针；索引节点，由索引项组成，索引项用指针（锚）指向目的节点或相关索引项。

③ 推理型节点。只有智能型的超文本中才有推理型节点，主要包括对象节点和规则节点。

（3）链锚

一般而言，链锚有两类：命名标记链锚和执行链锚。

1. 命名标记链锚是指像书签那样把文件中的某个或某些段落标记为节点，给该节点一个名字，供其他文档通过该名字来链接该节点。

2. 执行链锚用来指向其他超文本节点，或者引用本文件中用命名标记链锚标记了的段落，或者执行某些命令程序。

2. 超文本/超媒体的表达HTML

超文本/超媒体是用HTML（HyperText Markup Language，超文本标记语言），在原有的文本/媒体（节点）信息基础上增加链锚信息来表达的，如图6.13所示。

(a) 纯粹的文本

(b). 与(c)中文件存储在同一目录下的图像文件HuangHeLou.JPG

(c) 加入HTML标记的文档

(d) 按照HTML文档展现的超文本，其中示意的链接是可以被执行的

(e) 存储在/Doc下面的HTML文件HuangHeLou介绍. html（此处隐含了其中的标记）

:: 图6.13 纯文本与超文本

图6.13(a)和(b)给出了原始的纯文本文件和一个图像文件。图6.13(c)给出了对图6.13(a)文档用HTML进行标记的一个超文本文件。图6.13(d)是按照HTML标记进行处理和展现的超文本，不仅展现出了文档内部节点之间的链接关系（用一种带下划线的蓝颜色的字体表征的，它可被执行，即当用户用鼠标点按该文字时，可自动转到指针所指向的节点块的位置），也展现出了一个文档链接到另一个文档的链接关系，也可被执行（如将诗词《黄鹤楼》的文档链接到关于"黄鹤楼"解释的另一个文档，见图6.13(e)），还可以将分布在不同计算机上的两个或多个文件装配起来形成一个超文本（图中为将一个文本文档和一个图像文件装配起来形成一超文本）。图6.13(d)所展现出的文本、图像及链接关系都是通过图6.13(c)中的标记来指示和实现的。

由图6.13(c)可以发现，HTML文件由两部分组成：标记和文本。文本是指文件本身的内容，是纯文本信息或者图像、声音文件等。标记用于指明文件内容的性质、格式和链接等，为了与文本区分，标记是用<>括起来的，如<HEAD>、<HTML>、<BODY>等。为了使大家基本看懂图6.13(c)，我们简要介绍一些HTML的基本内容，以理解HTML的基本思想。细节及更复杂的内容读者可查阅HTML的介绍，HTML已经发展得非常成熟，功能也在不断地扩大。

HTML文件一般有两种标记。一种是成对出现的标记，被称为包装标记，如<BODY>…</BODY>，不带"/"的标记表示开始，而带"/"的标记表示结束。包装标记表示对标记范围内的文本或图像要展现或执行"标记"所表达的特性，即要进行包装，如格式处理、链接指针的显示或执行等。另一种是单一的标记，被称为空标记，如<HR>的作用是划一条水平线，
也是一种空标记，它其实是前面成对出现标记的一种简单写法，表示在此要换行，对后续的文本要做换行处理。一般的HTML文件是一个文本文件，即按ASCII码方式编码存储。

HTML文件以标记<HTML>表示文件的开始，以标记</HTML>表示文件的结束。它由文件头和文件主体组成，文件头部分由标记<HEAD>…</HEAD>指示，文件主体部分由标记<BODY>…</BODY>指示。一般在文件头中放入该页的题目以及页面的一些其他说明信息，页面标题由标记<TITLE>…</TITLE>指出。图6.13(c)中出现的标记中，<P>…</P>表示标记范围内的文本为一个节点段落，另起一段时，系统会在两段之间空行；
表示标记后面的文本要做换行处理。

如何将不同计算机或不同目录下的两个文件合并在一起呢？例如，如何将图像文件合并到文本文件中呢？此时需要使用<IMG >标记，该标记指示将其指出的文件合并到该文件中。其格式如下：

<IMG SRC="图像所在的机器与路径/图像文件名"/>

例如，示例中的<IMG SRC="/imgDir/HuangHeLou.jpg"/>是将本机/imgDir路径下的HuangHeLou.jpg文件合并到该文件的此标记所在位置。

3. HTML对链接的表达

HTML中专门用"链锚"标记来表达和处理链接关系。

链锚<A>标记用来创建超文本和超媒体中的链接。这个标记也是一种包装标记，要求用一个</A>来指示作为超文本链接部分的文本、图像的结束。

（1）绝对地址链接

文本链接的基本格式如下：

　　　　<A HREF="URL">屏幕显示内容</A>

如果你要链接的HTML文件在Internet的某个地方，则需要一个完全的、绝对的路径，该路径被称为URL（统一资源定位器，将在后面做介绍），如：

　　　　<A HREF="http://www.bignet.net/realcorp/HuangHeLou介绍.html">黄鹤楼</A>。

HREF几乎与创建的每个链锚标记一起使用，它是A标记的一个属性。在显示处理时，标记之间的内容"黄鹤楼"将以带下划线并带有另一种颜色（通常为蓝色）的形式显示在屏幕上，表示用鼠标点击了它的话就启动该超文本链接，转到其所给出地址的文本的显示上。

（2）本机内部文件相对地址链接

如果要链接的HTML文件在同一台计算机中，则需要的是相对的路径和文件名，如当HuangHeLou介绍.html与使用它的HTML文件在同一个目录中时，写成：

　　　　<A HREF="HuangHeLou介绍.html">黄鹤楼</A>

（3）文本内部段节链接

在同一文件中，进行段节链接对于直接把人们带到所关心的那一段节是非常有用的，这可以使读者不需要用PageUp或PageDown键翻动屏幕，就能直接定位到所需要阅读的内容。

如果要在同一个文件内建立段节的链接，则需要链锚源作为超文本的链接指针，链锚源使用<A HREF>来定义。链锚宿作为那个链接的参考点，链锚宿使用命名标记<A NAME>来定义。二者需要成对使用。

链锚源标记的格式如下：

　　　　<A HREF="#链锚宿名称"> 屏幕显示内容</A>

例如，<A HREF="#注解2">悠悠</A>是将文件中的"悠悠"显示为一种指针。

链锚宿标记的格式如下：

　　　　<A NAME="链锚宿名称">屏幕显示内容</A>

例如，<A NAME="注解2">2. 悠悠：久远的意思。</A>是将文件中的"2. 悠悠：久远的意思。"定义为一个名字"注解2"，便于链源锚引用并指向它。

在一个超文本中，链锚源和链锚宿总是成对使用，用户可以根据需要设置任意多对这样的内部链接关系。注意，链锚源与前面的绝对地址链接、本机内部文件相对地址链接中的链锚标记很相似，不同的是，文本内部段节链接中的HREF以"#"开始，告诉系统在当前的文件中寻找一个段节，而不是到外面去寻找HTML文件。链锚宿中NAME属性用来在当前的HTML文件中创建一个实际的段节，供链锚源参照。

4. 超文本/超媒体的解析：浏览器

简单而言，超文本 = 文本 + 链接。HTML将文本仍旧表达为文本，而将链接表达为一种标记。HTML的标记不仅能表达链接关系，还能表达文本的格式等，即：超文本 =

文本 + 标记，而标记 = 格式 or 链接。

HTML的标记是提供给超文本/超媒体的解析程序所使用的，换句话说，对于带有标记的超文本文档，解析程序会依据不同标记所表达的含义对文本进行格式处理、显示和链接处理。例如，解析程序可以依据\<P\>…\</P\>标记，将标记中间的文本处理为一个段落，以空行的形式区分于其他段落；依据\<BR/\>标记，对标记后面的文本进行回车换行处理；依据\<A HREF ="HuangHeLou介绍.html"\>黄鹤楼\</A\>，将文本"黄鹤楼"显示为一个可以被执行的链接，即用不同颜色的带下划线的格式显示"黄鹤楼"三字，用鼠标点击该链接时，解析程序会自动寻找并打开该链接所连接的文档"HuangHeLou介绍.html"。

HTML目前已经是国际互联网上的一个标准，包括丰富的"标记"，并且在不断发展中。能够解析HTML文档的解析程序有很多，读者自己也可以编制这样的解析程序：解析HTML文档只需对任何HTML文档中出现的标记，按照HTML标准中定义的标记含义，处理相应的文本即可。目前最典型的解析程序便是浏览器（Browser），浏览器的基本功能是解析、显示超文本/超媒体，并能实现超文本/超媒体之间的链接。

6.3.3 超文本/超媒体的组织与管理

一般而言，一个HTML文件就是一个网页（Web Page），可能包括文本、图像、声音文件和链接信息，并能够被浏览器解析、显示和链接处理。随着国际互联网的发展，人们建立了越来越多的网页，这些网页如何组织与管理呢？如何定位一个个网页呢？这就需要网站和主页。

1. 网站与主页

网站（Web Site）是指建立在Web服务器上、由特定人或小组建立或控制的网页的一个集合。通常，网站提供它内部信息的一定组织形式，可以从网站的索引页（index.htm）或默认页（default.htm）开始，利用超文本链接将更多的网页链接在一起。Web服务器是一台与Internet相连，执行传送Web页和其他相关文件（如与Web页相连的图像文件）的计算机。一般地，作为Web服务器的计算机与Internet高速相连，能够同时处理来自Internet的多个连接请求。

每个网页集合或者超文本一般都有一个首页，这个首页被称为主页（home page）。主页是人们访问Web服务器的第一个超文本文件。如果你要用Web展示自己的信息，首先要设计主页，它应该是一个画面精美的简要目录。主页的文件名应该与该Web服务器系统配置文件中指定的默认页的文件名一致，以便访问者一连接到你的网站就可以直接看到主页。

2. 统一资源定位器URL

在Internet上，每种资源（包括网页和各种各样的文件、程序等）都可以使用统一的格式URL（Universal Resource Locator，统一资源定位器）来定位。URL的格式如下：

Protocol://host.domain.first-level-domain/path/filename.ext

（协议: //主机名.域名.第一层域名/路径/文件名.扩展名）

或者

Protocol://host.domain.first-level-domain

（协议: //主机名.域名.第一层域名）

从URL的格式可以看出，其由3部分组成：协议、欲访问机器的IP地址或域名、在该机器下的目录及文件名。

例如，http://www.hit.edu.cn/或者http://202.118.224.25/ 为哈尔滨工业大学的主页的URL。其中，http为使用的协议类型，www.hit.edu.cn为哈尔滨工业大学的Web站点的域名。如果想从哈尔滨工业大学的文件服务器（地址为ftp.hit.edu.cn）上下载文件，则应该使用文件传输协议ftp，其URL为ftp://ftp.hit.edu.cn/。

从以上例子中可以看出，URL明确指出所用Internet服务的协议类型，而且其地址使得Internet的每个文件、程序都是独立的地址实体。

利用Web浏览器可以访问大多数的Internet服务，如FTP、Gopher、News、Telnet等，在使用这些服务时需要使用相应的协议。URL中的协议类型如下：

http://	HTML 文件
https://	某些保密的 HTML 文件，自己硬盘上的 HTML 文件
ftp://	ftp 网站和文件
gopher://	gopher 菜单和文件
news://	特定新闻服务器上的 UseNet 新闻组
news:	UseNet
mailto:	E-mail
telnet:	远程登录对话
file://	本地文件

使用上述协议，输入Internet服务器的地址和路径，用户可以遍访Internet上可用的或自己硬盘上的任何目录、文件以及程序。

3. URL的解析：浏览器

URL的解析是依据URL给出的地址链接到相应的主机，并按照给出的路径或默认路径找到相应的资源提供给用户。读者可以自行编写这种解析程序，也可以直接利用商品化的解析程序，最典型的解析程序便是浏览器。前文说过Web浏览器是典型的网页解析程序，其另一个重要的功能便是URL的解析与执行，而后者也是前者必不可少的功能。

浏览器可以接收用户拟访问资源的URL，并能按URL链接获取资源并显示结果，简单来讲要做三件事：① 确定使用什么协议；② 寻找并连接指定地址的服务器；③ 向服务器申请浏览指定的文件。利用上述信息，浏览器能够访问前述的Internet大多数服务。

在HTML中，超文本链接只是一种可点击的URL，如

<A HREF="URL">屏幕显示内容</A>

每当在Web文件中创建链接的时候，实际上是对那个链接用一个URL赋值。当该链接被点击时，浏览器接收链接地址形成URL，然后通过相应上述步骤来获取相应文件等。

6.3.4 无限资源库的发掘和利用：搜索引擎

如果任何人想要发布信息、传播信息，期望使更多的人了解相关的信息，便可通过建立网站来实现，即建立一个网页的集合，并将这个网页集合发布到与Internet相连的任一台作为Web服务器的主机上面。随着因特网的发展，越来越多的人建立了各种各样的网站，网上资源越来越丰富，使因特网成为世界最大的(可以认为是拥有无限资源)资源库。如何发掘和利用它们呢？Internet用户如何找到其所需要的网站及其资源呢？这就引出了一种新技术也是新的商业机会的出现，那就是搜索引擎。目前，搜索引擎已成为人们日常工作生活不可缺少的工具。

搜索引擎是指根据一定的策略、运用特定的计算机程序从互联网上搜集信息，在对信息进行组织和处理后，为用户提供信息检索服务的系统。搜索引擎简单来讲可分为两类：一类是目录引擎，它仅仅是按目录分类的网站链接的列表，如Yahoo等；另一类是全文搜索引擎，它通过互联网提取各个网站的信息来建立自己的数据库，并向用户提供搜索查询服务，如Google等。后一类又根据其专业性被区分为专业搜索引擎或通用搜索引擎。

我们简单来看通用搜索引擎的工作原理，以便更好地理解搜索引擎的作用和意义。简单来讲，搜索引擎指可在因特网上检索网页并发现用户所需要网页的一组程序的集合，如图6.14所示。这些程序需要完成以下功能。

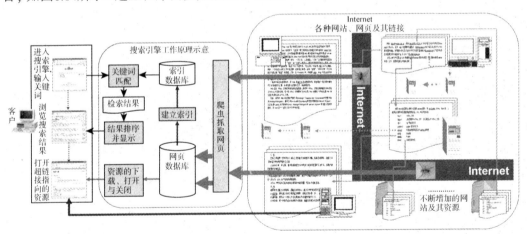

:: 图6.14 搜索引擎工作原理示意

（1）获取网页

一般地，搜索引擎都会运行很多获取网页信息的程序，可以从一个网页开始检索，沿着该网页的超文本链接，链接到另一个网页，再依据网页中的链接，链接到下一个网页，如此沿着网页中的链接获取更多网页的信息，并将获取到的网页信息存入自己数据库中。这种程序被形象地称为爬虫程序，能在Internet上沿着网页的链接爬到任何的地方。

网页/超文本的链接网络被形象地称为Web。Web原始意思是蜘蛛网的意思。面对如此庞大的蜘蛛网，怎样策略地爬行能获取到用户最感兴趣的信息？怎样识别网站及网页的重要性，降低爬虫获取无效网页的频度？怎样提高网页信息获取的效率和正确性呢？这也是网页爬虫程序（或者说爬虫算法）不断地被研究和改进的动力之一。

目前，搜索引擎使用两种方法自动地获得各个网站的信息，并保存到自己的数据库中。一种是定期搜索，即每隔一段时间，搜索引擎主动派出"爬虫"程序，对指定IP地址范围的网站进行检索，一旦发现新的网站，就自动提取网站的网页信息和网址加入自己的数据库。另一种是靠网站的拥有者主动向搜索引擎提交网址，它在一定时间内定向向要提交的网站派出"爬虫"程序，扫描该网站并将有关信息存入数据库，以备用户查询。

（2）用户需求获取与搜索结果的排序与反馈

目前，多数的搜索引擎都是通过关键词来获取用户的需求。当用户以关键词查找信息时，搜索引擎会在索引数据库中进行搜寻，如果找到与用户要求相符的网站，便采用特殊的算法计算出各网页的信息关联程度，然后根据关联程度高低，按顺序将这些网页链接返回给用户。这一环节中的问题如下：

① 关键词语的选择：搜索引擎利用关键词进行内容匹配，关键词的准确程度决定了检索结果的精准程度，有时可使用多关键词检索等。

② 检索结果的排序与浏览：搜索引擎对检索结果按照某种方式进行排序。一般而言，最贴近关键词的、匹配最好的结果放在前面，而匹配最差的则放在后面，**PageRank**是一种网页排序的处理思路。

如何检索到满足用户需求的网页或网络资源始终是搜索引擎面对的一个问题。关键词的提取、关键词的匹配，检索属性的建立、属性检索与多属性检索等，不断出现的新的搜索策略与搜索算法使得搜索引擎的可用性越来越好。

（3）索引建立与高效检索算法

互联网上的网站数量与网页数量是非常庞大的，爬虫获取的网页如果要存储累积起来，可能需要成千上万台服务器规模的计算与存储系统，所以搜索引擎背后是庞大的网页数据库，在数据库中扫描一遍可能需要很长的时间，因此很多搜索引擎会对此数据库建立各种各样的索引，并研究快速搜索算法来提高搜索效率。

如何由指向该网页的链接评估网页的重要性，而由网页的重要性进一步评估网站的重要性？因网站的信息可能不断更新，采取什么策略来爬行各网站，以获取新的网页？这些都是搜索引擎要解决的问题。

6.3.5 互动网络与群体网络：互联网的创新更重要的是思维的创新

超文本/超媒体技术使Internet发展成了世界范围内的文档网络（或者说信息网络），这种网络被形象地命名为World Wide Web（WWW），WWW的出现极大地改变了人们的工作和生活，使互联网成为创新的牵引者和源动力，谷歌（Google）、雅虎（Yahoo）、新浪（Sina）、百度（Baidu）、腾讯（Tencent）、淘宝/阿里巴巴、苹果（Apple）、脸谱（Facebook）等一大批互联网公司的成功，使人们更加关注互联网。互联网创新成功靠的是什么呢？

早期的文档网络可以说主要是由少数人（专家或专业团体或组织等）来创造网络内

容，即建立和发布网页，大多数用户则仅仅通过浏览器/搜索引擎获取网页、浏览网页。大部分情况下，大多数用户仅仅是互联网的看客，这种网络被称为Web 1.0，即纯粹的信息网络。

尽管这样，信息网络的出现促进了人们思维的变化，一大批新型网络出现，被称为Web 2.0或Web 3.0，说明了这样一点：以前看似不可能的事情（不是技术的问题）逐渐成为可能，这使人们更加重视思维的创新。由纯粹的信息网络发展为互动网络和群体网络就是新思维促进的结果。下面举几个例子简单地来阐述互联网的创新思维。

1. 借助网络力量，利用集体智慧的互联网创新

我们先看百科全书的编纂问题。词典/百科全书由谁来编纂？是专家，还是大众？是相信，还是不相信？传统观念认为，类似于词典/百科全书的作品应该是由权威专家来编纂的，出版社会组织众多的专家对每个词条进行甄选和定义，这项工作是庞大的也是繁杂的。专家的数量以及专家的知识面对于词条甄选的范围和词条解释的正确性是有影响的。因此，这样的作品对新出现的词条而言通常会有一定的滞后性，对词条的覆盖范围也会有一定的局限性，出版的周期也比较长，但对于选入词条的解释还是可信的——毕竟是权威专家给出的解释。

维基百科全书（Wikipedia）[8]是一种基于超文本系统的在线百科全书。它基于一种看似不可能的观念来实现百科全书的编纂工作，即：一个条目可以被任何互联网用户所添加，同时可以被其他任何人所编辑。其所产生的条目解释可信吗？**如果有大量的用户关注该词条、解释该词条，基于该词条的众多的个体解释有无可能产生正确的词条解释呢？**维基百科全书已然高居世界网站百强之列说明这是可能的，它印证了开放源码领导者之一埃里克·雷蒙德的一句话："有足够的眼球，所有的缺陷都是肤浅的（with enough eyeballs, all bugs are shallow）"。这在内容创建方面是一种深远的变革。

类似地，我们看分类技术。面对网络上众多的网页资源，包括文本、音乐、图像等，包括专业资源和非专业资源，如何分类？网络资源是以网络资源建立者的信息组织思维来建立的，并不一定是按照或者遵循某一分类体系来建立的，于是**大规模网络中的大量资源便呈现出一种混沌状态**；而用户需要的是符合其需求的具有良好分类的资源列表，用户的分类体系很可能不同于网络资源建立者的分类体系。如何建立一种大众都能接受的分类标准呢？如前所述，由专家来建立，还是由大众来建立？是相信，还是不相信呢？一种被称为"分众分类"（folksonomy）或"大众分类"的概念在网络领域盛行。这是一种使用用户自由选择的关键词对网站、网页、资源进行协作分类的方式，而这些关键词一般被称为标签（tag）。从抽象意义上说，这种标签与超文本中**用标记来刻画文本的性质**是一样的，是对超文本中的标记使用的一种发展。标签化运用了像大脑本身所使用的那种多重的、重叠的关联，而不是死板的分类。将传统网站中的信息分类工作直接交给用户来完成是一种创新。**如果有大量用户参与分类，具有最大用户集合的关键词是否能成为公众接受的分类标准呢？或者说，怎样利用集体智慧的成果来形成公众普遍接受的分类标准呢？**

2. 借助网络力量,聚集分散的资源,基于网络聚集资源的互联网创新

在互联网环境下,是卖软件,还是卖服务? 大家都知道,超文本解析器Browser的开创者之一是Netscape公司,它的策略是卖软件Browser。而Browser的强弱代表了其所支持的HTML能力的大小,即超文本表达能力的大小。HTML文本需要通过Browser来解析、展现和链接。换句话说,通过**控制显示内容和链接标准即超文本标准**的Browser软件,赋予了Netscape一种市场支配力,借助于Browser,推送各种程序,以拓展软件市场,进一步拓展网络服务器的市场及其他市场。不幸的是,它却被微软公司的IE(Internet Explorer)浏览器打败,微软借助了更具市场支配力的Windows操作系统捆绑销售IE软件,使IE以近乎免费的形式快速地瓦解了Netscape的策略。

相比之下,Google采用了另外的策略,它从不出售软件,而是**以用户通过软件所使用的服务来获取收益**。为了支持通过软件所使用的服务,Google在搜索引擎的背后建立了庞大的服务平台——数字资源管理和服务平台,包括搭建宏大的、由众多个人计算机组成的、可伸缩的网络服务平台和大规模异构数据的管理平台等。这些平台可提供强大的计算能力和数据资源管理能力,不仅支持自己通过软件提供服务获取收益,还支持网络上众多的中小公司甚至个人"通过软件所使用的服务来获取收益"。它通过软件将大量的分散化的资源聚集起来,同时聚集了大量的利用资源的软件商或服务商,形成了一个网络化的软/硬件及服务的生态环境,取得了成功。Google认为:**如果不具备收集、管理和利用数据的能力,软件本身就没有什么用处了。**事实上,**软件的价值同它所协助管理的数据的规模和活性成正比。**

我们再看一个例子:**网站是发布,还是互动?** 传统的个人网站是一个部署在任意网络服务器上由一个主页牵引的众多网页的集合。它所发布的信息理论上可以被网络上的用户发现并阅读,然而其仅仅是让别人来阅读。而博客(Blog)是一个什么思维呢?

Blog——博客/网志,Blog的全名应该是Web log,后来缩写为Blog。从技术上看,一个Blog其实就是一个网页,通常是由简短且经常更新的文本及链接所构成;但Blog又是一个大众易于使用的网站,允许用户通过简单的文本录入,快速、方便地建立并发布超文本,而不需让用户涉及复杂的HTML及网站网页组织等烦琐的问题;该网站的内容通常由个人管理,可以由自己发表文章,但能够让读者以互动的方式留下意见,是在网络上发布文章和阅读文章的流水记录,即"网络日志",被称为网络时代的个人"读者文摘"。这种便捷性使博客更多地关注内容,而不是技术。

深层次来讲,博客构建的是以简单文章为形式的一个互动的社会网络,即由文章及其主题连接的互动用户的网络。博客可以组织成一个个社区或群,一个博客可以在群中开放,也可以在更大范围内开放。博客之所以公开在网络上,就是因为它不等同于私人日记,博客的概念肯定要比日记大很多,不仅要记录关于自己的点点滴滴,还注重它提供的内容能帮助到别人,也能让更多人知道和了解,是私人性和公共性的有效结合。博客标志着以"信息共享"为特征的第一代门户之后的追求"思想共享"为特征的第二代门户正在浮现,互联网开始真正凸显无穷的知识价值。博客是以自由、开放和共享为文化特征,通过图、文、音、像等表现形式,围绕个人网络存在的一种社会化个人服务模式。

博客具有知识传播的能力，网络上成千上万的人通过博客萃取并链接全球最有价值、最相关、最有意思的信息，相互之间传播；博客是网络传播领域出现的个性鲜明的传播现象，其出现改变了网络传播的秩序，重新划分了网络传播的界限。目前出现的微博更是引起人们的重视，通过博客、微博等建立起来的社会网络已经成为一种新型的互动的群体网络。

3. 小结：互动网络与群体网络

相比Web 1.0信息网络，互动网络与群体网络通常被称为Web 2.0。其主要特性如下。

① 用户创造内容：用户既是网站内容的浏览者也是网站内容的制造者，意味着网站为用户提供了更多参与的机会，如博客和维基百科就是典型的用户创造内容的例子。

② 更注重交互性，不仅用户在发布内容过程中实现与网络服务器之间的交互，而且实现了同一网站不同用户之间的交互，以及不同网站之间信息的交互。

③ 从原来的自上而下的由少数资源控制者集中控制和主导的互联网体系，转变为自下而上的由**广大用户集体智慧和力量主导**的互联网体系，由专业人员织网到所有用户参与织网。

④ **人是互动网络和群体网络的灵魂**：在互联网的新时代，信息是由每个人贡献出来的，每个人共同组成互联网信息源。

总体来讲，互联网公司成功故事的背后，一个核心原则就是**他们借助了网络的力量来利用集体智慧**。超链接是互联网的基础。当用户添加新的内容和新的网站时，将被限定在一种特定的网络结构中。这种网络结构是由其他用户发现内容并建立链接的。如同大脑中的神经突触，随着彼此的联系，通过复制和强化变得越来越强，而作为所有网络用户的所有活动的直接结果，互连的网络将有机地成长。

6.4 网络化社会与网络计算：用科学方法研究网络问题

6.4.1 形形色色的网络

在计算机网络、信息网络的发展基础上，目前网络向更宽更广的领域发展，出现了形形色色的网络，可以说已经进入了网络化社会。

互联网已经发展为物联网、数据与知识网、服务网、社会网络等。简单来讲，物联网就是物物相联的互联网，数据与知识网就是数据及知识积累与传播的互联网络，服务网就是将全球各地的提供者提供的服务互联起来，可为所有用户使用的互联网络，社会网络是由人及各种组织构成的可相互交流的互联网络，最终目标是实现"人物互联、物物互联、人人互联"的互联网络。

我们以自身为例来看未来的互联网：人可以随身携带或在家中布满各种可互连的设施，如用以监测身体健康水平的血压计、心电监测仪、身体参数传感器等物联设备，以人为中心构成了身体物联网；这些设施与互联网相连接，连接到不同服务机构的服务网络，管理人在不同时期由不同物联设备产生的各种数据以及身体不同时期的诊疗记录，构成了数据与知识网；通过博客、邮件、手机等连接不同的人员和组织便形成了社会网络。异构网络之间的互连、互通、互用逐渐成为网络化社会的常态。

现实生活中的各种设施，如水、电、交通、邮政等，也在计算机网络、互联网的促进下，向智能水网、智能电网、智能交通网、智能邮政网方向发展，实现现实世界和互联网世界的融合发展。

在计算机网络等技术网络的支持下，出现了各种各样的内容网络，如各种各样的社会关系网：合作关系网、金融借贷关系网、客户/供应关系网等。各行各业都试图从传统的线性结构关系跨越到网络化的结构关系，形成各式各样的网络化组织。

技术发展催化了各种网络的发展，使网络的规模变大、范围变广、网络运行的行为规律更复杂。可以说，网络已经渗透到人类生活的方方面面。

6.4.2　网络问题抽象与基本网络计算问题

互联网和计算技术的发展催生了形形色色的网络，并使网络规模和范围不断扩大。随着网络的规模性和复杂性的增大，理解网络的作用和原理，分析和理解大规模网络的行为，不仅必要而且可能[9]。本节简要阐述网络问题抽象的基本方法与基本网络问题。

1. 网络问题的基本抽象手段：图

对网络的基本建模方法就是用"图"进行抽象。这里所说的图是以一种抽象的形式来表示若干对象的集合以及这些对象之间的关系。一个图是包含一组元素以及它们之间连接关系的集合，这些元素称为节点（node），连接关系称为边（edge）。

$$G(V, E)，其中，V = \{A, B, \cdots\}，E \subseteq \{(x,y) \mid x, y \in V, x \neq y\}$$

即基本的图 G 包含两个集合，节点的集合 V 和边的集合 E。

例如，图6.15(a)包含4个节点，标记为A、B、C和D，其中B通过边与另外三个节点相连，C与D也通过边彼此连接。两节点间有边相连时称这两个节点为邻居（neighbour）。图6.15是一种典型的画图方法：以圆圈表示节点，以连接节点的线段表示边。

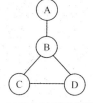 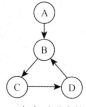 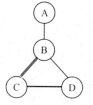 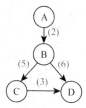

(a) 包含4个节点的图　(b) 包含4个节点的有向图　(c) 边有不同强度的图，边的强度用数值来衡量，用粗细来展现　(d) 边有不同性质的图，边的性质可用边上的不同标记来展现　(e) 边有数值标记的有向图，数值可表示边的长度、边的强度等

图6.15　基本图的示意

在图6.15(a)中，可以认为位于一条边两端的两个节点具有对称的关系。然而，许多情况下，我们希望借助图的概念表达不对称关系。例如，A指向B，但B并不指向A。为表示此类关系，定义有向图（directed graph）为节点和有向边的集合。其中，有向边

(directed edge) 为两个节点间的有向连接。有向图的表示如图6.15(b)所示，其中箭头表示有向边的方向。相应地，当强调一个图不是有向图时，我们称它为无向图 (undirected graph)。

现实世界如何被抽象成图呢？纷繁复杂的现实世界被抽象成了各种各样的图，也使图有了各种各样的性质，能处理形形色色的网络。例如，不同的图之间，节点的性质 (类型) 可能不一样，有些图的节点代表人，有些图的节点代表机构，有些图的节点代表机器等；两个节点之间的边也可能表达不同的含义，如一条边可能用数值或粗细表示两个节点之间联系的强度，如图6.15(c)所示；也可能以不同符号表示两个节点之间联系的不同性质，如图6.15(d)所示；也可能用数值表示边的长度或边的强度等，如图6.15(e)所示。

2. 不同类型网络的图抽象简单示例

（1）计算机网络的一种无向图抽象

节点表示计算机或者一些网络设备如交换机、路由器等，这些设备本质上仍可看作计算机。边表示两台计算机之间的物理连接。如果两个节点之间有一条物理线路进行连接，则这两个节点之间可绘制一条边，边上可有数值标记，表示该物理线路的数据传输速率。利用无向图可分析计算机网络传输是否通畅、是否存在瓶颈节点等问题。

（2）文档网络的一种有向图抽象

节点表示网页，**有向边**表示从一个网页到另一个网页的链接。如果一个网页中存在指向另一个网页的链接，则在这两个节点之间绘制一有向边。每个节点可有一个数值标记，表示指向该网页的链接的数量或者指向该网页的有向边的数量。利用有向图可评估每个网页的重要程度，即：节点数值标记越大的其可能越重要。通过网页重要程度的评估，搜索引擎可发现最重要的网页推荐给用户。

（3）内容网络的图抽象

随着计算机网络和文档网络的快速发展，互联网数据在其规模和节点含义的多样性上脱颖而出：数以亿万计的零散信息，通过链接彼此相连。这些规模庞大的链接后面隐含的是数据的制造者、数据的浏览者、数据的传播者，即用户 (人) 之间的交流与互动，组织之间的交流与互动，其中可能意味着网络中存在着某种社会和经济结构。要研究一个包含整个互联网规模的内容网络是相当困难的，仅仅有效地处理数据这项工作已经可以成为一个独立的研究难点。因此，多数内容网络研究都是基于某个按兴趣分类的互联网子集，如博客关联图、维基百科网页关联图 (或其背后的参与者关联图) 或一些社交网站的网页关联图/参与者关联图等。下面举几个例子。

① **合作图**。合作图用于记录在一个限定条件下，人与人之间的工作关系。例如，科学家之间的合著关系可以建立一个合作图：节点表示科学家，边表示科学家之间联合发表了作品。如果两个科学家在刊物或会议上联合发表了一部作品，则在这两个节点之间绘制一条边。这种合作图可以基于期刊文章网络 (两个作者联合署名发表了一篇文章)、基于Wiki (两个作者合作编辑了一个词条) 等来建立。利用此图，可反映科学家之间的合作关系与合作程度，找到处于协作中心位置的科学家以及其他科学家距中心科学家的距离。演员间合作出演影视作品的关系、企业界高层人士关系等都可以如此建立一个类

似的合作图等。

②**"谁和谁讲过话"图。** 随着网络互动手段的多样化，忽略互动的具体内容，而只关注如"谁和谁讲过话"、"谁和谁发生过联系"等因素可建立一个图。其中，节点为参与互动的用户标识，边表示在给定的观察周期内两个用户之间发生过互动的情况。"谁和谁讲过话"图可以基于即时消息 (两个用户之间通过话)、电子邮件 (两个用户之间有电子邮件来往)、博客/微博 (两个用户在同一个博客/微博上面有互动) 等来建立。基于此图，可以研究社会网络中个体与群体之间的关系，群体之间行为的互动影响，以及若干相关的经济与社会现象。

形形色色的网络被抽象成"图"的方法是不同的，其所蕴含的问题也不一样。需要说明的是，前述只是给出几个简单示例，即使同样的技术网络或内容网络，因所要研究的问题不同，图的抽象也可以不同。

3.几种典型的网络结构: 规则网络、随机网络、小世界网络和无标度网络

（1）规则网络

规则网络是一种具有规则图结构的网络。图6.16为几种典型的规则网络。如果一个网络中的任意两个节点之间都有边直接相连，则称该网络是全局耦合网络或完全耦合网络。图6.16(a)是一个具有N个节点的**全局耦合网络**，有$N(N-1)/2$条边。如果一个网络的每个节点只与它周围的邻居节点相连，则称该网络是**最近邻耦合网络**，如图6.16(b)所示。对于具有N个节点的一个最近邻耦合网络，存在一个偶数$K<<N$，该网络中的每个节点与它左、右各$K/2$个邻居节点相连 (图中$K=4$)。一个网络中，如果有一个中心节点，除中心节点外的各节点都只与这个中心节点连接而它们彼此之间并不连接，这样的网络称为**星形耦合网络**，如图6.16(c)所示。

  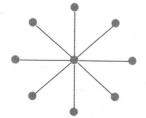

(a) 全局耦合网络示意　　(b) 最近邻耦合网络示意　　(c) 星形耦合网络示意

图6.16　典型规则网络示意

例如一个小班级，每位学生之间都互相认识，那么一个班的所有同学就构成一个全局耦合网络。但是，对于一所大学，每个人都互相认识是很难的，或者说不可能。或许有人会说，只要人是可数的，总有一天会认识所有的人，但是所需花费的时间也是难以想象的，效率相当低。可见，全局耦合网络作为实际网络模型有一定的局限性，大型实际网络一般都是稀疏的。最近邻耦合网络的一个典型例子就是我们常做的一个游戏：所有人手牵手围成一个圈，每个人与他 (她) 左、右各一个相邻的人牵手，这类网络的特点是网络拓扑结构是由节点之间的相对位置决定的。随着节点位置的变化，网络拓扑结构也可能发生切换。相比全局耦合网络，最近邻耦合网络是稀疏网络模型，它的研究和应用更广泛。规则网络及其特性是理解和研究更复杂网络特性的基础。

（2）随机网络

与规则网络不同，随机网络中节点之间的连接是随机的。生成一个无重复链路、无循环、无孤立节点等特性的随机网络并不简单：一方面要生成的网络是随机网络，另一方面生成的随机网络中不能出现孤立节点、重复链路和循环。随机网络模型非常重要，目前最经典的随机网络模型是Paul Erdos和Alfred Renyi于20世纪50年代末提出的ER随机网络模型，这也是目前生成随机网络的标准方法：假设有大量的纽扣（可被看成节点，节点数$N>>1$）散落在地上，每次在随机选取的一对纽扣之间系上一根线（可被看作边），重复M次后，就得到一个包含N个点、M条边的随机网络模型。通常，我们希望构造的是没有重复边和自环的简单图，因此每次在选择节点对时选择两个不同并且是没有边连接的节点对。实际上，该模型就是从所有的具有N个节点和M条边的简单图中完全随机地选取出来的。**随机网络研究的一个关键问题是，以什么样的概率能够产生一个具有某些特性的网络**？

如图6.17所示，三个图都具有10个节点和7条边，但是做3次实验，对不同的节点对相连，得到的网络是不同的，所以，严格地说，随机网络模型并不是指随机生成的单个网络，而是指一簇网络。

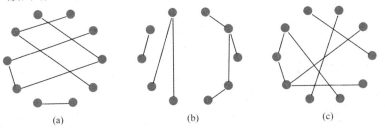

(a)　　　　　　　(b)　　　　　　　(c)

:: 图6.17　随机网络示意

（3）小世界网络

在实际网络中，节点与节点之间的链接并不只是具有规则网络的特征或者随机网络的特征，而是同时具有明显的聚类和小世界特征。比如现实生活中，人们通常认识他们邻近的邻居和同事，但可能有一些人也认识远在异国他乡的朋友。他们所组成的网络既不完全是规则网络，也不完全是随机网络，而是一个从规则网络到随机网络的过渡网络，既具有规则网络的一些特性，如高聚类性，也具有随机网络的一些特性，如最短平均路径长度特性等，后来称之为小世界网络。

典型的六度分隔（Six Degrees of Seperation）理论即是关于小世界网络，"在这个世界上，任意两个人之间只隔着6个人。六度分隔在这星球上的任何两人之间。"如果我们把每个人看成是一个小型社交圈的中心，那么"6小步的距离"即转变为"6个社交圈的距离"。在小世界网络中，大部分网络节点不与其他任一节点直接相连，但都能通过极少数目的中间节点到达其他任一节点，如图6.18(a)所示。

Watts和Strongtz最早给出了一种小世界网络生成方法，在规则网络中引入少许的随机性，就可以产生具有小世界特征的网络模型，这就是著名的WS小世界网络模型：图6.18(b)是一个最近邻耦合网络，每个节点与它周围的4个邻居节点相连，从网络链路中随机选取2条链路进行重联，即链路的一端节点保持不变，另一端节点从网络中随机选取重

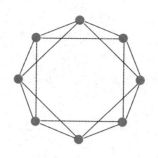
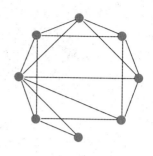

(a) 典型的小世界网络示意　　　(b) 规则网络之最近邻网络　　　(c) 由规则网络衍生小世界网络示意

图6.18　小世界网络以及由规则网络生成小世界网络示意

新连接，可形成图6.18(c)所示的网络。因为图6.18(b)所示的网络是规则网络，它本身具有高聚类性，图6.18(c)进行少量随机性的重联后仍然具有高聚类性。同时证明了虽然只是对若干条边中的2条边进行重联，即使重联概率很小，也使得网络的平均路径长度减少很多。图6.18(c)所示的网络具有小世界网络特性，然而它并不是理想的小世界网络。尽管如此，它说明了从规则网络生成WS小世界网络的一种思维，这种思维也表明小世界网络或者复杂网络的特性，是可以由规则网络增加随机性来进行研究的。

小世界网络更符合实际网络，特别是像公路线路图、食物链、电力网、脑神经网络、社会影响网络等都体现出小世界的网络特性。

（4）无标度网络

无标度网络就是由少量高度节点和大量低度节点构成的网络。所谓高度节点，就是拥有大量连接的节点，也被称为hub，而低度节点就是连接数很少的节点。无标度网络是非随机的，但是比规则网络、小世界网络具有更多的随机性。

Barabasi和Albert于1999年提出了BA无标度网络模型，最重要的是，他们在无标度网络模型中考虑了ER随机网络和WS小世界网络所忽略掉的实际网络的两个重要特性：

① 网络增长。网络的规模是不断扩大的，如WWW上每天有大量的新的网页出现，科研合作网络上每天都会有很多新的科研论文发表，而ER随机网络和小世界网络模型中的网络节点数是固定的。

② 偏好连接。新添加的网络节点偏向于与网络中那些高度节点连接，也就是说，新节点更有可能与网络中具有较高连接数的节点连接。例如，新的个人微博更倾向于关注有影响力的微博，新发表的论文更倾向于引用一些已被广泛引用的重要文献等。而在ER随机网络模型中，两个节点之间是否有边相连是完全随机确定的，在WS小世界网络模型中，长程边的端点也是完全随机确定的。无标度网络模型适用于Internet、WWW、科研合作网络、蛋白质交互网络等众多领域的复杂网络研究。

4. 网络的基本问题简述

（1）网络的路径与连通性问题

在表示网络的图中，路径（path）即一个节点序列的集合，序列中任意两个相邻节点之间都有一条边相连。从另一个角度而言，也可把路径理解为连接这些节点的边集合。路径是研究网络图某个按一定顺序穿越一系列节点的轨迹问题的重要概念。一种特殊的路径称为"圈"或"环"，即首尾节点是同一节点的一条闭合路径。另外一个问题是：任意节点是否均可通过某条路径到达任一其他节点。由此引发了以下定义：若一个图中任意两点间有路相通，则称此图为连通图。一般而言，大部分通信及交通网均被期待为可连通的或至少以此为目标。毕竟此类网络的目的就是使信息在不同的节点间传输。

（2）网络的距离问题

除了单纯讨论两个节点之间是否有路径相连外，另一个有趣的问题是如何计算路径的长度。在交通运输、互联网通信以及新闻和疾病传播中，中转的次数或者说"跳数"往往是问题的关键所在。我们可以定义距离为图中两节点间的最短路径长度，即所经过的节点个数。此处假设直接相连的两个节点之间的语义长度被忽略（设为1），而只是从图的结构角度来给出长度的定义。单纯从结构考虑的距离，即一条路径所经过的节点的个数，被称为结构距离；而考虑语义长度在内的距离，可被称为语义距离。在一些网络中，路径的长度或者距离等与运输成本或传输成本是密切相关的，也可以体现两个人或两组人之间关系的远近、熟悉程度的高低等。

（3）网络流量问题

流量是指单位时间内流经某一路径的流动实体的量，是度量网络的动态运行过程的一个量。如交通流量是指单位时间内流经某路段的车辆数、人数等；网站流量是指单位时间内网站的访问量，可以用用户数、网页数、传输比特数等来度量。网络流量体现的是网络被频繁使用的程度。网络的流量问题是许多网络的重要研究问题，如交通网络的拥塞问题、分流问题，计算机网络传输的拥塞问题与分流问题等，流量问题解决得不好便会引起网络效率的降低等。

（4）网络群体行为问题

讨论网络的结构只是一个起点。当人们谈及复杂网络系统的连通性时，实际上通常是在谈两个相关的问题：一个是在结构层面上的连通性——谁和谁相连，另一个是在行为层面上的连通性——每个个体的行动对于系统中每个其他个体都有隐含的后果。在有些情形下，人们必须同时选择如何行动，并知道行动的结果将取决于所有人分别做出的决定。在这里，博弈论与图的结合研究很重要。一个自然的例子是，交通高峰期在一个高速公路网络选择行车路线的问题。此时，对司机来说，他所体验到的延迟取决于交通拥塞的情况，但这种情况不仅与他选择的路线有关，而且与所有其他司机的选择也有关。

（5）网络的分布与并发利用问题

当有了网络以后，很多思维和活动方式等都要发生变化，其中最重要的变化是由原来的顺序化、线性化的思维与活动方式，转变为分布式或并行的、并发的方式，软件运行模式、数据组织模式等都需要建立分布与并发利用的思维。例如下载软件，当我们要从某一个节点下载一个文档时，是否就只能从该节点下载呢？当有了网络后，该文档可能已经被很多人下载了，此时能否将下载该文档的不同节点也当作下载源，采用并行分布的方式来提高下载的速度呢？这实际上就是分布与并行化利用网络的一种思维。

前面只是简单地给出了网络研究的基本问题，并不全面也不深入，读者可以通过专门的课程和书籍（如《图论》、《博弈论》、《社会网络》、《网络、群体与市场》等）进行全面且深入的研究。

6.4.3　网络计算示例：社会网络的一个问题研究

本节通过社会网络的例子，来探讨如何进行网络计算以及网络计算如何与社会、自然相联系的问题。社会网络，又称为社交网络，是由互联网支持的一种人与人进行交流的网络，是一种群体互动的网络。通过彼此在社会网络上的信息交流、对问题的看法、相互之间的争论，可分析人与人之间的关系。一些关系是友好的，另一些关系可能是对抗或者敌对的；人们或者群体之间的互动常常被争论、歧见甚至冲突所困扰。怎样分析网络中的各种关系？怎样通过网络中各种关系的分析来理解和预测群体的行为？怎样由局部的网络分析结论推演到全局网络？下面将对这些问题给出很好的回答。

1. 一种具有正负关系的网络的抽象——正负关系图

前文说过，对网络的一种抽象手段就是图，图是由"节点"和"边"构成的。我们定义"节点"为参与社会网络的个体，而"边"表达了两个个体之间的关系，如果两个个体是朋友关系，属正向关系，则标记为"+"；如果两个个体是对抗或敌对关系，属负向关系，则标记为"-"，这样的图可被称为**正负关系图**。因此，类似这样的正负关系图便表达了一种具有正负关系的网络，在这种正负关系的网络中存在着两种力量（正力量和负力量）或多种力量（多利益团体的力量）之间的较量，会导致一种网络结构的破坏和新网络结构的建立。它们有什么规律呢？

假设一群人构成一个社会网络，任何两个人之间都有或"+"或"-"的一条边，这样的网络图就叫**完全正负关系图**。注意：下面的讨论都是针对完全图进行的。

2. 最简单正负关系网络的分析——三节点网络图

我们首先分析最简单的正负关系网络——三节点网络图，看能得出什么结论。三节点完全网络图体现了三个人中两两之间的关系，通过穷举，可得出4种关系，如图6.19所示：三个人中两两互为朋友关系，见图6.19(a)；三个人中两两互为敌对关系，见图6.19(d)；一个人与其他两人是朋友关系，但其他两人却是敌对关系，见图6.19(b)；一个人与其他两人是敌对关系，但其他两人却是朋友关系，见图6.19(c)。

进一步分析三者的行为及可能的发展，我们看到，图6.19(a)基本上不会发生变化，将继续维持这种朋友关系。图6.19(b)则有一种动力，与两人都是朋友的A会试图使B和C成为朋友，即预示着网络结构的一种变化趋势。图6.19(c)指两人有共同的敌对关系，发生变化的可能性也小。图6.19(d)也存在着一种动力，即互为敌对关系的三个人会寻求结盟，以求战胜对方，也预示着网络结构的一种变化趋势。

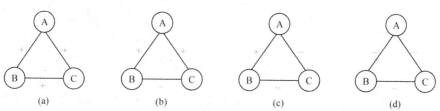

:: 图6.19　三节点完全网络图的各种关系示意

这种网络结构的变化趋势问题，被称为网络结构平衡性问题或网络结构稳定性问题。图6.19(b)和图6.19(d)被视为一种不平衡关系，而存在不平衡关系的网络则被认为是网络结构不稳定的或者不平衡的。图6.19(a)和图6.19(c)呈现的是一种平衡关系，即不存在不平衡关系的网络结构是稳定的或者说平衡的。这种思想最初源于20世纪40至50年代赫德尔和卡特怀特以及哈拉雷的研究工作，他们从社会心理学角度研究了人与人之间的正负平衡关系，认为不平衡三角关系是心理压力和心理失衡的缘由，在人际关系中应尽量减少。

3. 由三节点网络的结构平衡推广到任意节点网络的结构平衡

怎样把三节点网络的结论推广到任意节点网络呢？我们可以这样来定义：

> 结构平衡网络：如果一个完全正负关系图是平衡的，则它其中的每个三角形网络都是平衡的，即它其中的每个三节点子图，要么其三条边都标识为"+"，要么仅有一条边标识为"+"。

例如图6.20所示的四节点网络，图(a)为结构平衡的，因为构成它的任何一个三角形都是平衡的；而图(b)是结构不平衡的，因为A-B-C三节点子图和B-C-D三节点子图均包含了2个"+"，是不平衡的三角形。

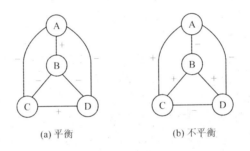

(a) 平衡　　　　　　　　(b) 不平衡

:: 图6.20　四节点网络

这里给出的结构平衡网络的定义代表了一个社会系统的极限，排除了所有不平衡的三角关系。虽然有些极端，但其却是分析网络结构平衡最基础的一步，如同我们将看到的，它具有一种极有意思的数学结构，能够帮助我们分析一些更复杂的模型。接着我们可能会问，这种定义或者说推论有什么意义呢？具有什么性质呢？

仔细分析图6.20的四节点网络。当网络为结构平衡网络时，我们发现，其中的节点可被分成2组，即{A,B}和{C,D}，组内的人之间都是正关系，不同组的人之间都是负关系，这就形成了相互敌对的两种力量。进一步推广到一般情况：假设有一个结构平衡的完全正负关系图，其中的节点被分成两组X和Y；X组和Y组组内的两个人都是正关系，组间的两个人都是负关系，也代表了相互敌对的两种力量，如图6.21(a)所示。那么，这种推广是正确的吗？这就需要用定理的形式给出描述并进行证明。

> 网络结构平衡定理：如果一个完全正负关系图是平衡的，则要么它的所有节点两两都是正关系，要么它的节点可以被分为两个组X和Y。其中，X组和Y组组内的节点两两都是正关系，而X组中的每个节点与Y组中每个节点之间都是负关系。

这个定理的证明是很简单的，即利用网络结构平衡的定义可直接推导出结论。

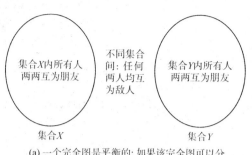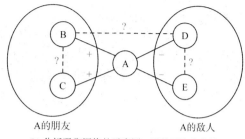

(a) 一个完全图是平衡的: 如果该完全图可以分成两个集合, 每个集合内任意两个人均互为朋友, 属于不同集合的任意两个人均互为敌人

(b) 分析平衡网络的示意图 (可能还包含其他没有画出的节点)

:: 图6.21 平衡网络分析示意

证明:

(1) 如果结构平衡网络根本没有负关系边, 即节点间都是正关系, 则结论正确。

(2) 如果结构平衡网络至少有一个负关系边, 则任取网络中一个节点A, 从A的角度来考察, 则其他节点要么与A是正关系, 要么与A是负关系。可让X包含A以及与A为正关系的所有节点, 让Y包含与A为负关系的所有节点, 这样就形成了两个组X和Y。如果网络结构平衡, X和Y应满足下述3种性质, 定理才能成立: ① X中的每两个节点都是正关系; ② Y中的每两个节点都是正关系; ③ X中的每个节点与Y中的每个节点都是负关系。那么, 是否满足呢?

A与两个集合X、Y的节点的关系如图6.21(b)所示。A与集合X的所有节点均为正关系, 对集合X中的任意两个节点B和C也一定为正关系, 否则将出现一个有2个正关系的三角形, 形成不稳定因素, 与网络结构平衡定义相矛盾。

同样, A与集合Y的所有节点均为负关系, 对集合Y中的任意两个节点D与E之间也一定为正关系, 否则将出现一个有3个负关系的三角形, 形成不稳定因素, 与网络结构平衡定义相矛盾。

由此证明了性质①和②。

再看X中任一节点B与Y中任一节点D之间的关系, 如果B与D之间为正关系, 则将出现一个有2个正关系的三角形, 与网络结构平衡定义相矛盾, 因此B与D之间只能是负关系, 性质③得证。

由 (1) 和 (2), 网络结构平衡定理得证。

网络结构平衡定理既不是显而易见的事实, 也不是一开始就很清楚其真相的。从本质上看, 它通过一个纯粹的局部性质, 即每次只用于三节点的结构平衡性质, 展示了一种很强的全局性质: 要么大家都相处很好, 要么分成两个对立的阵营。

4. 由结构平衡网络延伸到结构弱平衡网络

我们再重新审视一下三节点网络中的不平衡关系, 图6.19(b)与图6.19(d)有差别吗? James Davis等经过研究认为, 它们虽然都为不平衡关系, 但在很多情况下, 图6.19(b)的变化动力比图6.19(d)表现得更强, 即: 两个拥有共同朋友的人会因其朋友的意愿或努力而逐渐同化他们的差异性, 图6.19(d)中三个人因为本身都不是朋友关系而缺乏化敌为友的动力。

前文说过，结构平衡的定义有些极端，能否放宽一下条件呢？怎样放宽条件呢？还要从三节点网络看起，三节点网络的4种关系中，2种是平衡关系，其余2种关系中经分析，图6.19(b)的2个正关系比图6.19(d)的3个负关系不平衡性更强，是否可将3个负关系也纳入到"平衡"的范畴呢？这就出现了结构弱平衡网络。虽然认为是平衡，但要区分于前面的结构平衡网络。我们定义：

结构弱平衡网络：如果一个完全正负关系图是弱平衡的，则它其中的任意三个节点均不存在两个正关系边和一个负关系边这种情况。

这种结构弱平衡网络有什么不一样的特性吗？回答是肯定的。结构平衡网络展现的是两种敌对力量的网络结构，而结构弱平衡网络则能展现多种力量相互角逐的网络结构。图6.22(a)展示了一个由结构弱平衡定义产生的新的网络结构，即：网络中的节点被分成了多个组，而每个组中的节点均为朋友，而任意两个组的两个节点均互为敌人。问：这种网络是结构弱平衡网络吗？这也需要用定理的形式说明并予以证明。

网络结构弱平衡定理：如果一个完全正负关系图是弱平衡的，则它的节点可分成不同的组，并且满足同一组中任意两个节点互为正关系，不同组间任意两个节点互为负关系。

这个定理的证明也是很简单的，也可利用网络结构弱平衡的定义直接推导出结论，但其关键是如何划分网络的节点为若干个组。

证明：

(1) 先将网络中的节点进行分组。可按如下步骤进行：首先，任取网络中一个节点A，从A的角度来考察，则其他节点要么与A是正关系，要么与A是负关系。由此可将网络节点划分为两个组：X和Y。X包含A以及与A为正关系的所有节点，使Y包含与A为负关系的所有节点。接着X组不变，对Y组的节点再任取一个节点K，以同样方法划分为两个组：一个组包含K以及与K为正关系的所有节点，该组仍标记为Y；另一个组包含与K为负关系的所有节点，记为Z。接着对与K为负关系的组Z继续分解，如此递归地进行，直到包含负关系节点的组不能再分解为止。

(2) 再证明前述划分的组应满足性质：①同组内的节点互为正关系；②不同组内的两个节点互为负关系。我们先看X组（某节点A的正关系组）和Y组（某节点A的负关系组），见图6.22(b)，可以证明X组内的任意两个节点B和C一定互为正关系，否则将出现2个正关系的不平衡三角形，与结构弱平衡网络定义相矛盾，因此X组满足性质①。再看X组的任何一个结点B与Y组的任何一个节点D的关系（见图6.22(b)）一定为负关系，否则也将出现2个正关系的不平衡三角形，与结构弱平衡网络定义相矛盾，因此X组和Y组满足性质②。现在还剩Y组是否满足性质①的问题，我们又将Y组分解为正关系组和负关系组（而正关系组类同X，负关系组类同现在的Y），可如此递归地分解进行证明。

由(1)和(2)，网络结构弱平衡定理得证。

我们再审视一下结构平衡网络与结构弱平衡网络。结构平衡网络是把一个群体一分为二，形成两个子群体，子群体内互为正关系，但子群体间却是负关系。而结构弱平衡网络是把一个群体一分为多，形成多个子群体，子群体内互为正关系，但子群体间却是负关系，这种结构还原了现实中存在很多派系的实际情况。此外，由网络结构弱平衡定理

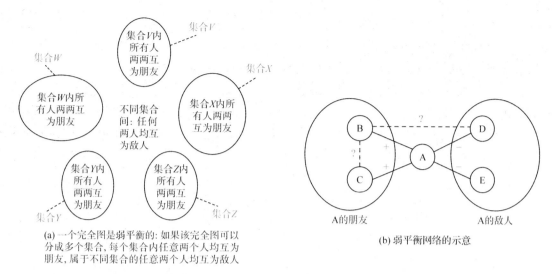

(a) 一个完全图是弱平衡的：如果该完全图可以
分成多个集合，每个集合内任意两个人均互为
朋友，属于不同集合的任意两个人均互为敌人

(b) 弱平衡网络的示意

図6.22　弱平衡网络分析示意

的证明可以看出，这些派系是逐渐分解出来而形成的，也与实际中派系的产生相一致。

5. 进一步从应用语义的角度分析正关系、负关系与结构平衡

前面我们是以朋友关系和敌对关系来看待正关系和负关系，讨论时的基本思维是非敌即友或非友即敌；在另外的正负关系网络中，如信任（正向关系）与不信任（负向关系）的讨论中可能还会出现其他现象。简单来看信任-不信任关系网络与朋友-敌对关系网络，它们既有相同之处，又有不同之处。其中一个不同点是简单的结构差别，前者是一个有向图结构，即A信任B与B信任A是不同的，而后者是一个无向图结构。另外一个不同点可通过下面的模式分析来看：有三个节点A、B和C，如果用户A信任用户B，而用户B信任用户C，很自然地可以推断，用户A也必信任用户C。

反过来，如果用户A不信任用户B，用户B又不信任用户C，会怎样？是否也可以推导出A信任或是不信任C呢？直觉上，这两种观点都有相对应的论据予以支持。如果把不信任作为一种敌对关系看待，那么根据网络结构平衡定理，A应该信任C，否则A、B、C的关系将形成一个由三个负关系组成的三角形。另一种观点是，如果A对B的怀疑体现出一种A自认为在知识和能力上比B更胜一筹，而B对C的怀疑也是基于同样的原因，那么可以推断，A怀疑C的程度要更强于A对B的怀疑。

我们有理由相信，对于不信任的这两种解释在不同的情况下均有可能发生。举例来说，一个在线评估网站，如果要评估由政治评论家撰写的书籍畅销程度，用户信任或不信任的态度在很大程度上受到他们自己政治倾向的影响。在这种情况下，如果A不信任B，而B不信任C，那么A和C在政治偏好上可能更为相似。因而，根据结构平衡定理，A应该信任C。另一个方面，对于评估电子产品的用户而言，他们对于产品信任与否的标准，更多地来源于他们自身对电子产品的专业知识，如产品的功能、耐用性等。在这种情况下，如果A不信任B，B不信任C，那么可以推断出A远比C的专业知识丰富，因此A也应该不信任C。

最终，这些正负关系的作用方式，可以启发人们进一步理解用户通过在线社会网站彼此之间发表主观评价的行为。针对这方面的研究才刚刚起步，包括如何利用平衡理论以及其他相关理论分析并研究大规模数据集中的一些相关问题。

网络结构平衡现已成为一个很大的研究领域，本书只是简要介绍了一个简单但核心的实例。进一步还可深入研究，如对非完全图的处理：非完全图中每两个节点不一定要存在关系，而完全图是必须存在或正或负的关系的。再如完全图的"近似平衡"结构，即其中大多数 (但不是所有) 三角形都是平衡的，怎样处理？

6. 深层的启示

前述出现在David Easley and Jon Kleinberg所著《Networks、Crowds and Markets》[9]一书中的正关系与负关系网络研究的例子是一个很好的例子。这个示例在以下一些方面展示了良好的示范作用。

首先，它展示了如何分析和运用社会/自然中的语义：正负关系、朋友-敌对关系与信任-不信任关系，网络结构平衡与网络结构弱平衡等。

其次，它展示了如何采用数学方法进行研究，将社会/自然中的不同语义抽象成一种数学结构——图，并利用数学化方法对问题进行逐渐深入的研究。

第三，它很好地展示了如何通过局部网络的性质推演到全局网络上的一种方法——由三节点网络图及其相关性质推演到任意节点网络图上。

第四，它很好地展示了如何通过网络的分析来理解和预测群体的行为，即网络化社会中群体的行为规律，将计算技术与社会/自然问题密切结合，使计算科学走向更广泛的空间。希望读者能从该示例的学习中深入体会之。

思考题

1. 我们在日常工作、学习和生活中会使用到多种通信和网络技术，如以太网技术、Wi-Fi技术、光纤通信技术、蓝牙、红外、近场通信 (NFC)、2G移动通信、3G移动通信、4G (LTE) 移动通信等。请查阅资料了解这些技术，并思考为什么会产生、发展出这么多种网络通信技术？它们各自面向什么用途？具有怎样的功能和性能特点？它们的基本技术实现原理是什么？各自符合什么技术标准 (如IEEE 802.11) ？它们能否互连互通？为什么？

2. 有关未来网络技术的研究一直是学术界和IT工业界的重点，也是各国家技术竞争的焦点之一。那么，相比于现行网络技术，未来网络/互联网技术有哪些更新的、更好的功能和特性？更快？更可靠？更便宜？更安全？请选择一个你感兴趣的未来网络/互联网 (核心) 技术，查阅文献，了解其核心思想和创新性，探讨其所反映出的发展动向。例如，IPv6、无线自组织网络 (Wireless Mesh Network)、软件定义网络 (SDN) 等。

3. 今天，Wi-Fi网络越来越普遍，例如，大学校园、机场等正逐渐提供完全覆盖的Wi-Fi网络。想象一下，如果你所生活的城市到处都被公共可用的Wi-Fi网络覆盖，并且其使用是免费的，那么将会对人们的工作、学习、生活、购物、出行带来哪些深层次的影响，导致哪些变化？又会产生一些什么样的新问题？事实上，这不是梦想，而是在地球某处正在发生的事实，美国加州圣克拉拉市已经推出了全城免费的公共Wi-Fi网络，请自行搜索相关新闻。

4. 假设一组人类学家正在研究三个互为邻里的小村庄组成的集合。每个村庄都有30人，包括2～3个大家庭。每个村庄的人们都互相了解自己村庄的人。当人类学家在这三个村庄建立一个社会网络，会发现人们都会和自己村庄的人成为朋友，和其他两个村庄的人成为敌人，这就给出了90人形成的网络，该网络中的边也会带有正关系和负关系的标识。根据本章的定义，这个90人形成的网络是平衡的吗？请做一个简明的分析。

5. 近年来，一门交叉新兴学科——网络科学迅速发展起来，其背景之一就是Internet、社会网络等的爆炸性发展。网络科学是研究利用网络来描述物理、生物和社会等现象，建立这些现象的预测模型的科学。网络科学的重要成果包括小世界理论和六度分隔、无标度网络模型等。其中，六度分隔理论是一个有趣的理论："你和任何一个陌生人之间所间隔的人不会超过5个，也就是说，最多通过5个人你就能够认识任何一个陌生人。"根据这个理论，你与世界上的任何一个人之间只隔着5个人，不管对方在哪个国家，属哪类人种，是哪种肤色。其简单示意如图6.23所示。你是否觉得不可思议？是否质疑这个理论的正确性？如果你对网络科学感兴趣，请检索并了解其重要理论成果，并思考其潜在的应用价值。

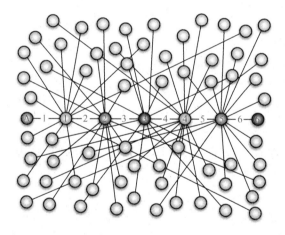

图6.23　六度分隔示意

6. 如你所知，Web网页是用HTML书写的。HTML经历了长期的发展和演进，同时产生了大量的伴生技术，才有了今天Web上丰富多彩的网页和应用。今天，最新版的HTML是HTML 5，如果你对Web技术感兴趣，请查阅HTML 5有哪些新技术、新特性，能实现哪些炫、酷的应用和效果。例如，"21个酷毙了的HTML 5演示"等。

7. 当前的交通拥堵问题是整个社会的难题，相信你也遇到过拥堵的情况。你思考过交通拥堵问题产生的原因吗？请仔细观察一个具体的交通网络（如北京市的交通网络）有什么特点？它为什么会产生拥堵，是车辆多吗？还是交通网络的结构不合理？假如你是一个城市交通管理者，你应如何解决这个问题呢？能否通过一个图来说明你的解决方案的合理性呢？

8．你是否用过Facebook？ Facebook是全球最大的社交网络平台，是2004年由哈佛大学学生马克·扎克伯格创建的，它的世界访问量曾超过Google，成为美国访问量最大的网站。现在Facebook的全球月活跃用户数量将近10亿，而且注册用户有一半以上每天都登录网站。查阅资料，试分析，Facebook是怎么做到如此大的全球月活跃用户数量的？它的互联网"算法"是什么？通过学习Facebook社交网络平台的互联网算法进一步体会群体互动网络的思维。试发挥你的想象力，设计一个未来互联网时代人们的社交模式和生活工作场景。

9．微信是当前深受青年人喜欢的即时通信软件，用户可以通过手机、平板电脑、网页快速发送语音、视频、图片和文字，它比短信节省费用，比QQ、飞信等即时通信工具更加方便。那么，请你根据网络通信原理和OSI参考模型，详细解释用户A发出的微信怎样到达用户B？请问微信是一种可靠通信吗？另外，请查阅资料学习TCP/IP传输机制，学习可靠传输机制并回答：如果想要保证微信传输可靠，应该采取什么方法？

10．计算机网络的发展给人们的工作和生活带来哪些改变？请举出3个以上的实例。

11．信源与信宿之间的数据传输需要解决什么问题？

12．三种常用的网络拓扑结构各自有哪些特点？在信息传输的可靠性和效率方面会有什么不同？

13．如何高效率地利用信道进行大小不同信息的传输？

14．什么是网络协议？网络协议由哪些要素组成？

15．OSI模型采用什么结构解决复杂的网络问题？

16．局域网的特点有哪些？与广域网的主要区别是什么？

17．网络互连的典型设备有哪些？它们的主要功能分别是什么？

18．因特网主机之间如何互相识别？

19．因特网的典型服务有哪些？人们如何使用因特网的各种服务？

20．Web文档之间是如何关联的？

21．如何表示一个Internet资源地址？

参考文献

[1]James F.Kurose，Keith W. Ross. 计算机网络：自顶向下方法（原书第4版）. 机械工业出版社，2011.

[2]http://en.wikipedia.org/wiki/Internet

[3]http://en.wikipedia.org/wiki/Social_network

[4]Behrouz A.Forouzan Sophia Chung Fegan.数据通信与网络（原书第4版）. 机械工业出版社，2007.

[5]伯纳多，A.胡伯曼，李晓明.万维网的定律：透视网络信息生态中的模式与机制.北京大学出版社，2009.

[6]超文本. http://en.wikipedia.org/wiki/Hypertext

[7]超文本标记语言. http://en.wikipedia.org/wiki/HTML.

[8]维基百科. http://en.wikipedia.org/wiki/Main_Page.

[9]David Esley, Jon Kleinberg. 网络、群体与市场：揭示高度互联世界的行为原理与效应机制. 李晓明等译. 清华大学出版社, 2011.

反侵权盗版声明

电子工业出版社依法对本作品享有专有出版权。任何未经权利人书面许可，复制、销售或通过信息网络传播本作品的行为，歪曲、篡改、剽窃本作品的行为，均违反《中华人民共和国著作权法》，其行为人应承担相应的民事责任和行政责任，构成犯罪的，将被依法追究刑事责任。

为了维护市场秩序，保护权利人的合法权益，我社将依法查处和打击侵权盗版的单位和个人。欢迎社会各界人士积极举报侵权盗版行为，本社将奖励举报有功人员，并保证举报人的信息不被泄露。

举报电话：（010）88254396；（010）88258888

传　　真：（010）88254397

E-mail：dbqq@phei.com.cn

通信地址：北京市万寿路173信箱

　　　　　电子工业出版社总编办公室

邮　　编：100036